U0387708

华为智能计算技术丛书

HUAWEI

Introduction to Deep Learning with MindSpore

深度学习与MindSpore实践

陈雷◎编著
Chen Lei

清華大学出版社
北京

内 容 简 介

本书系统地介绍了深度学习理论，并基于 MindSpore AI 计算框架进行实践。全书共分 14 章，内容涵盖深度学习概况、深度学习基础知识、深度神经网络、卷积神经网络、循环神经网络、无监督学习、深度强化学习、自动化机器学习、端云协同、深度学习可视化及深度学习的数据准备等。为便于读者学习，书中还给出了基于 MindSpore 实现的关于深度学习的开发实例及线上资源。

本书可作为普通高等学校人工智能、智能科学与技术、计算机科学与技术、电子信息工程、自动化等专业的本科生及研究生教材，也可作为从事深度学习相关工作的软件开发工程师与科研人员的学习、参考用书。

图书在版编目(CIP)数据

深度学习与 MindSpore 实践/陈雷编著. —北京：清华大学出版社，2020(2025.3 重印)
(华为智能计算技术丛书)
ISBN 978-7-302-54661-0

Ⅰ. ①深… Ⅱ. ①陈… Ⅲ. ①机器学习 Ⅳ. ①TP181

中国版本图书馆 CIP 数据核字(2019)第 286793 号

责任编辑：盛东亮　钟志芳
封面设计：李召霞
责任校对：时翠兰
责任印制：杨　艳

出版发行：清华大学出版社
网　　址：https://www.tup.com.cn，https://www.wqxuetang.com
地　　址：北京清华大学学研大厦 A 座　　**邮　　编**：100084
社 总 机：010-83470000　　**邮　　购**：010-62786544
投稿与读者服务：010-62776969，c-service@tup.tsinghua.edu.cn
质量反馈：010-62772015，zhiliang@tup.tsinghua.edu.cn
课件下载：https://www.tup.com.cn，010-83470236
印 装 者：小森印刷霸州有限公司
经　　销：全国新华书店
开　　本：186mm×240mm　　**印　张**：22　　**字　　数**：394 千字
版　　次：2020 年 3 月第 1 版　　**印　　次**：2025 年 3 月第 9 次印刷
印　　数：20301～20800
定　　价：79.00 元

产品编号：086119-01

FOREWORD

序　一

MindSpore 让 AI 无所不及

人工智能（AI）作为一种新的通用目的技术，其传播速度与普及广度远超历史上任何一种通用目的技术，必将深刻影响经济和社会生活的方方面面。然而，如果仔细审视 AI 在每个行业或组织应用的具体程度，就会发现除了较早拥抱 AI 的互联网行业，传统行业对于 AI 的应用还处于初期阶段。尽管绝大部分行业都已经有了人工智能应用的案例，但人工智能对这些行业带来的改变还远远没有达到预期，还有巨大的提升空间，有些行业甚至还没有真正找到发挥人工智能价值的有效途径。

究其原因，总的来说有三方面：第一，人工智能应用和解决方案的开发门槛依然较高，依然是一项需要具备高级技能的专家的工作，尚未成为数十年发展起来的数百万传统 IT 工程师的基本能力；第二，不同于环境相对单一的互联网，社会各行各业要求人工智能应用必须适应纷繁复杂的运行环境——除了云，还有各种边缘计算场景和各种终端设备场景，也必须与现有各行业生产系统及其附着的各类流程相互配合，并与传统 IT 应用相互结合；第三，各行各业应用的多样性与复杂性对人工智能算法或理论提出了新的要求，例如健壮性、安全性、可解释性，等等。人工智能也因此进入了持续改进、持续提升、持续适应的快速发展轨道，而这又反过来给新进入者掌握人工智能技术带来挑战。

持续投资全栈全场景 AI 解决方案，促进人工智能的切实发展是华为 AI 战略的核心。为此，华为于 2018 年 10 月发布了全栈全场景 AI 解决方案，并于 2019 年 8 月正式发布了其中的全场景 AI 计算框架 MindSpore。很多人问，业界已有了许多框架，为什么还要推出 MindSpore？这里我分享一下当时投资开发 MindSpore 的几点考量：首先，由于没有任何一个现有框架能无缝地支持全场景，而华为的业务覆盖端、边缘和云，且在隐私保护日渐重要的背景下，需要一个能支持全场景的计算框架来实现 AI 无所不及；其次，从华为过去几年的 AI 应用与研究来看，AI 计算框架的发展还远未收敛，例如面向自动微分与张量计算的 AI 即时编译加速技术、面向超大规模神经网络的自动并行技术，以及诸如深度概率编程、图神经网络等新的研究领域，这些新的探索都需要 AI 计算框架更进一步的发展。

MindSpore 在全栈全场景解决方案中承上启下，对解决以上人工智能发展的现实挑战具有枢纽性作用。MindSpore 的主要特征包括：首先是开发态友好，即显著减少开发时间和训练成本；其次是运行态高效，基于即时编译优化技术，特别是结合华为达芬奇架构的 AI 处理器，可最大程度地发挥硬件能力，实现最优的性能；更为重要的是，让 AI 能够适应每个场景（包括端、边缘和云），且能在这些场景之间按需协同，在保护用户隐私的前提下，以可信的 AI 实现 AI 无所不及。

本书系统地介绍了深度学习的基础知识与 AI 计算框架 MindSpore 的相关实践，希望帮助读者在 AI 的基础研究、应用和解决方案开发等方面更快取得更多成果，特别是希望读者能更好地运用 MindSpore 和基于昇腾系列芯片的 AI 算力，让 AI 的应用更广泛、更深入，让 AI 既有广度也有深度，无所不及。

徐直军

华为投资控股有限公司副董事长、轮值董事长

2020 年 1 月

FOREWORD
序　二

近十年，随着数据的增加、算力的提高及算法的突破，新一代人工智能迎来了高速发展，通过赋予机器感知能力、认知能力乃至智能，人工智能席卷了社会各行各业。很高兴看到华为的人工智能战略在基础研究、全栈方案、开放生态、人才培养等各个领域的布局和投入，为普惠智能真正做出贡献。

从数据科学家的角度来看，数据毋庸置疑是深度学习至关重要的要素。随着信息的爆发式增长，产生了海量的数据，这为人工智能提供了丰富坚实的基础。但如果没有高质量的数据，深度学习的效率是无法得到保证的。原始数据如何处理，训练数据如何标注，劣质数据如何清洗等，都对后续训练的模型精度和性能带来非常重要的影响。本书不仅深入浅出地介绍了深度学习的理论及实践，让读者能够快速地了解深度学习的基本知识和基本应用，而且对数据处理也有独到的见解。通过对数据准备、数据增强、数据可视化技术恰如其分的阐述，说明合理的数据处理对减少模型的复杂度，降低训练时间，提升模型性能有很大帮助。

令人惊喜的是，华为自研的AI计算框架MindSpore能让数据科学家在使用人工智能进行数据科学方面工作时，关注算法及逻辑本身，而无须为了应用深度学习框架去掌握高深而复杂的编程技巧。这对于数据科学、物理、数学、化学乃至生命科学等研究领域的工作人员，有着非常大的吸引力，可以帮助他们快速进行人工智能应用的开发。

很高兴看到陈雷老师与华为合作出版这样一本好书，带大家领略深度学习的魅力，帮助人工智能专业的本科生、研究生，以及从事人工智能开发的工程师、科学家进入MindSpore的人工智能生态，帮助每一位开发者开发出理想的AI应用，也很期待各位读者探索深度学习与逻辑方法的结合，在人工智能领域获得成功。如书中倡导的——进入未来智能时代，助力普惠AI。

樊文飞

中国科学院外籍院士、英国皇家学会院士

英国爱丁堡皇家学会院士、欧洲科学院院士、ACM fellow

2019年12月

PREFACE

前　　言

从计算机到互联网，再到人工智能，我们这代人从少年到中年见证参与了人类社会将科幻转变为现实的波澜壮阔的一场科技盛宴：机器学习、虚拟现实与云计算，这些曾经仅仅掌控在尖端科学家手中的技术已经融入我们的生活，寻常百姓亦耳熟能详。在中国，巨大的市场产生了海量数据，华为在深度学习冲击各行各业的大潮中，使硬件、软件相辅相成，倚昇腾芯片之惊人算力，推出 MindSpore 全场景 AI（人工智能）计算框架，借此释放硬件的全部潜能。

华为自主研发的 MindSpore AI 计算框架，支持目前所有主流深度学习框架中的模型，支持端-边-云全场景全栈协同开发，可以适应所有的 AI 应用场景，极大地降低了开发门槛，显著减少模型开发时间；而它对本地 AI 计算的支持，更是解决了业界最为关注的隐私安全保护问题。

“工欲善其事，必先利其器”，在这个速度和执行力至关重要的时代，AI 开发者需要去繁就简，用最快的速度学会正确有效地使用不同工具，解决工作中的实际问题，这就是本书的终极目标。与众多注重理论强调基础的深度学习教材不同，本书秉承“大道至简，实干为要”的理念，深入浅出地介绍了深度学习的基础知识和各种模型，通过大量经典实例讲授如何使用 MindSpore AI 计算框架在不同领域实现深度学习的理论和算法，结合昇腾强大的算力打造很多其他框架做不到的事情。

希望本书能够帮助每一位开发者早日得益于 MindSpore 的强大功能，为这场人类历史上伟大、迅猛、惊心动魄的技术革命尽一己之力。

感谢 MindSpore 开发团队在繁忙的工作中抽出时间，编写和校对了本书中所有的程序示例代码，如果没有他们的全心投入，本书将很难顺利完成。感谢 MindSpore 资料团队承担了全书的审阅工作，在内容整理、文字编排上注入了极大精力，对本书撰写工作做出极大贡献。感谢上海交通大学的沈艳艳老师，香港科技大学的张永琪、邸世民同学对本书的贡献，感谢书籍检视团队的同事为本书进行细致的查漏补缺，给出了大量有价值的建议；感谢中软架构与设计管理部的同事对书中插图进行精心编辑和修改，使得书的内容更加清晰形象、概念的解释更加具体明确；感谢 Cloud BU 战略与业务发展部的同事，他们与清华大学出版社进行大量沟通，促成了本书的快速出版。感谢清华大学出版社盛东亮老师和钟志芳老师的大力支持，他们认真细致的工作保证了本书的质量。最后，感谢华为公司在本书写作过程中提供的支持。

由于编著者水平有限，书中难免有疏漏和不足之处，恳请读者批评指正！

编著者

2019 年 11 月

CONTENTS

目　　录

第 1 章　引言　001

1.1　人工智能的历史变迁　001
1.2　什么是深度学习　002
1.3　深度学习的现实应用　003
1.3.1　自动语音识别　004
1.3.2　图像识别　004
1.3.3　自然语言处理　005
1.3.4　其他领域　005
1.4　本书的组织架构　006
1.5　MindSpore 简介　006
1.5.1　编程简单　006
1.5.2　端云协同　011
1.5.3　调试轻松　012
1.5.4　性能卓越　013
1.5.5　开源开放　013

第 2 章　深度学习基础知识　014

2.1　回归问题算法　014
2.2　梯度下降算法　017
2.3　分类问题算法　019
2.4　过拟合与欠拟合　022

第 3 章　深度神经网络　025

3.1　前向网络　025

3.2 反向传播 027
3.3 泛化能力 030
3.4 用 MindSpore 实现简单神经网络 031
3.4.1 各层参数说明 031
3.4.2 详细步骤 034

第 4 章 深度神经网络的训练 037

4.1 深度学习系统面临的主要挑战 037
4.1.1 大数据集需求 037
4.1.2 硬件需求 037
4.1.3 过拟合 038
4.1.4 超参数优化 038
4.1.5 不透明性 038
4.1.6 缺少灵活性 039
4.2 正则化 039
4.2.1 L2 范数正则化 040
4.2.2 L1 范数正则化 042
4.3 Dropout 042
4.4 自适应学习率 045
4.4.1 AdaGrad 045
4.4.2 RMSProp 046
4.4.3 Adam 047
4.5 批标准化 049
4.6 用 MindSpore 实现深度神经网络 050
4.6.1 各层参数说明 051
4.6.2 详细步骤 052

第 5 章 卷积神经网络 055

5.1 卷积操作 055
5.2 池化 057

5.3 残差网络 059
5.4 应用：图片分类 061
5.5 用 MindSpore 实现基于卷积神经网络图片分类 065
5.5.1 加载 MindSpore 模块 065
5.5.2 定义 ResNet 网络结构 065
5.5.3 设置超参数 072
5.5.4 导入数据集 073
5.5.5 训练模型 073

第 6 章 循环神经网络 074

6.1 循环神经网络概述 074
6.2 深度循环神经网络 075
6.3 长期依赖的挑战 076
6.4 长短期记忆网络和门控循环神经网络 077
6.4.1 长短期记忆网络 078
6.4.2 门控循环神经网络 079
6.5 应用：文本预测 080
6.6 用 MindSpore 实现基于长短期记忆网络的文本预测 080
6.6.1 加载 MindSpore 模块 080
6.6.2 数据准备 081
6.6.3 定义网络 081
6.6.4 参数介绍 082
6.6.5 训练模型 083
参考文献 083

第 7 章 无监督学习：词向量 084

7.1 Word2Vec 085
7.1.1 提出背景 085
7.1.2 发展现状 086
7.1.3 技术原理 086

7.1.4 技术难点 091
7.1.5 应用场景 094
7.1.6 框架模块 095
7.2 GloVe 095
7.2.1 提出背景 095
7.2.2 发展现状 095
7.2.3 技术原理 096
7.2.4 技术难点 099
7.2.5 应用场景 100
7.2.6 框架模块 100
7.3 Transformer 100
7.3.1 提出背景 101
7.3.2 发展现状 102
7.3.3 技术原理 103
7.3.4 技术难点 104
7.3.5 应用场景 107
7.3.6 框架模块 107
7.4 BERT 107
7.4.1 提出背景 107
7.4.2 发展现状 108
7.4.3 技术原理 109
7.4.4 技术难点 113
7.4.5 应用场景 113
7.4.6 框架模块 113
7.5 词向量典型生成算法对比 114
7.6 应用：自动问答 115
7.6.1 自动问答的相关概念 115
7.6.2 传统的自动问答方法 116
7.6.3 基于深度学习的自动问答方法 119
7.7 用 MindSpore 实现基于 BERT 的自动问答 127
7.7.1 数据集准备 127

7.7.2 训练 BERT 网络 128
参考文献 130

第 8 章 无监督学习：图向量 131

8.1 图向量简介 131
8.2 DeepWalk 算法 133
8.2.1 DeepWalk 算法原理 133
8.2.2 DeepWalk 算法实现 136
8.3 LINE 算法 136
8.3.1 LINE 算法原理 137
8.3.2 LINE 算法实现 140
8.4 Node2Vec 算法 140
8.4.1 Node2Vec 算法原理 141
8.4.2 Node2Vec 算法实现 143
8.5 GCN 算法 144
8.5.1 GCN 算法原理 144
8.5.2 GCN 算法实现 147
8.6 GAT 算法 148
8.6.1 GAT 算法原理 148
8.6.2 GAT 算法实现 150
8.7 应用：推荐系统 151
8.7.1 工业界中的推荐系统 152
8.7.2 推荐系统中的图神经网络模型 153
参考文献 156

第 9 章 无监督学习：深度生成模型 158

9.1 变分自编码器 158
9.1.1 提出背景 158
9.1.2 发展现状 160
9.1.3 技术原理 160

9.1.4 技术难点 164
9.1.5 应用场景 165
9.2 生成对抗网络 166
9.2.1 提出背景 166
9.2.2 发展现状 167
9.2.3 技术原理 168
9.2.4 技术难点 171
9.2.5 应用场景 171
9.2.6 框架模块 172
9.3 应用：数据增强 172
9.3.1 数据增强的定义 172
9.3.2 数据增强的目的 173
9.3.3 传统数据增强的方法 173
9.3.4 基于深度学习的数据增强方法 178
9.4 用 MindSpore 实现基于生成对抗网络的数据增强 184
参考文献 185

第 10 章 深度强化学习 188

10.1 强化学习基本概念 188
10.1.1 基础概念与理论 188
10.1.2 马尔可夫决策过程 190
10.1.3 贝尔曼方程 192
10.2 基本求解方法 192
10.2.1 动态规划法 193
10.2.2 蒙特卡罗法 194
10.2.3 时间差分法 194
10.3 深度强化学习算法 197
10.3.1 DQN 算法 197
10.3.2 DDPG 算法 201
10.3.3 A3C 算法 202
10.4 最新应用 206

10.4.1 推荐系统 206
10.4.2 博弈游戏 207
10.5 用 MindSpore 实现基于 DQN 的博弈游戏 211
参考文献 211

第 11 章 自动化机器学习 213

11.1 AutoML 框架 213
11.1.1 NAS 算法 214
11.1.2 超参调优 223
11.2 现有 AutoML 系统介绍 232
11.2.1 AutoWeka/Auto-Sklearn/HyperOpt 232
11.2.2 Microsoft NNI 235
11.3 元学习 239
11.3.1 学习优化器 240
11.3.2 学习参数初始化 241
11.3.3 学习损失函数 242
11.3.4 学习度量 243
11.4 用 MindSpore 实现 AutoML 244
参考文献 245

第 12 章 端云协同 253

12.1 端侧推理 253
12.2 端云迁移学习 255
12.3 端云联邦学习 258
12.3.1 联邦平均 259
12.3.2 梯度压缩 259
12.4 端云协同框架 262
参考文献 266

第 13 章 深度学习可视化 269

13.1 深度学习可视化概述 269

13.1.1 数据分析 269
13.1.2 模型建立与理解 273
13.1.3 训练 280
13.1.4 评估 280
13.2 MindSpore 可视化实践 282
13.2.1 可视化流程 283
13.2.2 查看训练看板 284
13.2.3 Summary 汇总数据格式 292
参考文献 293

第 14 章 深度学习的数据准备 295

14.1 数据格式概述 295
14.2 深度学习中的数据 296
14.2.1 原始输入 296
14.2.2 标注信息 297
14.3 常用的深度学习数据格式 302
14.3.1 TFRecord 格式 303
14.3.2 LMDB 存储 305
14.3.3 Rec 格式 309
14.3.4 MindSpore 数据格式 310
14.3.5 MindSpore 数据集 313
14.4 使用 MindSpore 数据格式进行训练数据准备 315
14.4.1 MindSpore 数据格式生成 316
14.4.2 MindSpore 数据格式统计与检索 319
14.4.3 MindSpore 数据格式训练数据读取 322

附录 A 中、英文对照词汇表 327

附录 B MindSpore 白皮书 335

第1章

引言

本章首先概述人工智能的历史发展趋势，然后介绍深度学习的含义及其在实际应用中的表现，最后简单介绍华为公司自主研发的深度学习框架——MindSpore的特性。

1.1 人工智能的历史变迁

人工智能具有悠久的历史，可以追溯到20世纪50年代。早期人工智能的发展极其缓慢，其主要原因在于各领域对人工智能具有领域内独特的定义和理解，所研究的内容和方法也相对独立，缺乏技术和信息层面的交流和共享。在1956年夏季的达特茅斯人工智能研究会上，约翰·麦卡锡等首次将不同领域中出现的"类人计算""机器智能"等描述进行了统一，正式提出了"人工智能"这一术语，明确了人工智能的首要使命，即运用算法构建动态计算环境来模拟人类智能，从而奠定了人工智能发展的基础。在接下来的20年间，人工智能在语音处理和问题求解等方面均取得了不俗的表现。其中，较为成功的人工智能案例是"通用解题机"和"LISP人工智能语音"。尽管如此，早期的人工智能技术仍存在很大的局限性，只能处理一些简单的问题，在实际应用中的表现不尽如人意。代表神经网络先进成果的感知机理论也一度受到了强烈抨击，导致了第一波人工智能热潮的迅速降温，包括政府在内的各路投资者对人工智能项目的资助相继停止，从而使人工智能进入了第一轮寒冬。

这波低潮一直持续到20世纪80年代末，专家系统作为人工智能领域一项极具商业价值的研究应运而生，解锁了人工智能的第一轮寒冬。受符号主义的影响，专家系统的研究者希望让机器像人类一样进行逻辑推理，进而模仿人的认知过程，这也促使诞生了很多面向逻辑演算的编程语言，如Prolog。不幸的是，这一波热潮未能持续很久。因为专家系统需要昂贵的计算平台，随着个人计算机性能的不断提升，专家系统逐渐被价格低廉的个人计算机所取代。最终，人工智能硬件市场急剧萎缩，人工智能也进入了第二轮寒冬。

从 20 世纪 90 年代中期开始，遵循摩尔定律，计算机的运算能力呈指数级增长，各种机器学习算法得以快速验证、训练和应用，直接引发了人工智能的复兴。在该阶段，支持向量机(Support Vector Machine，SVM)、Boosting、Kernel Method 等机器学习方法在手写数字识别、股票预测、情感分类、点击率预测等实际应用中取得了优异的表现。1997 年由 IBM 公司制造的深蓝(Deep Blue)计算机系统战胜了当时的国际象棋世界冠军卡斯帕罗夫，引起了社会各界对人工智能的高度关注，重燃了人们对人工智能的信心。自此，人工智能的新一波热潮逐步席卷了全球。

在本轮人工智能热潮中，最具价值也最具影响力的一项研究当属深度学习。作为机器学习的代表性方法，深度学习以人工神经网络为基本框架，在数据表征、特征提取、特征交互等多个方面取得了颠覆性的成果。深度学习得益于大数据的不断积累和计算机的飞速发展，其中，海量数据解决了神经网络训练的过拟合问题，而高性能的硬件设备让模型训练成为可能。近年来，随着深度学习研究的不断深入，我们目睹了 Google AlphaGo 成功击败人类世界围棋冠军，以及包括无人驾驶在内的各项智能技术的蓬勃发展，仿佛再一次看到人工智能赶超人类的希望。

总而言之，人工智能正在逐步改变人类的日常生活模式，并凭借其惊人的效果和迅猛的发展势头，广泛融入各个行业的实际应用中，涉及计算机视觉、自然语言理解、语音识别、智能游戏等多个领域。深度学习，作为人工智能的一项崭新技术，从海量数据中汲取知识，并与外界环境进行互动，通过反馈学习交互策略，无论在理论方法上还是现实应用中，都取得了颠覆性的成果。接下来，将聚焦深度学习，探讨深度学习的定义和现实应用。

1.2 什么是深度学习

深度学习是使用多层结构从原始数据中自动学习并提取高层次特征的一类机器学习算法。通常，从原始数据中提取高层次、抽象的特征是非常困难的。深度学习将原始的数据表示成一个嵌套的特征层级，这样一来，每层特征均可以由更简单的特征来定义和计算。尤为重要的是，深度学习可以自动地学习如何最优地将不同的特征置于哪一层。也就是说，相比于传统机器学习算法需要提供人工定义的特征，深度学习可以自己学习如何提取特征。因此，相比于传统的机器学习算法，深度学习并不依赖复杂且耗时的手动特征工程。

深度学习中的“深度”体现在将数据转换为所需要数据的层数之深。给定模型进行数据输入，可以将描述模型如何得到输出的流程图中的最长路径的长度记为模型的深度。另一方面，在深度概率模型中，也把描述概念之间如何相互关联的图的深度而非计算图的深度记为一种模型的深度。值得注意的是，后者用来计算表示的计算图可能比概念图要深得多。鉴于这两种观点的共存，一般在一个模型有多深才算作“深度”模型上并没有达成共识。不过一般深度学习指的是比传统的机器学习需要更多的计算步骤或者概念学习的模型。

绝大多数的深度学习模型是以人工神经网络(Artificial Neural Network，ANN)为基础构建的。人工神经网络是受人脑的启发而发明的计算系统。一个人工神经网络是由一个相互连接的被叫作神经元的单元组成的集合。神经元以层的形式被组织起来，不同的层对输入做不同的变换来获得不同层次的抽象和特征提取。不同的神经元之间的连接被赋予不同的权重，代表了一个神经元对另一个神经元的影响。感知机(Perceptron)是最早可以从样本数据中学习权重的模型。感知机的学习算法属于线性模型的参数学习方法。虽然线性模型仍然是一种被广泛使用的机器学习算法，却存在很多缺陷，最著名的缺陷是感知机无法学习异或(XOR)函数。

目前，最为典型的深度学习模型框架是前向神经网络(Feedforward Neural Network)，也被叫作多层感知机(Multi Layer Perceptron，MLP)。前向神经网络之所以被称作“前向”是因为通过该网络的信息流是前向传递的，从输入数据开始，经过中间层的计算，得到最终输出。整个结构没有反馈连接，信息单向传播。前向神经网络构成了很多实用的深度学习模型的基础。例如，用于计算机视觉任务的卷积神经网络(Convolution Neural Network，CNN)就是一种特殊的前向神经网络。当前向神经网络被拓展到允许反馈连接时，被叫作循环神经网络(Recurrent Neural Network，RNN)。卷积神经网络和循环神经网络在现实应用中取得了非常大的成功。下面介绍的深度学习的现实应用很多都是以它们作为基础的。

1.3 深度学习的现实应用

近年来掀起的深度学习革命已经深刻地改变了诸多应用领域，并将在越来越多的领域取得成功。其中最广为人知的领域包括自动语音识别、图像识别、自然语言理解及很多其他交叉领域(如医疗、生物、金融等)。下面将依次简单介绍这些深度学习的典型现实应用。

1.3.1 自动语音识别

自动语音识别(Automatic Speech Recognition,ASR)是一项将语音转换成文本的技术。从早期的基于模板的方法到严格的统计模型,再到如今的深度模型,语音识别技术已经经历了几代的更迭。在深度学习模型之前,自动语音识别的主流模型是隐马尔可夫模型(Hidden Markov Models,HMM)。在使用这些模型之前,所有的自动语音识别系统都需要经历四个步骤:特征提取、声学模型、语言模型和解码搜索。在进入声学模型之前,需要消除噪声和增强信号,并将信号从时域转换到频域。声学模型主要用来进行特征的转换与表示,再通过一个语言模型,在解码搜索中对模型的结果进行排序并选取得分最高的文本序列。早期应用于声学建模的深度模型是普通的深度神经网络(Deep Neural Networks,DNN),但 DNN 需要固定大小的输入,因而需要一种能够处理不同长度语音信号的方法。另外,考虑到语音信号是一种非平稳时序信号,如何有效地对长时时序动态相关性进行建模也颇为重要。而这些恰好是循环神经网络的强项。因此,目前主流的自动语音识别深度学习模型是循环神经网络的变种——长短期记忆网络(Long Short Term Memory,LSTM)。以循环神经网络为基础的语音识别系统极大地减少了识别错误率,被广泛应用于目前商业上主流的语音识别设备(如亚马逊的 Alexa)上。

1.3.2 图像识别

图像识别是深度学习最成功的应用之一。深度学习在计算机视觉领域的突破发生在 2012 年,Hinton 教授的研究小组利用卷积神经网络架构(AlexNet)大幅降低了 ImageNet ILSVRC 挑战中图像分类任务的错误率并取得了冠军。之后不断有新的基于卷积神经网络的架构被提出,包括 GoogleNet、VGGNet、ResNet、DenseNets 和 Inception。这些模型在不断加深网络深度的同时,也能不断提升图像分类的准确率。同时,深度学习也被应用于其他计算机视觉任务中,包括目标检测、图像分割、图像标注、行为分析、人脸识别,以及基于生成对抗网络(Generative Adversarial Networks,GAN)的图形风格迁移、视频生成等。在这些应用的背后,起到关键作用的深度学习模型当属深度卷积神经网络。卷积神经网络中最重要的操作是卷积和池化。受益于参数共享和稀疏连接,卷积神经网络非常适合处理图像数据。通过堆叠很多层,卷积神经网络可以不断地从低层特征中提取更高层的特征,最终更好地进行下游任务的处理。目前各种新的网络架构仍在不断被提出,我们期望深度学习在图像识别领域不断取得新的成果。

1.3.3 自然语言处理

神经网络从 2000 年开始就逐渐被应用到语言模型中,在成分解析、情感分析、信息抽取、机器翻译、文本分类等自然语言理解的任务上均取得了好的结果。其中,一项重要成果就是词向量的学习。词向量可以看作是一种运用深度神经网络将词转换成隐含空间中的一个向量化的位置表示的方法。将词向量作为循环神经网络的输入,能有效利用合成式的向量语法对句子和短语进行解析。合成式的向量语法可以被认为是由循环神经网络实施的上下文无关的概率语法。另一方面,以长短期记忆网络为代表的循环神经网络在机器翻译和语言模型等方面的表现也较为突出。近年来,除了循环神经网络之外,新的一些深度神经网络结构(如 Transformer)也不断被提出,它们通过学习文本序列中的长期依赖和分层结构,在自然语言处理的任务上取得了显著的效果。此外,基于预训练的无监督模型,如建立在 Transformer 基础上的 BERT(Bidirectional Encoder Representations from Transformers)模型,采用迁移学习和微调的方法,进一步刷新了深度学习方法在自然语言处理任务上的技术前沿。到目前为止,面向自然语言处理任务的深度学习架构仍在不断进化,与强化学习、无监督学习等的结合应该会带来效果更优的模型。

1.3.4 其他领域

深度学习在其他领域(如生物学、医疗和金融等)也有很多应用。在生物学研究中,深度学习算法可以发现人类无法捕捉到的特征。研究人员利用这些算法对细胞图像进行分类,建立基因组连接,加速药物发明周期。在医疗领域,深度卷积神经网络被应用于癌细胞分类、病变检测、器官分割和图像增强等医疗图像分析任务中,并取得了不错的成果。在金融领域,深度学习被应用于金融欺诈检测和反洗钱等任务,也可以通过模拟交易员的行为,完成选股、择时、风控等较为复杂的任务。此外,深度学习在异常检测和信用评分等领域也有应用。

1.4 本书的组织架构

本书从三个层面介绍深度学习。首先从理论的角度,介绍深度学习的各类模型和算法;然后从实际应用的角度,介绍深度学习方法在各类应用中的使用和表现;最后介绍怎么样用华为自研的深度学习计算框架 MindSpore——最强大的计算平台去实现高性能的深度学习模型,从而达到理论和实践相结合的最有效的深度学习捷径。

1.5 MindSpore 简介

MindSpore 是华为公司推出的新一代深度学习框架,是源于全产业的最佳实践,最佳匹配昇腾处理器算力,支持终端、边缘、云全场景灵活部署,开创全新的 AI 编程范式,降低 AI 开发门槛。

2018 年华为全联接大会上提出了人工智能面临的十大挑战,其中提到训练时间少则数日多则数月,算力稀缺昂贵且消耗大,仍然面临没有"人工"就没有"智能"等问题。这是一项需要高级技能的专家的工作,高技术门槛、高开发成本、长部署周期等问题阻碍了全产业 AI 开发者生态的发展。为了助力开发者与产业更加从容地应对这一系统级挑战,新一代 AI 框架 MindSpore 具有编程简单、端云协同、调试轻松、性能卓越、开源开放等特点,降低了 AI 开发门槛。

1.5.1 编程简单

MindSpore 函数式可微分编程架构可以让用户聚焦模型算法数学原生表达。资深的深度学习开发者都体会过手动求解的过程,不仅求导过程复杂,结果还很容易出错。所以现有深度学习框架,都有自动微分的特性,帮助开发者利用自动微分技术实现自动求导,解决这个复杂、关键的过程。

深度学习框架的自动微分技术根据实现原理的不同,分为以 Google 的 TensorFlow

为代表的图方法，以 Facebook 的 PyTorch 为代表的运算符重载，以及以 MindSpore 为代表的源码转换方法(Source to Source，S2S 自动微分技术)，如图 1.1 所示。

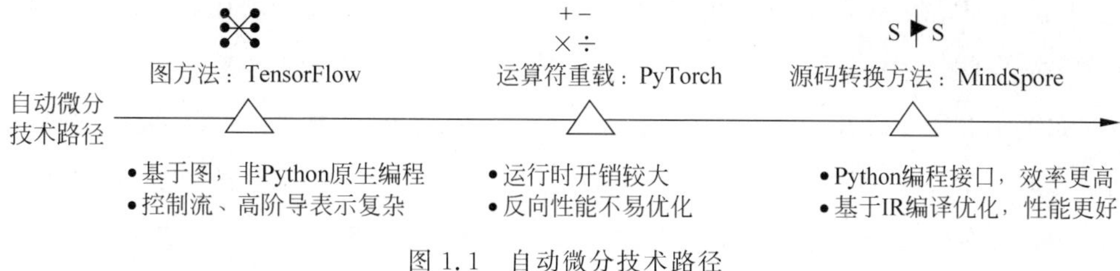

图 1.1　自动微分技术路径

图方法实现简单，并且图的数据结构容易进行优化和并行。不过图方法的可编程性一直饱受争议，用户需要理解图的概念和接口，例如数据节点、通信节点、计算节点、数据边、依赖边、引用边等，存在一定的学习成本。并且，在图方法中控制流、高阶导的表示较为复杂。

运算符重载方式比较符合用户尤其是研究人员的编程习惯，很受学术界欢迎。不过这种方式需要使用宿主语言(Host Language)的解释器，并且使用 Tape 模式去记录运行过程，所以开销比较大，同时这种动态方式也不利于反向性能优化。

S2S 自动微分技术，兼顾了可编程性和性能。一方面能够和编程语言保持一致的编程体验；另一方面它是中间表示(Intermediate Representation，IR)粒度的可微分技术，可复用现代编译器的优化能力，性能也更好。S2S 自动微分技术使用了高效易调试的可微编程架构。首先在接口层提供 Python 编程接口，包括控制流表达，利于用户快速入门，如代码 1.1 所示。第一步用 Python 代码定义一个计算图(函数)。第二步，利用 MindSpore 提供的反向接口进行自动微分，这一步的结果是一个反向的计算图(函数)。第三步给定一些输入，就能获取第一步中的计算图(函数)在给定处的导数。在这个例子中，自动微分的结果是图中所有输入的导数。MindSpore 的反向接口同样提供选项计算某一个或者一部分输入的导数。

代码 1.1　原生 Python 编程体验

```
def cost(x, y): return x * (x + y)

@mindspore
def test_grad (x, y):
  return grad_all(cost)(x,y)

def main():
  test_grad (2, 1)
```

其次，IR(Intermediate Representation，中间表示)粒度的可微分技术能够把用户定义的网络源代码通过解析验证等过程转换为 MindSpore 定义的 IR，也就是 MindSpore IR，在 IR 的基础上应用 IR 更变器方法(IR Mutator Method)，最终生成反向代码。在此过程中，也应用了算子融合等技术进一步提升反向性能。

如图 1.2 所示，MindSpore 对控制流的表达包括循环和条件。可以看到代码编程风格与原生 Python 保持一致，更重要的是，与 Python 对控制流的表达不同的是，MindSpore 在生成控制流的反向时不会对循环进行展开，而通过在 IR 基础上进行反向计算，避免了表达式膨胀，从而提升性能。

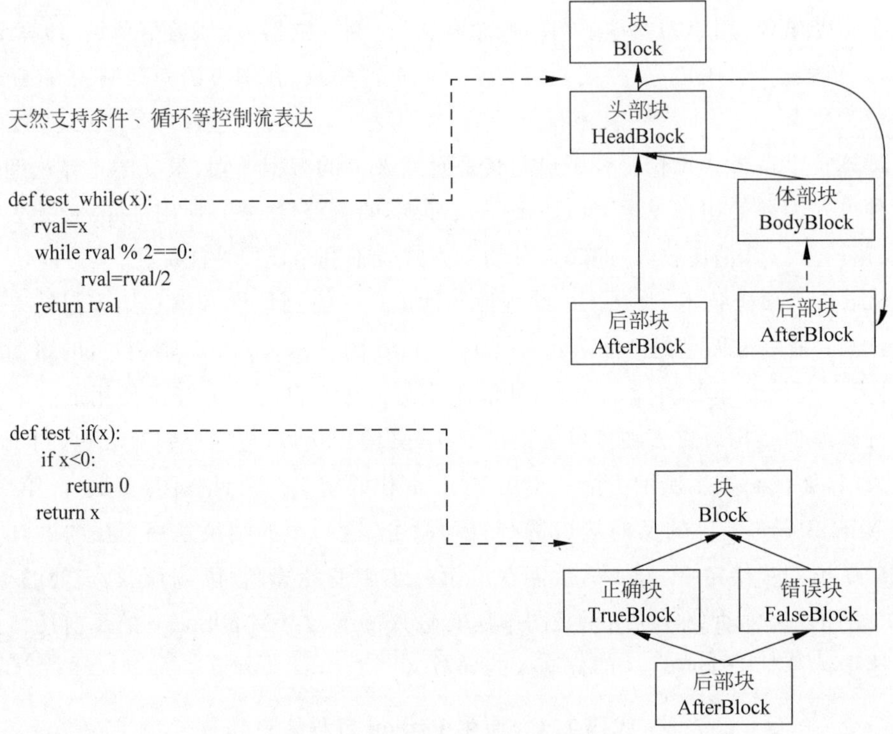

图 1.2　MindSpore 对控制流的表达

相比其他框架，用 MindSpore 可以降低核心代码量 20%，降低开发门槛，效率整体提升 50%以上。同时，能天然支持编译优化，进一步提升代码运行效率，有效降低科研工程门槛。MindSpore 自动微分代码如代码 1.2 所示。

代码 1.2　MindSpore 图层面的自动微分代码示例

```
class Net(Cell):
def __init__(self):
  self.w = Parameter(Tensor(np.ones([10])))
def forward(x, y):
  return x + y
#定义网络
net = Net()
x = Tensor(np.ones([10]))
y = Tensor(np.ones([10]))
#自动微分推导
gout = grad_all (net)(x, y)
```

除了图层面的自动微分以外，MindSpore 同时支持算子层面的自动微分。在提供了深度学习主要网络的算子的同时，MindSpore 自带的张量引擎（Tensor Engine）支持用户使用 Python DSL（Domain Specific Language）自定义算子，并且提供算子级的自动微分接口。通过使用 Python DSL，用户可以在 Python 中像写数学式一样自定义算子，如同数学中用公式定义函数一样，而张量引擎的算子自动微分接口可以直接对 DSL 定义的算子进行微分，正如数学中使用统一的微分符号表示求导一样，这样让代码的书写更加简洁直观，贴近用户的书写习惯，如代码 1.3 所示。这里的前向算子是用户用 DSL 自定义的算子，也是算子级自动微分的求解目标。接下来利用张量引擎提供的反向接口去推导出反向算子。对于多输入的算子，反向算子接口可以指定一个或者多个前向算子的输入，然后对这些输入同时进行自动微分计算。另外与图层面的自动微分不同，算子级的自动微分额外接收反向图中上一层算子（对应在正向图的下一层算子）的微分结果作为输入，然后使用链式法则计算出该层反向算子的结果。数学中高阶导数是通过对函数反复使用微分算子计算得到的，同样，在 MindSpore 中，用户可以对算子反复使用反向接口来计算算子的高阶导数。

代码 1.3　MindSpore 算子级自动微分代码示例

```
def sigmoid(x)
    #前向算子的 DSL 实现
    from te.lang.cce import vrec, vadds, vexp, vmuls
    res = vrec(vadds(vexp(vmuls(x, -1.0)), 1.0))
  return res

def sigmoid_ad(dout, x)
  import te
```

```
    #前向算子引用
    out = sigmoid(x)
    #前向算子自动微分后生成反向算子
    [dx] = te.differentiate(out, [x], dout)
    return dx
```

算子级的自动微分同样使用了 IR 方法，因此许多 IR 层面的优化技术可以应用在算子级的自动微分中。其中 MindSpore 的张量引擎根据深度学习的算子特征特别增加了 IR 层面的除零优化。未经优化的反向算子中可能存在大量的零元素，极大地影响求和等计算的效率。张量引擎的自动微分通过循环轴合并、循环域调度变换消除反向算子中的零元素，不仅能提高代码的运行效率，也使得代码简化让后续部署更加方便。此外 MindSpore 的张量引擎引入多项式(Polyhedral)模型，解决循环变形依赖问题，实现自动的算子调度，并且自动内存优化，实现内存最优排布、算子最佳性能。如此让用户从手写调度调优的细节中解放出来，更专注于算法本身。

MindSpore 的算子级自动微分接口不仅可以自动生成反向算子，更提供了进一步手动优化导数公式的可能。MindSpore 的算子级自动微分功能把算子分割成若干步简单函数的复合运算后，先是利用已知基础函数的导数和求导法则分布求导，然后利用链式法则计算复合函数的导数，最后通过张量引擎内置的数学公式简化器进行化简。这可以满足绝大部分用户对自动微分的需要。但是对部分有更高性能或者代码部署要求的用户，MindSpore 提供接口让用户可以用自己优化过的导数公式代替某一步或者若干步自动生成的微分，如代码 1.4 所示。虽然上面的例子中 MindSpore 业已完成 Sigmoid 函数的求导，但部分用户可能希望用手动推导的 Sigmoid 函数的导数 $\mathrm{d}y=y(1-y)$ 进行计算，这样可以利用前向函数计算的结果。这里把手动推导的导数公式放入函数 custom_sigmoid_fdiff 中，并在自动微分中重载这部分的求导。那么自动微分在保持其他部分自动生成的情况下，使用 custom_sigmoid_fdiff 作为输出对于 x 的导数进行运算。这样 MindSpore 保持了自动微分和手动调优的反向算子在风格上的统一，方便了图层对算子的调用。

代码 1.4 MindSpore 手动调优自动微分代码示例

```
def sigmoid _ad_optimized(dout, x)
    import te
    #前向算子引用
    out = sigmoid(x)
```

```
    # 手动调优
    def custom_sigmoid_fdiff(out, inputs, grad):
        return [out * (1.0 - out)]
    # 利用后生成反向算子
    [dx] = te.differentiate(out, [x], dout, override = {out: ([x], custom_sigmoid_
fdiff)})
    return dx
```

总而言之，MindSpore 在支持算子级自动微分的同时，对反向算子进行 IR 层面的优化，满足算子开发者自动生成反向算子的需求。同时 MindSpore 兼顾了用户对手动调优反向的需求，将自动和手动有机结合，简化了开发流程，提升了代码的可读性，增加了代码的运行效率。

1.5.2　端云协同

MindSpore 依托华为"端—边—云"的业务场景，在隐私保护日渐重要的情况下，致力于支持全场景部署，并打通云到端全流程。MindSpore 针对全场景提供一致的开发和部署能力，以及按需协同能力，让开发者能够实现 AI 应用在云、边缘和手机上快速部署，全场景互联互通，实现更好的资源利用和隐私保护，创造更加丰富的 AI 应用。

学术界和工业界没有对端云协同做系统的概念定义，一般认为涉及云和端交互的学习形态，即是端云协同系统。模型压缩、端侧推理、端侧训练、迁移学习、联邦学习等技术在端侧的应用都可以划分到端云协同的范畴。这些涉及在云侧构建、预训练或托管模型，在端侧执行或训练模型，以及云和端之间模型或权重的传输。

在端侧推理场景中，对云侧模型进行模型压缩并转换为端侧推理模型，使用端侧推理框架加载模型并对本地数据进行推理。但云侧预训练模型使用的数据集和端侧真实的数据存在差异，为了利用端侧真实数据训练模型，带来精准的个性化体验，端侧训练成为必然。由于端侧设备在算力、电量和数据量方面的限制，从头训练一个模型不切实际，因此迁移学习技术被用在了端侧学习中，可以大幅度降低端侧训练的难度。为了充分利用端侧数据和端侧训练能力，一些端云联合学习方法和框架被提出来，旨在联合多个端侧设备共同训练一个全局模型，并实现端侧隐私保护。Google 率先于 2016 年提出了联邦学习方法和框架。杨强等又提出了横向联邦学习、纵向联邦学习、联邦迁移学习以及联邦强化学习等方法及对应的框架。端侧推理、迁移学习和联邦学习属于端云协同的不同阶段，如图 1.3 所示的 MindSpore 端云协同框架融合了这三种形态并打通了云到端全流程。

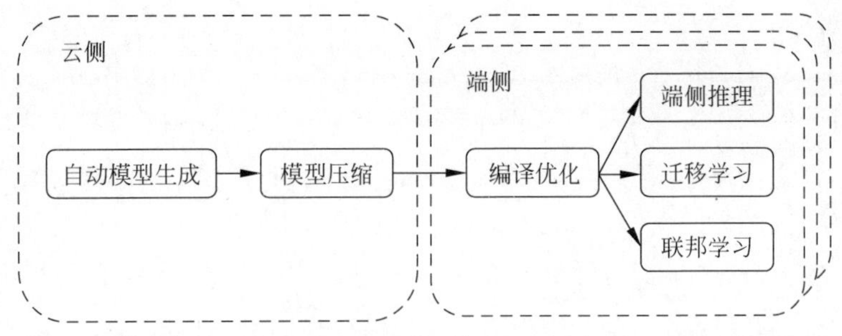

图 1.3　端云协同框架示意图

MindSpore 端云协同框架整合了 MindSpore 云侧框架、MindSpore 端侧框架，并打通了模型生成、模型压缩、编译优化和端侧学习的全流程。MindSpore 提供神经架构搜索(Neural Architecture Search，NAS)能力用于自动化生成模型，构建模型库。MindSpore 模型压缩模块用于对模型库中的模型进行剪枝和量化。MindSpore 提供了编译优化能力用于转换和优化模型，并通过神经处理单元(Neural-network Processing Unit，NPU)、图形处理单元(Graphics Processing Unit，GPU)或 ARM NEON① 等加速算子执行。MindSpore 端云协同框架具有如下多种特性②。

(1) 快速多处部署。实际场景中，模型需要快速适配不同机型硬件。通过神经架构搜索技术构建多元化的模型库，适配多种机型。针对特定应用场景，从模型库中搜索满足性能约束的模型，拿来即用，无须重复训练。

(2) 全栈性能优化。结合神经架构搜索、模型压缩(剪枝、蒸馏、量化)、编译优化(算子融合、常量折叠、硬件加速)等手段优化模型精度、大小、时延，追求极致性能。

(3) 灵活易用。支持多种策略，如模型生成、模型压缩和编译优化组合使用。打通云到端全流程，集中管理全流程策略和配置，方便使用。

(4) 多种学习形态。MindSpore 端云框架逐步支持多种学习形态，比如支持当前业界常用的端侧推理形态，并逐步支持迁移学习、联邦学习等需要端侧训练能力的高级学习形态，满足开发者各种各样的场景需求。

1.5.3　调试轻松

MindSpore 实现看得见的 AI 开发、更轻松的调试体验、动静结合的开发调试模式。开发者可以只开发一套代码，通过变更一行代码，从容切换动态图/静态图调试方式。需要高频调试时，选择动态图模式，通过单算子/子图执行，方便灵活地进行开发

① 参考链接：https://developer.arm.com/architectures/instruction-sets/simd-isas/neon。

② MindSpore 端云协同框架处于开发迭代中，其支持特性以官网公布的为准。

调试。需要高效运行时，可以切换为静态图模式，对整张图进行编译执行，通过高效的图编译优化，获得高性能。MindSpore 切换调试模式代码如代码 1.5 所示。

代码 1.5　MindSpore 切换调试模式代码

```
def ssd_forward_run():
  net = ssd_resnet34_224(batch_size = 8)
  # 切换到图执行模式
  context.switch_to_graph_mode()
  model.train(epoch = 10, train_dataset = dataset)
  # 切换到调试执行模式
  context.switch_to_pynative_mode()
  model.train(epoch = 10, train_dataset = dataset)
```

1.5.4　性能卓越

MindSpore 通过 AI Native 执行新模式，最大化发挥了“端—边—云”全场景异构算力。它还协同华为昇腾芯片 On Device 执行、高效 AI 数据格式处理、深度图优化等多维度达到极致性能，帮助开发者缩短训练时间，提升推理性能。此外，数据集、模型越来越大，单机的内存和算力无法满足需求，需要模型并行；模型手动切分门槛高，开发效率低，调试困难。MindSpore 可以通过灵活的策略定义和代价模型，自动完成模型切分与调优，获取最佳效率与最优性能。MindSpore 自动并行代码如代码 1.6 所示。

代码 1.6　MindSpore 自动并行代码示例

```
def ssd_forward_compile_auto_parallel(loss, opt, dataset):
  net = ssd_resnet34_224(batch_size = 8)
  #定义分布式优化器
  distributed_opt = DistributedOptimizer(optimizer = opt, degree = 1)
  #在 8 块设备之间进行自动并行
  model = Model(net, loss, distributed_opt, data_parallel_size = 8)
  model.train(epoch = 10, train_dataset = dataset)
```

1.5.5　开源开放

MindSpore 致力于 AI 开发生态的繁荣，开源开放可扩展架构，助力开发者灵活扩展第三方框架、第三方芯片支持能力，让开发者实现各种定制化需求。MindSpore 将在门户网站、开源社区提供更多学习资源、支持与服务。

第2章

深度学习基础知识

本章介绍了深度学习相关的几个常用算法和基本概念。

2.1 回归问题算法

回归问题算法通常是利用一系列属性来预测一个值,预测的值是连续的。例如给出一套房子的一些特征数据,如面积、卧室数等来预测房价,利用最近一周的气温变化和卫星云图来预测未来的气温情况等。如果一套房子实际价格为500万元,通过回归分析的预测值为499万元,则认为这是一个比较好的回归分析。在机器学习问题中,常见的回归分析有线性回归(Linear Regression)、多项式回归(Polynomial Regression)、逻辑回归(Logistic Regression)等。本节重点介绍线性回归算法,逻辑回归将在2.3节重点阐述。

线性回归是一个很简单的回归算法,使用它可以快速地了解很多关于深度学习的基础知识。首先看一个只有一个特征值的线性回归问题,给定数据如表2.1所示。

表2.1 给定数据

x	−12	−4	1	10	20	29	43	60	…
y	0	2	3	5	8	7	10	15	…

这些给定的数据也叫作数据集(Dataset),把每组数据记作$(x^{(i)},y^{(i)})$,一共有m组数据。目标就是给出一个模型,根据新给定的x值预测y的值。对于线性回归,使用的模型是一个线性函数,公式如下:

$$h(x^{(i)})=w_0+w_1x^{(i)} \tag{2.1}$$

式中,w_0,w_1——最终需要训练得到的参数。

这个模型也叫作假设(Hypothesis),线性回归的目标就是找到一组最优的 w_0 和 w_1,使假设贴近表 2.1 中的数据集。如图 2.1 所示,希望训练得到的 w_0 和 w_1 能够尽可能拟合所给定的数据集。

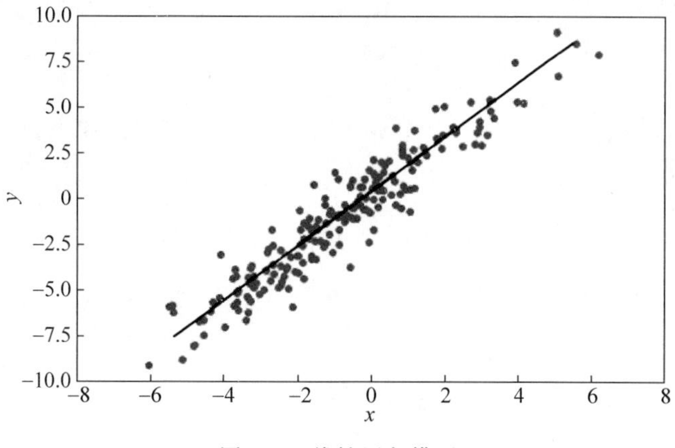

图 2.1 线性回归模型

那么如何得到最优的 w_0 和 w_1 呢?将训练的目标转换为最小化下面的函数:

$$J(\boldsymbol{w})=\frac{1}{2m}\sum_{i=1}^{m}(h(x^{(i)})-y^{(i)})^2 \tag{2.2}$$

这个需要被最小化的函数就叫作损失函数(Loss Function),损失函数类型可以有很多种,上面用的这种叫作均方误差(Mean Square Error),常用于解决回归问题,此外交叉熵误差(Cross Entropy Loss)函数常被用于解决分类问题,即:

$$J(\boldsymbol{w})=-\frac{1}{m}\sum_{i=1}^{m}y^{(i)}\log h(x^{(i)})+(1-y^{(i)})\log(1-h(x^{(i)})) \tag{2.3}$$

可以看到,最终的优化目标就是最小化预测值 $h(x^{(i)})$ 与训练数据中实际的标签 $y^{(i)}$ 的误差。

在上述情景中,为了便于理解,输入数据 x 只有一条属性,实际应用中往往会涉及 n 个属性($n\geqslant 1$),此时需要训练得到 $n+1$ 个参数 $\boldsymbol{w}$,$\boldsymbol{w}=[w_0,w_1,\cdots,w_n]$,其中 w_0 为偏置(Bias),$w_i(i=1,2,\cdots,n)$为第 i 条属性的权重(Weight)。综上,可以把回归问题统一表示为以下形式:

(1) 数据集

$$\{(x^{(i)},y^{(i)})\}_{i=1}^{m},\quad \boldsymbol{x}=[x_1,x_2,\cdots,x_n] \tag{2.4}$$

(2) 参数

$$\boldsymbol{w}=[w_0,w_1,\cdots,w_n] \tag{2.5}$$

(3) 假设

$$h(x^{(i)}) = w_0 + \sum_{j=1}^{n} w_j x_j^{(i)} \tag{2.6}$$

(4) 损失函数

$$J(\boldsymbol{w}) = \frac{1}{2m} \sum_{i=1}^{m} (h(x^{(i)}) - y^{(i)})^2 \tag{2.7}$$

为方便表达,把数据集表示为一个 $m \times (n+1)$ 的矩阵 $\boldsymbol{X}$,其中每一行的第一个元素恒为 1,其后为 $x^{(i)}$ 的 n 个属性,即:

$$\boldsymbol{X} = \begin{bmatrix} 1 & x_1^{(1)} & x_2^{(1)} & \cdots & x_n^{(1)} \\ 1 & x_1^{(2)} & x_2^{(2)} & \cdots & x_n^{(2)} \\ \vdots & \vdots & \vdots & \ddots & \vdots \\ 1 & x_1^{(m)} & x_2^{(m)} & \cdots & x_n^{(m)} \end{bmatrix} \tag{2.8}$$

同时,把目标值也记为向量形式 $\boldsymbol{y} = (y^{(1)}; y^{(2)}; \cdots; y^{(m)})$,则线性回归问题可以表示为:

$$\boldsymbol{w}^* = \underset{\boldsymbol{w}}{\operatorname{argmin}} \frac{1}{2m} (\boldsymbol{y} - \boldsymbol{X}\boldsymbol{w})^{\mathrm{T}} (\boldsymbol{y} - \boldsymbol{X}\boldsymbol{w}) \tag{2.9}$$

为了求解极值 $\boldsymbol{w}^*$,对 $\boldsymbol{w}$ 求梯度得到:

$$\frac{\partial J(\boldsymbol{w})}{\partial \boldsymbol{w}} = \frac{1}{m} \boldsymbol{X}^{\mathrm{T}} (\boldsymbol{X}\boldsymbol{w} - \boldsymbol{y}) \tag{2.10}$$

当 $\boldsymbol{X}^{\mathrm{T}}\boldsymbol{X}$ 为满秩矩阵或正定矩阵时,令梯度 $\frac{\partial J(\boldsymbol{w})}{\partial \boldsymbol{w}} = \boldsymbol{0}$,可得:

$$\boldsymbol{w}^* = (\boldsymbol{X}^{\mathrm{T}}\boldsymbol{X})^{-1} \boldsymbol{X}^{\mathrm{T}} \boldsymbol{y} \tag{2.11}$$

式中,$(\boldsymbol{X}^{\mathrm{T}}\boldsymbol{X})^{-1}$——矩阵 $\boldsymbol{X}^{\mathrm{T}}\boldsymbol{X}$ 的逆矩阵。

在解得 $\boldsymbol{w}^*$ 之后,对于任意的样本 $\boldsymbol{x}$,令 $\hat{\boldsymbol{x}} = [1, \boldsymbol{x}]$,则可以预测其回归值为:

$$h(\boldsymbol{x}) = \hat{\boldsymbol{x}}^{\mathrm{T}} (\boldsymbol{X}^{\mathrm{T}}\boldsymbol{X})^{-1} \boldsymbol{X}^{\mathrm{T}} \boldsymbol{y} \tag{2.12}$$

然而,在现实应用之中,往往很难使 $\boldsymbol{X}^{\mathrm{T}}\boldsymbol{X}$ 满足满秩或者正定矩阵的条件。例如在一些任务中,可能遇到大量的属性,其数目甚至超过样本个数 m,即 $n \geqslant m$,导致样本矩阵 $\boldsymbol{X}$ 的列数明显多于行数,此时 $\boldsymbol{X}^{\mathrm{T}}\boldsymbol{X}$ 将不会满秩。

此外,尽管在线性回归问题中,令 $\frac{\partial J(\boldsymbol{w})}{\partial \boldsymbol{w}} = \boldsymbol{0}$ 可以得到最优参数 $\boldsymbol{w}^*$ 的解析解,但对于更复杂一些的模型或损失函数,通常不存在解析解。2.2 节将介绍在机器学习领域中运用更为广泛的梯度下降算法,该算法通过最小化损失函数,训练得到所要求解

的参数 w^*。

2.2　梯度下降算法

梯度下降(Gradient Descent)算法是一个一阶最优化算法，通常也称为最速下降算法。为了找到一个损失函数(或目标函数)的局部最小值，必须向函数前点对应梯度(或者近似梯度)的反方向移动适当的距离，从而实现迭代搜索。如果相反地向梯度正方向迭代进行搜索，则会接近函数的局部最大值点，这个相反的过程被称为梯度上升算法。本节以梯度下降算法为例进行探讨。

梯度下降算法基于以下观察：如果实数函数 $J(\boldsymbol{w})$ 在 $\boldsymbol{w}$ 处可微且有定义，那么函数 $J(\boldsymbol{w})$ 在 $\boldsymbol{w}$ 点沿着梯度相反的方向 $-\nabla J(\boldsymbol{w})$ 下降最快。如图 2.2 所示，沿中间路线的梯度的相反方向下山，要远比左侧和右侧路线所走的路程要短。

图 2.2　山脉上的梯度

基于此，梯度下降算法的思想包括以下部分。

(1) 选定一个初始点 $\boldsymbol{w}_0$。

(2) 沿梯度反方向逐步更新参数，即 $w_t = w_{t-1} - \alpha\ \nabla J(w_{t-1})$ 直至收敛。

这里 $\alpha > 0$，α 为步长(Step Size)，又称为学习率(Learning Rate)，它的值可以在训练之前设为定值，也可以根据训练情况调整。基于梯度的定义，对于足够小的 α 值，有 $J(w_t) \leqslant J(w_{t-1})$。那么从 w_0 出发，如果给定合适的步长，会逐步得到更小的损失函

数 $J(w_0) \geqslant J(w_1) \geqslant J(w_2) \geqslant \cdots$。如果顺利，序列 w_t 将逐渐收敛到损失函数的极小值，这一过程如图 2.3 所示。

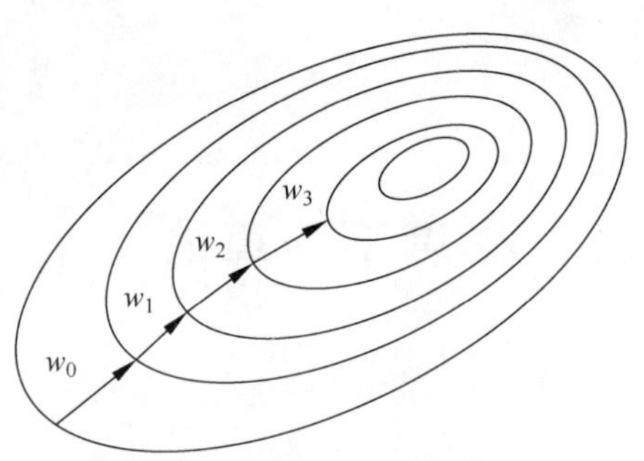

图 2.3　梯度下降算法的描述

假设损失函数 J 定义在平面上，并且函数图像类似于一个碗形容器。椭圆形的曲线代表等高线，即函数 J 为常数的集合构成的曲线，越往中间值越小。任意选择一个初始点 w_0，箭头指向该点梯度的反方向（梯度方向与该点为等高线垂直），逐步沿着梯度下降方向更新参数 $\boldsymbol{w}$，将最终到达碗底，即函数 J 的极小值点。

2.1 节把求解线性回归问题转换为求最小化损失函数 $J(\boldsymbol{w})$ 问题，那么就可以用梯度下降算法来求解。对于一组给定的数据集 $\{(x^{(i)}, y^{(i)})\}$，根据 $\boldsymbol{x}$ 的属性个数定义参数 $\boldsymbol{w}$，线性方程 $h(x^{(i)})$ 与损失函数的关系如下：

$$J(\boldsymbol{w}) = \frac{1}{2m}\sum_{i=1}^{m}(h(x^{(i)}) - y^{(i)})^2 \tag{2.13}$$

随机选取一个初始点 w_0 及合适的步长 α，计算梯度公式为：

$$\nabla J(\boldsymbol{w}) = \frac{1}{m}\sum_{i=1}^{m}(h(x^{(i)}) - y^{(i)})\hat{x}^{(i)} \tag{2.14}$$

式中，$\hat{x}^{(i)} = [1, x^{(i)}]$，在原属性向量上添加了一个常数 1 的维度，用于更新偏置参数 w_0。

基于梯度 $\nabla J(\boldsymbol{w})$，可以逐步更新 w_t，通过 $w_t = w_{t-1} - \alpha\ \nabla J(w_{t-1})$ 得到最优的参数值。梯度下降算法不仅用于线性回归，机器学习中很多问题都可以通过梯度下降算法最小化损失函数来解决。

梯度下降算法又称批量梯度下降（Batch Gradient Descent）算法，这里的批量是指用到了所有的训练样本个数 m。在实际问题中，往往有相当多的样本数，例如一个学校的学生人数、银行里的客户数目、硬盘里的图片等。尤其对于复杂的学习模型，如深度神经网络，其参数本身就很庞大，如果每次计算梯度都用到所有的数据样本，那么计算量将是相当大的，甚至是不可计算的。事实上可以将该算法想象成一个随机的过程，也就是每次仅随机抽取一个点，在期望上与所有点加起来的平均大体相似。这样就可以用单个点的梯度代替平均的梯度，该单个点的梯度叫随机的梯度，整体的梯度可以看成是随机梯度的期望值。基于随机梯度下降的线性规划问题迭代算法涉及公式如下：

$$w_t = w_{t-1} - \alpha(h(x^{(i)}) - y^{(i)})\hat{x}^{(i)} \tag{2.15}$$

式中，$x^{(i)}$——第 t 次迭代时，从 m 个数据样本中随机采样到的样本。

由于每次更新只用到一个样本，而不用遍历所有数据集，迭代速度就会很快，但是迭代次数以及收敛的极小值可能不是最优的，因为随机采样的偏差会导致每次选取的梯度方向不一定是最优的。

在实际应用中，使用更广泛的是一种被称为小批量(Mini-batch)梯度下降的算法，这是介于批量梯度下降算法和随机梯度下降算法之间的折中算法。每次随机选取样本数量为 $b(b<m)$ 的小批量样本。这样一方面节省了计算整个批量的时间，同时用小批量计算的梯度方向也会比基于一个样本的随机梯度方向更加准确。小批量梯度下降算法如算法 2.1 所示。

算法 2.1　小批量梯度下降算法

输入：数据集 $\{(x^{(i)}, y^{(i)})\}_{i=1}^{m}$，步长为 α，小批量训练样本的大小为 b，迭代次数为 T

输出：收敛的参数 w_T

(1) 初始化参数 w_0

(2) for $t \in \{1,2,\cdots,T\}$

(3) 　从 m 个样本中均匀随机选取 b 个样本

(4) 　计算梯度并更新参数：

$$w_t \leftarrow w_{t-1} - \frac{\alpha}{b}\sum_{i \in m_b} \partial_w J_i(\boldsymbol{w}) \tag{2.16}$$

算法 2.1 概括了小批量梯度下降算法的主要流程，其中 m_b 为从 m 个样本中随机采样的 b 个样本的索引集合，$J_i(w)$为第 i 个样本上的损失函数。步长的选择、收敛的条件等问题将在以后部分介绍。

2.3　分类问题算法

与回归问题不同的是，分类问题的输出不再是连续值，而是离散值，即样本的类别。分类问题在现实中的应用非常广泛，例如区分图片上的猫和狗、手写数字识别、垃圾邮件分类、人脸识别等。分类问题有二分类（“是”或“不是”）和多分类（多个类别中判别哪一类），而所有的多分类问题都可以转换成多个二分类问题，例如在动物分类的时候，可以逐步对猫、狗等每种动物都进行“是”或“不是”的判别，从而实现多分类的目标。本节主要以二分类问题来讨论。

首先思考一个问题：能不能用回归问题的解法求解分类问题呢？答案是可以的。分类问题与普通回归问题最主要的区别在于要拟合的不是直线或曲线，而是一系列离散值。2.1 节中提到的逻辑回归就可以很好地拟合线性二分类问题。

逻辑回归基于如图 2.4 所示的逻辑函数(Logistic Function，又称为对数概率函数)，即：

$$\mathrm{sigmoid}(x)=\frac{1}{1+\mathrm{e}^{-x}} \tag{2.17}$$

式中，$\mathrm{e}^{(\cdot)}$——指数函数。

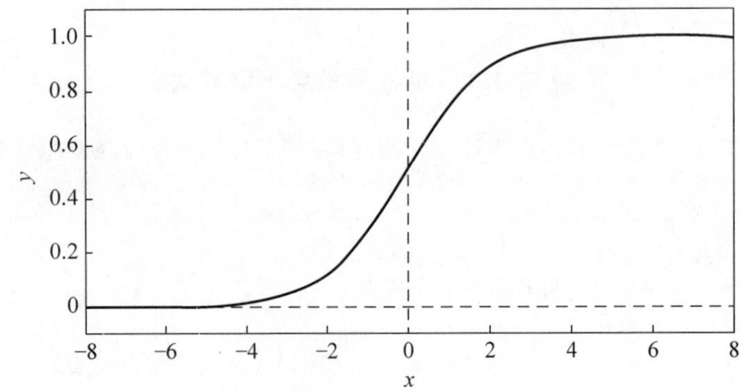

图 2.4　逻辑函数 $\mathrm{sigmoid}(x)=\frac{1}{1+\mathrm{e}^{-x}}$

对于任意给定的输入值 x，逻辑函数将其映射到范围为 0～1 的一个数值。当 $x>0$ 时，输出值更接近 1；当 $x<0$ 时，输出值更接近 0；$x=0$ 时为拐点，拥有最大斜率值。逻辑函数的输出值，通常被看作输出为 1 的概率。此外，逻辑函数的一个重要的性质在于，它是一个单调可微的函数，保证了可以使用梯度下降算法来训练模型。

对于给定样本属性 $\boldsymbol{x}$，假设标签 $y\in\{0,1\}$，预测值 $z(\boldsymbol{x})=\boldsymbol{w}^{\mathrm{T}}\hat{\boldsymbol{x}}$，这里 $\hat{\boldsymbol{x}}=[1,\boldsymbol{x}]$。对于分类问题，若 $z(\boldsymbol{x})>0$，则预测值为 1；若 $z(\boldsymbol{x})<0$，则预测值为 0。这样就可以将预测值 $z(\boldsymbol{x})$ 代入逻辑函数，得到：

$$h(\boldsymbol{x})=\frac{1}{1+\mathrm{e}^{-\boldsymbol{w}^{\mathrm{T}}\hat{\boldsymbol{x}}}} \tag{2.18}$$

从概率的角度来讲，可以把分类概率表达为 $P(y=1|\boldsymbol{x},\boldsymbol{w})=\frac{1}{1+\mathrm{e}^{-\boldsymbol{w}^{\mathrm{T}}\hat{\boldsymbol{x}}}}$，同样地，

有 $P(y=0|\boldsymbol{x},\boldsymbol{w})=\frac{1}{1+e^{\boldsymbol{w}^{T}\hat{\boldsymbol{x}}}}$。

对于给定数据集 $\{(x^{(i)},y^{(i)})\}_{i=1}^{m}$，在线性回归问题中，优化目标是最小化均方差，而在逻辑回归模型中，优化目标是最大化似然函数 L，其计算公式为：

$$L(\boldsymbol{w})=\prod_{i=1}^{n}P(y^{(i)}\mid x^{(i)},\boldsymbol{w})=\prod_{i=1}^{n}(h(x^{(i)}))^{y^{(i)}}(1-h(x^{(i)}))^{1-y^{(i)}} \tag{2.19}$$

然而当样本数过大时，由于计算机浮点数的特性，很容易导致数值溢出，同时就计算梯度而言，连续加和的形式要比连续相乘容易。因此在实际应用中，往往对多个连续相乘项取对数处理，即使用如下公式的对数似然函数：

$$l(\boldsymbol{w})=\log L(\boldsymbol{w})=\sum_{i=1}^{n}y^{(i)}\log(h(x^{(i)}))+(1-y^{(i)})\log(1-h(x^{(i)})) \tag{2.20}$$

现在就可以用2.2节中介绍的梯度下降算法，以最小化损失函数来训练参数 $\boldsymbol{w}$，即：

$$J(\boldsymbol{w})=-\sum_{i=1}^{n}y^{(i)}\log(h(x^{(i)}))+(1-y^{(i)})\log(1-h(x^{(i)})) \tag{2.21}$$

这个损失函数又被称为交叉熵函数(Cross Entropy)。当 $y^{(i)}$ 的值分别为1或0时，单个样本上的损失函数 $J(x^{(i)},y^{(i)},\boldsymbol{w})$ 分别对应式(2.21)的左或右部分。如图2.5所示，当 $y^{(i)}=0$ 时，如果 $h(x^{(i)})$ 越趋近于0，则损失函数值越小，同时斜率也越缓和；当 $y^{(i)}=1$ 时，则相反。逻辑函数对于分类错误的样本，将会产生更大的惩罚值和更大的梯度。

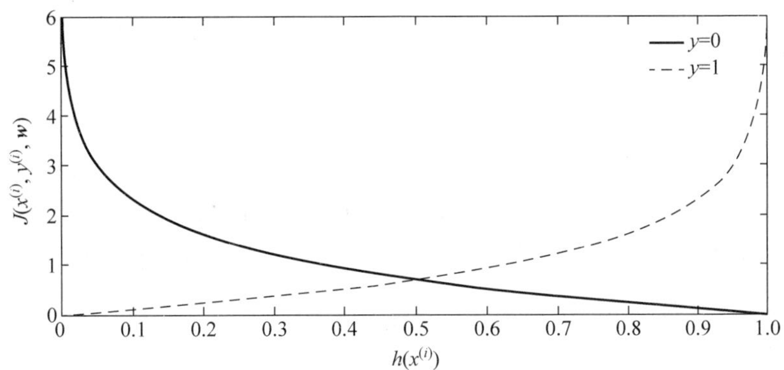

图2.5 单个样本与损失函数的关系曲线

逻辑回归模型从回归概率的角度定义了线性二分类问题。图2.6(a)给出了线性分类器的图形表示，深色样本为 $y=0$，浅色样本为 $y=1$，而中间的曲线为训练得到的

线性分类边界 $z(\boldsymbol{x})=\boldsymbol{w}^{\mathrm{T}}\boldsymbol{x}=0$。当 $z(\boldsymbol{x})<0$,即点在分界线的上方时,预测值为 0,反之预测值为 1。

线性分类器具有很好的可解释性,然而如图 2.6(b)所示的非线性分类器,实际中样本的分界线往往不是线性的。这个时候需要定义不同的参数模型,如多项式模型、支持向量机、神经网络(Neural Network)模型等,学习复杂的非线性的分类器。但值得注意的是,同样可以把非线性分类问题拆分为两部分:

(1) 通过特征函数将样本映射到线性空间。

(2) 利用线性分类模型学习最终分类边界。

第 3 章将介绍如何利用逻辑回归模型来训练神经网络。

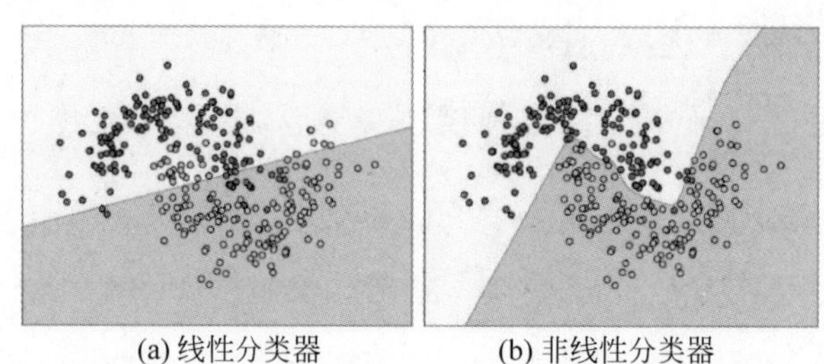

(a) 线性分类器　　(b) 非线性分类器

图 2.6　线性分类器与非线性分类器表示图

2.4　过拟合与欠拟合

在机器学习中,过拟合(Overfitting)与欠拟合(Underfitting)都是指模型选择不能够很好地拟合数据本身,即模型过于复杂或过于简单。一个过拟合的模型往往有着比数据本身特性更多的参数,为了拟合尽可能多的数据,甚至包括一些错误的样本,这些参数会因过度拟合数据而产生一些噪声。而欠拟合与之相反,其原因是选择的参数或模型不够复杂,例如用线性模型去拟合非线性结构,显然是欠拟合的。

图 2.7 表示了在分类问题中出现的过拟合与欠拟合问题。对于这样的非线性模型,如果采用图 2.7(a)的线性模型,显然无法去拟合非线性的分界线,这种情况为欠拟合,模型将无法得到很好的预测效果。而为了拟合尽可能多的数据,可能选择了图 2.7(c)中曲线所示的复杂模型,尽管这样的模型将数据 100%地区分开了,但并没有很好地拟合

数据特征，对于一个新来的测试点，这个过拟合的模型很可能出现区分错误，这样的模型叫作过拟合。而图 2.7(b)中的曲线则为一个更好的模型，具有更好的泛化能力。

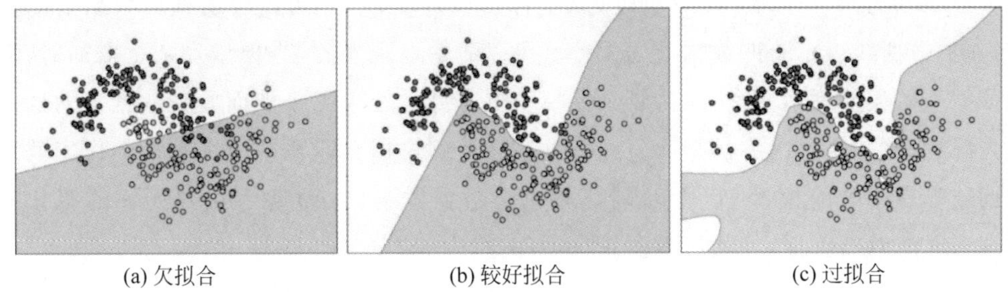

图 2.7　分类问题中的欠拟合、较好拟合和过拟合

如图 2.8 所示的回归问题，如果用浅色的多项式曲线去拟合，尽管可以完美拟合所有数据点，但失去了数据本身的特性，并且无法很好地得到泛化。例如左侧第一和第二个点之间任意一个未知数据点，预测值将会非常大，导致很大的偏差。相反，深色的线性模型反映了数据本身的变化趋势，在预测新的数据点时，可以达到更高的准确度。

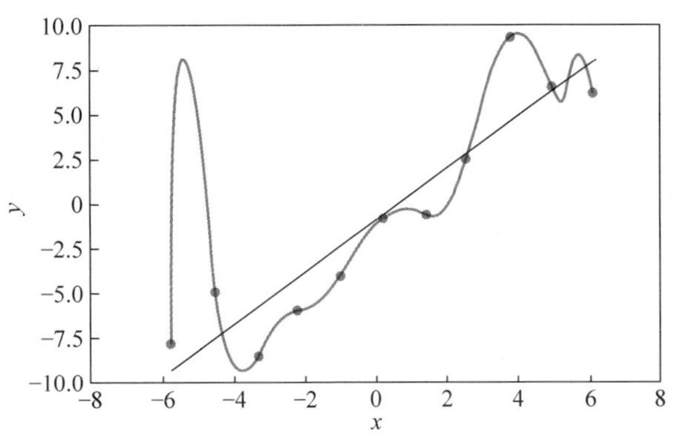

图 2.8　回归问题中的过拟合

在上述问题中，从图形的角度理解了过拟合和欠拟合的概念，下面将从数据的角度解释这两个概念。

在一个机器学习问题中，数据包含训练数据(Training Data)和测试数据(Testing Data)，模型需要在训练数据上选择与训练，而测试数据对于模型是不可见的，对于一个欠拟合的模型，在训练数据上效果就会很差，这个很容易鉴别，那怎么知道模型是否过拟合呢？采用的做法是，在训练数据中抽出一部分样本，构成一个验证数据

(Validation Data),假设验证数据的分布和训练数据、测试数据相似,可以通过验证数据上的表现来判定模型是否过拟合。

图 2.9 的横坐标为模型复杂度,纵坐标为误差值,下方曲线表示训练数据上的误差,而上方曲线表示验证数据上的误差。可以清楚地观察到,当模型复杂度增加时,训练数据上的误差逐渐变小,因为复杂的模型更容易拟合数据。然而验证数据上的误差是先降后升的,这是因为模型从欠拟合逐渐过渡到过拟合阶段。验证数据的作用就是帮助选择虚线处的模型,它可以最好地拟合数据本身,从而期望达到更好的泛化效果——算法对新鲜样本(测试数据)有更好的适应能力。

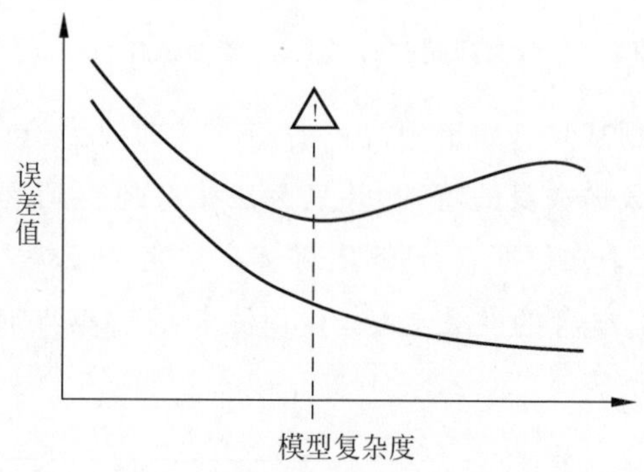

图 2.9 模型过拟合与欠拟合

第 4 章将介绍增强模型泛化能力来防止过拟合的一些方法,控制模型复杂度,可以缓解过拟合,学习到隐藏在数据背后的规律。

第3章

深度神经网络

本章介绍了深度神经网络的几个相关概念，并给出了用 MindSpore 实现简单神经网络的样例。

3.1 前向网络

深度学习(Deep Learning)与传统机器学习最大的不同在于其利用神经网络对数据进行高级抽象。而最基础的神经网络结构为前向神经网络(Feed forward Neural Network，FNN)，又称多层感知机(Multi-Layer Perceptron，MLP)。

在介绍多层感知机之前，先来认识一下神经网络的基础单元——感知机。如图3.1所示，$x_1, x_2, \cdots, x_n$ 为输入，$w_1, w_2, \cdots, w_n$ 为与之对应的权重，w_0 为偏置。感知机对这些输入进行加权求和，再加上偏置值 w_0，最后通过激活函数 $f(\cdot)$ 得到神经元的输出。在分类问题中提到的逻辑函数 $\mathrm{sigmoid}(x)=\frac{1}{1+\mathrm{e}^{-x}}$ 为一种常用的激活函数(Activation Function)，目的是将一个在较大范围变化的值挤压到(0,1)的输出值范围

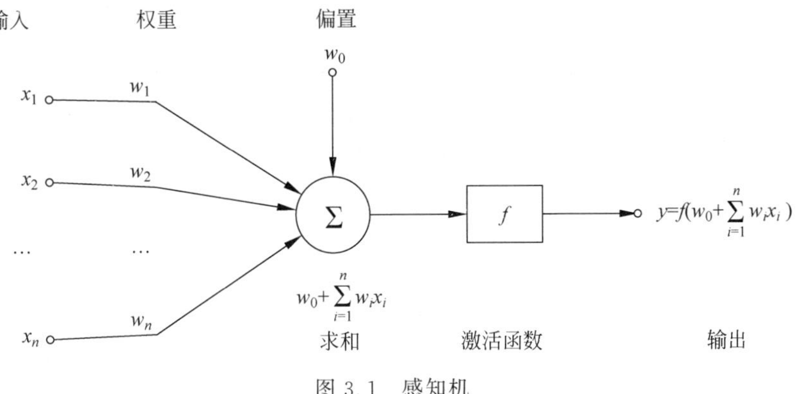

图3.1 感知机

内,或者输出 0/1 对应的概率值。此外,双余弦函数 $\tanh(x)=\frac{e^x-e^{-x}}{e^x+e^{-x}}$ 以及修正线性单元(Rectified Linear Unit,ReLU)函数 $\text{ReLU}(x)=\max(x,0)$ 也经常作为神经元的激活函数。这些激活函数的目的都是为神经元带来非线性运算。相比线性函数而言,非线性函数的表达能力更强,图 3.2 展示了这三种激活函数的形状。

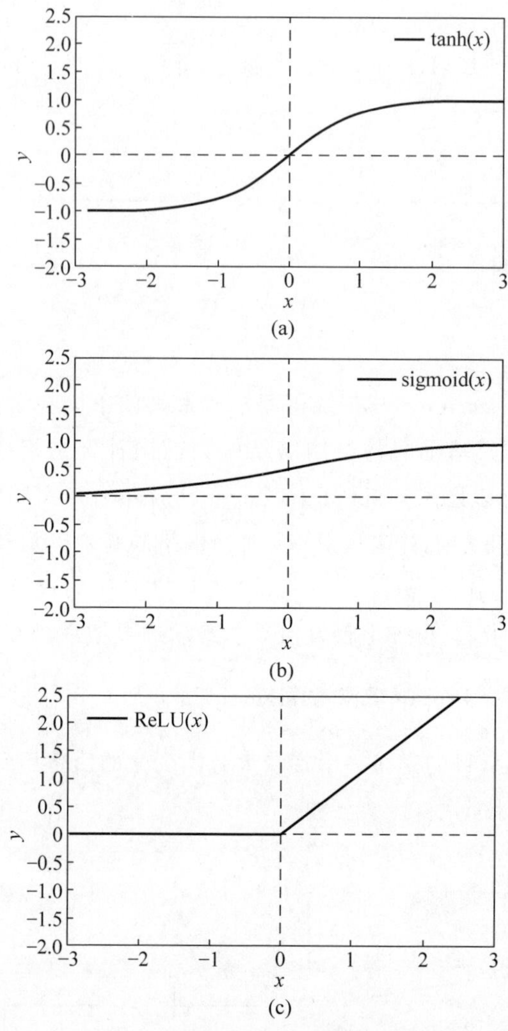

图 3.2 常见的三种激活函数的形状

尽管非线性激活函数的单个神经元带来了非线性特征,但它只拥有一层神经元,学习能力非常有限,仍然只能处理线性可分的问题。为了解决更复杂的非线性可分问题,多层感知机(MLP)被提出。

图 3.3 为一个简单的三层前向神经网络模型，包括输入层、隐藏层和输出层。数据 x 作为输入提供给输入层，经过线性映射和非线性激活函数，得到隐藏层。隐藏层再经过一层运算得到输出层。其中输入层的节点数由数据本身的属性数量决定，输出层的节点数可以是类别个数、抽象特征个数等。隐藏层的层数人为指定，并且层数可以是一层或多层，每个隐藏层上都可设置一类非线性激活函数。经过线性组合与非线性变换，这个由多层神经元组成的函数模型，具有更强大的学习能力。

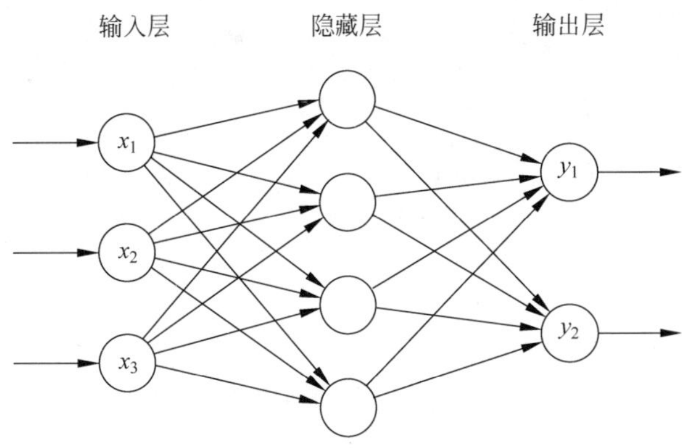

图 3.3　三层前向神经网络模型

3.2　反向传播

第 1 章中介绍了梯度下降算法训练回归模型，神经网络模型也一样需要使用梯度下降算法来更新参数。然而一个神经网络通常会有上百万的参数，那么如何高效地计算这百万级别的参数是需要重点考虑的问题。神经网络中使用反向传播(Backward Propagation)算法，使得计算梯度更加有效率。

在介绍反向传播之前，先来介绍一下链式法则。假设有两个函数 $y=g(x)$ 和 $z=h(y)$，那么 z 对 x 的求导过程如下：

$$\frac{\partial z}{\partial x}=\frac{\partial z}{\partial y}\frac{\partial y}{\partial x} \tag{3.1}$$

假设有三个函数 $x=g(s)$、$y=h(s)$ 和 $z=k(x,y)$，z 对 s 的求导过程如下：

$$\frac{\partial z}{\partial s}=\frac{\partial z}{\partial x}\frac{\partial x}{\partial s}+\frac{\partial z}{\partial y}\frac{\partial y}{\partial s} \tag{3.2}$$

神经网络的梯度计算，就是依赖链式法则一层层反向传播的。

如图 3.4 所示的前向神经网络，输入层有 n 个属性 $x_1,x_2,\cdots,x_n$，中间隐藏层有 p 个神经元，第 j 个神经元为 h_j，$j\in(1,p)$。

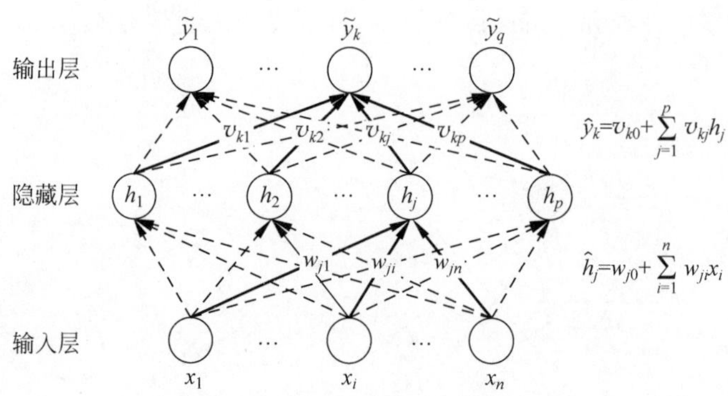

图 3.4　神经网络结构

输出层为 q 维。对隐藏层的每一个神经元 h_j，先经过一个线性变换，公式如下：

$$\hat{h}_j=w_{j0}+\sum_{i=1}^{n}w_{ji}x_i \tag{3.3}$$

式中，w_{j0}——偏置值；

$w_{j1},w_{j2},\cdots,w_{jn}$——作用在属性 $x_1,x_2,\cdots,x_n$ 上的权重。

$\hat{h}_j$ 输入给神经元后，经过激活函数的作用得到 $h_j=\alpha_1(\hat{h}_j)$。第二层同理有神经元输入：

$$\hat{y}_k=v_{k0}+\sum_{j=1}^{p}v_{kj}h_j \tag{3.4}$$

输出 $\tilde{y}_j=\alpha_2(\hat{y}_j)$。以上为前向神经网络的前向传播(Forward Propagation)过程。

对单个数据样本($\boldsymbol{x},\boldsymbol{y}$)，假设损失函数为均方差，则对第 k 个输出项的损失为：

$$J_k=\frac{1}{2}(\tilde{y}_k-y_k)^2 \tag{3.5}$$

通过链式法则，损失函数对权重 v_{kj} 的梯度为：

$$\frac{\partial J_k}{\partial v_{kj}}=\frac{\partial J_k}{\partial \tilde{y}_k}\cdot\frac{\partial \tilde{y}_k}{\partial \hat{y}_k}\cdot\frac{\partial \hat{y}_k}{\partial v_{kj}} \tag{3.6}$$

式中，第一项$\frac{\partial J_k}{\partial \tilde{y}_k}=(\tilde{y}_k-y_k)$；

第三项$\frac{\partial \hat{y}_k}{\partial v_{kj}}=h_j$。

而对于第二项，假设激活函数为 sigmoid 函数，则梯度有一个很好的性质，即：

$$\frac{\partial \tilde{y}_k}{\partial \hat{y}_k}=\tilde{y}_k(1-\tilde{y}_k) \tag{3.7}$$

三项相乘可以得到：

$$\frac{\partial J_k}{\partial v_{kj}}=\tilde{y}_k(\tilde{y}_k-y_k)(1-\tilde{y}_k)h_j \tag{3.8}$$

由于真实标签 y_k 由数据给定，而输出值 $\tilde{y}_k$ 与 h_j 均由前向传播算法计算得到，则可以轻易地计算得到每个中间层权重 v_{kj}，并且该计算过程可以并行进行。

类似地，可以得到损失值在隐藏单元 h_j 上的累积梯度为

$$\begin{aligned} e_{h_j} &= \frac{\partial J}{\partial h_j} \\ &= \sum_{k=1}^{q} \frac{\partial J_k}{\partial \tilde{y}_k} \cdot \frac{\partial \tilde{y}_k}{\partial \hat{y}_k} \cdot \frac{\partial \hat{y}_k}{\partial h_j} \\ &= \sum_{k=1}^{q} \tilde{y}_k(\tilde{y}_k-y_k)(1-\tilde{y}_k)v_{kj} \end{aligned} \tag{3.9}$$

同理，可以通过链式法则，得到损失函数对第一层权重 w_{ji} 的梯度为(假设隐藏层激活函数为 ReLU 函数)：

$$\begin{aligned} \frac{\partial J}{\partial w_{ji}} &= \frac{\partial J}{\partial h_j} \cdot \frac{\partial h_j}{\partial \hat{h}_j} \cdot \frac{\partial \hat{h}_j}{\partial w_{ji}} \\ &= e_{h_j} \cdot \frac{\partial h_j}{\partial \hat{h}_j} \cdot x_i \end{aligned} \tag{3.10}$$

式中，$\frac{\partial h_j}{\partial \hat{h}_j}=\begin{cases} 0, & \hat{h}_j \leqslant 0 \\ 1, & \hat{h}_j > 0 \end{cases}$。

在上一步计算得到 e_{h_j} 后，$\frac{\partial J}{\partial w_{ji}}$也可以高效并行地计算出。

在上述过程中，假设了损失函数是均方差，激活函数为 sigmoid 和 ReLU 函数，其实这样的计算法则对任意可微的损失函数和激活函数都是有效的。从计算过程来看，在前向传

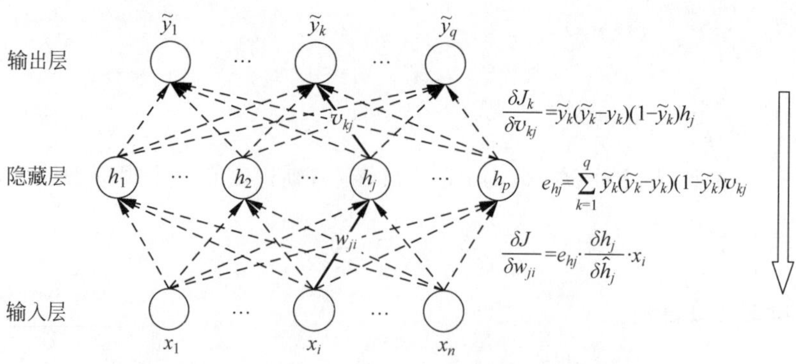

图 3.5　反向传播示意图

播得到隐藏层与输出层数值后，先从损失函数算起，接着从顶层逐渐计算梯度，将梯度逐层往输入层传播。这与前向传播的顺序是相反的，也是该算法为什么被称为反向传播的原因。反向传播(见图 3.5)得到所有参数的梯度之后，可以利用梯度下降算法对参数进行更新迭代，从而达到训练神经网络的目的。神经网络训练过程如算法 3.1 所示。

算法 3.1　神经网络训练过程

输入：数据集$\{(x^{(i)},y^{(i)})\}_{i=1}^{n}$，步长为$\alpha$，小批量训练样本的大小为$b$，迭代次数为$T$

输出：训练完成的神经网络

(1) 初始化网络参数 w_0

(2) for $t\in\{1, 2, \cdots, T\}$

(3) 　　从 m 个样本中均匀随机无放回选取 b 个样本 m_b

(4) 　　前向传播逐层计算隐藏层的参数值，得到样本输出 $\tilde{\boldsymbol{y}}$

(5) 　　根据损失函数计算误差，得到输出层梯度

(6) 　　反向逐层计算隐藏层梯度

(7) 　　计算连接参数梯度并更新参数

$$w_t \leftarrow w_{t-1} - \frac{\alpha}{b}\sum_{i\in m_b}\partial_w J^{(i)}(\boldsymbol{w}) \tag{3.11}$$

3.3　泛化能力

在过拟合与欠拟合部分，介绍了泛化能力的概念，即机器学习算法对新样本的适应能力。神经网络具有大量的参数和很强的非线性变换能力，因而也很容易导致在训

练集上过拟合。训练集上准确率很高，损失很低，但在测试数据上效果很差，也就是缺乏泛化能力，不能适应新样本。从另一个角度来讲，模型在训练集上的准确度高，可能仅仅是记住了一些样本的实际标签，而没有学习到数据本身的特性，这种记忆学习在未见过的测试样本上是行不通的。

泛化能力不足的原因通常有以下几点：数据集有噪声、训练数据不足或训练模型过度导致模型非常复杂。为了提高模型的泛化能力，提出了很多解决方法，例如通过降低模型深度、宽度来减小模型复杂度；对数据集进行增强(Data Augmentation)，如将图像旋转、平移、缩放等；添加有规则的噪音，例如高斯噪声；加入正则化项(Regularizer)控制参数复杂度；训练过程中使用早停法(Early Stopping)等。

3.4节将介绍提高深度神经网络泛化能力的具体训练方法。

3.4 用MindSpore实现简单神经网络

说明：随着开发迭代MindSpore的接口及流程的不断演进，书中代码仅为示意代码，完整可运行代码请大家以线上代码仓中对应章节代码为准。

网址为：https://mindspore.cn/resource。读者可扫描右侧二维码获取相关资源。

LeNet主要用来进行手写字符的识别与分类，并已在美国的银行中投入使用。LeNet的实现确立了卷积神经网络(CNN)的结构，现在神经网络中的许多内容在LeNet的网络结构中都能看到，例如卷积层、池化(Pooling)层和ReLU层。虽然LeNet早在20世纪90年代就已经提出，但由于当时缺乏大规模的训练数据，计算机硬件的性能也较低，LeNet神经网络在处理复杂问题时效果并不理想。LeNet网络结构比较简单，刚好适合神经网络的入门学习。

3.4.1 各层参数说明

LeNet-5是早期卷积神经网络中最有代表性的实验系统之一，它共有7层(不包含输入层)，每层都包含可训练参数和多个特征图(Feature Map)，每个特征图通过一种卷积滤波器提取输入的一种特征,每个特征图有多个神经元。

1. Input 层——输入层

首先是数据 Input 层,输入图片的尺寸统一归一化为 32×32。

需要注意的是,本层不算 LeNet-5 的网络结构,传统上不将输入层视为网络层次结构之一。

2. C1 层——卷积层

C1 层详细信息如下:

(1) 输入图片大小:32×32。

(2) 卷积核大小:5×5。

(3) 卷积核种类:6。

(4) 输出特征图大小:28×28(28 由"32－5＋1"计算得出)。

(5) 神经元数量:28×28×6＝4704。

(6) 可训练参数:(5×5＋1)×6＝156。

(7) 连接数:(5×5＋1)×6×28×28＝122 304。

3. S2 层——池化层(降采样层)

S2 层详细信息如下:

(1) 输入大小:28×28。

(2) 采样区域:2×2。

(3) 采样方式:4 个输入相加,乘以可训练参数,再加上可训练偏置。

(4) 采样种类:6。

(5) 输出特征图大小:14×14(14 由 28/2 计算得出)。

(6) 神经元数量:14×14×6＝1176。

(7) 可训练参数:2×6＝12。

(8) 连接数:(2×2＋1)×6×14×14＝5880。

S2 中每个特征图的大小是 C1 中特征图大小的 1/4。

4. C3 层——卷积层

C3 层详细信息如下:

（1）输入：S2 中所有 6 个或者几个特征图组合。

（2）卷积核大小：5×5。

（3）卷积核种类：16。

（4）输出特征图大小：10×10（C3 中的每个特征图是连接到 S2 中的所有 6 个特征，表示本层的特征图是上一层提取到的特征图的不同组合）。

（5）可训练参数：6×(3×25＋1)＋6×(4×25＋1)＋3×(4×25＋1)＋(25×6＋1)＝1516。

（6）连接数：10×10×1516＝151600。

5. S4 层——池化层（降采样层）

S4 层详细信息如下：

（1）输入大小：10×10。

（2）采样区域：2×2。

（3）采样方式：4 个输入相加，乘以可训练参数，再加上可训练偏置。

（4）采样种类：16。

（5）输出特征图大小：5×5（5 由 10/2 计算得出）。

（6）神经元数量：5×5×16＝400。

（7）可训练参数：2×16＝32。

（8）连接数：16×(2×2＋1)×5×5＝2000。

S4 中每个特征图的大小是 C3 中特征图大小的 1/4。

6. C5 层——卷积层

C5 层详细信息如下：

（1）输入：S4 层的全部 16 个单元特征图（与 S4 全连接）。

（2）卷积核大小：5×5。

（3）卷积核种类：120。

（4）输出特征图大小：1×1（1 由 5－5＋1 计算得出）。

（5）可训练参数/连接：120×(16×5×5＋1)＝48120。

7. F6 层——全连接层

F6 层详细信息如下：

(1) 输入：C5 120 维向量。

(2) 计算方式：计算输入向量和权重向量之间的点积，再加上偏置。

(3) 可训练参数：84×(120+1)=10164。

8. Output 层——全连接层

Output 层也是全连接层，共有 10 个节点，分别用数字 0～9 表示。

3.4.2 详细步骤

下面描述使用 LeNet 网络训练和推理的详细步骤，并给出示例代码。

1. 加载 MindSpore 模块

使用 MindSpore API 前需要先导入 MindSpore API 和辅助模块，如代码 3.1 所示。

代码 3.1 导入 MindSpore API 和辅助模块

```
import mindspore.nn as nn
from mindspore.train import Model
from mindspore import context
```

2. 导入数据集

使用 MindSpore 数据格式 API 创建 Mnist 数据集，其中下面调用的 train_dataset()函数具体实现和 MindSpore 数据格式 API 介绍详见第 14 章。

3. 定义 LeNet 网络

定义 LeNet-5 网络结构，核心代码如代码 3.2 所示。

代码 3.2 定义 LeNet-5 网络结构

```
class LeNet5(nn.Cell):
  def __init__(self):
    super(LeNet5, self).__init__()
    self.conv1 = nn.Conv2d(1, 6, 5, pad_mode = "valid")
    self.conv2 = nn.Conv2d(6, 16, 5, pad_mode = "valid")
```

```
        self.fc1 = nn.Dense(16 * 5 * 5, 120)
        self.fc2 = nn.Dense(120, 84)
        self.fc3 = nn.Dense(84, 10)
        self.relu = nn.ReLU()
        self.max_pool2d = nn.MaxPool2d(kernel_size = 2)
        self.flatten = nn.Flatten()

    def construct(self, x):
        x = self.conv1(x)
        x = self.relu(x)
        x = self.max_pool2d(x)
        x = self.conv2(x)
        x = self.relu(x)
        x = self.max_pool2d(x)
        x = self.flatten(x)
        x = self.fc1(x)
        x = self.relu(x)
        x = self.fc2(x)
        x = self.relu(x)
        x = self.fc3(x)
        return x
```

__init__()函数完成了卷积层和全连接层的初始化。初始化参数包括输入个数、输出个数、卷积层的参数以及卷积核大小。因为原始数据集的图片大小是 28×28,所以在导入数据集的过程中,需要将输入大小转变成 32×32。

construct()函数实现了前向传播。根据定义对输入依次进行卷积、激活、池化等操作,最后返回计算结果。在全连接层之前,先对数据进行展开操作,使用 Flatten()函数实现,这个函数可以在保留第 0 轴的情况下,对输入的张量进行扁平化(Flatten)处理。

4. 设置超参数并创建网络

定义损失函数和优化器。损失函数定义为 SoftmaxCrossEntropyWithLogits,采用 Softmax 进行交叉熵计算。选取 Momentum 优化器,学习率设置为 0.1,动量为 0.9,核心代码如代码 3.3 所示。

代码 3.3 设置超参数并创建网络

```
batch_size = 32
epoch_size = 2
lr = 0.1
```

```
momentum = 0.9

ds = train_dataset()
network = LeNet5()
loss = nn.SoftmaxCrossEntropyWithLogits(sparse = True)
opt = nn.Momentum(network.trainable_params(), lr, momentum)
```

5. 训练网络模型

把网络、损失函数和优化器传入模型中，调用 train()方法即可开始训练，核心代码如代码 3.4 所示。

代码 3.4 训练网络模型

```
model = Model(network, loss, opt)
model.train(epoch_size, ds)
```

第4章

深度神经网络的训练

本章首先介绍了深度学习系统面临的主要挑战，然后介绍了深度神经网络训练相关的基础知识，最后给出了用 MindSpore 实现深度神经网络的样例。

4.1 深度学习系统面临的主要挑战

下面从大数据集需求、硬件需求、过拟合、超参数优化、不透明性、缺少灵活性这六个方面来简要说明深度学习系统所面临的挑战。

4.1.1 大数据集需求

在深度学习系统中，人们往往需要大型的数据集去训练一个有效的深度学习模型。一般来说，越多的数据就越有可能使深度学习模型变得更强大。例如，在语音识别领域中，为了学习一种语言，模型往往需要大量各种口音、各种时长的语音数据。这需要研究人员拥有非常强的数据处理能力，并耗费大量时间去处理这些数据。在某种程度上，深度学习系统的效果经常局限于数据集的大小。

4.1.2 硬件需求

当有了深度学习模型所要求的大量数据，研究人员往往面临另一个难题：如何高速地处理完这些数据？为了确保更高的效率和更少的处理时间，往往还需要为深度学习系统的机器配备足够的计算能力。数据科学家现在倾向于使用多核高性能的图形处理器，这些处理器不仅价格昂贵，还往往在运算中消耗大量的电力。

不同应用场景对硬件的要求也不一样。工业级深度学习系统需要大型的数据处理中心，而移动智能设备，例如无人机、机器人往往需要小型但高效的计算设备。因此，将深度学习系统部署到现实世界中，是一件既昂贵又复杂的事情。

4.1.3 过拟合

在深度学习系统中，模型往往根据已采集的数据去判断，而训练数据集和未知的数据集存在明显的差异。通常，研究人员以最大化模型在训练数据集上的性能为目标来训练模型。在实际应用中，模型的能力应当是通过那些未知的、看不见的数据来判断，而不是通过提供给它的训练数据来判断。模型只记住了训练数据集上的样例，但并没有学会推广到新的情况和样例，这就是深度学习系统的过拟合现象。

4.1.4 超参数优化

不同于模型训练中的参数，超参数是在模型学习开始前定义的参数。实际运用中，超参数的设置极大地影响了模型的性能表现。对模型中超参数的微小调整，可能会导致模型性能发生较大变化。如果不优化超参数，而是简单依赖某些模型中对超参数的默认设置，可能并不能使模型达到预期的性能。

不幸的是，超参数的设置或者调节往往都是依靠研究人员的经验或根据模型最终的训练结果。不难想象，一个在相关领域没有经验积累的人员想要得到一组好的超参数，可能只能依靠不断地训练那些费时费力的模型。

4.1.5 不透明性

将已知数据提供给深度学习模型进行训练，从数百万计的数据点中，深度学习算法查找并筛选一些不容易被人类注意到的模式和相关性，从而提供给使用者解决方案。然而，人类通常并不理解这些模型是如何推断出结论的。

如图 4.1 所示，深度学习模型在本质上是黑箱算法，给定输入后，往往只能观测其输出。也就是说，它们的内部学习和操作在很大程度上对我们是不可见的。这使得我们在抽象层次上对深度学习的高级认知变得十分困难。当深度学习系统被用于执行一项微不足道的任务时，这没问题。因为高性能的它们很少做出错误的决定，带来的损害也微不足道。但它们并不适用于那些着重于验证过程的领域。例如，深度学习系统被用来决定被告在法庭上的命运或者对病人的治疗时，错误的决定可能导致非常严重的后果。

图 4.1 深度学习的黑箱问题

4.1.6 缺少灵活性

如前所述,一个训练好的深度学习模型,可以为特定的问题提供极其高效和准确的解决方案。然而,深度学习系统当前的问题也出在这里。目前大多数的深度学习系统都是专门为某个特定的主题设计的,也只能用于原本的主题。不管它们多善于解决原问题,它们通常都不能直接应用于解决新问题,即使新问题和原问题非常类似。当前的研究人员也致力于开发无须重新训练和评估就可以进行多任务处理的深度学习模型。

4.2 正则化

2.4 节已经介绍了深度学习系统中的过拟合和欠拟合的概念以及它们所带来的问题,过拟合和欠拟合可以视为模型在测试数据中的不佳表现。而正则化(Regularization)正是解决这些问题的途径。正则化旨在通过对学习算法进行修改来减少模型的泛化误差。但注意,正则化往往会增加模型的训练误差。一般来说,修改学习算法的唯一方法是通过增加某些函数给原先的学习算法或者减少某些原有的学习函数来增加或者减少模型的表征能力。通过线性回归中的权重衰减(Weight Decay),下面将介绍如何修改模型中的学习函数。

2.1 节中已知线性回归的损失函数 $J(\boldsymbol{w})$是均方误差。权重衰减的线性回归旨在训练中最小化均方误差和一个偏好具有较小 L2 范数的权重表达式,即:

$$\widetilde{J}(\boldsymbol{w})=\frac{1}{2m}\sum_{i=1}^{m}(h(x^{(i)})-y^{(i)})^2+\lambda\boldsymbol{w}^{\mathrm{T}}\boldsymbol{w} \tag{4.1}$$

式中,λ——提前定义好的参数,代表想要小权重的意愿。

当 λ 设置为 0 时，表示不关心权重的 L2 范数大小；当 λ 设置为较大时，训练过程中模型会强制使得权重的 L2 范数变小。最小化 $\widetilde{J}(w)$ 使得权重 w 在拟合训练数据和选择较小 L2 范数之间进行权衡。这样使得最终解更注重于具有较小的斜率或者明显的特征。

如图 4.2 所示，数据本身分布于二次函数上。从左到右，是模型在不同的权重衰减参数 λ 下的拟合示意图。图 4.2(a)由于使用了非常大的 λ，强制模型去学习了一个没有斜率的常数函数。显而易见，一个常数函数只能使模型欠拟合。图 4.2(c)使用了接近于 0 的 λ，使得模型允许有较大的斜率，导致过拟合。在设置一个良好的 λ 情况下，图 4.2(b)模型呈现较为正确的拟合。尽管此模型能够比图 4.2(a)模型表示更复杂形状的函数，但小的权重衰减系数仍迫使其输出一个较为简单的函数。

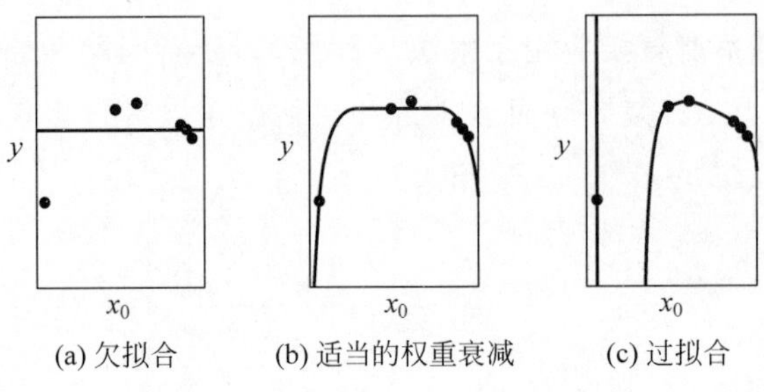

(a) 欠拟合　　(b) 适当的权重衰减　　(c) 过拟合

图 4.2　线性回归的权重衰减示意图

一般来说，通过表达对一个函数的偏好来加以调节和控制模型的拟合。权重衰减中，表达了对使用较小权重的线性模型的偏好。此外，还有很多方式可以表达对不同模型不同解决方案的偏好。这些调节模型的方法统称为正则化。研究人员通常通过对原有的损失函数增加一个正则项来正则化一个深度学习模型。在上述的权重衰减例子中，正则项就是 $\Omega(w)=w^{\mathrm{T}}w$。此外，还有众多的方式可以用于深度学习正则化。接下来将逐一介绍其中比较重要的几种方法。

4.2.1　L2 范数正则化

权重衰减方法其实就是 L2 范数正则化，又称脊回归(Ridge Regression)。根据奥卡姆剃刀原理的阐述：如果对于同一现象有两种或多种不同的假说，应该采取比较简单或可证伪的那种。这个原理被正式运用于 20 世纪的统计学习理论中。L2 范数正则化正是采用奥卡姆剃刀原理的思想，通过降低模型的复杂度来防止过拟合。原线性回归模型以最小化经验风险为目标，公式如下：

$$\begin{aligned}\text{minimize}J(\boldsymbol{w}) &= \text{minimize}(\text{Loss}(\text{Data} \mid \text{Model})) \\ &= \text{minimize MSE}\end{aligned} \tag{4.2}$$

而 L2 范数正则化是以最小化损失和复杂度为目标，也称为结构风险最小化，公式如下：

$$\text{minimize } \widetilde{J}(\boldsymbol{w}) = \text{minimize}(\text{Loss}(\text{Data} \mid \text{Model}) + \text{complexity}(\text{Model})) \tag{4.3}$$

在 L2 范数正则化中，其定义所有特征权重的平方和为模型的复杂度，也就是 $\boldsymbol{w}^{\mathrm{T}}\boldsymbol{w}$。接下来通过研究 L2 范数正则化目标函数的梯度，展开对其的进一步了解。假设一个模型有着如下公式的正则目标函数：

$$\widetilde{J}(\boldsymbol{w}) = \frac{\lambda}{2}\boldsymbol{w}^{\mathrm{T}}\boldsymbol{w} + J(\boldsymbol{w}) \tag{4.4}$$

那么相应的梯度可以计算出，即：

$$\frac{\partial \widetilde{J}(\boldsymbol{w})}{\partial \boldsymbol{w}} = \lambda \boldsymbol{w} + \frac{\partial J(\boldsymbol{w})}{\partial \boldsymbol{w}} \tag{4.5}$$

采用步长为 ε，迭代更新权重后，得：

$$\boldsymbol{w} \leftarrow (1 - \varepsilon\lambda)\boldsymbol{w} - \varepsilon \frac{\partial J(\boldsymbol{w})}{\partial \boldsymbol{w}} \tag{4.6}$$

从式(4.6)可以看出，增加权重衰减已经修改了学习规则。权重衰减方法在执行通常的梯度更新之前，在每一步加上恒定因子乘以权重向量。那么权重衰减对实际的机器学习有什么影响呢？下面将继续以线性回归问题举例说明。回顾一下线性回归问题的目标函数：

$$\boldsymbol{w}^* = \underset{\boldsymbol{w}}{\operatorname{argmin}} \frac{1}{2m}(\boldsymbol{y} - \boldsymbol{X}\boldsymbol{w})^{\mathrm{T}}(\boldsymbol{y} - \boldsymbol{X}\boldsymbol{w}) \tag{4.7}$$

目标函数的相应解为：

$$\boldsymbol{w}^* = (\boldsymbol{X}^{\mathrm{T}}\boldsymbol{X})^{-1}\boldsymbol{X}^{\mathrm{T}}\boldsymbol{y} \tag{4.8}$$

在对原有的目标函数增加 L2 范数正则化后，目标函数变为：

$$\boldsymbol{w}^* = \underset{\boldsymbol{w}}{\operatorname{argmin}} \frac{1}{2m}(\boldsymbol{y} - \boldsymbol{X}\boldsymbol{w})^{\mathrm{T}}(\boldsymbol{y} - \boldsymbol{X}\boldsymbol{w}) + \frac{\lambda}{2}\boldsymbol{w}^{\mathrm{T}}\boldsymbol{w} \tag{4.9}$$

这使得解变为：

$$\boldsymbol{w}^* = (\boldsymbol{X}^{\mathrm{T}}\boldsymbol{X} + \lambda\boldsymbol{I})^{-1}\boldsymbol{X}^{\mathrm{T}}\boldsymbol{y} \tag{4.10}$$

原先解中的矩阵 $\boldsymbol{X}^{\mathrm{T}}\boldsymbol{X}$ 被替代为矩阵$(\boldsymbol{X}^{\mathrm{T}}\boldsymbol{X}+\lambda\boldsymbol{I})^{-1}$，这使得原先矩阵被加上一个 λ 的对角矩阵，这个对角矩阵其实代表了每一个输入特征的变动。不难分析出，L2 范数正则化使得学习算法带有更高的方差去感知输入数据，这也使得它缩小了与输出目标的协方差相比较的特征的权重。

4.2.2 L1 范数正则化

4.2.1 节介绍的 L2 范数正则化是最常用的权重衰减算法之一。还有另外一种控制权重复杂度的方法是 L1 范数正则化,也称为 Lasso 正则。与 L2 正则不同的是,L1 正则是将权重系数的绝对值作为正则项添加到损失函数中。给定模型的权重系数 $\boldsymbol{w}$,L1 正则项定义为:

$$\Omega(\boldsymbol{w}) = \| \boldsymbol{w} \|_1 = \sum_i w_i \tag{4.11}$$

式中,$\| \cdot \|_1$——1 范数。

L1 范数正则化和 L2 范数正则化之间的关键区别在于:L1 范数正则化会在训练中将一些不具备显著性的特征系数缩小为零,使得某些特征完全消失。因此,在面临海量特征的情况时,L1 范数正则化可以使得模型在训练时很好地选择特征。正则化后的损失函数公式如下:

$$\widetilde{J}(\boldsymbol{w}) = \lambda \| \boldsymbol{w} \|_1 + J(\boldsymbol{w}) \tag{4.12}$$

相应的梯度为:

$$\frac{\partial \widetilde{J}(\boldsymbol{w})}{\partial \boldsymbol{w}} = \lambda \operatorname{sign}(\boldsymbol{w}) + \frac{\partial J(\boldsymbol{w})}{\partial \boldsymbol{w}} \tag{4.13}$$

通过上述的公式,可以看出 L1 范数正则化对梯度的影响和 L2 范数正则化完全不同。L2 范数正则化使得 $\boldsymbol{w}$ 线性地影响着每一步的梯度。而在 L1 范数正则化中,$\boldsymbol{w}$ 对梯度的影响变成了一个常数因子,其符号和 $\boldsymbol{w}$ 的符号保持一致。

4.3 Dropout

在深度学习系统中,训练一个大型的网络往往会有两个问题:过拟合和费时。当然,4.2 节正则化方法可以在一定程度上缓解过拟合这个问题。本节将详细介绍另外一种最早由 Hinton 提出的解决过拟合问题的方法——Dropout,它不仅可以缓解深度学习系统的过拟合问题,还能缩短训练网络的用时。

有别于正则化方法添加正则项给损失函数，Dropout 是改变训练过程中的学习过程。在训练深度学习模型时，某些检测器会依赖其他检测器才能发挥作用，这种情况称为检测器间的相互作用。为了防止过拟合，Dropout 提出可以通过阻止特征检测器的相互作用来提高神经网络的性能。在每个训练批次中，Dropout 旨在通过忽略网络中一半的隐藏层节点，来减少隐藏层节点间的相互作用，从而缓解过拟合问题。

如图 4.3 所示，Dropout 其实就是在标准神经网络进行前向传播时，让某些神经元的激活值以一定的概率停止工作。由于这样做会减少模型对局部特征的依赖，使得模型泛化能力提升，从而缓解过拟合问题。下面将介绍深度学习系统里实现 Dropout 的大体流程。

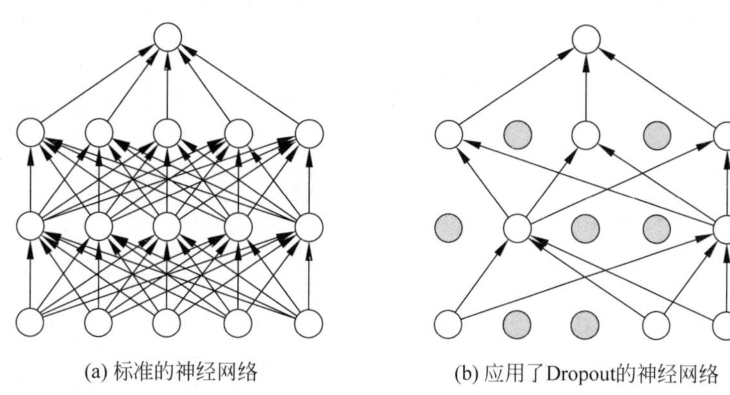

(a) 标准的神经网络　　(b) 应用了Dropout的神经网络

图 4.3　神经网络对比图 1

在标准的神经网络中，给定输入 x，通过网络前向传播后，把误差反向传播以决定如何更新参数让网络进行学习，并最终输出 y。应用了 Dropout 的网络中，过程变为：

（1）随机地删掉网络中一半的隐藏神经元，其中输入输出神经元保持不变。图 4.3(b) 中的灰色部分代表了在这批次训练中被删除的神经元。

（2）然后把输入 x 通过步骤 i 中修改后的神经网络前向传播，然后将损失结果通过修改后的网络反向传播。一个批次训练样本结束后，在没有被删除的神经元上按照随机梯度下降法更新对应的参数。

（3）恢复刚刚被删掉的神经元。注意，之前被删掉的神经元没有发生变化，但是 (2) 中没被删除的神经元已经执行完上批次的更新。

（4）执行下一批次训练样本，重复上述步骤。

介绍完 Dropout 的流程后，现在详细介绍神经网络应用了 Dropout 后的一系列公式推导。为了方便理解，先回顾如图 4.4(a) 所示标准的神经网络，计算公式如下：

$$z_i^{l+1}=w_i^{l+1}y^l+b_i^{l+1} \tag{4.14}$$

$$y_i^{l+1}=f(z_i^{l+1}) \tag{4.15}$$

应用了 Dropout 的神经网络，每次训练前，随机地关闭一些隐藏层神经元。假设每个神经元被关闭的概率为 p，那么第 l 层第 j 个神经元的关闭概率可用伯努利分布表达如下：

$$r_j^l \sim \text{Bernouli}(p) \tag{4.16}$$

式中，r_j^l 为 0——这轮训练中，第 l 层第 j 个神经元关闭；

r_j^l 为 1——神经元开启。

因此，相应的前向过程如图 4.4(b)所示，表达公式如下：

$$\tilde{y}^l=r^l * y^l \tag{4.17}$$

$$z_i^{l+1}=w_i^{l+1}\tilde{y}^l+b_i^{l+1} \tag{4.18}$$

$$y_i^{l+1}=f(z_i^{l+1}) \tag{4.19}$$

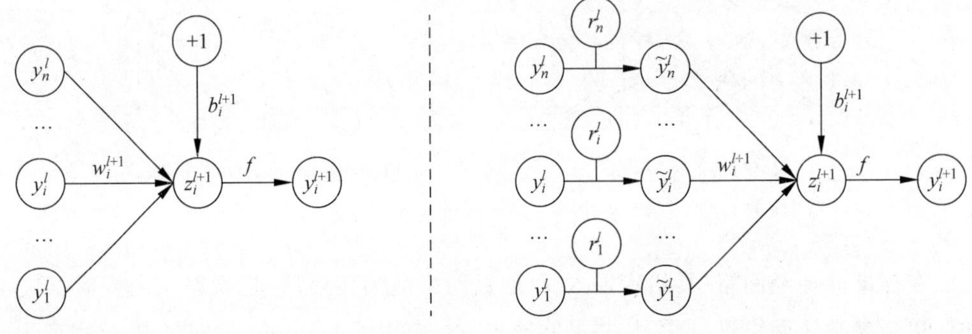

(a) 标准的神经网络

(b) 应用了Dropout的神经网络

图 4.4　神经网络对比图 2

在现实应用中，Dropout 比其他的正则化方法更有效。第一，运用了 Dropout 的模型在验证数据集上的测试结果往往要比其他正则化方法要好。在大数据集下，Dropout 可以显著地提高模型的泛化能力。其次，Dropout 计算开销非常小。在每批次训练过程中使用 Dropout 仅增加了 $O(n)$的时间复杂度。最后，Dropout 的应用可以非常广泛。它不像许多正则化方法一样，对于可适用的模型有着明显的限制。它可以运用于多种多样的神经网络模型，例如前向神经网络、卷积神经网络以及循环神经网络。

然而，为何在每次训练中随机关闭一部分的隐藏层神经元就可以提升模型的最终性能呢？先试想在没有 Dropout 的标准模型上该如何提升模型的性能？类似于集成学习(Ensemble Learning)，不妨用相同的训练数据集去训练多个不同的神经网络，得到不同的结果后取平均。这种训练多个模型取平均的方法通常可以有效地防止过拟合。在每一步中，Dropout 随机地关闭一部分隐藏的神经元。那么整个 Dropout 过程就相当于对很多个不同的神经网络取平均。而不同的网络产生不同的过拟合，取平均后就可以抵消其中结论相反的过拟合。另外，Dropout 减少了神经元之间复杂的共适应关系。因为 Dropout 导致两个神经元不一定每次都开放。这样权值的更新不再依赖于有固定关系的隐含节点的共同作用。这迫使网络去学习更加鲁棒的特征，而不是某些局部特征。

4.4　自适应学习率

介绍完如何提升深度学习模型的性能效果后，本节将着重介绍如何优化深度学习系统的训练过程。在第 2 章介绍的优化算法中，无论是基本的梯度下降法还是其他优化算法，训练过程的学习率都是一个很大的问题。不可变的学习率在一定程度上影响了模型的收敛速度，使得训练时长变大，计算开销居高不下。如果在训练过程中学习率可变，那么模型收敛速度会明显提升。本节将介绍 3 种常用的自适应学习率算法：AdaGrad、RMSProp 和 Adam。首先回顾梯度下降公式，即：

$$w_t = w_{t-1} - \alpha \nabla J(w_{t-1}) \tag{4.20}$$

式中，α——学习率；

$\nabla J(w_{t-1})$——方向。

4.4.1　AdaGrad

在应用梯度下降算法的过程中，每个参数更新方向和幅度是不一样的。在某个时间段，某些变量已经到达极小值附近。然而，可能有些变量仍然在初始位置不远处。此时不变的学习率可能会导致一些问题。如果学习率偏大，那么处于极小值附近的参数很容易不稳定。如果学习率偏小，那么更新不多的参数收敛得还是很慢。AdaGrad 的思想是对于不同的参数去设置不同的学习率以解决这个问题。学习率一开始设置得比较大,用以快速进行梯度下降。随着优化过程的进行,减小那些已经下降很多的参数的学习率。对于还没怎么下降的参数,则继续保持一个较大的学习率。

AdaGrad 先计算梯度,然后累计梯度的二次方,计算公式如下:

$$\boldsymbol{g}_t = \nabla J(w_{t-1}) \tag{4.21}$$

$$r \leftarrow r + \boldsymbol{g}_t \odot \boldsymbol{g}_t \tag{4.22}$$

式中,$\odot$——表示每项求积,即同位元素对应相乘。

根据累积的梯度二次方,计算更新公式如下:

$$w_t \leftarrow w_{t-1} - \frac{\varepsilon}{\delta + \sqrt{r}} \odot \boldsymbol{g}_t \tag{4.23}$$

式中,δ——一个极小值,为了防止分母为 0;

ε——全局学习率。

随着训练过程的进行,梯度的累积会越来越大,使得整体的学习率会越来越小。AdaGrad 可以自动地根据迭代来更改学习率。但 AdaGrad 有一个很明显的缺点在于其分母项的累积总和总在不断地增长,这会导致学习率缩小并变得无限小,致使算法不能再更新权重。AdaGrad 算法如算法 4.1 所示。

算法 4.1 AdaGrad 算法

输入:全局学习率 ε,极小值 δ(一般设置为 10^{-7}),累积梯度变量 $\boldsymbol{r}=0$

输出:收敛的参数 w_T

(1) 初始化参数 w_0

(2) 当不满足停止条件时执行:

(3) 从数据$\{(x^{(i)}, y^{(i)})\}$均匀随机选取样本 m 个样本

(4) 计算梯度:

$$\boldsymbol{g}_t \leftarrow \frac{1}{m} \nabla \sum_i J(w_{t-1}) \tag{4.24}$$

(5) 计算梯度累积:

$$r \leftarrow r + \boldsymbol{g}_t \odot \boldsymbol{g}_t \tag{4.25}$$

(6) 计算更新:

$$w_t \leftarrow w_{t-1} - \frac{\varepsilon}{\delta + \sqrt{r}} \odot \boldsymbol{g}_t \tag{4.26}$$

4.4.2 RMSProp

AdaGrad 的问题就是学习率最终会无限小,为了解决这个问题,RMSProp 作为 AdaGrad 的扩展,提出通过求当前状态下平方梯度的对数平均值来解决上述问题。时刻 t 的平方梯度平均值定义公式如下:

$$r_t = \gamma r_{t-1} + (1-\gamma) \boldsymbol{g}_t \odot \boldsymbol{g}_t \tag{4.27}$$

式中，r_t——$t-1$ 时刻的平方梯度平均值；

γ——对数平均值的比例系数。

相应的梯度更新如下：

$$w_t \leftarrow w_{t-1} - \frac{\varepsilon}{\sqrt{\delta + r_t}} \odot \boldsymbol{g}_t \tag{4.28}$$

式中，δ 和 ε 的设定都是和 AdaGrad 一样。采用求平均值而非像 AdaGrad 那样求和的方式，可以有效地避免学习率无限低问题。

RMSProp 算法总结如算法 4.2 所示。

算法 4.2　RMSProp 算法

输入:全局学习率 ε,极小值 δ(一般设置为 10^{-7}),比例系数 γ(一般设置为 0.9)

输出:收敛的参数 w_T

(1) 初始化参数 w_0

(2) 当不满足停止条件时执行

(3) 　　从数据$\{(x^{(i)}, y^{(i)})\}$均匀随机选取 m 个样本

(4) 　　计算梯度:

$$\boldsymbol{g}_t \leftarrow \frac{1}{m} \nabla \sum_i J(w_{t-1}) \tag{4.29}$$

(5) 　　计算时刻 t 的平方梯度平均值:

$$r_t = \gamma r_{t-1} + (1-\gamma) \boldsymbol{g}_t \odot \boldsymbol{g}_t \tag{4.30}$$

(6) 　　计算更新:

$$w_t \leftarrow w_{t-1} - \frac{\varepsilon}{\sqrt{\delta + r_t}} \odot \boldsymbol{g}_t \tag{4.31}$$

相比于 AdaGrad，RMSProp 算法通过将梯度累积变为加权平均值，使其在非凸设置中表现更好。AdaGrad 在应用于凸函数时可以快速收敛。而神经网络训练多数是非凸函数，由于 AdaGrad 缩小了学习速率，可能在达到极小值前使学习速率过小。RMSProp 使用加权平均值来丢弃很远的信息，以便快速收敛。经过大量的深度学习实验，RMSProp 算法是一种有效并且实用的神经网络优化算法。

4.4.3　Adam

Adam(Adaptive Moment)算法也是目前比较常用的自适应学习率算法，其可视为对 RMSProp 的一种优化。与 RMSProp 不同的是，Adam 在模型训练早期偏差较小。通常 Adam 对超参数的选择相当稳定，只是有时可能会需要更改学习速率。首先

Adam 计算一阶梯度偏差公式如下：

$$\boldsymbol{s}_t=\gamma_1\boldsymbol{s}_{t-1}+(1-\gamma_1)\boldsymbol{g}_t \tag{4.32}$$

式中，$\boldsymbol{g}_t$——时刻 t 的梯度；

γ_1——一阶梯度累积系数。

类似于 RMSProp，Adam 计算平方梯度累积系数公式如下：

$$r_t=\gamma_2 r_{t-1}+(1-\gamma_2)\boldsymbol{g}_t\odot\boldsymbol{g}_t \tag{4.33}$$

式中，γ_2——平方梯度累积系数。

在计算 s_t 和 r_t 之后，Adam 计算一阶和二阶修正公式如下：

$$\tilde{s}_t\leftarrow\frac{s_t}{1-\gamma_1} \tag{4.34}$$

$$\tilde{r}_t\leftarrow\frac{r_t}{1-\gamma_2} \tag{4.35}$$

随后，Adam 根据一阶和二阶修正更新权重公式如下：

$$w_t\leftarrow w_{t-1}-\varepsilon\frac{\tilde{s}_t}{\delta+\sqrt{\tilde{r}_t}} \tag{4.36}$$

Adam 算法总结如算法 4.3 所示。

算法 4.3 Adam 算法

输入：全局学习率 ε（一般设置为 0.001）、极小值 δ（一般设置为 10^{-7}）、一阶系数 γ_1（一般设置为 0.9）、二阶系数 γ_2（一般设置成 0.999）

输出：收敛的参数 w_T

(1) 初始化参数 w_0

(2) 当不满足停止条件时执行：

(3) 从数据$\{(x^{(i)},y^{(i)})\}$均匀随机选取 m 个样本

(4) 计算梯度：

$$\boldsymbol{g}_t\leftarrow\frac{1}{m}\nabla\sum_i J(w_{t-1}) \tag{4.37}$$

(5) 计算一阶梯度偏差：

$$\boldsymbol{g}_t=\gamma_1\boldsymbol{g}_{t-1}+(1-\gamma_1)\boldsymbol{g}_t \tag{4.38}$$

(6) 计算二阶梯度偏差：

$$r_t=\gamma_2 r_{t-1}+(1-\gamma_2)\boldsymbol{g}_t\odot\boldsymbol{g}_t \tag{4.39}$$

(7) 计算一阶修正：

$$\tilde{\boldsymbol{s}}_t\leftarrow\frac{\boldsymbol{s}_t}{1-\gamma_1} \tag{4.40}$$

(8) 计算二阶修正：

$$\tilde{r}_t\leftarrow\frac{r_t}{1-\gamma_2} \tag{4.41}$$

(9)　计算更新：

$$w_t \leftarrow w_{t-1} - \varepsilon \frac{\tilde{\boldsymbol{s}}_t}{\delta + \sqrt{\tilde{r}_t}} \tag{4.42}$$

4.5　批标准化

在深度学习系统中，深层神经网络的训练调参极为困难。在训练过程中，往往需要去尝试不同的正则化方法、学习率等方式来帮助模型加速收敛。深度神经网络之所以如此难训练，其中一个重要原因就是神经网络中层与层之间存在高度的关联性。这些关联性会导致内协变量移位(Internal Covariate Shift)。

内协变量移位指的是在底层网络参数发生微弱变化时，由于每一层中的线性变换与非线性映射，这些细小的变化会随着网络层数的加深而被放大。另一方面，参数的变化导致每一层的输入分布会发生改变，进而网络需要不停地去适应这些分布变化，使得模型训练变得极为困难。简而言之，在深层网络训练的过程中，网络中参数变化会引起内部节点数据分布发生变化。内协变量移位会给深度网络训练带来两个问题：第一，上层网络需要不停地调整以适应输入分布的变化，导致学习速度降低；第二，训练过程容易陷入梯度饱和区，减缓网络的收敛速度。

针对内协变量移位问题，批标准化(Batch Normalization)提出一种简化计算并又能保证数据原始的表达能力的方法。此外，由于输入全批次训练数据对内存要求较大，且每一轮训练时长过长，一般在深度学习系统中都会采用小批次对网络进行训练。批标准化就是建立在小批次之上的方法。

先回顾一下神经网络第 $l+1$ 层的前馈公式：

$$z_i^{l+1} = w_i^{l+1} y^l + b_i^{l+1} \tag{4.43}$$

$$y_i^{l+1} = f(z_i^{l+1}) \tag{4.44}$$

式中，y^l——l 层的输出。

对于第 $l+1$ 层的所有神经节点，批标准化计算其平均值和方差如下：

$$\mu = \frac{1}{m} \sum_{i=1}^{m} z_i^{l+1} \tag{4.45}$$

$$\sigma^2 = \sum_{i=1}^{m} (z_i^{l+1} - \mu)^2 \tag{4.46}$$

计算平均值和方差后，对于第 $l+1$ 层的输出进行规范化：

$$\tilde{z}^{l+1}=\gamma\frac{z^{l+1}-\mu}{\sqrt{\sigma^2+\varepsilon}}+\beta \tag{4.47}$$

$$y_i^{l+1}=f(\tilde{z}^{l+1}) \tag{4.48}$$

在实际运用中，批标准化被证明了能缓解神经网络难以训练的问题。这是由于批标准化有几个优点。第一，批标准化通过规范化，使得每一层的网络输入数据的均值和方差都在一定的范围内，这样可以让后一层网络不必不断适应前一层网络输出的变化。网络每一层输入数据的分布相对稳定，可以加速模型的学习速度。其次，深度网络中往往会谨慎地采取权重初始化方法和合适的学习率来保证稳定地训练网络。批标准化可以使得模型对网络中的参数不那么敏感，简化了调参过程。另外，除了本节介绍的批标准化方法，批标准化也允许网络使用饱和性激活函数，例如 sigmoid、tanh 等。在深度网络中，底层的网络变化很容易累积到上层网络中，导致模型进入激活函数的梯度饱和区，最终致使梯度消失。这些饱和性激活函数，能缓解梯度消失的问题。最后，批标准化在实际运用中能起到一定程度的正则化效果。使用小批次的均值和方差作为对全部训练样本的估计，不同的小批次的均值与方差会给学习过程加上随机噪声，与 Dropout 随机地关闭神经元类似。

4.6 用 MindSpore 实现深度神经网络

说明：由于开发迭代 MindSpore 的接口及流程会不断演进，书中代码仅为示意代码，完整可运行代码请大家以线上代码仓中对应章节代码为准。

网址为：https://mindspore.cn/resource。读者可扫描右侧二维码获取相关资源。

AlexNet 是 2012 年 ImageNet 竞赛冠军获得者 Hinton 和他的学生 Alex Krizhevsky 设计的卷积神经网络。AlexNet 将 LeNet 的思想发扬光大，把 CNN 的基本原理应用到了更深更宽的网络中。

4.6.1　各层参数说明

AlexNet 网络包括 8 层(不包含输入层)；前 5 层是卷积层,后 3 层是全连接层,最终产生一个覆盖 1000 类标签的分布。

1. Input 层——输入层

首先是数据 Input 层,输入层大小为 224×224×3。

2. C1 层——卷积层

C1 层详细信息如下：

(1) 输入：224×224×3。

(2) 卷积核大小：11×11。

(3) 卷积核种类：96。

3. C2 层——卷积层

C2 层详细信息如下：

(1) 输入：27×27×96。

(2) 卷积核大小：5×5。

(3) 卷积核种类：256。

4. C3 层——卷积层

C3 层详细信息如下：

(1) 输入：13×13×256。

(2) 卷积核大小：3×3。

(3) 卷积核种类：384。

5. C4 层——卷积层

C4 层详细信息如下：

(1) 输入：13×13×384。

(2) 卷积核大小：3×3。

(3) 卷积核种类：384。

6. C5 层——卷积层

C5 层详细信息如下：

(1) 输入：13×13×384。

(2) 卷积核大小：3×3。

(3) 卷积核种类：256。

7. F1 层——全连接层

F1 层详细信息如下：

(1) 输入：6×6×256。

(2) 输出：4096。

8. F2 层——全连接层

F2 层详细信息如下：

(1) 输入：4096。

(2) 输出：4096。

9. F3 层——全连接层

F3 层详细信息如下：

(1) 输入：4096。

(2) 输出：1000。

4.6.2 详细步骤

下面描述使用 AlexNet 网络训练和推理的详细步骤，并给出示例代码。

1. 加载 MindSpore 模块

导入 MindSpore API 和辅助模块，核心代码如代码 4.1 所示。

代码 4.1 导入 MindSpore API 和辅助模块

```
import mindspore.nn as nn
from mindspore.train import Model
from mindspore import context
```

2. 导入数据集

使用 MindSpore 数据格式 API 创建 ImageNet 数据集，其中下面调用的 de_train_dataset()函数具体实现和 MindSpore 数据格式 API 介绍详见第 14 章。(根据 AlexNet 模型输入，de_train_dataset()里面的 resize_height，resize_width=227,227)

3. 定义 AlexNet 网络

定义 AlexNet 网络结构，核心代码如代码 4.2 所示。

代码 4.2　定义 AlexNet 网络结构

```
class AlexNet(nn.Cell):
  def __init__(self, num_classes = 10):
    super(AlexNet, self).__init__()
    self.conv1 = nn.Conv2d(3, 96, 11, stride = 4, pad_mode = "valid")
    self.conv2 = nn.Conv2d(96, 256, 5, stride = 1, pad_mode = "same")
    self.conv3 = nn.Conv2d(256, 384, 3, stride = 1, pad_mode = "same")
    self.conv4 = nn.Conv2d(384, 384, 3, stride = 1, pad_mode = "same")
    self.conv5 = nn.Conv2d(384, 256, 3, stride = 1, pad_mode = "same")
    self.relu = nn.ReLU()
    self.max_pool2d = nn.MaxPool2d(kernel_size = 3, stride = 2)
    self.flatten = nn.Flatten()
    self.fc1 = nn.Dense(6 * 6 * 256, 4096)
    self.fc2 = nn.Dense(4096, 4096)
    self.fc3 = nn.Dense(4096, num_classes)

  def construct(x):
    x = self.conv1(x)
    x = self.relu(x)
    x = self.max_pool2d(x)
    x = self.conv2(x)
    x = self.relu(x)
    x = self.max_pool2d(x)
    x = self.conv3(x)
    x = self.relu(x)
    x = self.conv4(x)
    x = self.relu(x)
    x = self.conv5(x)
    x = self.relu(x)
    x = self.max_pool2d(x)
    x = self.flatten(x)
```

```
        x = self.fc1(x)
        x = self.relu(x)
        x = self.fc2(x)
        x = self.relu(x)
        x = self.fc3(x)
        return x
```

4. 设置超参数并创建网络

设置 batch,epoch,classes 等超参数,导入数据集创建网络,定义损失函数和优化器。损失函数定义的是 SoftmaxCrossEntropyWithLogits,采用 Softmax 进行交叉熵计算。选取 Momentum 优化器,学习率设置为 0.1,动量设置为 0.9,核心代码如代码 4.3 所示。

代码 4.3 设置超参数并创建网络

```
context.set_context(mode = context.GRAPH_MODE)
batch_size = 32
epoch_size = 2
lr = 0.1
momentum = 0.9
num_classes = 1000

dataset = de_train_dataset()
network = AlexNet(num_classes)
loss = nn.SoftmaxCrossEntropyWithLogits(sparse = True)
opt = nn.Momentum(network.trainable_params(), lr, momentum)
```

5. 训练网络模型

把网络、损失函数和优化器传入模型中,调用 train()方法即可开始训练,核心代码如代码 4.4 所示。

代码 4.4 训练网络模型

```
model = Model(net, loss, opt)
model.train(epoch_size, dataset)
```

第 5 章

卷积神经网络

卷积神经网络是一种前向神经网络，表示在网络中采用卷积的数学运算。卷积神经网络是一种特殊的神经网络，在至少一个层中使用卷积代替一般矩阵乘法运算。

5.1 卷积操作

卷积(Convolution)操作是卷积神经网络的基本操作，与多层感知机中点乘加和操作不同的是，卷积操作相当于一个滑动窗口，从左到右、从上到下地滑动(在此节仅讨论二维的卷积操作)，每滑动一下，就得出一个加权平均值，它更关注一小块或者局部的数据信息。卷积操作包括两个重要的组成成分：输入矩阵(Input)和卷积核(Kernel)，卷积核又称为滤波器(Filter)。它们分别对应感知机中的输入和权重。如图 5.1 所示，给定输入矩阵，通过核矩阵在输入矩阵上做滑动，可以得到所需的输出矩阵，又称为特征图。

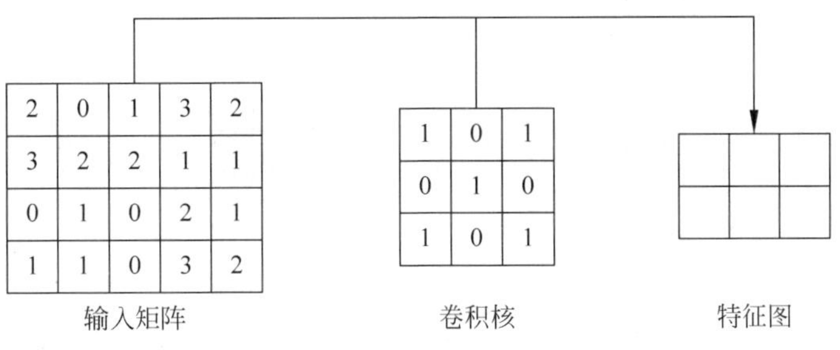

图 5.1　卷积操作的组成成分

那么卷积操作具体是怎么计算的呢？图 5.2(a)、(b)、(c)、(d)、(e)为 5 个不同的卷积步骤，图 5.2(f)为最终的输出结果。先将核矩阵作用到左上角的 3×3 方块上，计算点乘得到第一个输出值 5，再依次向右移动两次，每次一个单元，得到第一行的输出 5、8、5。同样，计算第二行的卷积，得到如图 5.2(f)所示的最终输出结果。

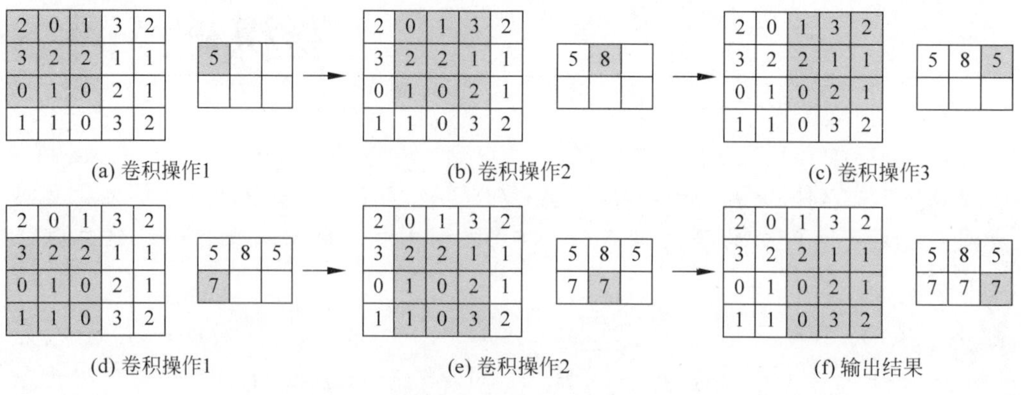

图 5.2　卷积操作的步骤

可以看到卷积核对输入矩阵重复计算卷积，遍历了整个矩阵，其每一个输出，都对应输入矩阵的一小块局部特征。卷积操作的另一个优点在于，输出的 2×3 的矩阵，共享同一个核矩阵，即参数共享(Parameter Sharing)，如果使用全连接操作，则需要一个 $25\times6\gg3\times3$ 的矩阵，图 5.2 中的每个卷积操作是独立的。也就是说，并不需要一定按照从左到右、从上到下的顺序来滑动计算卷积，也可以利用并行计算，同时计算所有方块的卷积值，达到高效运算的目的。

有时想要调整输出矩阵的大小，那么就要提到两个重要的参数，即步长(Stride)和填补(Padding)了。步长的影响如图 5.3 所示，横向移动不再是 1 步，而是设为 2 步，这样就跳过了中间的 3×3 方块，而纵向的步长仍为 1。通过设定大于 1 的步长，可以减小输出矩阵的大小。填补的操作如图 5.4 所示，可以让核矩阵的计算拓展到边缘之外

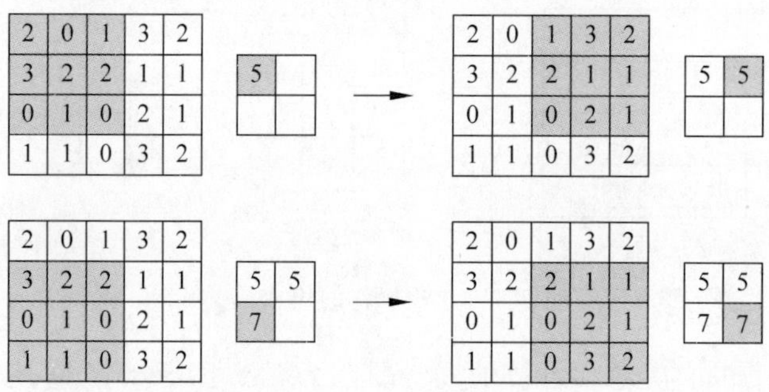

图 5.3　步长示意图

的区域。在原矩阵的上、下、左、右分别填补了0、1、1、2栏全为0的数值(假像素),则实现了这一目的。填补一方面增加了输出矩阵的大小,另一方面允许核函数以边缘像素为中心进行计算。在卷积计算中,可以通过步长和填补操作,来控制输出矩阵的大小,例如得到相等的或者长、宽各自减半的特征图。

0	2	0	1	3	2	0	0
0	3	2	2	1	1	0	0
0	0	1	0	2	1	0	0
0	1	1	0	3	2	0	0
0	0	0	0	0	0	0	0

图5.4　填补示意图

在上述的例子中,只介绍了一个输入矩阵和一个核矩阵的卷积操作。事实上可以有多个相同的矩阵叠加在一起,例如图像通常有3个通道(Channel),分别代表红、黄、蓝三原色。图5.5给出了一个以图像为例的多通道的卷积操作,以图像为例,先把红、黄、蓝三个通道平铺开来,分别对三个通道用各自的核矩阵进行卷积操作,再把这三个输出矩阵相加,得到最终的特征图。注意到每个通道都有各自不同的核矩阵,如果输入通道数为 c_1,输出通道数为 c_2,则共需要 $c_1 \times c_2$ 个核矩阵。

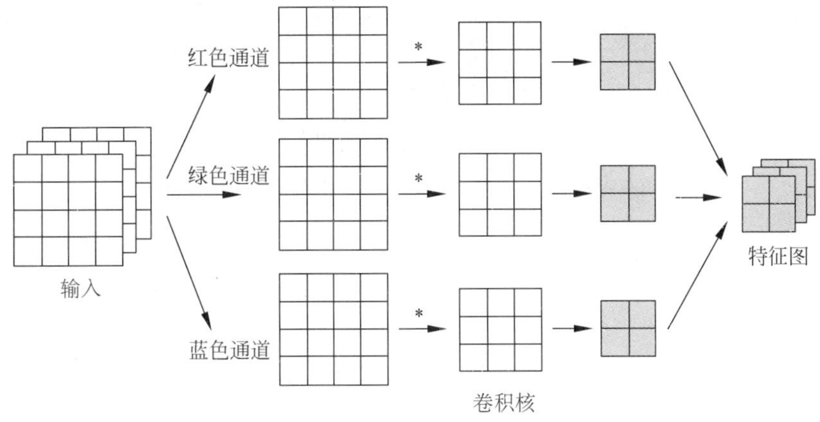

图5.5　多通道卷积操作

5.2　池化

在5.1节,介绍了可以通过增加步长来减小输出矩阵大小等内容。池化(Pooling)则是另一种常见的降维操作。如图5.6所示,对4×4的特征图进行降维,对其中每个2×2的区域进行池化。常见的池化有两种:最大池化和平均池化。顾名思义,最大池化是选择局部区域的最大值，而平均池化是计算局部区域的平均值。

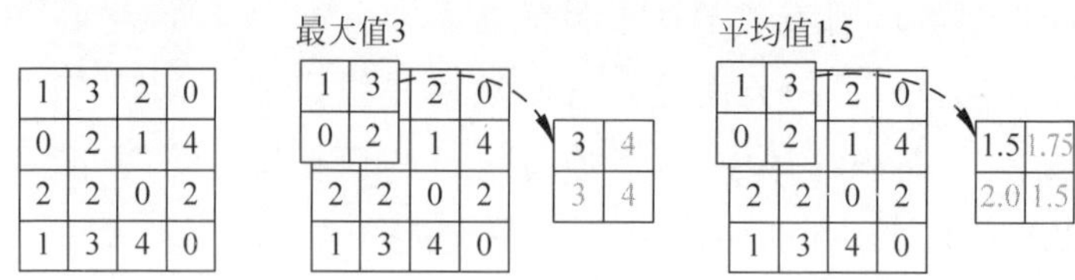

图 5.6 池化示意图

最大池化可以获取局部信息，更好地保留纹理上的特征。如果不用观察物体在图片中的具体位置，只关心其是否出现，则使用最大池化效果比较好。平均池化往往能保留整体数据的特征，更适用于突出背景信息时使用。通过池化，将一部分不重要的信息丢掉，保留更重要、更有利于特定任务的信息，从而达到降维、减少计算复杂度的目的。

同卷积操作类似，池化操作也可以通过重叠、定义步长等参数，来适应不同的应用场景。但与卷积操作不同的是，池化操作在单个矩阵上进行，卷积则是核矩阵在输入矩阵上的操作。可以把池化理解成一种特殊的核矩阵。

在了解卷积和池化的操作之后，就可以以图 5.7 中的 LeNet 为例，了解基本卷积神经网络的构成。给定一个 1×32×32(此处为灰度图，因而只有一个通道)的图片，先利用 6 个大小为 5×5 的卷积核，得到大小为 6×28×28 的特征图，这是网络的第一层。第二层为池化操作，对特征图进行降维，得到 6×14×14 的特征图。经过后面两层卷积核池化操作后，得到 16×5×5 特征图，经过最后一层卷积操作，每个输出为 1×1 的点，最终拼凑得到长度为 120 的特征向量，最后经过两层的全连接层，得到最终的输出向量，即类别的表达。这就是经典的 LeNet 模型，利用卷积神经网络提取特征图，最终利用全连接层将特征图转换为所需要的向量表达和输出形式。

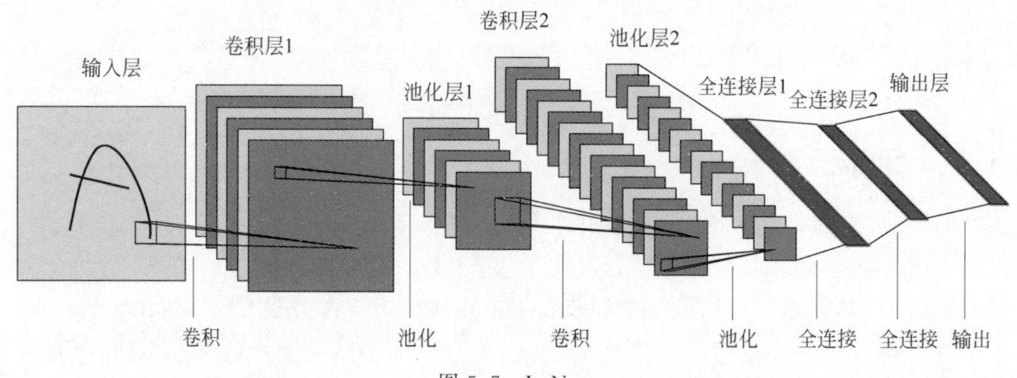

图 5.7 LeNet

5.3　残差网络

卷积神经网络通过层数的递增，逐渐抽取了更深层更普遍的特征信息，换句话说，特征的层次可以靠加深网络的层次来丰富。但实际应用中，当网络层数增加时，将会遇到梯度消失或爆炸的问题，导致网络很难训练。本节将介绍一种能有效解决神经网络深度增加的难题，即残差网络（Residual Network，ResNet）。

首先介绍残差网络的基本单元，残差块（Residual Block）。图 5.8 为一个基本的残差块。与普通连接网络不同的是，残差块中存在一条特殊的边，称为捷径（Shortcut），它使得上一层的输入 $\boldsymbol{x}_l$ 可以直接连接到输出 $\boldsymbol{x}_{l+1}$ 上，即 $\boldsymbol{x}_{l+1}=\boldsymbol{x}_l+\mathcal{F}(\boldsymbol{x}_l)$，其中$\mathcal{F}(\boldsymbol{x}_l)=\boldsymbol{W}_2\mathrm{ReLU}(\boldsymbol{W}_1\boldsymbol{x}_l)$，为非线性变换，又称为残差。如果要学习一个映射函数$\mathcal{H}(\boldsymbol{x})=\boldsymbol{x}$，那么学习$\mathcal{F}(\boldsymbol{x})=\boldsymbol{0}$ 要比$\mathcal{F}(\boldsymbol{x})=\boldsymbol{x}$ 容易得多。也就是说，拟合残差会更加容易一些，这也是为什么这样的结构被称为残差块。

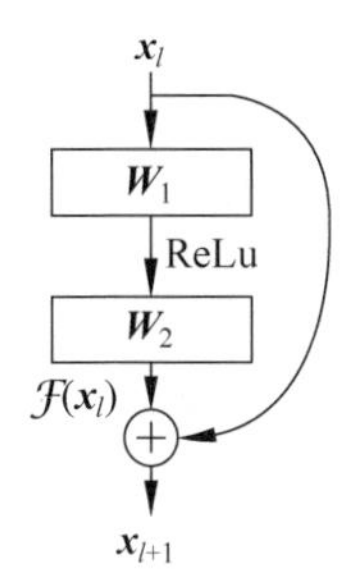

图 5.8　残差块示意图

之前提到残差网络可以解决梯度消失或爆炸的问题，可以简单推导残差网络上的反向传播来观察这一效果。假设网络一共有 L 层，则从任意第 l 层递归可以得到输出，公式如下：

$$\boldsymbol{x}_L=\boldsymbol{x}_l+\sum_{i=l}^{L-1}\mathcal{F}(\boldsymbol{x}_i) \tag{5.1}$$

假设损失函数为 E，通过链式法则可以得到对输入 $\boldsymbol{x}_l$ 的梯度为：

$$\frac{\partial E}{\partial \boldsymbol{x}_l}=\frac{\partial E}{\partial \boldsymbol{x}_L}\cdot\frac{\partial \boldsymbol{x}_L}{\partial \boldsymbol{x}_l}=\frac{\partial E}{\partial \boldsymbol{x}_L}\left(1+\frac{\partial}{\partial \boldsymbol{x}_l}\sum_{i=l}^{L-1}\mathcal{F}(\boldsymbol{x}_i)\right) \tag{5.2}$$

这个独立的“1”使得输出层梯度可以直接传回到 x_l 上，从而避免了梯度消失的问题。尽管梯度表达式没有显式地给出防止梯度爆炸的原因。但是在实际应用中，残差网络的使用确实有助于解决梯度爆炸问题，让我们在训练更深网络的同时，又能保证良好的性能。

由图 5.9[①] 中模型可以看出，残差网络就是由一层层残差块构成的，中间的每一个

① 图片来源：https://arxiv.org/pdf/1512.03385.pdf。

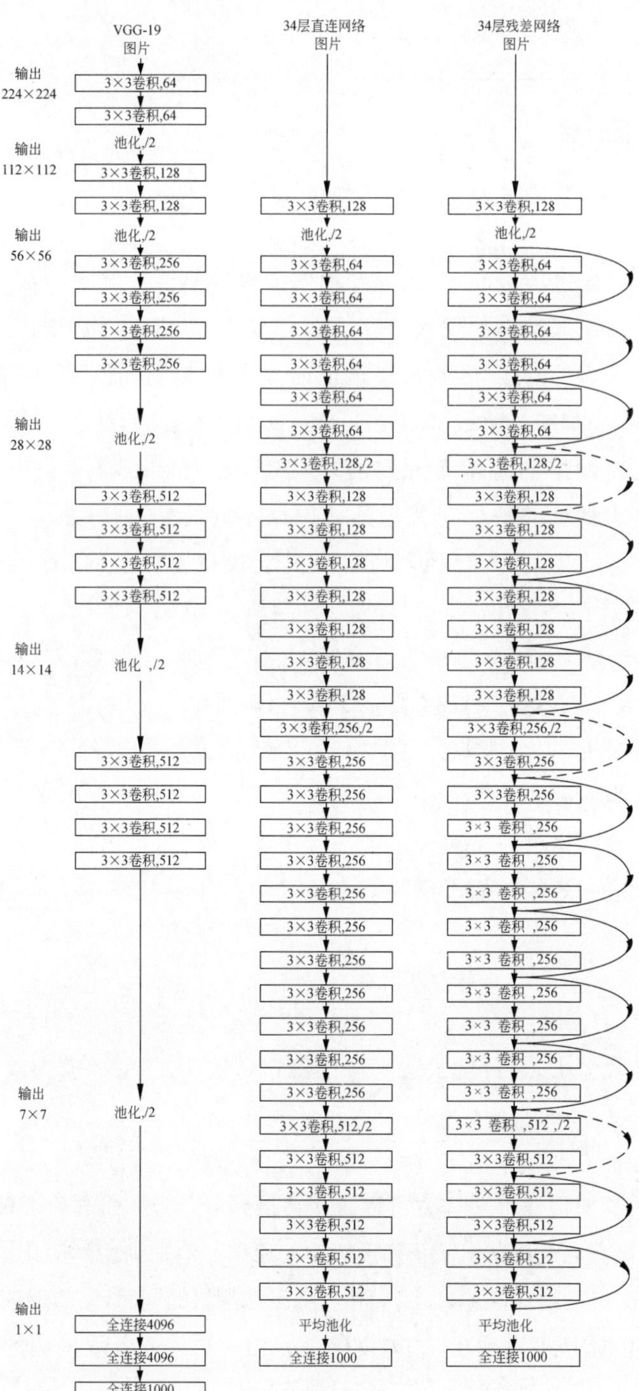
VGG-19
图片
输出
224×224
3×3卷积,64
3×3卷积,64
池化,/2
输出
112×112
3×3卷积,128
3×3卷积,128
池化,/2
输出
56×56
3×3卷积,256
3×3卷积,256
3×3卷积,256
3×3卷积,256
输出
28×28
池化,/2
3×3卷积,512
3×3卷积,512
3×3卷积,512
3×3卷积,512
输出
14×14
池化 ,/2
3×3卷积,512
3×3卷积,512
3×3卷积,512
3×3卷积,512
输出
7×7
池化,/2
输出
1×1
全连接4096
全连接4096
全连接1000
34层直连网络
图片
3×3卷积,128
池化,/2
3×3卷积,64
3×3卷积,64
3×3卷积,64
3×3卷积,64
3×3卷积,64
3×3卷积,64
3×3卷积,128,/2
3×3卷积,128
3×3卷积,128
3×3卷积,128
3×3卷积,128
3×3卷积,128
3×3卷积,128
3×3卷积,128
3×3卷积,256,/2
3×3卷积,256
3×3卷积,256
3×3卷积,256
3×3卷积,256
3×3卷积,256
3×3卷积,256
3×3卷积,256
3×3卷积,256
3×3卷积,256
3×3卷积,256
3×3卷积,256
3×3卷积,512,/2
3×3卷积,512
3×3卷积,512
3×3卷积,512
3×3卷积,512
3×3卷积,512
平均池化
全连接1000
34层残差网络
图片
3×3卷积,128
池化,/2
3×3卷积,64
3×3卷积,64
3×3卷积,64
3×3卷积,64
3×3卷积,64
3×3卷积,64
3×3卷积,128,/2
3×3卷积,128
3×3卷积,128
3×3卷积,128
3×3卷积,128
3×3卷积,128
3×3卷积,128
3×3卷积,128
3×3卷积,256,/2
3×3卷积,256
3×3卷积,256
3×3 卷积 ,256
3×3 卷积 ,256
3×3 卷积 ,256
3×3 卷积 ,256
3×3 卷积 ,256
3×3 卷积 ,256
3×3 卷积 ,256
3×3 卷积 ,256
3×3 卷积 ,256
3×3 卷积 ,512 ,/2
3×3卷积,512
3×3卷积,512
3×3卷积,512
3×3卷积,512
3×3卷积,512
平均池化
全连接1000

图 5.9　残差网络

残差块，通过调整填补数使得输入和输出维度相等。捷径的存在，可以使我们根据需要添加或减少网络层数，保证模型训练的可行性。在卷积神经网络的发展中，残差网络有着相当大的影响力。

5.4　应用：图片分类

图片分类对于人来说是很简单的事情，但是对计算机来说，却是不容易的。在传统图像分类方法中，人们手工设计一些特征符，提取图像上一些局部的外表、形状、纹理等，再利用标准分类器，如支持向量机等，进行分类，其中还包含大量图片处理的方法技巧。卷积神经网络的诞生，大大推进了图片分类的发展，通过深层次的神经网络，可以直接从原始图像层面提取深层次的语义，让计算机有能力理解图片中的信息，从而将不同类别区分开来。以图 5.10 为例，不同卷积核可以对图像进行不同类型的操作，例如提取边缘轮廓、图像锐化等，与传统图像识别利用人工提取特征不同，卷积神

操作	卷积核	结果
自映射	$\begin{bmatrix}0&0&0\\0&1&0\\0&0&0\end{bmatrix}$	
边缘检测	$\begin{bmatrix}1&0&-1\\0&0&0\\-1&0&1\end{bmatrix}$	
	$\begin{bmatrix}0&1&0\\1&-4&1\\0&1&0\end{bmatrix}$	
	$\begin{bmatrix}-1&-1&-1\\-1&8&-1\\-1&-1&-1\end{bmatrix}$	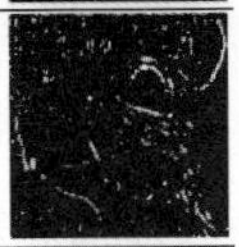
锐化	$\begin{bmatrix}0&-1&0\\-1&5&-1\\0&-1&0\end{bmatrix}$	

图 5.10　不同卷积核在图片上的作用

经网络可以根据具体任务需求,自发地学习特征提取的方式,不仅实现了更好的图片分类效果,而且适用于更多的任务数据场景。

图片分类最早最经典的应用,要数 MNIST 手写图像识别了。如图 5.11 所示,数据样本为 0~9 这 10 个手写数字,每个图像为 28×28 像素的灰度图。如果使用全连接网络进行分类,需要把每个图展开成长度为 784 的向量,这样一方面会丢失图片在空间上的信息,另一方面会造成训练参数过多,很容易过拟合。而卷积神经网络则很好地解决了这两个问题,首先卷积核的操作不会改变图像的空间像素分布,其次由于一个卷积核在一张图像上共享,可以更好地解决过拟合问题。

图 5.11　MNIST 手写图像识别

卷积神经网络先通过低层的卷积核,提取数字的轮廓信息,对图片本身进行降维,再逐步将这些信息抽象成计算机所能理解的特征,最终通过全连接层实现对数字的分类。如图 5.12 所示,如果将神经网络分类错误的图像筛选出来,将会发现其中有很多人类也容易混淆的数字,说明卷积神经网络确实学习到了图像中的数字语义信息。

下面再来看一组彩色图片分类的应用——CIFAR-10 数据的分类。这个数据集包含 6 万张 32×32 的彩色图像,代表飞机、汽车、鸟等 10 个类别的自然物体,图 5.13 展示了这 10 个类别和部分样例。CIFAI-10 中的语义信息很明显比数字中的更为复杂,同时输入的彩色数据具有 3 个通道而不是灰度图的单个通道。

图 5.14 展示了卷积神经网络中不同层中卷积核信息,从左到右依次由浅入深。可以观察到,浅层的卷积核用于学习边的特征,随着层次加深,逐渐学习到了局部轮廓,甚至整体语义的信息,而这些卷积核的初始状态,均为随机噪声。可以看到,卷积神经网络具有强大的图像特征学习能力,正是基于这种能力,计算机视觉在 2012 年得到了飞速发展。

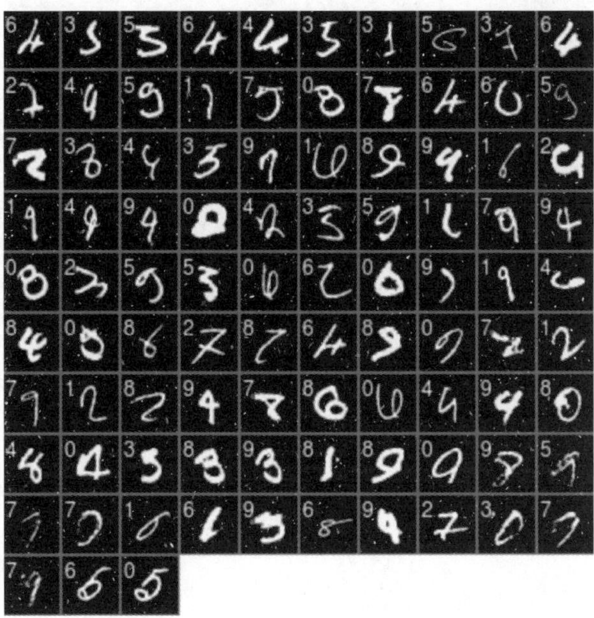

图 5.12　MNIST 图像分类错误实例

图 5.13　CIFAR-10 数据集

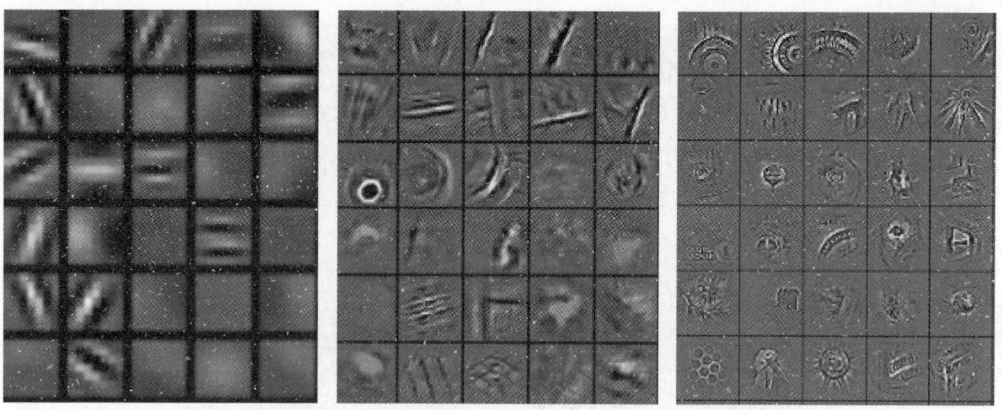

图 5.14　卷积神经网络不同层次的卷积核

随着卷积神经网络的发展，图片分类的应用也被拓宽到更广的领域，如图 5.15 所示照片中复杂物体的分类，图 5.16 的人脸识别以及植被鉴别等。总之，图片分类的应用，离不开卷积神经网络的贡献。

图 5.15　照片中复杂物体

图 5.16　图片分类的具体应用

5.5 用 MindSpore 实现基于卷积神经网络图片分类

说明：开发迭代 MindSpore 的接口及流程会不断演进，书中代码仅为示意代码，完整可运行代码请大家以线上代码仓中对应章节代码为准。

网址为：https://mindspore.cn/resource。读者可扫描右侧二维码获取相关资源。

5.4 节讲述了卷积神经网络在图片分类场景的作用，本节将使用 MindSpore 一步步来实现一个基于 ResNet50 网络的图片分类应用。

5.5.1 加载 MindSpore 模块

在进行网络训练之前需要导入 MindSpore 模块和辅助的第三方库，代码如代码 5.1 所示。

代码 5.1　导入 MindSpore 及第三方库

```
import numpy as np
from mindspore.nn import Conv2d, BatchNorm2d, ReLU, Dense, MaxPool2d, Cell, Flatten
from mindspore.ops.operations import TensorAdd, SimpleMean
from mindspore.common.tensor import Tensor
from mindspore.train.model import Model
from mindspore.nn import SoftmaxCrossEntropyWithLogits
from mindspore.nn import Momentum
from mindspore import context
```

5.5.2 定义 ResNet 网络结构

ResNet50 的连接结构主要有以下几个步骤。

(1) 底层输入连接层，包括 conv\batchnorm\relu\maxpool 操作。

(2) 连接 4 组残差模块，即下面的 4 个 MakeLayer，每个 MakeLayer 有不同的输入、输出通道和步长。

(3) 对网络进行最大池化和全连接层操作。

每个步骤的详细操作如下。

1. 定义基础操作

1) 定义变量初始化操作

由于构建网络的各个操作都需要初始化变量,因此需要定义变量初始化操作,此处利用 shape 构建初始化都为 0.01 的 Tensor,代码如代码 5.2 所示。

代码 5.2　定义变量初始化操作

```
def weight_variable(shape):
  ones = np.ones(shape).astype(np.float32)
  return Tensor(ones * 0.01)
```

2) 定义 conv 操作

构建网络之前需要定义一组卷积网络,即 conv。

定义 conv,卷积核大小分别为 1×1,3×3,7×7,步长为 1,代码如代码 5.3 所示。

代码 5.3　定义 conv 操作

```
def conv1x1(in_channels, out_channels, stride = 1, padding = 0):
  """1x1 convolution"""
  weight_shape = (out_channels, in_channels, 1, 1)
  weight = weight_variable(weight_shape)
  return nn.Conv2d(in_channels,
                   out_channels,
                   kernel_size = 1,
                   stride = stride,
                   padding = padding,
                   weight_init = weight,
                   has_bias = False,
                   pad_mode = "same")
def conv3x3(in_channels, out_channels, stride = 1, padding = 1):
  """3x3 convolution """
  weight_shape = (out_channels, in_channels, 3, 3)
  weight = weight_variable(weight_shape)
  return nn.Conv2d(in_channels,
                   out_channels,
                   kernel_size = 3,
                   stride = stride,
```

```
                padding = padding,
                weight_init = weight,
                has_bias = False,
                pad_mode = "same")

def conv7x7(in_channels, out_channels, stride = 1, padding = 0):
  """1x1 convolution"""
  weight_shape = (out_channels, in_channels, 7, 7)
  weight = weight_variable(weight_shape)
  return nn.Conv2d(in_channels, out_channels,
                kernel_size = 7,
                stride = stride,
                padding = padding,
                weight_init = weight,
                has_bias = False,
                pad_mode = "same")
```

3）定义 BatchNorm 操作

定义 BatchNorm 操作，进行归一化操作，核心代码如代码 5.4 所示。

代码 5.4　定义 BatchNorm 操作

```
def bn_with_initialize(out_channels):
  shape = (out_channels)
  mean = weight_variable(shape)
  var = weight_variable(shape)
  beta = weight_variable(shape)
  gamma = weight_variable(shape)
  bn = nn.BatchNorm2d(out_channels,
                  momentum = 0.1,
                  eps = 1e - 5,
                  gamma_init = gamma,
                  beta_init = beta,
                  moving_mean_init = mean,
                  moving_var_init = var)
  return bn
```

4）定义 dense 操作

最后定义 dense 操作，将前面各层的特征整合到一起，核心代码如代码 5.5 所示。

代码 5.5　定义 dense 操作

```
def fc_with_initialize(input_channels, out_channels):
  weight_shape = (out_channels, input_channels)
```

```
    bias_shape = (out_channels)
    weight = weight_variable(weight_shape)
    bias = weight_variable(bias_shape)
    return nn.Dense(input_channels, out_channels, weight, bias)
```

2. 定义 ResidualBlock 模块

每个 ResidualBlock 模块由 Conv > BatchNorm > ReLU 组成，用于传递给 MakeLayer 模块，核心代码如代码 5.6 和代码 5.7 所示。

代码 5.6　定义 ResidualBlock 模块

```
class ResidualBlock(nn.Cell):
  expansion = 4
  def __init__(self,
               in_channels,
               out_channels,
               stride = 1,
               down_sample = False):
    super(ResidualBlock, self).__init__()

    out_chls = out_channels // self.expansion
    self.conv1 = conv1x1(in_channels, out_chls, stride = stride, padding = 0)
    self.bn1 = bn_with_initialize(out_chls)

    self.conv2 = conv3x3(out_chls, out_chls, stride = 1, padding = 0)
    self.bn2 = bn_with_initialize(out_chls)

    self.conv3 = conv1x1(out_chls, out_channels, stride = 1, padding = 0)
    self.bn3 = bn_with_initialize(out_channels)

    self.relu = nn.ReLU()
    self.add = nn.TensorAdd()

  def construct(self, x):
    identity = x
    out = self.conv1(x)
    out = self.bn1(out)
    out = self.relu(out)
    out = self.conv2(out)
    out = self.bn2(out)
    out = self.relu(out)
```

```
        out = self.conv3(out)
        out = self.bn3(out)
        out = self.add(out, identity)
        out = self.relu(out)
        return out
```

代码 5.7　定义 ResidualBlock 模块

```
class ResidualBlockWithDown(nn.Cell):
    expansion = 4
    def __init__(self,
                 in_channels,
                 out_channels,
                 stride = 1,
                 down_sample = False):
        super(ResidualBlockWithDown, self).__init__()

        out_chls = out_channels // self.expansion
        self.conv1 = conv1x1(in_channels, out_chls, stride = stride, padding = 0)
        self.bn1 = bn_with_initialize(out_chls)

        self.conv2 = conv3x3(out_chls, out_chls, stride = 1, padding = 0)
        self.bn2 = bn_with_initialize(out_chls)

        self.conv3 = conv1x1(out_chls, out_channels, stride = 1, padding = 0)
        self.bn3 = bn_with_initialize(out_channels)

        self.relu = nn.ReLU()
        self.downSample = down_sample

        self.conv_down_sample = conv1x1(in_channels, out_channels, stride = stride,
padding = 0)
        self.bn_down_sample = bn_with_initialize(out_channels)
        self.add = ops.TensorAdd()

    def construct(self, x):
        identity = x
        out = self.conv1(x)
        out = self.bn1(out)
        out = self.relu(out)
        out = self.conv2(out)
        out = self.bn2(out)
        out = self.relu(out)
        out = self.conv3(out)
        out = self.bn3(out)
```

```
        identity = self.conv_down_sample(identity)
        identity = self.bn_down_sample(identity)
        out = self.add(out, identity)
        out = self.relu(out)
        return out
```

3. 定义 MakeLayer 模块

定义一组 MakeLayer 模块，每组模块的 block 不同，可以进行输入、输出通道和步长的设置，核心代码如代码 5.8 所示。

代码 5.8　定义 MakeLayer 模块

```
class MakeLayer0(nn.Cell):
  def __init__(self, block, layer_num, in_channels, out_channels, stride):
    super(MakeLayer0, self).__init__()
    self.a = ResidualBlockWithDown(in_channels, out_channels, stride = stride, down_
sample = True)
    self.b = block(out_channels, out_channels, stride = 1)
    self.c = block(out_channels, out_channels, stride = 1)

  def construct(nn.self, x):
    x = self.a(x)
    x = self.b(x)
    x = self.c(x)
    return x

class MakeLayer1(nn.Cell):
  def __init__(self, block, layer_num, in_channels, out_channels, stride):
    super(MakeLayer1, self).__init__()
    self.a = ResidualBlockWithDown(in_channels, out_channels, stride = stride, down_
sample = True)
    self.b = block(out_channels, out_channels, stride = 1)
    self.c = block(out_channels, out_channels, stride = 1)
    self.d = block(out_channels, out_channels, stride = 1)

  def construct(self, x):
    x = self.a(x)
    x = self.b(x)
    x = self.c(x)
    x = self.d(x)
    return x

class MakeLayer2(nn.Cell):
```

```
  def __init__(self, block, layer_num, in_channels, out_channels, stride):
    super(MakeLayer2, self).__init__()
    self.a = ResidualBlockWithDown(in_channels, out_channels, stride=stride, down_
sample=True)
    self.b = block(out_channels, out_channels, stride=1)
    self.c = block(out_channels, out_channels, stride=1)
    self.d = block(out_channels, out_channels, stride=1)
    self.e = block(out_channels, out_channels, stride=1)
    self.f = block(out_channels, out_channels, stride=1)

  def construct(self, x):
    x = self.a(x)
    x = self.b(x)
    x = self.c(x)
    x = self.d(x)
    x = self.e(x)
    x = self.f(x)
    return x

class MakeLayer3(nn.Cell):
  def __init__(self, block, layer_num, in_channels, out_channels, stride):
    super(MakeLayer3, self).__init__()
    self.a = ResidualBlockWithDown(in_channels, out_channels, stride=stride, down_
sample=True)
    self.b = block(out_channels, out_channels, stride=1)
    self.c = block(out_channels, out_channels, stride=1)

  def construct(self, x):
    x = self.a(x)
    x = self.b(x)
    x = self.c(x)
    return x
```

4. 定义整体网络

以上模块创建完之后，就可以定义整体 ResNet50 网络结构了，核心代码如代码 5.9 所示。

代码 5.9　定义整体 ResNet50 网络结构

```
class ResNet(nn.Cell):
  def __init__(self, block, layer_num, num_classes=10):
    super(ResNet, self).__init__()
```

```
    self.conv1 = conv7x7(3, 64, stride=2, padding=0)

      self.bn1 = bn_with_initialize(64)
      self.relu = nn.ReLU()
      self.maxpool = nn.MaxPool2d(kernel_size=3, stride=2, pad_mode="same")

      self.layer1 = MakeLayer0(
        block, layer_num[0], in_channels=64, out_channels=256, stride=1)
      self.layer2 = MakeLayer1(
        block, layer_num[1], in_channels=256, out_channels=512, stride=2)
      self.layer3 = MakeLayer2(
        block, layer_num[2], in_channels=512, out_channels=1024, stride=2)
      self.layer4 = MakeLayer3(
        block, layer_num[3], in_channels=1024, out_channels=2048, stride=2)

      self.mean = ops.ReduceSum(keep_dims=True)
      self.fc = fc_with_initialize(512 * block.expansion, num_classes)
      self.flatten = nn.Flatten()

  def construct(self, x):
      x = self.conv1(x)
      x = self.bn1(x)
      x = self.relu(x)
      x = self.maxpool(x)
      x = self.layer1(x)
      x = self.layer2(x)
      x = self.layer3(x)
      x = self.layer4(x)
      x = self.mean(x, (2, 3))
      x = self.flatten(x)
      x = self.fc(x)
      return x

def resnet50(num_classes):
  return ResNet(ResidualBlock, resnet_shape, num_classes)
```

5.5.3 设置超参数

设置 batch,epoch,classes 等和损失函数及优化器相关的超参数。损失函数定义的是 SoftmaxCrossEntropyWithLogits,采用 Softmax 进行交叉熵计算。选取 Momentum 优化器,学习率设置为 0.1,动量设置为 0.9,核心代码如代码 5.10 所示。

代码 5.10　设置超参数

```
context.set_context(mode = context.GRAPH_MODE)

epoch_size = 1
batch_size = 32
step_size = 1
num_classes = 10
lr = 0.1
momentum = 0.9
resnet_shape = [3, 4, 6, 3]
```

5.5.4　导入数据集

使用 MindSpore 数据格式 API 创建 ImageNet 数据集，其中下文调用的 train_dataset() 函数具体实现和 MindSpore 数据格式 API 介绍详见第 14 章。

5.5.5　训练模型

1. 利用 train_dataset()读取数据

```
ds = train_dataset()
```

2. 利用 resnet()创建 ResNet50 网络结构

```
net = resnet50(num_classes)
```

3. 设置损失函数和优化器

```
Loss = nn.SoftmaxCrossEntropyWithLogits(sparse = True))
opt = nn.Momentum(net.trainable_params(), lr, momentum)
```

4. 创建模型，调用 model.train()方法开始训练

```
model = Model(net, loss, opt)
model.train(epoch_size, ds)
```

第 6 章

循环神经网络

6.1 循环神经网络概述

在卷积神经网络计算中，前一个输入和后一个输入之间是完全没有关系的。但很多任务需要处理序列关系。例如，当在理解一句话时，孤立地理解这句话的每个词是不够的，需要处理这些词连接起来的整个序列；当处理视频的时候，也不能只单独地分析视频每一帧，而要分析这些帧连接起来的整个序列。例如在预测"xxx"这个单词时，与前面单词的关系极大。为了解决这类问题，循环神经网络（Recurrent Neural Network，RNN）诞生了。

首先看一个简单的循环神经网络结构，如图 6.1 所示，它由输入层、隐藏层和输出层组成。一个 RNN 可以理解为同样网络的多次复制，每次复制向下一层传递状态。

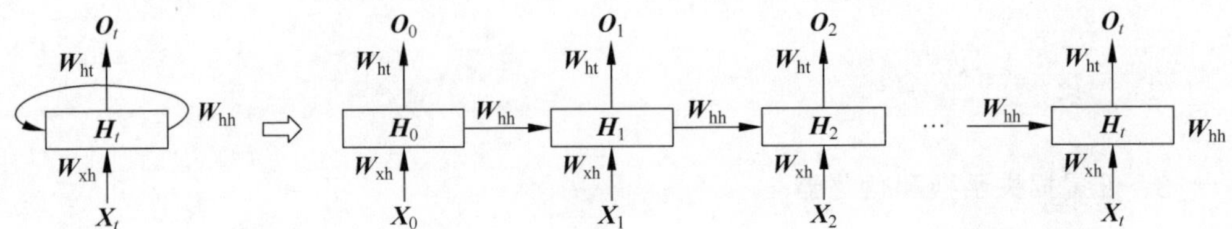

图 6.1 简单循环神经网络结构

图 6.1 中的 $\boldsymbol{X}_t$ 是序列中第 t 个时间步的小批量输入，$\boldsymbol{H}_t$ 是时间步的隐藏变量。RNN 中保存了上一时间步的隐藏变量 $\boldsymbol{H}_{t-1}$，并引入一个新的权重参数 $\boldsymbol{W}_{\mathrm{hh}}$ 描述当前时间步如何使用上一时间步的隐藏变量。因此 RNN 的计算是循环的。时间步 t 的隐藏变量 $\boldsymbol{H}_t$ 由当前时间步的输入和上一时间步的隐藏变量共同决定，计算公式如下：

$$\boldsymbol{H}_t = \mathrm{sigmoid}(\boldsymbol{W}_{\mathrm{xh}}\boldsymbol{X}_t + \boldsymbol{W}_{\mathrm{hh}}\boldsymbol{H}_{t-1} + \boldsymbol{b}_r) \tag{6.1}$$

可见，这里的隐藏变量可以捕获截至当前时间步的序列的历史信息，相当于神经网络具备了记忆功能。这个公式是循环的，因此该神经网络称为 RNN。输出层的计算公式为：

$$\boldsymbol{O}_t = \text{sigmoid}(\boldsymbol{W}_{\text{ht}}\boldsymbol{H}_t + \boldsymbol{b}_o) \tag{6.2}$$

循环神经网络的参数包括隐藏层权重 $\boldsymbol{W}_{\text{xh}}$ 和 $\boldsymbol{W}_{\text{hh}}$，偏差 $\boldsymbol{b}_r$，以及输出层的权重 $\boldsymbol{W}_{\text{ht}}$ 和偏差 $\boldsymbol{b}_o$。即使在不同的时间步，RNN 始终使用这些参数。一个展开的 RNN 计算如式(6.3)所示，可见 RNN 可以记忆和使用前序时间步的信息。

$$\begin{aligned}\boldsymbol{O}_t &= \text{sigmoid}(\boldsymbol{W}_{\text{ht}}\boldsymbol{H}_t + \boldsymbol{b}_o)\\ &= \text{sigmoid}(\boldsymbol{W}_{\text{ht}}\ \text{sigmoid}(\boldsymbol{W}_{\text{xh}}\boldsymbol{X}_t + \boldsymbol{W}_{\text{hh}}\boldsymbol{H}_{t-1} + \boldsymbol{b}_r) + \boldsymbol{b}_o)\\ &= \text{sigmoid}(\boldsymbol{W}_{\text{ht}}\ \text{sigmoid}(\boldsymbol{W}_{\text{xh}}\boldsymbol{X}_t + \boldsymbol{W}_{\text{hh}}(\text{sigmoid}(\boldsymbol{W}_{\text{ht}}\ \text{sigmoid}(\boldsymbol{W}_{\text{xh}}\boldsymbol{X}_t +\\ &\quad \boldsymbol{W}_{\text{hh}}\boldsymbol{H}_{t-2} + \boldsymbol{b}_r) + \boldsymbol{b}_o)) + \boldsymbol{b}_r) + \boldsymbol{b}_o)\end{aligned} \tag{6.3}$$

6.2　深度循环神经网络

在深度学习应用中，通常会用到含有多个隐藏层的循环神经网络，也称作深度循环神经网络。第 i 层隐藏层的隐藏状态如图 6.2 所示。

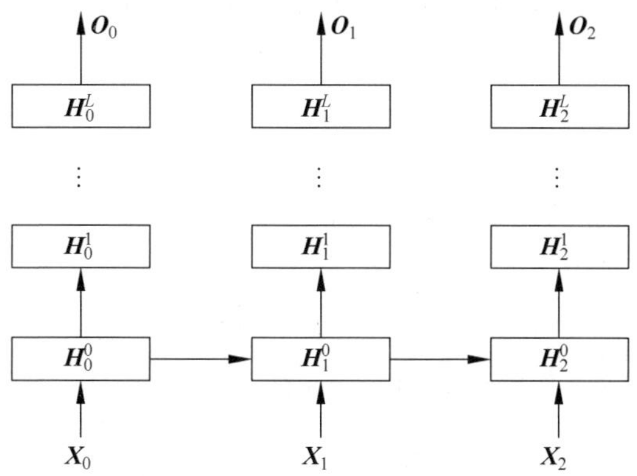

图 6.2　第 i 层隐藏状态

其计算使用公式如下：

$$\boldsymbol{H}_t = \text{sigmoid}(\boldsymbol{W}_r\boldsymbol{X}_t + \boldsymbol{W}_{\text{hr}}\boldsymbol{H}_{t-1} + \boldsymbol{b}_r) \tag{6.4}$$

同多层感知机一样，图 6.2 中隐藏层个数 L 是超参数。此外，如果将隐藏状态的计算换成门控循环单元或者短期记忆的计算，可以得到深度门控循环神经网络。

6.3 长期依赖的挑战

当时间步较大或较小时，循环神经网络的梯度容易出现衰减或爆炸问题。循环神经网络在实际中较难捕捉时间序列中时间步距离较大的依赖关系。下面以 RNN 的反向传播计算为例说明梯度的衰减或爆炸问题。

有了 RNN 前向传播算法的基础，就容易推导出 RNN 反向传播算法的流程了。RNN 反向传播算法的思路和卷积神经网络是一样的，即通过梯度下降法一轮轮地迭代，得到合适的 RNN 模型参数 $\boldsymbol{W}_{\mathrm{xh}}$ 和 $\boldsymbol{W}_{\mathrm{hh}}$，以及 $\boldsymbol{W}_{\mathrm{ht}}$ 和 $\boldsymbol{b}_o$。由于是基于时间反向传播，所以 RNN 的反向传播有时也叫作 BPTT(Back Propagation Through Time)。当然这里的 BPTT 和深度神经网络中的反向传播也有很大的不同，即这里所有的模型参数在序列的各个位置是共享的，反向传播时更新的是相同的参数。

为了简化描述，这里的损失函数为交叉熵损失函数，输出的激活函数为 Softmax 函数(用 l 表示)，$\boldsymbol{y}_t$ 表示真实的结果值。隐藏层的激活函数为 tanh 函数。对于 RNN，由于在序列的第 t 个时间步都有损失函数，因此最终 T(所有时间步总量)个时间步的损失函数为：

$$\boldsymbol{L}=1/T\sum_{t=1}^{T}l(\boldsymbol{O}_t,\ \boldsymbol{y}_t) \tag{6.5}$$

其中输出 $\boldsymbol{O}_t$ 的梯度计算是比较简单的，公式如下：

$$\frac{\partial \boldsymbol{L}}{\partial \boldsymbol{O}_t}=\frac{\partial l(\boldsymbol{O}_t,\ \boldsymbol{y}_t)}{T\times\partial \boldsymbol{O}_t} \tag{6.6}$$

参数 $\boldsymbol{W}_{\mathrm{ht}}$ 的梯度计算依赖所有 $\boldsymbol{O}_t$，公式如下：

$$\frac{\partial \boldsymbol{L}}{\partial \boldsymbol{W}_{\mathrm{ht}}}=\sum_{t=1}^{T}\mathrm{prod}\left(\frac{\partial \boldsymbol{L}}{\partial \boldsymbol{O}_t}\times\frac{\partial \boldsymbol{O}_t}{\partial \boldsymbol{W}_{\mathrm{ht}}}\right) \tag{6.7}$$

隐藏状态 $\boldsymbol{H}_t$ 以及参数 $\boldsymbol{W}_{\mathrm{xh}}$ 和 $\boldsymbol{W}_{\mathrm{hh}}$ 的梯度计算就比较复杂了。从 RNN 的模型可以看出，在反向传播时，在某一序列位置 t 的梯度损失由当前位置的输出对应的梯度损失和序列索引位置为 $t+1$ 时间步时的梯度损失两部分共同决定。对于 $\boldsymbol{W}$ 在某一序列位置 t 的梯度损失需要反向传播从高到低一步步计算。定义序列第 t 个时间步时的隐藏状态的梯度公式如下：

$$\frac{\partial \boldsymbol{L}}{\partial \boldsymbol{H}_t} = \mathrm{prod}\left(\frac{\partial \boldsymbol{L}}{\partial \boldsymbol{O}_t} \times \frac{\partial \boldsymbol{O}_t}{\partial \boldsymbol{H}_t}\right) = \boldsymbol{W}_{\mathrm{ht}} \times \frac{\partial \boldsymbol{L}}{\partial \boldsymbol{O}_t} \tag{6.8}$$

由于 $\boldsymbol{L}$ 也通过 $\boldsymbol{H}_{t+1}$ 依赖 $\boldsymbol{H}_t$，那么基于依赖关系，梯度计算公式为：

$$\frac{\partial \boldsymbol{L}}{\partial \boldsymbol{H}_t} = \mathrm{prod}\left(\frac{\partial \boldsymbol{L}}{\partial \boldsymbol{O}_t} \times \frac{\partial \boldsymbol{O}_t}{\partial \boldsymbol{H}_t}\right) + \mathrm{prod}\left(\frac{\partial \boldsymbol{L}}{\partial \boldsymbol{H}_{t+1}} \times \frac{\partial \boldsymbol{H}_{t+1}}{\partial \boldsymbol{H}_t}\right) \tag{6.9}$$

展开后得到：

$$\frac{\partial \boldsymbol{L}}{\partial \boldsymbol{H}_t} = \boldsymbol{W}_{\mathrm{ht}} \times \frac{\partial \boldsymbol{L}}{\partial \boldsymbol{O}_t} + \boldsymbol{W}_{\mathrm{hh}} \times \frac{\partial \boldsymbol{L}}{\partial \boldsymbol{H}_{t+1}} \tag{6.10}$$

$$\frac{\partial \boldsymbol{L}}{\partial \boldsymbol{H}_t} = \sum_{i=t}^{T} (\boldsymbol{W}_{\mathrm{hh}})^{T-i} \times \boldsymbol{W}_{\mathrm{ht}} \times \frac{\partial \boldsymbol{L}}{\partial \boldsymbol{O}_{T-i}} \tag{6.11}$$

前面介绍了 RNN 算法，它处理时间序列问题的效果很好，但是仍然存在一些问题，其中较为严重的是容易出现梯度消失或者梯度爆炸的问题(反向传播算法和长时间依赖造成的)。注意：这里的梯度消失和反向传播不一样，梯度消失主要指由于时间过长而造成记忆值较小的现象。因此，就出现了一系列改进的算法。这里就引出了后面要介绍的两种算法：长短期记忆(Long-Short Term Memory，LSTM)网络和门控循环神经网络(Gated Recurrent Neural Networks，GRN)。LSTM 和 GRN 对于梯度消失或者梯度爆炸问题的处理方法主要有如下策略：

(1) 对于梯度消失，由于它们都有特殊的方式存储记忆，那么以前梯度比较大的记忆不会像简单的 RNN 一样马上被抹除，可以在一定程度上克服梯度消失问题。

(2) 对于梯度爆炸，用来克服梯度爆炸的问题就是梯度裁剪，也就是当计算的梯度超过阈值 c 或者小于阈值 $-c$ 的时候，便把此时的梯度设置成 c 或 $-c$。

6.4 长短期记忆网络和门控循环神经网络

RNN 的出现，主要是因为它们能够联系以前的信息应用到现在，从而解决现在的问题。例如，利用前面的画面能够帮助理解当前画面的内容。在处理当前任务的时候，需要看一些之前的画面信息。例如在一个语言模型中，要通过上文来预测下一个词可能会是什么。那么当看到“the clouds are in the?”时，不需要更多的信息，就能够自然而然地想到下一个词应该是"sky"。在这样的情况下,所要预测的内容和相关信息之间的间隔很小,这种情况下 RNN 就能够利用过去的信息,很容易地实现内容预测。

6.4.1 长短期记忆网络

长短期记忆(LSTM)网络是 RNN 中一个特殊的类型。由 Hochreiter 和 Schmidhuber 在 1997 年提出[1],提出之后广受欢迎,也得到了很多研究者的改进调整。LSTM 被广泛地用于解决各类问题,并都取得了非常棒的效果。

明确来说,设计 LSTM 网络主要是为了避免前面提到的长时期依赖(Long-Term Dependency)的问题。其本质就是能够记住很长时期内的信息,而且非常轻松就能做到。

图 6.3 为 LSTM 网络结构,其中引入了 3 个门:输入门(Input Gate)、遗忘门(Forget Gate)和输出门(Output Gate),以及与隐藏状态形状相同的记忆细胞,从而记录额外的信息。

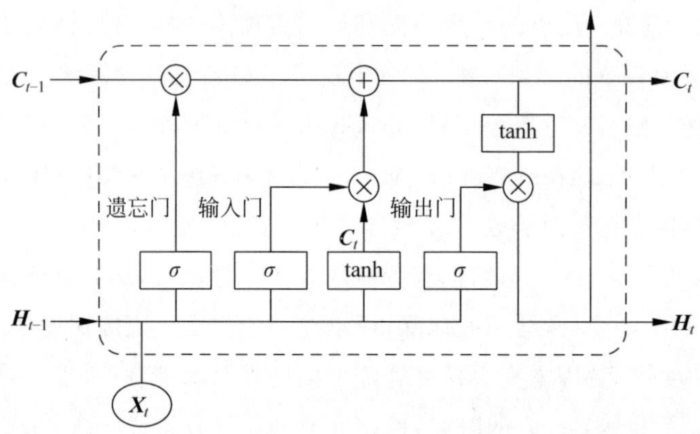

图 6.3 LSTM 网络结构

遗忘门控制上一步细胞信息 $\boldsymbol{C}_{t-1}$ 的保存或丢弃。其策略是从上一个隐藏状态 $\boldsymbol{H}_{t-1}$ 和当前输入 $\boldsymbol{X}_t$ 的信息经过 sigmoid 函数计算,输出范围为[0, 1]。0 意味完全遗忘,1 意味完全保留。计算公式如下:

$$\boldsymbol{f}_t = \text{sigmoid}(\boldsymbol{W}_f \boldsymbol{X}_t + \boldsymbol{W}_{\text{hf}} \boldsymbol{H}_{t-1} + \boldsymbol{b}_f) \tag{6.12}$$

输入门控制那些需要增加到细胞状态中的新的信息。分为两步,首先输入门决定哪些值需要更新,然后 tanh 层创建一个新的 $\boldsymbol{C}_t$ 值(候选细胞)。计算公式如下:

$$\boldsymbol{i}_t = \text{sigmoid}(\boldsymbol{W}_i \boldsymbol{X}_t + \boldsymbol{W}_{\text{hi}} \boldsymbol{H}_{t-1} + \boldsymbol{b}_i) \tag{6.13}$$

$$\mathbb{C}_t = \tanh(\boldsymbol{W}_C \boldsymbol{X}_t + \boldsymbol{W}_{hC} \boldsymbol{H}_{t-1} + \boldsymbol{b}_C) \tag{6.14}$$

然后更新细胞状态。公式如下：

$$\boldsymbol{C}_t = \boldsymbol{f}_t \boldsymbol{C}_{t-1} + \boldsymbol{i}_t \mathbb{C}_t \tag{6.15}$$

最后需要决定输出。输出基于当前的细胞状态的过滤版本。首先通过 sigmoid 函数计算输出门，决定哪些细胞状态需要输出。然后通过 tanh 计算细胞状态，乘以输出门。计算公式如下：

$$\boldsymbol{O}_t = \text{sigmoid}(\boldsymbol{W}_o \boldsymbol{X}_t + \boldsymbol{W}_{ho} \boldsymbol{H}_{t-1} + \boldsymbol{b}_o) \tag{6.16}$$

$$\boldsymbol{h}_t = \boldsymbol{O}_t \times \tanh(\boldsymbol{C}_t) \tag{6.17}$$

6.4.2　门控循环神经网络

门控循环神经网络(Gated Recurrent Neural Network，GRN)的提出，正是为了更好地捕捉时间序列中时间步距离较大的依赖关系。它通过可以学习的门来控制信息的流动。它引入了重置门(Reset Gate)和更新门(Update Gate)的概念，从而修改了循环神经网络中隐藏状态的计算方式，如图 6.4 所示。

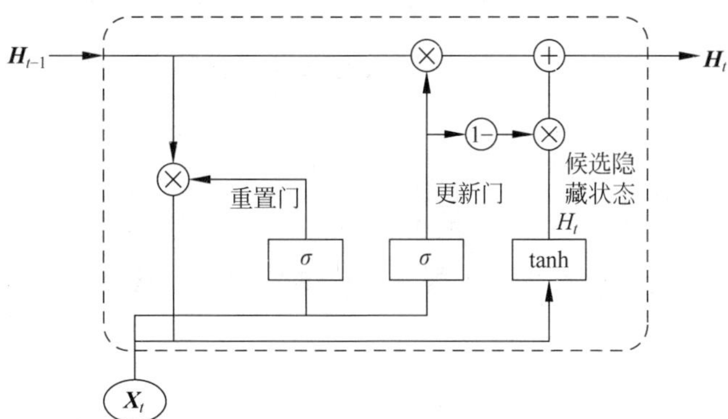

图 6.4　门控循环神经网络

门控循环神经网络的计算过程如下：

(1) 计算重置门。重置门决定上一步的隐藏状态中哪些可以保持。计算公式如下：

$$\boldsymbol{R}_t = \text{sigmoid}(\boldsymbol{W}_r \boldsymbol{X}_t + \boldsymbol{W}_{hr} \boldsymbol{H}_{t-1} + \boldsymbol{b}_r) \tag{6.18}$$

(2) 更新门的计算公式如下：

$$\boldsymbol{Z}_t = \text{sigmoid}(\boldsymbol{W}_z \boldsymbol{X}_t + \boldsymbol{W}_{hz} \boldsymbol{H}_{t-1} + \boldsymbol{b}_z) \tag{6.19}$$

(3) 候选隐藏状态的计算公式如下：

$$\boldsymbol{H}_t = \text{sigmoid}(\boldsymbol{W}_h \boldsymbol{X}_t + \boldsymbol{W}_{hh} \boldsymbol{H}_{t-1} + \boldsymbol{b}_h) \tag{6.20}$$

(4) 输出状态的计算公式如下：

$$\boldsymbol{H}=\boldsymbol{Z}\times\boldsymbol{H}+(1-\boldsymbol{Z})\times\boldsymbol{H} \tag{6.21}$$

6.5 应用：文本预测

进行文本预测时，虽然有些句子符合语法规则，但脱离上下文，大多数句子都没有意义。6.6 节中用 MindSpore 实现基于长短期记忆网络文本预测的模型尚未达到学习单词含义的程度，但请读者考虑以下几点。

(1) 该模型是基于字符的模型。在训练之初，该模型都不知道如何拼写英语单词，甚至不知道单词是一种文本单位。

(2) 输出的文本结构仿照了剧本的结构：文本块通常以讲话者的名字开头，并且像数据集中的名字一样，这些名字全部采用大写字母。

模型示例只使用小批次的文本(每批文本包含 100 个字符)训练而成，但它仍然能够生成具有连贯结构的更长文本序列。

6.6 用 MindSpore 实现基于长短期记忆网络的文本预测

说明：由于开发迭代 MindSpore 的接口及流程会不断演进，书中代码仅为示意代码，完整可运行代码请大家以线上代码仓中对应章节代码为准。

网址为：https://mindspore.cn/resource。读者可扫描右侧二维码获取相关资源。

6.6.1 加载 MindSpore 模块

代码 6.1 是导入依赖包的操作示例。

代码 6.1　导入依赖包操作示例

```
import mindspore.nn as nn
from mindspore.ops import operations as P
from mindspore.train.model import Model
from mindspore import context
```

6.6.2　数据准备

使用 MindSpore 数据格式 API(应用程序接口)创建 NLP(自然语言处理)数据集,其中 6.6.5 节中调用的 train _dataset()函数具体实现和 MindSpore 数据格式 API 介绍详见本书第 14 章。

6.6.3　定义网络

在 MindSpore 下实现了 LSTM 函数,可以用来实现 LSTM 层,多个网络单元(nn.Cell)可以组合成 LSTM。

LSTM 自动实现了前向传播。LSTM 层定义如代码 6.2 所示。

代码 6.2　LSTM 层定义

```
class SentimentNet(nn.Cell):
    def __init__(self,
                 vocab_size,
                 embed_size,
                 num_hiddens,
                 num_layers,
                 bidirectional,
                 num_classes,
                 weight,
                 batch_size):
        super(SentimentNet, self).__init__()
        self.embedding = nn.Embedding(vocab_size,
                                      embed_size,
                                      embedding_table = weight)
        self.embedding.embedding_table.requires_grad = False
        self.trans = P.Transpose()
        self.perm = (1, 0, 2)
        self.encoder = StackLSTMAscend(input_size = embed_size,
                                       hidden_size = num_hiddens,
                                       num_layers = num_layers,
                                       has_bias = True,
```

```
                                            bidirectional = bidirectional)
        self.h, self.c = stack_lstm_default_state_ascend(batch_size, num_hiddens, num_
layers, bidirectional)

        self.concat = P.Concat(1)
        self.squeeze = P.Squeeze(axis = 0)
        if bidirectional:
            self.decoder = nn.Dense(num_hiddens * 4, num_classes)
        else:
            self.decoder = nn.Dense(num_hiddens * 2, num_classes)

    def construct(self, inputs):
        # input:(64, 500, 300)
        embeddings = self.embedding(inputs)
        embeddings = self.trans(embeddings, self.perm)
        output, _ = self.encoder(embeddings, (self.h, self.c))
        # states[i] size(64, 200) -> encoding.size(64, 400)
        encoding = self.concat((self.squeeze(output[0:1:1]), self.squeeze(output
[499:500:1])))
        outputs = self.decoder(encoding)
        return outputs
```

6.6.4 参数介绍

定义网络的参数、损失函数和优化器如代码 6.3 所示。

代码 6.3 定义网络的参数、损失函数和优化器操作示例

```
    num_epochs = 5
    vocab_size = 20000
embed_size = 300
num_hiddens = 100
num_layers = 2
bidirectional = True
batch_size = 64
num_classes = 2
lr = 0.8
epoch_size = 10
loss = nn. SoftmaxCrossEntropyWithLogits (is_grad = False, sparse = True)
opt = nn. Momentum (lr, 0.9, net. trainable_params())
loss = nn.SoftmaxCrossEntropyWithLogits(sparse = True)
opt = nn.Momentum(net.trainable_params(), lr, 0.9)
```

各层参数含义如下：

(1) num_epochs：周期的数量。

（2）vocab_size：单词个数。

（3）embed_size：词向量的维度。

（4）num_hiddens：隐藏层状态的维数。

（5）num_layers：RNN 层的个数。

（6）bidirectional：是否是双向 RNN，默认为 False。若为 True 则 num_directions＝2；否则为 1。

（7）batch_size：每个批次的大小。

（8）num_classes：分类的数量。

LSTM 网络的输出为：out，0 代表负，1 代表正。

然后定义损失函数和优化器。损失函数定义为 SoftmaxCrossEntropyWithLogits，采用 Softmax 进行交叉熵计算。选取 Momentum 优化器，学习率 lr 设置为 0.8，动量为 0.9。

6.6.5　训练模型

创建网络、模型和训练数据集，把网络、损失函数、优化器传入模型中，调用 model.train()方法即可开始训练，LSTM 训练操作示例如代码 6.4 所示。

代码 6.4　LSTM 训练操作示例

```
context.set_context(mode = context.GRAPH_MODE)
ds = train_dataset()
net = SentimentNet(vocab_size = (vocab_size + 1),
                   embed_size = embed_size,
                   num_hiddens = num_hiddens,
                   num_layers = num_layers,
                   bidirectional = bidirectional,
                   num_classes = num_classes,
                   weight = Tensor(embedding_table),
                   batch_size = batch_size)

model = Model (net, loss, opt)
model. train (epoch_size, ds)
```

参考文献

[1]　Hochreiter S，Schmidhuber J. Long Short-Term Memory [C]. Neural Computation，2017.

第7章

无监督学习：词向量

在自然语言处理领域，或者处理文本数据时，首先要考虑的是文本怎么用数学语言进行表达，由此引出词向量(Word Vector)或词嵌入(Word Embedding)的概念。词向量是自然语言理解的重要工具，顾名思义，词向量就是将词映射到一个向量空间，此向量空间很大程度上保留了词原本的语义。词向量可以作为最小单位对语料进行数据挖掘，也可以作为更复杂模型的输入。

对常见词向量主流生成方法梳理总结如表7.1所示。

表7.1 词向量主流生成方法汇总表

类别	含义	代表算法
词袋模型	词袋模型(Bag of Words，BOW)主要通过两个步骤来实现： (1) 为整个文档(或文档集)上的每个单词创建一个唯一的标记，构成无序的词汇集合，忽略语法甚至是单词的顺序。 (2) 为每个文档(或文档集的每个文档)构建一个特征向量，主要包含每个单词在文档上出现的次数。 值得一提的是，有些词在文档中出现次数很少，很容易产生稀疏矩阵	独热表示(One-Hot Representation) 词频和逆文本频率统计法(Term Frequency-Inverse Document Frequency，TF-IDF) 基于图的文本排序算法(Text Rank)
主题模型	主题模型(Topic Model)又称为话题模型，是相对比较简单的向量空间模型，主题模型引入"主题"概念，更进一步对文本进行语义层面的理解	隐式语义分析(Latent Semantic Analysis，LSA) 奇异值分解(Singular Value Decomposition，SVD) 概率隐式语义分析(Probabilistic Latent Semantic Analysis，PLSA) 隐狄利克雷分配(Latent Dirichlet Allocation，LDA)
基于词向量的固定表征	基于词向量的固定表征是指词向量是固定表征、静态的，无法解决一词多义等问题	词向量计算工具(Word2Vec) 词向量与文本分类工具(Fast Text) 基于全局词频统计词表征工具(Global Vectors for Word Representation，GloVe[1])

续表

类　别	含　义	代表算法
基于词向量的动态表征	基于词向量的动态表征指词向量是基于语言模型的动态词向量，一般采用长短期记忆网络或者 Google 提出的 Transformer 提取特征，然后采用单向/双向语言模型	嵌入式语言模型(ELMo①) 语言模型预训练方法(Generative Pre-Training，GPT)② 双向预训练语言模型(BERT)③

7.1　Word2Vec

Word2Vec 是一种用来产生词向量的相关模型，由 Google 研究团队开发。它使用的算法背后是一个浅层神经网络，可以在上亿的数据集上进行高效的训练。训练完成后就可以将每个词映射到对应的向量，表示词与词向量之间的关系。

7.1.1　提出背景

在自然语言处理的任务中，最细的粒度是词语，词语组成句子，句子再组成段落篇章。词语一般是符号的形式，如拉丁文、英语和中文等，需要转换成数值形式。从词语到数学空间的嵌入方式，称为词嵌入。Word2Vec[2] 是词嵌入的一种，模型的主体是三层全连接神经网络。Word2Vec 有 Continuous Bag of Word(CBOW)模型和 Skip-Gram 模型，CBOW 模型是根据上下文预测当前词，而 Skip-Gram 模型是根据当前词预测上下文，下面对其技术原理部分进行详细的介绍。

总体来看，Word2Vec 是词向量的一种浅层神经网络训练方法，训练速度快，其目标是得到副产品——词向量，解决了分类器很难处理离散数据的问题，这在一定程度

① 参见：Peters M E，Neumann M，Iyyer M，et al. Deep Contextualized Word Representations[EB/OL]. 2018[2019-11-10]https://arxiv.org/pdf/1802.05365.pdf。

② 参见：Radford A，Narasimhan K，Salimans T，et al. Improving Language Understanding by Generative Pre-Training[EB/OL]. 2018[2019-10-28]https://s3-us-west-2.amazonaws.com/openai-assets/researchcovers/languageunsupervised/language understanding paper.pdf。

③ 参见：Devlin J，Chang M W，Lee K，et al. Bert：Pre-training of Deep Bidirectional Transformers for Language Understanding[EB/OL]. 2018[2019-11-10]https://arxiv.org/pdf/1810.04805.pdf。

上提供了一种巧妙的特征表示方案，但其缺点也很明显。首先，词向量的语义信息不够完整，例如多义词通常有两个或以上的语义，但由 Word2Vec 训练只会得到一个词向量。其次，它是一个词袋模型，没有考虑到文本中词语之间的顺序，而且它假设词与词之间相互独立。实际上，大多数情况下词语间会相互影响。

7.1.2 发展现状

Google 团队开源了一套基于 TensorFlow 的 Word2Vec 代码，从发展情况及活跃程度看，截至 2019 年 8 月 2 日，在 GitHub 对应主页上，Watch[①] 有 2952 个，Star 有 56 068 个，Fork 有 35 055 个，Issues 有 1402 个，Open 状态有 1402 个，Closed 状态有 3093 个。

7.1.3 技术原理

1. CBOW 模型

CBOW 模型的主要思想是根据上下文中的多个词汇预测当前词，模型网络结构如图 7.1 所示。网络中输入层和隐藏层之间的权重矩阵为 $\boldsymbol{W}, \boldsymbol{W} \in \mathbb{R}^{V \times N}$，其中 V 代表词典中词汇的总数量，N 代表网络中间层单元个数，$V \gg N$。假如上下文中只有一个词语 w_I，词语 w_I 的输入 One-Hot 向量是 $\boldsymbol{x}_\mathrm{I} = [x_1, x_2, \cdots, x_V]$，其中 $x_\mathrm{I} = 1, x_{\mathrm{I}'} = 0, \mathrm{I}' \neq \boldsymbol{I}$，则隐藏层的输出向量表示为：

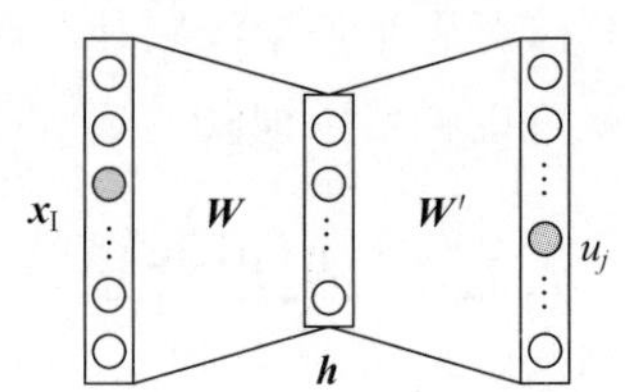

图 7.1 CBOW 模型网络结构图

$$\boldsymbol{h} = \boldsymbol{W}^\mathrm{T} \boldsymbol{x}_\mathrm{I} = \boldsymbol{W}_\mathrm{I}^\mathrm{T} = \boldsymbol{v}_{\mathrm{w}_\mathrm{I}}^\mathrm{T} \tag{7.1}$$

式中，$\boldsymbol{h}$——隐藏层的输出向量；

$\boldsymbol{v}_{\mathrm{w}_\mathrm{I}}$——$\boldsymbol{W}$ 的行向量，也是词汇 w_I 的词嵌入向量。

隐藏层到输出层的权重矩阵则为 $\boldsymbol{W}', \boldsymbol{W}' \in \mathbb{R}^{N \times V}$，利用此矩阵可以求得输出层的预测值为：

$$u_j = \boldsymbol{v}'^{\mathrm{T}}_{\mathrm{w}_j} \boldsymbol{h} \tag{7.2}$$

式中，$\boldsymbol{v}'_{\mathrm{w}_j}$——$\boldsymbol{W}'$ 的第 j 个列向量；

① Watch、Star 等是 github 上代码仓的状态。Watch 代表有多少人关注此项目的所有动态；Star 代表点赞此项目的人数；Fork 代表复制此项目的人数；Issue 类似于 TODO list，表示下一步要完成的工作（其中 Open 代表还有哪些工作未做，Closed 代表已完成的工作数目）。

u_j——输出层第 j 个神经元的输出值。

结合 Softmax 函数，可得到预测词的后验概率分布函数为：

$$p(\mathrm{w}_j \mid \mathrm{w}_\mathrm{I}) = y_j = \frac{\exp(u_j)}{\sum_{j'=1}^{V}\exp(u_{j'})} \tag{7.3}$$

式中，y_j——由 Softmax 函数归一化后的 j 单元输出，$j \in \{1,2,\cdots,V\}$；

$p(\mathrm{w}_j \mid \mathrm{w}_\mathrm{I})$——由上下文 w_I 预测结果为词汇 w_j 的概率。

将式(7.1)和式(7.2)代入式(7.3)得到：

$$p(\mathrm{w}_j \mid \mathrm{w}_\mathrm{I}) = \frac{\exp\left(\boldsymbol{v}'^{\mathrm{T}}_{\mathrm{w}_j}\boldsymbol{v}^{\mathrm{T}}_{\mathrm{w}_\mathrm{I}}\right)}{\sum_{j=1}^{V}\exp(\boldsymbol{v}'^{\mathrm{T}}_{\mathrm{w}_j}\boldsymbol{v}_\mathrm{T}\mathrm{w}_\mathrm{I})} \tag{7.4}$$

式中，$\boldsymbol{v}_{\mathrm{w}_j}$——来自输入层到隐藏层的是矩阵 $\boldsymbol{W}$ 的第 j 个行向量；

$\boldsymbol{v}'_{\mathrm{w}_j}$——来自隐藏层到输出层的权重矩阵 $\boldsymbol{W}'$ 的第 j 个列向量；

$\boldsymbol{v}'_{\mathrm{w}_j}$ 和 $\boldsymbol{v}_{\mathrm{w}_j}$——词语 w 的词嵌入向量，简称为词向量。

网络中每一层参数更新顺序是按反向传播的过程从后往前依次进行的。

1）反向传播更新隐藏层到输出层权重

CBOW 模型的目标是得出最大化似然函数，表示为：

$$\begin{aligned} L &= \max\log p(\mathrm{w}_\mathrm{O} \mid \mathrm{w}_\mathrm{I}) \\ &= \max\log y_{j^*} \\ &= \max u_{j^*} - \log\sum_{j'=1}^{V}\exp(u_{j'}) \end{aligned} \tag{7.5}$$

式中，j^*——真实预测词(Ground Truth)对应在词典中的 ID 号(或位置、索引)，$j^*=1$。

则有 L 关于 u_j 的偏导 e_j 为：

$$e_j = \frac{\partial L}{\partial u_j} = t_j - y_j \tag{7.6}$$

式中，u_j——输出层第 j 个单元的输出；

y_j——由 Softmax 函数归一化后的 j 单元输出。

y_j 表示为：

$$y_j = \frac{\exp(u_j)}{\sum_{j'=1}^{V}\exp(u_{j'})} \tag{7.7}$$

$\boldsymbol{t}=[t_1,t_2,\cdots,t_V]$，$\boldsymbol{t}$ 是真实预测词的 One-Hot 向量，其中 $t_{j^*}=1$。L 对 u_j 的偏

导实际是模型预测值和真实值间的偏差。L 对输出层权重值 W'_{ij} 的偏导表示为：

$$\frac{\partial L}{\partial W'_{ij}}=\frac{\partial L}{\partial u_j}\frac{\partial u_j}{\partial W'_{ij}}=e_j h_i \tag{7.8}$$

式中，W'_{ij}——隐藏层到输出层权重 $\boldsymbol{W}'$ 中第 i 行第 j 列的元素；

u_j——由 Softmax 函数归一化后的 j 单元输出。

因此，根据随机梯度上升法，$\boldsymbol{W}'$ 矩阵中列向量是 $\boldsymbol{v}'_{\mathrm{w}_j}$，$\boldsymbol{v}'_{\mathrm{w}_j}=[W'_{1j},W'_{2j},\cdots,W'_{Nj}]$。它的更新规则如下：

$$\boldsymbol{v}'_{\mathrm{w}_j}=\boldsymbol{v}'_{\mathrm{w}_j}+\eta e_j\boldsymbol{h},\quad j\in\{1,2,\cdots,V\} \tag{7.9}$$

式中，e_j——L 关于 u_j 的偏导 e_j；

$\boldsymbol{h}$——隐藏层的输出向量；

η——学习率，大于 0。

由此可见，词向量 $\boldsymbol{v}'_{\mathrm{w}_j}$ 的变化主要与预测值与真实值间的差值 e_j 的变化有关。

2）反向传播更新输入层到隐藏层权重

现已得到隐藏层到输出层的权重 $\boldsymbol{W}'$ 的更新规则，根据反向传播的链式法则，损失函数 L 对隐藏层第 i 个单元 h_i 的偏导为：

$$r_i=\frac{\partial L}{\partial h_i}=\sum_{j=1}^{V}\frac{\partial L}{\partial u_j}\frac{\partial u_j}{\partial h_i}=\sum_{j=1}^{V}e_j W'_{ij} \tag{7.10}$$

式中，e_j——L 关于 u_j 的偏导；

W'_{ij}——隐藏层到输出层权重 $\boldsymbol{W}'$ 中第 i 行第 j 列的元素。

再根据 $h_i=\sum_{k=1}^{V}x_k\cdot w_{ki}$，可求得关于输入层到隐藏层的权重偏导，即：

$$\frac{\partial L}{\partial \mathrm{W}_{ki}}=\frac{\partial L}{\partial h_i}\frac{\partial h_i}{\partial \mathrm{W}_{ki}}=r_i x_k \tag{7.11}$$

式中，r_i——L 关于 h_i 的偏导；

x_k——h_i 关于 W_{ki} 的偏导。

式(7.11)的矩阵形式如下：

$$\frac{\partial L}{\partial \mathbf{W}}=\boldsymbol{x}\boldsymbol{r}^{\mathrm{T}},\quad \boldsymbol{r}^{\mathrm{T}}=[r_1,r_2,\cdots,r_i,\cdots,r_N] \tag{7.12}$$

式中，$\frac{\partial L}{\partial \mathbf{W}}$——$L$ 关于 $\boldsymbol{W}$ 的偏导向量，$\frac{\partial L}{\partial \mathbf{W}}\in\mathbb{R}^{V\times N}$。

由于 $\boldsymbol{x}$ 是 One-Hot 向量，只有一个元素非零，因此$\frac{\partial L}{\partial \mathbf{W}}$也只有与之对应的行向量非零。

因为这里假设上下文中只有一个词语 $\mathrm{w_I}$，则矩阵 $\boldsymbol{W}$ 中只更新与 $\mathrm{w_I}$ 相对应的词向量，如式(7.13)所示：

$$\boldsymbol{v}_{\mathrm{w_I}} = \boldsymbol{v}_{\mathrm{w_I}} + \eta \boldsymbol{r}^{\mathrm{T}} \tag{7.13}$$

式中，$\boldsymbol{v}_{\mathrm{w_I}}$——词汇 $\mathrm{w_I}$ 的表示向量；

$\boldsymbol{r}^{\mathrm{T}}$——$L$ 关于 $\boldsymbol{h}$ 的偏导向量；

η——学习率，大于 0。

而其余的行向量的偏导为零，所以保持不变。$\boldsymbol{v}_{\mathrm{w_{I,1}}}, \boldsymbol{v}_{\mathrm{w_{I,2}}}, \cdots, \boldsymbol{v}_{\mathrm{w_{I,C}}}$ 代表输入词向量，并分别对应矩阵 $\boldsymbol{W}$ 的行向量，这里将上下文多个词的词向量求平均后得到隐藏层的输出向量 $\boldsymbol{h}$ 为：

$$\boldsymbol{h} = \frac{1}{C}\boldsymbol{W}^{\mathrm{T}}(\boldsymbol{x}_1 + \boldsymbol{x}_2 + \cdots + \boldsymbol{x}_C) = \frac{1}{C}(\boldsymbol{v}_{\mathrm{w_{I,1}}} + \boldsymbol{v}_{\mathrm{w_{I,2}}} + \cdots + \boldsymbol{v}_{\mathrm{w_{I,C}}})^{\mathrm{T}} \tag{7.14}$$

式中，$\boldsymbol{x}_1, \boldsymbol{x}_2, \cdots, \boldsymbol{x}_C$——上下文语境中的 C 个词输入 One-Hot 向量；

$\boldsymbol{v}_{\mathrm{w_{I,1}}}, \boldsymbol{v}_{\mathrm{w_{I,2}}}, \cdots, \boldsymbol{v}_{\mathrm{w_{I,C}}}$——上下文语境中的 C 个词表示向量。

令$(\mathrm{w_{I,1}}, \mathrm{w_{I,2}}, \cdots, \mathrm{w_{I,C}})$为语境中多个词语的集合，CBOW 模型网络结构如图 7.2 所示。

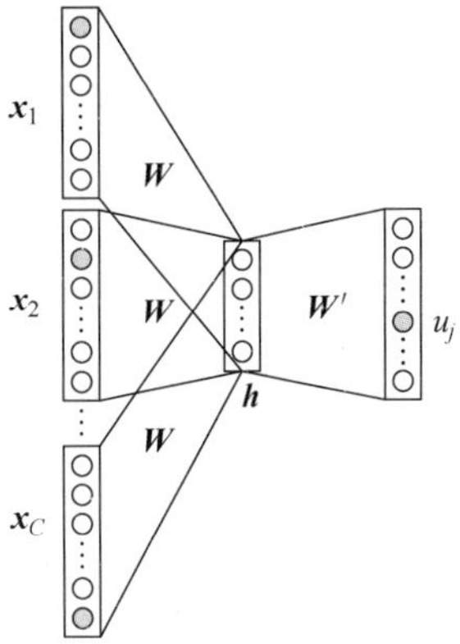

其输入 One-Hot 向量分别为$(\boldsymbol{x}_1, \boldsymbol{x}_2, \cdots, \boldsymbol{x}_C)$，现利用上下文的多个词语预测输出词汇，其最大化似然函数为：

$$\begin{aligned} L &= \max\log p(\mathrm{w_O} \mid \mathrm{w_{I,1}}, \mathrm{w_{I,2}}, \cdots, \mathrm{w_{I,C}}) \\ &= \boldsymbol{v}'_{\mathrm{w_O}} \cdot \boldsymbol{h} - \log\sum_{j=1}^{V}\exp(\boldsymbol{v}'_{\mathrm{w}_j} \cdot \boldsymbol{h}) \end{aligned} \tag{7.15}$$

图 7.2　CBOW 模型网络结构图（多词上下文语境）

式中，$\boldsymbol{v}'_{\mathrm{w_O}}$——预测词汇 $\mathrm{w_O}$ 的表示向量；

$p(\mathrm{w_O} \mid \mathrm{w_{I,1}}, \mathrm{w_{I,2}}, \cdots, \mathrm{w_{I,C}})$——通过上下文语境$(\mathrm{w_{I,1}}, \mathrm{w_{I,2}}, \cdots, \mathrm{w_{I,C}})$预测词汇 $\mathrm{w_O}$ 的概率。

隐藏层到输出层的权重矩阵 $\boldsymbol{W}'$ 的更新形式与单词语境的更新规则相同，即所有的词向量都要进行如下形式的更新：

$$\boldsymbol{v}'_{\mathrm{w}_j} = \boldsymbol{v}'_{\mathrm{w}_j} + \eta e_j \boldsymbol{h}, \quad j \in \{1, 2, \cdots, V\} \tag{7.16}$$

式中，$\boldsymbol{v}'_{\mathrm{w}_j}$——来自隐藏层到输出层的权重矩阵 $\boldsymbol{W}'$ 的第 j 个列向量；

e_j——L 关于 u_j 的偏导。

输入层到隐藏层的权重矩阵 $\boldsymbol{W}$ 需要更新上下文词语$(\mathrm{w_{I,1}}, \mathrm{w_{I,2}}, \cdots, \mathrm{w_{I,C}})$所对应

的行向量，则有：

$$\boldsymbol{v}_{\mathrm{w}_{\mathrm{I},c}} = \boldsymbol{v}_{\mathrm{w}_{\mathrm{I},c}} + \frac{1}{C}\eta \boldsymbol{r}^{\mathrm{T}}, \quad c \in \{1,2,\cdots,C\} \tag{7.17}$$

式中，大写 C——表示上下文语境中的单词数量；

小写 c——为$\{1,2,\cdots,C\}$中的任意一个整数，泛指上下文语境集合中的某一个单词；

$\boldsymbol{v}_{\mathrm{w}_{\mathrm{I},c}}$——上下文语境中的第 c 个词语的表示向量；

$\boldsymbol{r}^{\mathrm{T}}$——$L$ 关于 $\boldsymbol{h}$ 的偏导向量。

2. SkipGram 模型

SkipGram 模型网络结构如图 7.3 所示。

SkipGram 模型与 CBOW 模型正好相反，是利用词汇 w_{I} 预测它的上下文，假设其上下文语境中包含多个词语$\{\mathrm{w}_1,\mathrm{w}_2,\cdots,\mathrm{w}_C\}$，则需输出 C 个预测词，输出概率为：

$$p_c(\mathrm{w}_j \mid \mathrm{w}_{\mathrm{I}}) = y_{c,j} = \frac{\exp(u_{c,j})}{\sum_{j'=1}^{V}\exp(u_{j'})}, \quad c \in \{1,2,\cdots,C\} \tag{7.18}$$

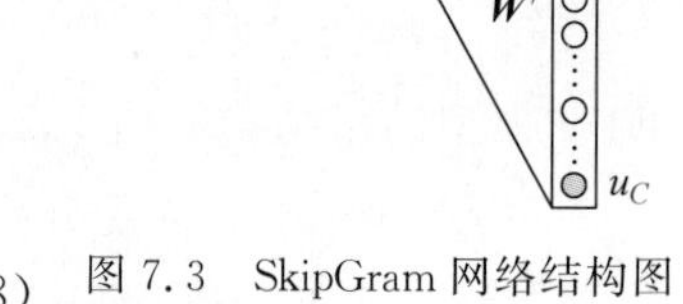

图 7.3　SkipGram 网络结构图

式中，$u_{c,j}$——预测第 c 个词汇时，输出层第 j 个单元的预测值；

$y_{c,j}$——预测第 c 个词汇时，由 Softmax 函数归一化后的 j 单元输出；

$p_c(\mathrm{w}_j|\mathrm{w}_{\mathrm{I}})$——上下文中的第 c 个词汇是词表中第 j 个单词 w_j 的概率值。

Skip-Gram 模型的损失函数和 CBOW 的略有不同，给定词语 w_{I} 的前提下，真实的上下文语境集合为$\{\mathrm{w}_{\mathrm{O},1},\mathrm{w}_{\mathrm{O},2},\cdots,\mathrm{w}_{\mathrm{O},C}\}$的联合概率分布的似然函数为：

$$L = \log p(\mathrm{w}_{\mathrm{O},1},\mathrm{w}_{\mathrm{O},2},\cdots,\mathrm{w}_{\mathrm{O},C} \mid \mathrm{w}_{\mathrm{I}}) = \log\prod_{c=1}^{C}\frac{\exp(u_{j_c^*})}{\sum_{j'=1}^{V}\exp(u_{j'})} \tag{7.19}$$

式中，j_c^*——指上下文语境集合中的词语 $\mathrm{w}_{\mathrm{O},c}$ 在词典中的实际位置。

损失函数 L 对 $u_{c,j}$ 的偏导如下：

$$e_{c,j} = \frac{\partial L}{\partial u_{c,j}} = t_{c,j} - y_{c,j} \tag{7.20}$$

式中，$y_{c,j}$——预测第 c 个词汇时，由 Softmax 函数归一化后的 j 单元输出；

$t_{c,j}$——词汇 $w_{O,c}$ 的 One-Hot 向量形式中第 j 个元素对应的值(0 或 1)。

定义向量 $\boldsymbol{o}=[o_1,o_2,\cdots,o_V]$，其中每个元素为词语 j 的预测值和上下文集合中所有单词的真实值间的误差之和表示为：

$$o_j=\sum_{c=1}^{C}e_{c,j} \tag{7.21}$$

式中，$e_{c,j}$——损失函数 L 对 $u_{c,j}$ 的偏导。

因此，L 关于 $\boldsymbol{W}'$ 的偏导为：

$$\frac{\partial L}{\partial W'_{i,j}}=\sum_{c=1}^{C}\frac{\partial L}{\partial u_{c,j}}\cdot\frac{\partial u_{c,j}}{\partial W'_{ij}}=\sum_{c=1}^{C}e_{c,j}h_{c,i} \tag{7.22}$$

式中，$h_{c,i}$——预测第 c 个单词时，隐藏层第 i 个单元的输出值。

元素 $W'_{ij}\in\boldsymbol{W}$ 的更新为 $W'_{ij}=W'_{ij}+\sum_{c=1}^{C}e_{c,j}h_{c,i}$，因此列向量 $\boldsymbol{v}'_{w_j}$ 的更新为：

$$\boldsymbol{v}'_{w_j}=\boldsymbol{v}'_{w_j}+\eta\sum_{c=1}^{C}e_{c,j}\boldsymbol{h}_c,\quad j\in\{1,2,\cdots,V\} \tag{7.23}$$

式中，$\boldsymbol{h}_c$——预测第 c 个单词时，隐藏层的输出向量。

注意，上面的更新公式和式(7.15)、式(7.16)相似，只是预测误差是集合了上下文集合中所有单词的预测误差。输入层到隐藏层的权重矩阵 $\boldsymbol{W}$ 的更新方式如下：

$$\boldsymbol{v}_{w_I}=\boldsymbol{v}_{w_I}+\eta\boldsymbol{r}^{\mathrm{T}} \tag{7.24}$$

式中，$\boldsymbol{r}$——N 维向量。每个元素的定义如式(7.25)所示：

$$\begin{aligned}r_i&=\sum_{c=1}^{C}\frac{\partial L}{\partial h_{c,i}}=\sum_{c=1}^{C}\sum_{j=1}^{V}\frac{\partial L}{\partial u_{c,j}}\frac{\partial u_{c,j}}{\partial h_{c,i}}\\&=\sum_{c=1}^{C}\sum_{j=1}^{V}e_{c,j}W'_{ij}\end{aligned} \tag{7.25}$$

式中，W'_{ij}——隐藏层到输出层权重矩阵 $\boldsymbol{W}'$ 的第 i 行第 j 列的元素。

7.1.4　技术难点

在 Word2Vec 的三层网络模型中，每接收一个训练样本，就会计算 Softmax 层的所有输出，并更新隐藏层到输出 Softmax 层的权重矩阵。也就是说，词典中所有词的词向量 $\boldsymbol{v}'_w$ 都会随之更新，所有权重系数会随着数十亿训练样本不断调整，计算量很大。CBOW 模型的计算复杂度为 $O(V)$，Skip-Gram 模型要预测 C 个单词，所以计算复杂度为 $O(CV)$。计算量很大，需要一些训练技巧来加速训练，为此 Mikolov[2] 引入了两种优化算法：层次 Softmax 和负采样。

1. 层次 Softmax

层次 Softmax 是一种高效计算 Softmax 函数的方法，适合大型数据和深度模型，并具有非常高效的训练速度。层次 Softmax 使用二叉树来表示词典中的所有词汇，如图 7.4 所示的二叉树实现层次 Softmax。

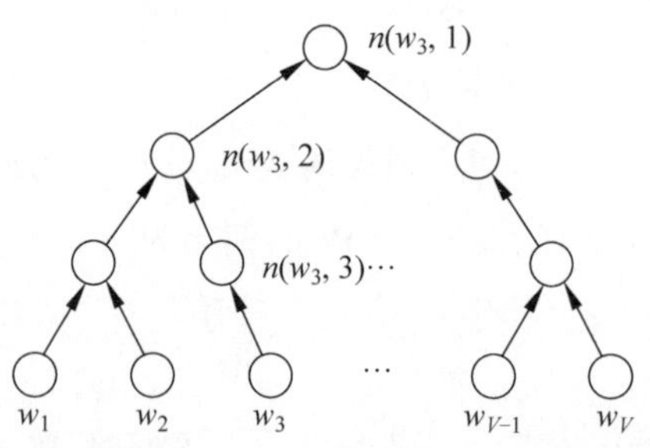

图 7.4　二叉树实现层次 Softmax

二叉树的叶子节点是词汇，词汇的总量为 V，则二叉树的内部节点有 $V-1$ 个。之前所有输出单元都要计算 Softmax 概率，并更新 V 个词向量，而层次 Softmax 则需要从根节点开始，沿着二叉树的树状结构走到预测词汇所在的叶子节点，只需要评估约 $\log V$ 个内部节点。

假设输出词为 $\mathrm{w_O}$ 的概率是一个从根节点到叶子节点的随机游走过程，从根节点到叶子节点 $\mathrm{w_O}$ 的路径上，第 j 个内部节点对应输出向量 $\boldsymbol{v}'_{n(\mathrm{w_O},j)}$，输出词为 $\mathrm{w_O}$ 的概率为：

$$p(\mathrm{w}=\mathrm{w_O})=\prod_{j=1}^{T(\mathrm{w})-1} p(n(\mathrm{w_O},j),\text{左})^{d_j}\,p(n(\mathrm{w_O},j),\text{右})^{1-d_j} \tag{7.26}$$

式中，$T(\mathrm{w})$——二叉树的高度；

$n(\mathrm{w_O},j)$——二叉树上从根节点到叶子节点 $\mathrm{w_O}$ 路径上的第 j 个内部节点。

每个非叶子节点 $n(\mathrm{w_O},j)$ 都需要做一次二分类，向左走($d_j=1$)和向右走($d_j=0$)的概率可以用逻辑回归公式 $\sigma(x)=\dfrac{1}{1+\mathrm{e}^{-x}}$ 表示，即：

$$p(n(\mathrm{w_O},j),\text{左})=\sigma(\boldsymbol{v}'^{\mathrm{T}}_{n(\mathrm{w_O},j)}\boldsymbol{h}) \tag{7.27}$$

$$p(n(\mathrm{w_O},j),\text{右})=1-\sigma(\boldsymbol{v}'^{\mathrm{T}}_{n(\mathrm{w_O},j)}\boldsymbol{h})=\sigma(-\boldsymbol{v}'^{\mathrm{T}}_{n(\mathrm{w_O},j)}\boldsymbol{h}) \tag{7.28}$$

式中，$\sigma(\cdot)$——sigmoid 函数。

在 SkipGram 模型中，$\boldsymbol{h}=\boldsymbol{v}_{\mathrm{w_I}}$；在 CBOW 模型中，$\boldsymbol{h}=\dfrac{1}{C}\sum_{c=1}^{C}\boldsymbol{v}_{\mathrm{w_{I,c}}}$。可以看出，处在当前节点 $n(\mathrm{w_O},j)$ 时，朝哪个方向游走的概率值由当前节点的表示向量 $\boldsymbol{v}'_{n(\mathrm{w_O},j)}$ 和隐藏层输出向量 $\boldsymbol{h}$ 的内积决定。

对于给定的训练实例$\{w_I, w_O\}$，目标是最大化似然函数，即：

$$L = \max\log p(w = w_O \mid w_I) = \sum_{j=1}^{T(w)-1} \log\sigma([\![\cdot]\!] \boldsymbol{v}'^{\mathrm{T}}_{w_j}\boldsymbol{h}) \tag{7.29}$$

式中，$[\![\cdot]\!]$有1和-1两种取值，分别对应“向左走”和“向右走”，$\boldsymbol{v}'_{w_j}$是$\boldsymbol{v}'_{n(w_O,j)}$的简写形式。求得$L$关于$\boldsymbol{v}'_j h$的偏导为：

$$\frac{\partial L}{\partial v'_j h} = (\sigma([\![\cdot]\!] \boldsymbol{v}'^{\mathrm{T}}_{w_j}\boldsymbol{h}) - 1)[\![\cdot]\!] = \sigma(\boldsymbol{v}'^{\mathrm{T}}_{w_j} h) - t_j \tag{7.30}$$

式中，$j=1,2,\cdots,T(w)-1$，当$[\![\cdot]\!]=1$时，$t_j=1$；当$[\![\cdot]\!]=-1$时，$t_j=0$。

L关于中间节点$n(w_i, j)$的表示向量$\boldsymbol{v}'_{w_j}$的偏导，如下所示：

$$\frac{\partial L}{\partial \boldsymbol{v}'_{w_j}} = (\sigma(\boldsymbol{v}'^{\mathrm{T}}_{w_j}\boldsymbol{h}) - t_j) \cdot \boldsymbol{h} \tag{7.31}$$

$\boldsymbol{v}'_{w_j}$的更新公式如下：

$$\boldsymbol{v}'_{w_j} = \boldsymbol{v}'_{w_j} + \eta(\sigma(\boldsymbol{v}'^{\mathrm{T}}_{w_j}\boldsymbol{h}) - t_j) \cdot \boldsymbol{h} \tag{7.32}$$

t_j相当于真实值，如果处在内部节点$n(w_i, j)$，下一步如果应该向左走，$t_j=1$；否则$t_j=0$。$\boldsymbol{v}'^{\mathrm{T}}_{w_j}\boldsymbol{h}$是预测结果。如果预测值$\boldsymbol{v}'^{\mathrm{T}}_{w_j}\boldsymbol{h}$和真实值$t_j$非常相近，则表示向量$\boldsymbol{v}'_{w_j}$变化很小。否则，$\boldsymbol{v}'_{w_j}$会沿着减小预测误差的方向更新。

为了使误差反向传播到输入层的权重，需求关于隐藏层输出向量的偏导，如下所示：

$$\boldsymbol{r} = \frac{\partial L}{\partial \boldsymbol{h}} = \sum_{j=1}^{T(w)-1} \frac{\partial L}{\partial \boldsymbol{v}'_{w_j}} \cdot \frac{\partial \boldsymbol{v}'_{w_j}\boldsymbol{h}}{\partial \boldsymbol{h}} = \sum_{j=1}^{T(w)-1} (\sigma(\boldsymbol{v}'^{\mathrm{T}}_{w_j}\boldsymbol{h}) - t_j) \cdot \boldsymbol{v}'_{w_j} \tag{7.33}$$

式(7.33)可以替换到CBOW模型的式(7.17)或Skip-Gram模型的式(7.24)，更新输入词向量。

由以上各式可以看出，每个训练样本的计算成本从$O(V)$降到$O(\log(V))$，在训练时间上有极大的提升，但仍然有同样数量的参数(现在有$V-1$个内部节点，之前有V个输出单元)。

2. 负采样

负采样(Negative Sampling)的思想比层次Softmax更加直接，为降低训练时间，可以减少每次迭代中输出层权重矩阵$\boldsymbol{W}'$中列向量的更新。很显然，真实预测词对应的列向量一定会被更新，其余$V-1$个负例词汇则根据一定的概率分布函数$p_n(w)$进行采样，选择性地更新。

给定正样本词汇$\{\mathrm{w_O},\mathrm{w_I}\}$，$\mathrm{w_I}$ 是输入的上下文，$\mathrm{w_O}$ 是真实预测词，则希望最大化以下函数：

$$L=\log\prod_{\mathrm{w}_j\in w_O\cup \boldsymbol{W}_{\mathrm{neg}}} p(\mathrm{w}_j\mid \mathrm{w_I}),\quad p(\mathrm{w}_j\mid \mathrm{w_I})=\begin{cases}\sigma(\boldsymbol{v}'^{\mathrm{T}}_{\mathrm{w}_j}\boldsymbol{h}), & \mathrm{w}_j=\mathrm{w_O}\\ 1-\sigma(\boldsymbol{v}'^{\mathrm{T}}_{\mathrm{w}_j}\boldsymbol{h}), & \mathrm{w}_j\in \boldsymbol{W}_{\mathrm{neg}}\end{cases}\tag{7.34}$$

式中，$\mathrm{w_O}$——真实预测词；

$\boldsymbol{v}'_{\mathrm{w}_j}$——其对应的输出词向量；

$\boldsymbol{W}_{\mathrm{neg}}$——$\{\mathrm{w}_j \mid j=1,2,\cdots,K\}$，是根据概率分布函数 $p_{\mathrm{n}}(\mathrm{w})$采样得到的负例词汇集合。

损失函数 $\boldsymbol{L}$ 关于词向量$\boldsymbol{v}'_{w_j}$ 的偏导为：

$$\frac{\partial L}{\partial \boldsymbol{v}'_{\mathrm{w}_j}}=\frac{\partial L}{\partial \boldsymbol{v}'^{\mathrm{T}}_{\mathrm{w}_j}\boldsymbol{h}}\cdot\frac{\partial \boldsymbol{v}'^{\mathrm{T}}_{\mathrm{w}_j}\boldsymbol{h}}{\partial \boldsymbol{v}'_{\mathrm{w}_j}}=(t_j-\sigma(\boldsymbol{v}'^{\mathrm{T}}_{\mathrm{w}_j}\boldsymbol{h}))\boldsymbol{h},\quad t_j=\begin{cases}1, & \mathrm{w}_j=\mathrm{w_O}\\ 0, & \mathrm{w}_j\neq \mathrm{w_O}\end{cases}\tag{7.35}$$

词向量$\boldsymbol{v}'_{\mathrm{w}_j}$ 的更新方式如下：

$$\boldsymbol{v}'_{\mathrm{w}_j}=\boldsymbol{v}'_{\mathrm{w}_j}+\eta(t_j-\sigma(\boldsymbol{v}'^{\mathrm{T}}_{\mathrm{w}_j}\boldsymbol{h}))\boldsymbol{h}\tag{7.36}$$

只需更新真实预测词和集合 $\boldsymbol{W}_{\mathrm{neg}}$ 中的负例词汇，即 $\mathrm{w}_j\in\{\mathrm{w_O}\}\cup\boldsymbol{W}_{\mathrm{neg}}$。为了将误差传播到隐藏层并更新输入的词向量，需要求得 $\boldsymbol{E}$ 关于隐藏层的输出变量 $\boldsymbol{h}$ 的偏导，公式如下：

$$\begin{aligned}\boldsymbol{r}&=\frac{\partial L}{\partial \boldsymbol{h}}\\&=\sum_{\mathrm{w}_j\in\{\mathrm{w_O}\}\cup\boldsymbol{W}_{\mathrm{neg}}}\frac{\partial L}{\partial \boldsymbol{v}'^{\mathrm{T}}_{\mathrm{w}_j}\boldsymbol{h}}\cdot\frac{\partial \boldsymbol{v}'^{\mathrm{T}}_{\mathrm{w}_j}\boldsymbol{h}}{\partial \boldsymbol{h}}\\&=\sum_{\mathrm{w}_j\in\{\mathrm{w_O}\}\cup\boldsymbol{W}_{\mathrm{neg}}}(t_j-\sigma(\boldsymbol{v}'^{\mathrm{T}}_{\mathrm{w}_j}\boldsymbol{h}))\boldsymbol{v}'_{\mathrm{w}_j}\end{aligned}\tag{7.37}$$

将式(7.37)代入式(7.17)可以得到 CBOW 模型关于输入向量的偏导。对于 SkipGram 模型，可以计算出上下文中关于每个单词的 $\boldsymbol{r}$ 值并求和，将其代入式(7.24)可求得关于输入向量的更新公式。

7.1.5 应用场景

Word2Vec 是一种将词变成词向量的工具，通常和其他语言模型结合使用，在自然语言处理场景中几乎每个任务都会用到 Word2Vec。除此之外，Word2Vec 还可替换成 Book2Vec，Movie2Vec 等任何 Item2Vec，在推荐系统中有着广泛的应用。

7.1.6　框架模块

GitHub上排名靠前的主要编码语言有C、Python，其中TensorFlow框架的Word2Vec最活跃。

7.2　GloVe

GloVe作为比较有代表性的词向量算法之一，其构建过程中提出的共现矩阵(Co-occurrence Matrix)、损失函数等概念及其具体的落地过程都比较有借鉴意义。另外，从业界使用情况来看，在BERT等网络及算法提出来之前，GloVe的应用相对广泛；对比BERT等后续网络及算法，GloVe提供的基于全局语料的预训练模型相对匮乏，直接降低了应用的便利性，影响受众的喜欢度。接下来将对GloVe的提出背景、发展现状、技术原理、技术难点等进行分析。

7.2.1　提出背景

2013年，Word2Vec在NLP中被广泛采用，虽然本质上是语言模型，但其最终目标是更快更好地得到词向量，在此背景下，2014年来自Stanford NLP Group的Jeffrey Pennington，Richard Socher，Christopher D. Manning在EMNLP上发表论文[1]，由此GloVe诞生，它是一个基于全局词频统计的词表征工具，可以把语料库中的每个单词表达成一个由实数组成的词向量，它能够捕捉单词之间的语义特性，如通过欧氏距离或余弦相似度可以计算相似性等。

总体来看，GloVe是基于全局语料库，结合上下文语境构建词向量的工具，并结合了隐式语义分析和Word2Vec的优点。

7.2.2　发展现状

截至2019年7月15日，在GitHub对应主页①上，Watch有223个，Star有3840

① 参见：https://github.com/stanfordnlp/GloVe。

个，Fork 有 926 个，Issues 有 65 个，其中 42 个 Closed；从版本开发上看，GloVe 一共有三个迭代版本，具体如下：

（1）GloVe v.1.0：2014 年 8 月发布，网址：https://nlp.stanford.edu/projects/glove/。

（2）GloVe v.1.1：2015 年 9 月发布，网址：https://github.com/stanfordnlp/GloVe/releases。

（3）GloVe v.1.2：2015 年 10 月发布，网址：https://github.com/stanfordnlp/GloVe/releases。

7.2.3 技术原理

1. GloVe 构建过程

（1）根据语料库构建一个共现矩阵。矩阵中的每一个元素 X_{ij} 代表单词 i 和上下文单词 j 在特定大小的上下文窗口内共同出现的次数。值得一提的是，如果单词 i 出现在单词 j 的背景窗口里，则单词 j 也会出现在单词 i 的背景窗口里，也就是说 $X_{ij}=X_{ji}$。原作者提出可近似表达两者之间关系的公式为：

$$w_i^{\mathrm{T}}\tilde{w}_j+b_i+\tilde{b}_j=\log X_{ij} \tag{7.38}$$

式中，w_i^{T} 和 $\tilde{w}_j$——需要最终求解的词向量；

b_i 和 $\tilde{b}_j$——分别是 w_i^{T} 和 $\tilde{w}_j$ 的偏差项。

（2）构建词向量和共现矩阵之间的近似关系，其目标函数为：

$$J=\sum_{i,j=1}^{V}f(X_{ij})(w_i^{\mathrm{T}}\tilde{w}_j+b_i+\tilde{b}_j-\log X_{ij})^2 \tag{7.39}$$

式中，V 是一个语料库中单词的个数，直观上看目标函数是最基本形式的均方损失(Mean Square Loss)，只是新增了一个权重函数 $f(X_{ij})$，原作者认为在任何一个语料库中，概率较大的单词共现的次数很多，概率小的单词共现的次数较少，原作者希望：

① 概率较大的单词的权重大于概率小的单词的权重，所以权重函数具备非递减性；

② 权重不应该过大，也就是达到一定程度后不再增加；

③ 如果两个单词未在一起出现，即 $X_{ij}=0$，则不应该参与目标函数计算，即权重函数需要满足 $f(X_{ij}=0)=0$。

满足以上条件的函数形式较多，原作者采用了如下形式的分段函数：

$$f(x)=\begin{cases}(x/x_{\max})^{\alpha}, & x<x_{\max}\\ 1, & 其他\end{cases} \tag{7.40}$$

原作者采用了 $x_{\max}=100$，根据实验发现 $x_{\max}$ 的值对结果的影响并不大，而 $\alpha=3/4$ 时的结果要比 $\alpha=1$ 时更好。

图 7.5 是 $\alpha=3/4$ 时 $f(x)$ 的函数图像，可以看出对于较小的 X_{ij}，权值也比较小。

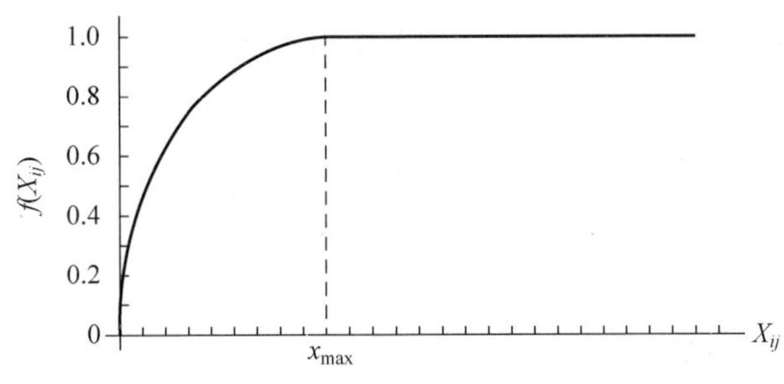

图 7.5　$f(x)$ 函数图像

2. GloVe 训练过程

实质上还是属于监督学习：虽然 GloVe 不需要人工标注，但实质上还是有标签，即 $\log X_{ij}$。

向量 $\boldsymbol{w}$ 和 $\tilde{\boldsymbol{w}}$ 为学习参数，本质上与监督学习的训练方法一样，采用了 AdaGrad 的梯度下降算法，对矩阵 $\boldsymbol{X}$ 中的所有非零元素进行随机采样，学习率设为 0.05，在向量值小于 300 的情况下迭代了 50 次，其他大小的向量（Vectors）上迭代了 100 次，直至收敛。

最终学习得到的两个词向量是 $\tilde{\boldsymbol{w}}$ 和 $\boldsymbol{w}$，因为 $\boldsymbol{X}$ 是对称的，所以从原理上讲 $\tilde{\omega}$ 和 ω 也是对称的，唯一的区别是初始化的值不一样，进而导致最终的值不一样，但 $\tilde{\omega}$ 和 ω 都可以当成最终的结果来使用。但是为了提高模型的鲁棒性，最终选择两者之和，即 $(\boldsymbol{w}+\tilde{\boldsymbol{w}})$ 作为最终的向量，因两者的初始化不同相当于添加了不同的随机噪声，所以可以提高模型的鲁棒性。

3. GloVe 损失函数

原作者提出的目标函数中比较难理解的部分是下面这个公式：

$$w_i^{\mathrm{T}}w_j+b_i+\tilde{b}_j=\log X_{ij} \tag{7.41}$$

此公式设计的来龙去脉在原作者发表的论文中也进行了详细阐述，首先定义如下相关变量：

(1) X_{ij} 表示同一个语料库中单词 j 出现在单词 i 的上下文中的次数。

(2) X_i 表示同一个语料库中单词 i 的上下文中所有单词出现的总次数。

$$X_i = \sum_{k=1}^{V} X_{ik} \tag{7.42}$$

(3) P_{ij} 表示同一个语料库中单词 j 出现在单词 i 的上下文中的概率。

$$P_{ij} = P(j \mid i) = X_{ij} / X_i \tag{7.43}$$

论文中提供了一个概率统计表，如表 7.2 所示。

表 7.2 概率统计表[①]

概率和比率	k=Solid	k=Gas	k=Water	k=Fashion
$P(k\|\text{Ice})$	0.000 19	0.000 066	0.003	0.000 017
$P(k\|\text{Steam})$	0.000 022	0.000 78	0.0022	0.000 018
$P(k\|\text{Ice})/P(k\|\text{Steam})$	8.9	0.085	1.36	0.96

通过表 7.2 可以评估对比单词 i 和单词 j 分别相对于单词 k 的相关性，从主观对比来看，有如下规律：

(1) 对比单词 Solid 和 Ice 的相关性，比 Solid 和 Steam 的相关性更加相关，从表 7.2 可以看到 $P(\text{Solid}|\text{Ice})/P(\text{Solid}|\text{Steam})$ 比 1 大很多；

(2) 对比单词 Gas 和 Ice 的相关性，比 Gas 和 Steam 相关性更低，从表 7.2 可以看到 $P(\text{Gas}|\text{Ice})/P(\text{Gas}|\text{Steam})$ 比 1 小很多；

(3) 观察单词 Water 和 Ice、Water 和 Steam 都有相关性，两组单词的相关性差异不明显，从表 7.2 可以看到 $P(\text{Water}|\text{Ice})/P(\text{Water}|\text{Steam})$ 略比 1 大点；

(4) 观察单词 Fashion 和 Ice、Fashion 和 Steam 都不相关，两组单词的相关性差异不明显，从表 7.2 可以看到 $P(\text{Fashion}|\text{Ice})/P(\text{Fashion}|\text{Steam})$ 接近于 1。

表 7.2 说明通过概率比例而不是概率本身去学习得到词向量可能是一个更恰当的方法。

为了体现概率比例，原作者构造如下函数：

$$f(w_i, w_j, \tilde{w}_k) = \frac{P_{ik}}{P_{jk}} \tag{7.44}$$

① 表 7.2 中数据取自原论文，网址为 https://nlp.stanford.edu/pubs/glove.pdf，与实际计算有点出入。

式中，函数 f——形式及参数暂未明确；

$w_i, w_j, \tilde{w}_k$——词向量，但 w 和 $\tilde{w}$ 是不同的向量，$w_i, w_j, \tilde{w}_k \in R^d$。

向量空间是线性的，所以要表达出两个概率的比例，可以对向量做差，于是函数 f 修改为：

$$f(w_i - w_j, \tilde{w}_k) = \frac{P_{ik}}{P_{jk}} \tag{7.45}$$

此时式(7.45)右侧$\frac{P_{ik}}{P_{jk}}$是一个标量，左侧是一个向量，为了使左侧从向量变成一个标量，左侧可以转换成两个向量的内积形式，即：

$$f((w_i - w_j)^{\mathrm{T}} \tilde{w}_k) = \frac{P_{ik}}{P_{jk}} \tag{7.46}$$

共现矩阵 $\boldsymbol{X}$ 是个对称矩阵，一个语料库中的单词和上下文单词其实是相对的，如果做如下变换：$w \leftrightarrow \tilde{w}$，$\boldsymbol{X} \leftrightarrow \widetilde{\boldsymbol{X}}$，刚推导出的公式应该继续成立，为了达成这个想法，首先函数 f 要满足同态特性(Homomorphism)：

$$f((w_i - w_j)^{\mathrm{T}} \tilde{w}_k) = \frac{f(w_i^{\mathrm{T}} \tilde{w}_k)}{f(w_j^{\mathrm{T}} \tilde{w}_k)} \tag{7.47}$$

结合式(7.46)和式(7.47)，可以得到：

$$f(w_i^{\mathrm{T}} \tilde{w}_k) = P_{ik} = X_{ik} / X_i \tag{7.48}$$

此时令 $f(x) = \mathrm{e}^x$，可以得到：

$$w_i^{\mathrm{T}} \tilde{w}_k = \log P_{ik} = \log X_{ik} - \log X_i \tag{7.49}$$

式(7.49)右侧存在 $\log X_i$，不满足对称性(Symmetry)，显然 $\log X_i$ 跟 k 独立，仅与 i 相关。于是可以针对 w_i 增加一个偏置项(Bias)，即 b_i，公式更新为：

$$w_i^{\mathrm{T}} \tilde{w}_k + b_i = \log X_{ik} \tag{7.50}$$

此时公式还是不满足对称性，需要针对 w_k 增加一个偏置项，即 b_k，公式更新为：

$$w_i^{\mathrm{T}} \tilde{w}_k + b_i + b_k = \log X_{ik} \tag{7.51}$$

7.2.4　技术难点

本节介绍 GloVe 在概念理解上的难点及实践方面的技术难点。

作为在 Word2Vec 之后提出的词嵌入模型的典型代表，GloVe 采用了均方损失作为损失函数，在设计损失函数时进行如下三点改动。

(1) 使用非概率分布的变量 $P_{ik} = X_{ik} / X_i$ 和 $\exp(w_i^{\mathrm{T}} \tilde{w}_k) = P_{ik}$，并取对数得到：

$$w_i^{\mathrm{T}} \tilde{w}_k = \log P_{ik} = \log X_{ik} - \log X_i \tag{7.52}$$

(2) 为每个单词 w_i 增加一个标量模型参数,即偏差项 b_i;为背景词 $\tilde{w}_j$ 增加一个标量模型参数,即偏差项 b_j,得到平方损失项(SquareLoss_{ij}):

$$\text{SquareLoss}_{ij}=(w_i^{\mathrm{T}}\tilde{w}_j+b_i+\tilde{b}_j-\log X_{ij})^2 \tag{7.53}$$

(3) 考虑到每个损失项的权重应该不一样,设置权重函数 $f(X_{ij})$,其值域是在 [0,1] 的单调非递减函数。最终,GloVe 模型的目标即是得出最小化损失函数:

$$\text{Loss}=\sum_{i,j=1}^{V}f(X_{ij})(w_i^{\mathrm{T}}\tilde{w}_j+b_i+\tilde{b}_j-\log X_{ij})^2 \tag{7.54}$$

综上所述,不同于 Word2Vec 中拟合的是非对称的条件概率 P_{ij},GloVe 模型拟合的是对称的 $\log X_{ij}$,因此,一个语料库中每个单词的词向量 w 和背景词向量 $\tilde{w}$ 在 GloVe 模型中是等价的,由于初始化值不同(添加了不同的随机噪声),每个单词最终学习得到的词向量 w 和背景词向量 $\tilde{w}$ 可能不同,当一个语料库学习得到所有单词的词向量 w 和 $\tilde{w}$ 后,GloVe 模型最后使用 w 与 $\tilde{w}$ 之和作为该词的最终词向量,此举有利于提高模型的鲁棒性。

7.2.5 应用场景

通过 GloVe 得到词向量后,可以广泛应用于文本分类、自动文摘、机器翻译、自动问答、信息检索等场景。

7.2.6 框架模块

在 GitHub 官方主页及其他用户开源代码上,已支持主流框架如 TensorFlow、Pytorch、Keras 等,涵盖的编码语言按热度分别是 Python、C++、Java、C 等。

7.3 Transformer

Transformer 作为自然语言处理领域与编解码网络相结合的典型代表之一,在设计之初就具备诸多优点,例如可以解决长距离依赖问题等。同时,Transformer 也具备一些天然缺陷,例如无法应用于推理时字符串长度或类型超过训练时的场景中等。另外,从网络结构方面看,Transformer 提出了几个比较有借鉴意义的子结构,如位置编码(Positional Encoding)、多头注意力机制(Multi-head Attention)、基于位置的前向网络层(Position-wise Feed Forward)等，从实际使用情况看，对比 GloVe 等算法，Transformer 在业界更受欢迎，应用场景更广泛。接下来将对 Transformer 的提出背景、发展现状、技术原理、技术难点等进行分析。

7.3.1　提出背景

2017 年 Google 公司发表的论文 *Attention is All You Need*[3] 中提出解决 Sequence2Sequence 问题的 Transformer 模型。为方便开发者调用 Transformer，Google 开源了一个基于 TensorFlow 的第三方库 Tensor2Tensor。Transformer 最早应用于机器翻译领域，在不损害模型性能的基础上尽可能减少计算量和提供并行效率，取得了明显效果。

从 Transformer 网络结构看，其也是基于“编码器-解码器”结构，但基于注意力机制的传统循环神经网络“编码器-解码器”①结构(见图 7.6)处理过程是：编码器逐个字或符号接收源语言序列，整合源语言序列中的信息并基于注意力机制生成上下文向量(Context Vector)，然后解码器再基于上下文向量逐个字生成目标语言序列。值得一提的是，此处解码器具有自回归(Self-regressive)特性，即当前字的输出 y_t 会基于上一个字的输出 y_{t-1}。而 Transformer 并未使用卷积神经网络、循环神经网络、长短期记忆网络、GRU 等结构，而仅是使用自注意(Self-attention)特性，同时还进行了并行化处理，对比传统结构，速度提升显著。同时，Transformer 还能更好地解决长距离依赖问题，这是因为卷积神经网络需要增加卷积层数来扩大视野，循环神经网络需要从 $1 \sim n$ 来进行逐个计算。而 Transformer 中的自注意特性只需对矩阵做一步计算即可，任何两个字(或符号)可以直接互达。

但是 Transformer 也存在天然缺陷，例如，在实践上无法泛化至部分循环神经网络模型可以轻松处理的任务，当字符串或公式长度超过训练时模型观察到的长度，Transformer 无法完成复制字符串甚至简单的逻辑推理。理论上 Transformer 这种非循环神经网络循环模型，包括使用 Transformer 的 BERT 模型，被认为是非图灵完备，无法单独完成自然语言处理中推理、决策等计算问题。因此 Google 公司在 2018 年又提出 Universal Transformer 网络结构，考虑篇幅有限，本书不展开阐述，有兴趣的读

---

① 参见：Bahdanau D，Cho K，Bengio Y. Neural Machine Translation by Jointly Learning to Align and Translate[EB/OL]. 2014[2019-11-10]https://arxiv.org/pdf/1409.0473.pdf。

者可以研究对应论文 *Universal Transformers*①、Google 博客文章 *Moving Beyond Translation with the Universal Transformer*② 和源代码③。

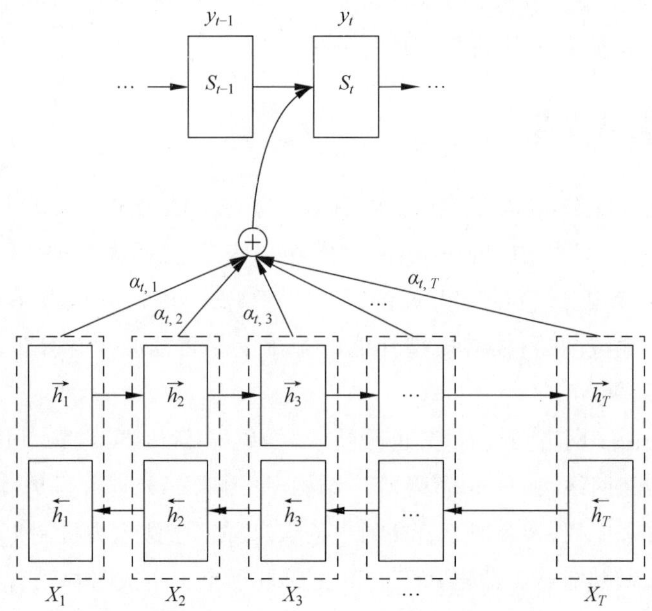

图 7.6　基于注意力的传统循环神经网络“编码器-解码器”网络结构图

7.3.2　发展现状

正如 7.3.1 节中提到 Google 为了方便开发者调用 Transformer，开源了一个基于 TensorFlow 的第三方库 Tensor2Tensor，具体详情可参考对应论文 *Tensor2Tensor for Neural Machine Translation*④。

从发展情况及活跃程度看，截至 2019 年 7 月 22 日，在 GitHub 对应主页⑤上，Watch 有 429 个，Star 有 8394 个，Fork 有 2136 个，Issues 有 420 个，Open 状态有 420

① 参见：Dehghani M，Gouws S，Vinyals O，et al. Universal Transformers[EB/OL]. 2018[2019-11-10] https://arxiv.org/pdf/1807.03819.pdf。

② 参见：https://ai.googleblog.com/2018/08/moving-beyond-translation-with.html。

③ 参见：https://github.com/tensorflow/tensor2tensor/blob/master/tensor2tensor/models/research/universal_transformer.py。

④ 参见：Vaswani A，Bengio S，Brevdo E，et al. Tensor2tensor for neural machine translation[EB/OL]. 2018[2019-11-10]https://arxiv.org/pdf/1803.07416.pdf。

⑤ 参考链接：https://github.com/tensorflow/tensor2tensor。

个，Closed 状态有 611 个。

从支持的场景来看，主要建议的数据集和模型包括数学语言理解、故事问答、图片分类、图片生成、语言建模、情感分析、语音识别、数据摘要、翻译等。

7.3.3　技术原理

如 7.3.1 节所述，Transformer 网络也是基于“编码器-解码器”结构，具体见图 7.7，左侧是编码器，右侧是解码器。

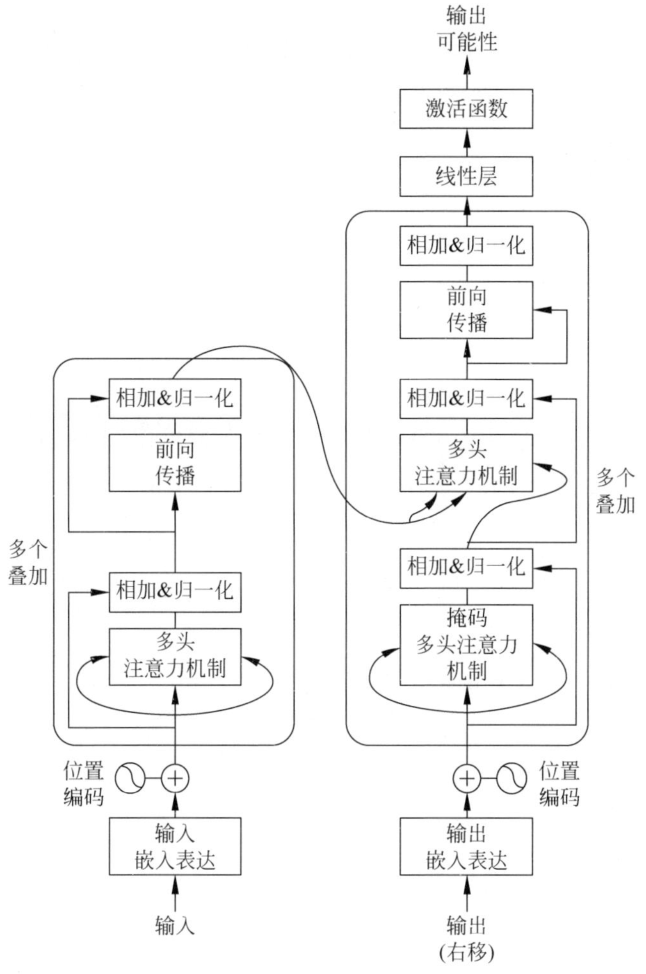

图 7.7　Transformer 网络结构图[3]

从处理过程看，输入经过嵌入和位置编码加和处理后作为编码器的输入向量，然后进入 N 组(作者在论文中将 N 设为 6)“多头注意力机制 、基于位置的前向网络层”；而解码器也是接收对应的输出经过嵌入和位置编码处理后的向量，然后进入 N 组(同样取 $N=6$)叠加模块，该叠加模块主要由掩码多头注意力机制、多头注意力机制和基于位置的前向网络层组成。另外，还会使用编码器中 N 组多头注意力机制和基于位置的前向网络层得到的向量，通过“线性层、激活函数”来预测输出的概率可能性。

有兴趣的读者可以参阅相关资料，例如来自 Google 的 *Transformer: A Novel Neural Network Architecture for Language Understanding*①，研究者 Jay Alammar 撰写的 *The Illustrated Transformer*②、*Visualizing Neural Machine Translation Mechanics of Seq2seq Models with Attention*③。

7.3.4 技术难点

Transformer 网络结构中比较重要的几个子结构，包括位置编码、多头注意力机制和基于位置的前向网络层等，下面进行详细阐述。

1. 位置编码

在 NLP 领域，每个字(或词)的位置信息具有重要价值，Transformer 结构中不含循环神经网络、卷积神经网络子网络，为了使其能够利用输入的位置信息，原作者提出位置编码的概念。顾名思义，就是对输入中每个时刻输入的位置信息进行编码，为了能和输入嵌入表达输出结果加和，位置编码与输入嵌入表达具备相同维度。位置编码的可选计算方法有很多，作者在原论文中提供两种方法：一种是直接训练得到位置信息；另一种是采用 sin 和 cos 函数来表征位置信息，从论文中提到的实验结果看，两种方法的效果差不多。但作者最终选择第二种，具体计算方法如下：

$$\mathrm{PE}_{(\mathrm{pos},2i)}=\sin(\mathrm{pos}/10\,000^{2i/d_{\mathrm{model}}}) \tag{7.55}$$

$$\mathrm{PE}_{(\mathrm{pos},2i+1)}=\cos(\mathrm{pos}/10\,000^{2i/d_{\mathrm{model}}}) \tag{7.56}$$

式中，pos——符号位置，即当前符号是第几个符号；

---

① 参考链接：https://ai.googleblog.com/2017/08/transformer-novel-neural-network.html。

② 参考链接：https://jalammar.github.io/illustrated-transformer/。

③ 参考链接：https://jalammar.github.io/visualizing-neural-machine-translation-mechanics-of-seq2seq-models-with-attention/。

i——维度，每一个维度对应一个正弦曲线；

d_{model}——输入和输出的维度。

作者提到选取第二种方法的理由包括两个：一是存在表示相对位置的可能性，即 PE_{pos+k} 可以通过 PE_{pos} 线性表示得到，由式 $\sin(\alpha+\beta)=\sin\alpha\cos\beta+\cos\alpha\sin\beta$、$\cos(\alpha+\beta)=\cos\alpha\cos\beta-\sin\alpha\sin\beta$ 可知；二是帮助模型泛化到比训练序列更长的序列场景中。

2. 多头注意力机制

多个基于缩放点积的注意力机制组成多头注意力机制，具体结构如图 7.8 所示。

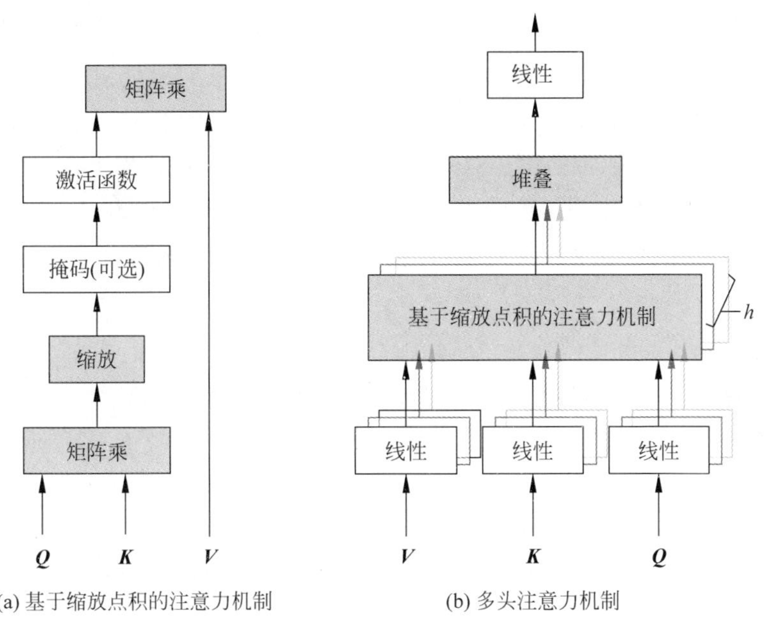

图 7.8　基于缩放点积的注意力机制与多头注意力机制结构图

在编码器和解码器中，查询通常是解码器的隐态，关键字是编码器的隐态，对应的值是指关键字得到关注的权重程度。$\boldsymbol{Q}$、$\boldsymbol{K}$、$\boldsymbol{V}$ 则分别代表三者包含多个样本的矩阵。

权重计算方式有多种可选，主流的计算方法包括“加”和“点积”，论文中选择的是后者，从理论上看两者复杂度是一致的，但在实践过程中后者在计算速度和空间利用率上更占优势，“点积”也即使用 t 时刻编码器的隐态 $\boldsymbol{K}$ 和解码器的隐态 $\boldsymbol{Q}$ 的点积作为 t 时刻的权重，之后进行尺度缩放操作，主要是为了防止点积过大导致使用激活函数计算权重时梯度过小而造成梯度消失不利于训练。最终注意力机制被称为“基于缩放点积的注意力机制”，计算公式如下：

$$\text{Attention}(\boldsymbol{Q},\boldsymbol{K},\boldsymbol{V})=\text{Softmax}\left(\frac{\boldsymbol{Q}\boldsymbol{K}^{\mathrm{T}}}{\sqrt{d_k}}\right)\boldsymbol{V} \tag{7.57}$$

式中，$\boldsymbol{Q}$、$\boldsymbol{K}$、$\boldsymbol{V}$——分别代表三者包含多个样本的矩阵；

d_k——$\boldsymbol{K}$ 向量的维度。

最后得到多头注意力机制，即是将 h 个基于缩放点积的注意力机制进行并行计算，计算公式为：

$$\text{MultiHead}(\boldsymbol{Q},\boldsymbol{K},\boldsymbol{V})=\text{Concat}(\text{head}_1,\text{head}_2,\cdots,\text{head}_h)\boldsymbol{W}^O \tag{7.58}$$

$$\text{where head}_i=\text{Attention}(\boldsymbol{Q}\boldsymbol{W}_i^{\boldsymbol{Q}},\boldsymbol{K}\boldsymbol{W}_i^{\boldsymbol{K}},\boldsymbol{V}\boldsymbol{W}_i^{\boldsymbol{V}}) \tag{7.59}$$

式中，自注意特性，$\boldsymbol{W}_i^{\boldsymbol{Q}}\in\mathbb{R}^{d_{\text{model}}\times d_k}$，$\boldsymbol{W}_i^{\boldsymbol{K}}\in\mathbb{R}^{d_{\text{model}}\times d_k}$，$\boldsymbol{W}_i^{\boldsymbol{V}}\in\mathbb{R}^{d_{\text{model}}\times d_v}$，$\boldsymbol{W}^O\in\mathbb{R}^{hd_v\times d_{\text{model}}}$。论文中取 $h=8$，在每层网络中取 $d_k=d_v=d_{\text{model}}/h=64$。

从总体网络结构看，有以下几点需要说明：

(1) 对于编码器端(或者解码器端)的自注意特性，$\boldsymbol{Q}$、$\boldsymbol{K}$、$\boldsymbol{V}$ 均来自编码/解码中上一层的输出，在编码器中 $\boldsymbol{Q}=\boldsymbol{K}=\boldsymbol{V}$，均为输入嵌套表达＋位置编码得到的结果。

(2) 对于“编码器-解码器”注意力层，$\boldsymbol{Q}$ 来自上一层解码器，$\boldsymbol{K}$、$\boldsymbol{V}$ 来自编码器的输出。

(3) 在编码器端和解码器端，在输入时均都加入了位置编码，即加入了位置信息，也就是说各端的自注意特性已考虑了整个序列的位置信息。

(4) 在解码器端使用掩码(Mask)，即图 7.8(a)中激活函数下有一个掩码层，此处添加掩码是因为在解码器中接下来的词对于当前时刻来说是未知的，为了防止不正确的位置信息影响解码器的自回归特性(论文中的做法是将所有不合法链接设为负无穷)，确保在经过自注意特性后预测第 i 个词时只使用了前 $i-1$ 个词。

关于 Transformer 注意力机制的有效性，笔者理解其核心思想是通过数学方式计算一句话中每个词和此句话中所有词的相互关系，然后认为这些词和词之间的相互关系在一定程度上反映了这句话中不同词之间的内在关联性及重要程度，再基于相互关系来调整每个词的重要性(即权重)，得到每个词的新表达。新表达不但包含自身，还包含与其他词的关系，可以认为是一个更加全面的表达。

3. 基于位置的前向网络层

由 Transformer 结构图 7.7 可知，在编码器和解码器端，每个注意力层之后都叠加一个全连接层，具体结构是“线性变换＋激活函数”的形式，数学表达式如下：

$$FFN(x) = \max(0, x\boldsymbol{W}_1 + b_1)\boldsymbol{W}_2 + b_2 \tag{7.60}$$

从式(7.60)看，也可以将其理解为卷积核大小为1的卷积神经网络，在代码实现过程中采用卷积函数convld()。

7.3.5 应用场景

Transformer模型主要应用在机器翻译、机器阅读、自动问答、情绪分析、自动摘要、语言建模等场景。在Google官方Git主页[①]上有建议的数据集及模型可供参考。

7.3.6 框架模块

截至2019年7月底，Transformer支持框架包括Google官方Git主页，还有其他非官方框架或模型，如基于TensorFlow 1.2和1.12版本的A TensorFlow Implementation of the Transformer：Attention Is All You Need[②]，基于Pytorch的The Annotated Transformer[③]，在其相关的页面提供调用介绍及样例。

7.4 BERT

BERT模型是Google公司在2018年10月份提出的一种语言理解模型，其整体框架利用Transformer的编码器作为语言模型，相对于循环神经网络更能捕获长距离依赖。预训练时提出两个新的目标任务，即掩码语言模型(Masked Language Model，MLM)和语句预测(Next Sentence Prediction)的任务，在当时刷新了11项NLP任务的最优性能纪录。

7.4.1 提出背景

研究表明，语言的预训练模型可有效提升许多自然语言处理的任务，如自动问答、机器翻译等生成任务、文章主题分类任务和命名实体识别等符号(Token)层面的任务。

① 参见：https://github.com/tensorflow/tensor2tensor。

② 参见：https://github.com/Kyubyong/transformer。

③ 参见：http://nlp.seas.harvard.edu/2018/04/03/attention.html。

存在一种通用的语言模型,可以首先利用文章句子和字词之间的语义上下文关系无监督式预训练一个通用的语言模型,再根据下游的具体应用,利用有监督数据微调(Fine Tuning)语言模型,使其适用于具体任务。自然语言处理应用能够快速增长发展,很大程度归功于在预训练模型上实现迁移学习的概念。

在 BERT 提出之前的预训练模型中,与上下文相关的模型有 ELMo、UMLFit、GPT。ELMo 模型[①]训练时使用双向长短期记忆(Bidirectional Long Short-Term Memory,BiLSTM)网络,根据上下文预测当前词最大化似然函数。相比于词向量能更好地捕捉到语义信息,提供字符级的表征,对词汇量没有限制。其缺点是需要对每个符号都进行计算,训练速度较慢。UMLFiT(Universal Language Model Fine-tuning for Text Classification)[②]模型使用没有注意力机制和捷径分支的三层长短期记忆网络模型,比 ELMo 模型其更适合训练数据少的非语言任务,对于序列标注和分类任务容易迁移,复杂任务(如自动问答)则需要设计新的微调方法。OpenAI 团队提出的 GPT(预训练方法)模型[③],利用 Transformer 网络代替长短期记忆网络作为语言模型,Transformer 中的注意力机制能更好地捕获长距离语言结构。GPT 的目标函数是单向的语言模型目标函数,只利用前 k 个词预测当前词。

BERT: Pre-training of Deep Bidirectional Transformers for Language Understanding [④]论文是 Google 公司在 2018 年 10 月份提出的一种语言理解模型。BERT 模型的整体框架和 GPT 类似,都是利用 Transformer 的编码器作为语言模型,相比于 GPT,BERT 的预训练模型采用掩码语言模型,更能捕获到真正意义上的双向上下文信息。

7.4.2 发展现状

Google 团队开源一套基于 TensorFlow 的 BERT 代码,从发展情况及活跃程度

---

① 参见:Peters M E,Neumann M,Iyyer M,et al. Deep Contextualized Word Representations[EB/OL]. 2018[2019-11-10]https://arxiv.org/pdf/1802.05365.pdf。

② 参见:Howard J,Ruder S. Universal Language Model Fine-tuning for text classification[EB/OL]. 2018[2019-11-10]https://arxiv.org/pdf/1801.06146.pdf。

③ 参见:Radford A,Narasimhan K,Salimans T,et al. Improving Language Understanding by Generative Pre-training[EB/OL]. 2018[2019-10-28]https://s3-us-west-2.amazonaws.com/openai-assets/researchcovers/languageunsupervised/language understanding paper.pdf。

④ 参见:Devlin J,Chang M W,Lee K,et al. Bert: Pre-training of Deep Bidirectional Transformers for Language Understanding[EB/OL]. 2018[2019-11-10]https://arxiv.org/pdf/1810.04805.pdf。

看，截至2019年8月2日，在GitHub官方主页[①]上，Watch有825个，Star有17 147个，Fork有4339个，Issues有401个，Open状态有401个，Closed状态有266个。

Pytorch版本[②]的BERT代码在GitHub活跃程度也很高，截至2019年8月2日，Watch有295个，Star有10 217个，Fork有2480个，Issues有175个，Open状态有175个，Closed状态有522个。

7.4.3 技术原理

BERT的主要工作是预训练多层Transformer网络模型，得到一个语言理解模型，下游任务从预训练网络中提取对应单词的词嵌入向量作为新特征补充到下游任务，并微调整个网络。本节主要介绍BERT模型的输入表示、模型架构、两个无监督的预训练任务。

1. 输入表示

一对文本句子或单个句子可以转换成数学上的向量表示形式，对于给定的英文文本"I have a good friend he is very clever"，如图7.9所示。

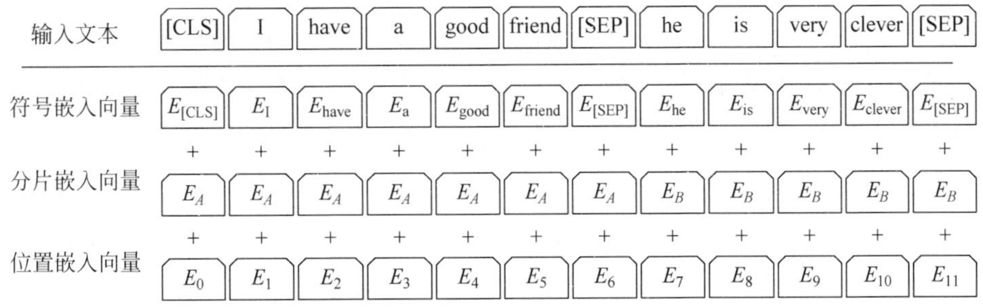

图7.9 BERT输入组成

其输入表示通过对相应的符号嵌入向量(Token Embeddings)、分片嵌入向量(Segment Embeddings)和位置嵌入向量(Position Embeddings)进行求和来构造。关于三个嵌入向量的具体描述如下。

---

① 参见：https://github.com/google-research/bert。

② 参见：https://github.com/huggingface/pytorch-transformers。

1）符号嵌入向量

首先需要 WordPiece 模型对原始文本进行分词（Tokenization），WordPiece 模型能解决词表过长（Out Of Vocabulary，OOV）的问题。WordPiece 的主要实现方式叫作双字节编码（Byte-Pair Encoding，BPE），实际上是一种单词再拆分的过程。例如，“reads”“reading”和“read”这三个单词，都有“读”的意思，但是如果以单词为单位，它们是不同的词，在英语中单词的后缀非常多，会使词表变得很大，训练速度变慢，训练效果也不好，因此需要将语料中的单词再拆分。上面的 3 个单词拆分成“read”“s”和“ing”几部分，可以把词本身的意思和时态分开，有效减少词表的数量。同时，两个特殊的符号——[CLS]和[SEP]分别会被插入分词结果的开头和结尾。

NLP 深度学习模型首先会将文本中的每一个单词送入符号嵌入层，符号嵌入层的作用是将 Wordpiece 分割后的符号的 One-Hot 向量形式转换成固定维度的向量，例如，在 BERT 中，每个词被转换成 768 维的向量表示。

2）分片嵌入向量

BERT 会处理输入句子对的分类任务，诸如判断两个文本是否语义相似的任务。输入对的两个句子会拼接一起后送到模型中，并且需要对两个输入句子对进行区分，这里 BERT 引入了一个分片嵌入向量的概念。首先，很容易理解，句子对的前半句的词都用分片符号——0 标识，后半句的词用分片符号——1 标识，如果输入仅仅只有一个句子，则全部用 0 标识。其次，分片符号也需要经过一个线性变换映射成和符号嵌入向量维度一致的向量，即分片嵌入向量。

3）位置嵌入向量

BERT 中使用的 Transformer 模型（7.4.2 节介绍过）实际上是一个非常精妙的“词袋模型”。但是，在 NLP 任务中，序列的顺序是很重要的信息。如果学习不到顺序信息，训练效果会大打折扣。在 BERT 模型中，作者提出利用“位置嵌入向量”将每个符号顺序编号，给每个符号编入了位置信息。因此 Transformer 就可以分辨出不同位置的词。在以往的位置嵌入向量中，基本都是根据任务训练出来的向量，而在 BERT 中，根据以下固定方式构造位置嵌入向量：

$$\begin{cases} \mathrm{PE}_{2i}(p)=\sin(p/10\,000^{2i/d_{\mathrm{pos}}}) \\ \mathrm{PE}_{2i+1}(p)=\cos(p/10\,000^{2i/d_{\mathrm{pos}}}) \end{cases} \tag{7.61}$$

式中，sin——三角正弦函数；

cos——三角余弦函数。

式(7.61)的意思是将符号的序号 p 映射为一个 d_{pos} 维的位置向量，此向量的第 i 个元素的数值为 $PE_i(p)$。

2. 预训练任务

BERT 的模型架构是利用了提出的 Transformer(见文章 *Attention is All You Need*)[3]结构，关于 Transformer 的具体原理已在 7.3 节中有详细介绍，注意 BERT 只用到了 Transformer 中的编码器。

BERT 的网络结构中堆叠多个 Transformer 层，将 Transformer 子模块的个数表示为 L，隐藏层大小表示为 H，自注意力层头的数量表示为 A。Feed-forward/Filter 的大小设置为 $4H$，则论文中的两种 BERT 模型参数量为：

* BERTbase：$L=12, H=768, A=12$，总参数量=110M。

* BERTlarge：$L=24, H=1024, A=16$，总参数量=340M。

BERT 的关键性创新是使用两个无监督预测任务对其进行预训练，即掩码语言模型和语句预测，图 7.10 展示了 BERT 端到端的预训练任务过程。

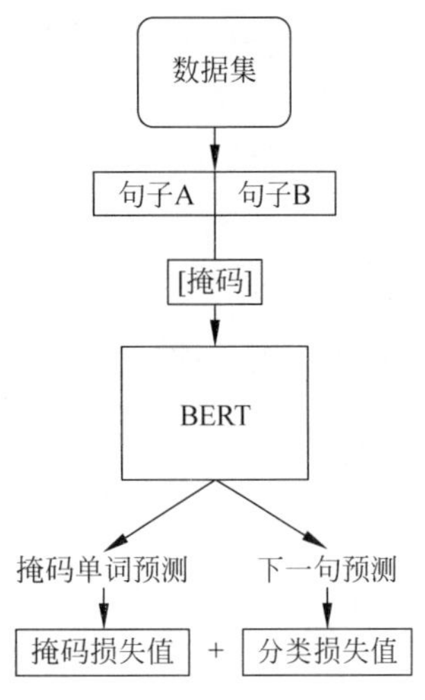

图 7.10 BERT 预训练任务

1）掩码语言模型

深度双向模型比单向的从左向右模型或从右向左模型的浅层连接更强大。为训练一个深度双向表示(Deep Bidirectional Representation)，采用 Transformer 的双向编码器表示，用来克服如 GPT 模型的单向性局限。随机掩码模型输入的一些符号，目标是希望根据上下文语境预测被掩码位置的原始词汇，此思想来自 Cloze 任务①。

在此例中，被掩码的符号被标记为[MASK]，对应的向量被输入词汇表上的输出 Softmax 中。但是，因为微调期间从未看到[MASK]，导致预训练和微调任务之间不匹配。为解决这个问题，并非完全用[MASK]替换被掩码的词汇，而是首先从句子中随机选取 15%的符号，例如在句子“he is very clever”，被选择的符号是“clever”，数据生成器执行以下操作，而

① 参见：Taylor W L, Cloze Procedure: A New Tool for Measuring Readability[J]. Journalism Bulletin, 1953: 415-433。

不是只用[MASK]替换所选的单词:

(1) 80%的概率,用[MASK]标记替换单词,如“he is very [MASK]”。

(2) 10%的概率,用一个随机的单词替换,如“he is very tree”。

(3) 10%的概率,保持单词不变,即“he is very clever”。这样做的目的是表示偏向于实际观察到的单词。

Transformer 编码器不知道它将预测哪些符号,因此它被迫保持每个输入符号的分布式上下文表示。此外,随机替换 1.5%的符号对模型的语言理解能力甚小。每批数据只预测了 15%的符号,需要更多的预训练步骤才能收敛。尽管掩码语言模型的收敛速度略慢于单向模型,但该模型在实验上获得的提升远超其增加的训练成本。

2) 语句预测

预先训练一个语句预测的二分类任务,来理解句子的模型关系。很多重要的下游任务,如自动问答(Question Answering,QA)和自然语言推理(Natural Language Inference,NLI)都是基于理解两个句子之间的关系,但是并没有通过语言建模直接获得。具体来说,当选择句子 A 和 B 作为预训练样本时,B 有 50%是 A 的下一个句子,也有 50%的可能是来自语料库的随机句子。例如:

```
Input = [CLS] Jimmy went to the grocery every [MASK] [SEP]
He bought a lot of fresh [MASK] and fruit [SEP]
Label = IsNext
Input = [CLS]Jimmy went to the grocery every [MASK] [SEP]
There's a [MASK] of adventure to spice up the diving [SEP]
Label = NotNext
```

3. 微调任务

绝大部分自然语言处理的问题可以分为以下四类。

(1) 分类任务,常见的有文本分类与情感分类任务,即给出长度不同的文本一个分类类别。

(2) 句子关系判断任务,有文本蕴含(Text Entailment)、自动判断和自然语言推理等任务,给定两个句子,判断两个句子是否具备某种关系。

(3) 序列标注任务,例如命名实体识别、语义角色标注和分词等,特点是文本中的每个单词都要求模型根据上下文给出分类类别。

(4) 生成式任务,例如机器翻译、文本摘要和自动写诗等任务,其特点是输入文本,自动生成另一段文字。

分类任务，取序列中的第一个符号[CLS]经过BERT网络得到的最后一层隐藏层输出作为$C \in \mathbb{R}^{H}$，并添加一层全连接层后输出预测值，接Softmax分类层$P = \text{Softmax}(CW^{T})$即可。序列标注问题中，输入部分保持不变，输出部分每一个单词对应BERT网络的最后一层隐藏层输出都进行分类即可。句子关系判断任务，需要增加起始和结束位置符号，输出部分隐藏层序列接全连接层输出预测的起始和结束位置，接Softmax分类层。

生成式任务是序列对序列(Sequence to Sequence，Seq2Seq)的任务，需要做一些改造才能使用BERT的预训练结果。可选择不同预训练数据并利用BERT分别初始化编码器和解码器。

7.4.4 技术难点

BERT通过掩码语言模型和语句预测作为预训练的任务，得到了真正的双向语言模型；BERT模型很容易扩展到其他下游任务，并且效果很好。

BERT模型中仍存在一些难点或者说是缺点：

(1) BERT假设不同[MASK]相互独立，忽略了[MASK]之间的相关性。BERT的训练目标是最大化联合概率分布$p(\boldsymbol{x} \mid \boldsymbol{x}')$，其中$\boldsymbol{x}$是被[MASK]的符号集合，$\boldsymbol{x}'$为整个序列。在计算词概率分布的过程中，会假设被屏蔽的符号是相互独立的，从而丢失了不同[MASK]之间的关联。

(2) 预训练阶段和微调阶段的训练数据分布不一致。BERT在预训练阶段，对语料使用[MASK]标记。在微调阶段，所用语料没有使用[MASK]标记。这会导致两个阶段的训练数据分布不一致，从而影响微调的效果。

7.4.5 应用场景

BERT在自动问答、文本摘要、阅读理解、情感分析以及命名实体识别等各项任务中均有广泛应用。

7.4.6 框架模块

BERT的主要编码语言为Python，支持主要的计算框架，如TensorFlow、Pytorch、Keras以及Chainer。

7.5 词向量典型生成算法对比

前面对词向量生成的几个典型方法进行了剖析，为了更好地帮助读者掌握词向量典型生成算法的特点及缺陷，总结如表 7.3 所示。

表 7.3 词向量典型生成算法特点及缺陷

算　法	特　点	缺　陷
Word2Vec	(1) 基于滑动窗口提取特征； (2) 属于无监督学习，不需要人工标注； (3) 可以进行在线学习	基于局部语料库训练，没有使用全局的上下文关系
GloVe	(1) 基于全局语料的共现矩阵构建词向量，可以看作是对隐式语义分析进行优化的高效矩阵分解算法，采用 Adagrad 对最小平方损失进行优化； (2) 属于无监督学习，但其实是有标签的，标签即为共现次数； (3) 可以认为语料信息是固定的； (4) 通常被看作是更换了目标函数和权重函数的全局 Word2Vec	基于全局语料训练，资源消耗上比 Word2Vec 要大些
Transformer	(1) 改进循环神经网络被诟病的训练慢的缺点，利用自注意机制实现快速并行； (2) 由编码组件、解码组件以及它们之间的连接构成； (3) 编码组件由多个编码器构成(论文中取 6 个编码器)。解码组件也由相同数量(与编码器对应)的解码器构成	(1) 一些循环神经网络很容易实现，但 Transformer 却很难做到，如面对当字符串或公式长度超过训练模型观察到的长度时的场景； (2) 非图灵完备
BERT	(1) 采用 Transformer 和双向语言模型(因为采用解码器，即采用了完整语句，可以捕捉到真正意义上的双向文本(Bidirectional Text)； (2) 与其他的语言表征模型不同，BERT 基于所有层中的左、右语境进行联合调整来预训练深层双向表征。只需增加一个输出层，就可对预训练的 BERT 表征进行微调，能够为更多任务创建优秀模型	(1) 非图灵完备； (2) 实际预测中不会出现[MASK]标记，训练时[MASK]使用过多会影响模型表现； (3) 每批数据只有 15%的符号被预测，导致 BERT 比从左向右模型收敛要慢

7.6 应用：自动问答

从词向量的具体应用来看，涉及自然语言处理领域的绝大部分场景，例如文本分类(如用户在社交媒体发表文字来表达自己的情绪)、机器翻译(如用户输入一段源语言的文字后期望得到目标语言的翻译文字)、自动问答(如用户在电商网站的商品购买页面提出具体问题期望得到准确答复)等。考虑到自动问答与日常生活贴合更紧密，使用深度学习研究自动问答的技术原理与人类完成阅读理解题相似，而且学术界研究自动问答相对较早，以下将“自动问答”作为典型应用进行详细阐述。

7.6.1 自动问答的相关概念

1. 自动问答的定义

来自维基百科[①]的定义，自动问答是信息检索和自然语言处理领域的一门技术，它涉及人类用自然语言提出问题的自动回答系统构建。从应用角度，笔者认为自动问答是信息服务的一种高级形式，反馈给用户的是能满足用户的需求的精准自然语言答案。

2. 自动问答的发展历程

自动问答的起源可以追溯到1950年，英国数学家A. M. Turing在其论文*Computing Machinery and Intelligence*中提到测试机器是否具有智能的问题(如机器能思考吗等问题)，并提出了判定机器能否思考的方法，即图灵测试。在此后的10年里，这项研究进展缓慢。

1960—1970年，比较有名的早期自动问答系统，分别是BASEBALL、Eliza、SHRDLU、GUS、LUNAR。BASEBALL(1961年)可用来回答美国一个季度棒球比赛时间、地点、成绩等问题；Eliza(1966年)采用模式及关键字匹配和置换方法，扮演心理学专家角色，采用启发式心理疗法，通过反问来应对精神病人的提问，诱导病人不停说

① 参见：https://en.wikipedia.org/wiki/Question_answering。

话来达到心理治疗的目的；SHRDLU(1971 年)提供积木游戏；GUS(1977 年)提供旅游信息咨询，可进行简单对话；LUNAR(1973 年)后台有数据库，可以保存数据，系统把用户问题转成查询语句后将查询结果提供给用户。

1970—1990 年，计算机科学家首次使用数学和统计方法研究自然语言，取得较大进步。简单来说就是用统计语言模型判断句式是否合理，有代表性的就是耶鲁大学开发的阅读理解系统 SAM，但 SAM 的能力受限于必须要有脚本来描述对问题的回答的要求。

1990 年后，自动问答系统的研究和开发热点转向基于大规模文档集的问答。如 1993 年 12 月基于 WEB 的自动问答系统 START 上线，可以回答数百万类的英语问题；1999 年 Text Retrieval Evaluation Conference(TREC)开始 QA 技术评测等。

目前，国外比较成功的自动问答系统或服务，比较典型的包括 START、Watson(IBM)、Siri(Apple) 和 Cortana(Microsoft)等；国内比较典型的则有小度机器人(百度)、知乎(社区问答平台)等。

7.6.2 传统的自动问答方法

1. 检索问答

通过信息检索等相关技术实现问答或自动问答，与互联网搜索引擎的发展息息相关。里程碑事件是 1999 年美国国家标准技术研究所(NIST)主推的 TREC 问答评测(QA Track)任务，随后检索问答(Retrieval Base，RB)才正式步入快速发展期。2011 年，美国 IBM 公司研发的问答系统 Watson 在美国某智力节目中战胜人类选手，成为又一个里程碑事件。但其当时所采用的技术主要是检索和适配，处理的问题类型绝大部分是简单的实体或词语类问题，推理能力并不强，技术上没有明显突破检索问答的局限性。

从检索问答技术流程来看，检索问答主要包含问题分析、章节检索和答案抽取等基本过程。根据答案抽取方法的不同，又可以划分为基于模式匹配的检索问答和基于统计信息抽取的检索问答。

基于模式匹配的检索问答：一般需要离线计算得到各类问题及答案，线上运行时，问答系统接收到用户提问后先判别属于哪一类问题，然后再抽取候选答案进行验证，为了提高性能，该类系统也引入自然语言处理技术。由于当前技术应用尚不成熟，该检索问答基本属于浅层句子分析技术范畴。

基于统计信息抽取的检索问答：一般采用逻辑形式转换技术将用户提问句和答案句转换，再通过词汇连接技术实现答案推理验证。推出此技术典型代表是美国 Language Computer Corporation(LCC)公司。

2. 社区问答

随着用户网络普及率的提升，基于用户生成内容(User-Generated Content，UGC)的互联网相关服务越来越多，社区问答(Community Base，CB)系统因此得到快速发展，比较典型的是百度知道、京东商品问答(问问买家)等。社区问答区别于检索问答的几个关键点包括：一是社区问答系统有大量用户参与，线上运行时可能会不断有新用户参与；二是参与用户会提供丰富的信息，包括用户评价、投票、打分、推荐、点赞等与商品或用户提问直接相关的信息，也可能包括用户地域、气候、使用场景、注意事项等非直接相关信息。这些信息对于提问句和答案句的建模分析具有重要价值。

从抽象角度来看，社区问答系统的核心问题是如何快速从大规模提问句与答案句的数据中，找出与当前用户提问句相似的历史提问句并将答案句反馈给当前用户。

从技术难点来看，社区问答系统在线上运行时遇到的一个典型技术难题是当前用户提问句与存量问句之间存在"词汇语义鸿沟"，依赖传统的基于关键词适配的检索技术很难提供精准的答案给当前提问的用户。目前学术界和工业界已将语言理解模型引入社区问答系统中，从海量问答语料库中学习到词语之间的相近程度来解决"词汇语义鸿沟"问题。如和"健康"相似或相近的词汇有"health""跑步""睡眠""饮食""有机""天然"和"旅游"等。

3. 知识库问答

举例来看，例如"华为公司的总部在深圳""美丽的故宫在北京"等均是一条条知识，而把这些知识汇聚起来则变成了知识库。可以通过互联网维基百科等查阅到大量知识，但其知识形式是非结构化的自然语言，这类知识比较适合人类阅读但不适合计算机去处理。为此研究者提出三元组(Triple)概念，便于计算机处理和理解，如"华为公司的总部在深圳"，用三元组表示即是(Huawei Company，Headquarter，Shenzhen City)。此处，可以认为三元组是(实体 Entity，实体关系 Relation，实体 Entity)，更进一步讲，如果将实体看作是节点，则实体关系(含属性、类别等)可看作是一条边。总的来说，知识库就由数量众多的三元组构成，即众多的节点和边构成知识图。

也有研究者将知识库问答(Knowledge Base,KB)称为知识图谱(Knowledge Graph,KG)问答,笔者认为是同一个范畴,其主要指给定问题句(一般是自然语言问题),通过相关技术对其进行语义理解和解析,再利用知识库(或知识图谱、主题图、知识库子图)进行查询、推理得到答案。2013 年、2014 年是知识库问答的快速发展期,从 2015 年开始随着深度学习在自然处理领域的突破,知识库技术开始转向神经网络技术。下面向读者简单阐述 2013 年和 2014 年知识库问答的相关技术。

(1) 语义解析(Semantic Parsing):指将自然语言转换为可自底向上解析的逻辑形式(能够让知识库“看懂”的语义表示),再通过相应的查询语句在知识库中进行查询进而得到答案。查询语句类似 SQL,但相对应的语义解析语法或方法包括组合范畴语法(Category Compositional Grammar,CCG)、依存组合语法(Dependency-based Compositional Semantics,DCS)等,部分词汇表和规则集需要人工编写,实际使用过程中有诸多不便。关于语义解析方法,读者可参考相关代表作,来自 2013 年斯坦福大学相关论文 *Semantic Parsing on Freebase from Question-Answer Pairs*[4]。以该论文中某个图为例,图 7.11 中叶子节点语句(即 where was Obama born)为给定问题句,即自然语言问题;图中深色加粗部分为语义解析进行的相关操作;其他部分即是逻辑形式。语义解析树的根节点则是最终的语义解析结果,可以通过查询语句在知识库中查找到答案。

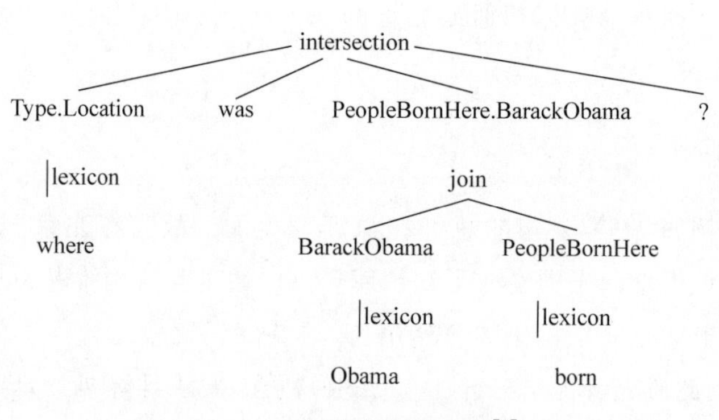

图 7.11 语义解析示意图[4]

(2) 信息抽取(Information Extraction):指针对给定问题句提取出有利于寻找到答案的问题特征,删除不重要的信息(如限定词、介词、标点符号等)。具体步骤如下。

① 类比人类思维,当确认问题句中的主题词,再去知识库中搜索相应知识,锁定候选答案,信息抽取即通过主题词找到它在知识库中图节点,选取相邻几跳(一般选择一

跳或两跳)范围内的节点和边抽取出来作为一个知识库子图(称为主题图，Topic Graph)，此图中的节点即是候选答案。

② 在候选答案中找到正确答案即是一个二分类问题(即判断每个候选答案是否是正确答案)，针对已有问题句依据某些规则或模板进行信息抽取，得到问题特征向量(每一维对应一个问题和候选答案特征)，喂给分类器进行筛选或学习得到最终答案。

读者可参考该方法的相关代表作 *Semantic Parsing on Freebase from Question-Answer Pairs*[4]、*Information Extraction over Structured Data：Question Answering with Freebase*[5]。

(3) 向量建模(Vector Modeling)：该方法的思路与信息抽取相似，即根据问题得到候选答案后，把问题和候选答案均映射到低维空间，得到它们的分布式表达(Distributed Embedding)，将已有问题句和答案句通过信息抽取后变换成训练数据进行训练，最终使得问题和正确答案的低维空间关联得分取得高分值(通常采取点乘形式)。读者可参考该方法的相关代表作 *Question Answering with Subgraph Embeddings*①。

7.6.3　基于深度学习的自动问答方法

1. 算法架构通用性总结

为更好阐述基于深度学习的自动问答算法，做如下约定：

Q：给定问题句；

D：与 Q 相关的文档；

A：在 D 中能够直接或间接找到与 Q 相关的答案。

用数学符号来抽象基于深度学习的自动问答算法(或系统)，要实现或求解的函数如下：

$$f(Q,D)=A \tag{7.62}$$

对于自动问答或者阅读理解的场景，人类的解决思路是：首先仔细阅读 Q，然后带着 Q 去阅读 D，如果 D 中有 A 则直接抽取出来，否则需要自己组织语言得到 A。综上所述，人类与深度学习算法的过程对比如图 7.12 所示。

按照神经网络框架设计组成部分，可以分为以下几种：

① 参见：Bordes A，Chopra S，Weston J. Question Answering with Subgraph Embeddings[EB/OL]. 2014 [2019-11-10]https://arxiv.org/pdf/1406.3676.pdf。

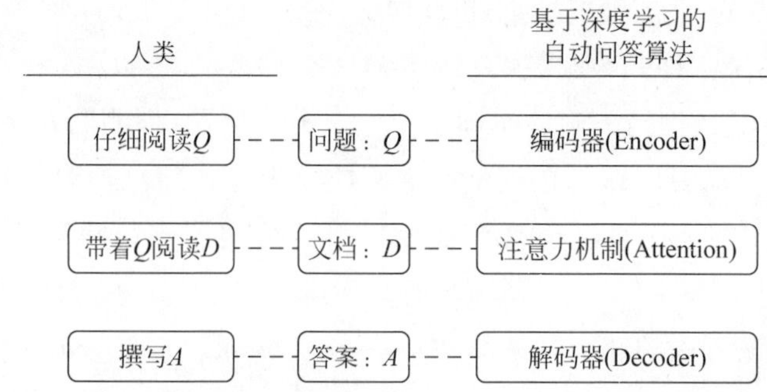

图 7.12　自动问答或阅读理解场景下人类与深度学习算法的过程对比

(1) 编码器：采用卷积神经网络及其变种或者循环神经网络及其变种等。

(2) 解码器：考虑到有些场景中 A 可以从 D 中直接得到，则采用抽取式生成方法，如斯坦福问答数据集(Stanford Question Answering Dataset，SQuAD)；部分场景中 A 无法直接从 D 中得到，则采取生成式方法，如微软机器阅读理解数据集(MicroSoft MAchine Reading COmprehension，MS-MARCO)。值得一提的是，同一个数据集(即 D)因版本不同可能会导致解码器在两种设计上来回变换，读者在设计解码器之前需要提前了解清楚数据集情况。

(3) 架构：采用两步设计或者端到端设计。

2. 代表性算法创新点剖析

2017 年以来，研究者在基于深度学习的自动问答领域提出了较多的创新算法，考虑到篇幅有限，此处仅选取两篇与读者分享，并不是指其他算法不优秀，读者可自行查阅其他论文及其对应算法，例如 Gated Self-Matching[6]，GA-Reader①，R3-Net② 等。

1) Bi-DAF③

(1) 论文简介。

注意力机制在机器理解或自动问答场景中已普遍应用。在该文中，作者提出双向注意流网络 Bi-DAF，它是一个多阶段的分层过程，标识不同粒度级别的上下文，并使用双

---

① 参见：Dhingra B，Liu H，Yang Z，et al. Gated-attention Readers for Text Comprehension[EB/OL]. 2016[2019-11-10]https://arxiv.org/pdf/1606.01549.pdf。

② 参见：Wang S，Yu M，Guo X，et al. R 3：Reinforced Ranker-reader for Open-domain Question Answering[C]. Thirty-Second AAAI Conference on Artificial Intelligence，2018。

③ 参见：Seo M，Kembhavi A，Farhadi A，et al. Bidirectional Attention Flow for Machine Comprehension[EB/OL]. 2016[2019-11-10]https://arxiv.org/pdf/1611.01603.pdf。

向注意流机制来获得查询感知的上下文表示而无须早期摘要。论文显示 Bi-DAF 在斯坦福问答数据集和 CNN/DailyMail 完形填空测试中取得 State-Of-The-Art（SOTA）结果。

（2）模型网络结构。

作者在论文中提供了 Bi-DAF 方法的网络结构，笔者将前述约定的 Q、D、A 标识在对应位置方便读者理解，具体如图 7.13 所示。

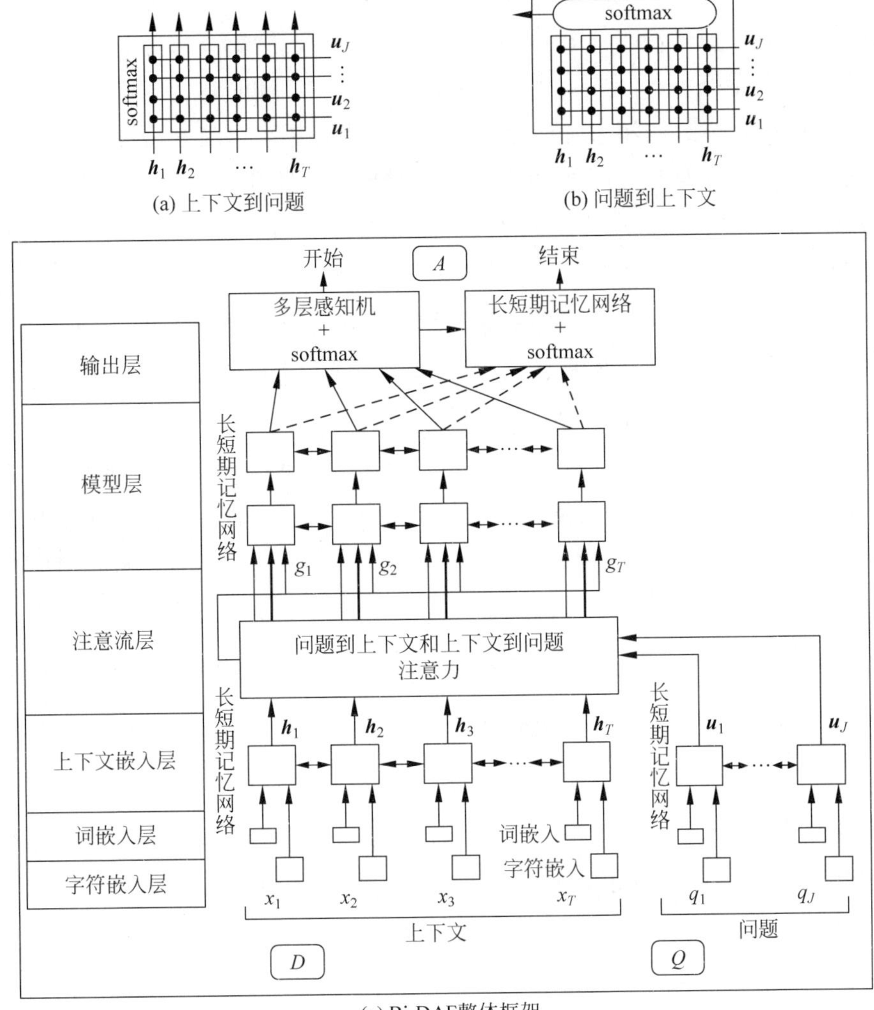

图 7.13　Bi-DAF 网络结构图

图 7.13 中 x_i 和 q_i 分别表示第 i 个输入上下文段落的单词和第 i 个问题中的单词；$\boldsymbol{h}_i$ 表示的是第 i 个上下文嵌入步骤输出的上下文向量矩阵，$\boldsymbol{u}_i$ 表示的是第 i 个上

下文嵌入步骤输出的问题向量矩阵；g_i 是由上下文嵌入和注意力向量结合产生的，表示的是第 i 个上下文向量矩阵的查询感知。

以下详细说明图 7.13(c)中的 Bi-DAF 的各个组成部分。

① 字符嵌入层，主要是使用了字符级卷积神经网络(Char-CNN)，图 7.13 中用正方形表示，在中文场景中一般不采用。

② 词嵌入层，主要是将上下文和问题语句中的词映射成语义空间向量，相当于把自然语言翻译成机器能识别的数字语言，采用的是 GLoVe 算法，在图 7.13 中用长方形表示。假设词向量维度为 d，于是得到上下文矩阵 $\boldsymbol{X}\in\mathbb{R}^{d\times T}$ 和问题矩阵 $\boldsymbol{Q}\in\mathbb{R}^{d\times J}$。

③ 上下文嵌入层，利用双向长短期记忆网络进行更高层面的信息提取。将 $\boldsymbol{X}$ 和 $\boldsymbol{Q}$ 分别输出双向长短期记忆网络，将长短期记忆网络的正向输出和反向输出拼接起来作为输出，那么就得到了综合整个文章的信息向量序列 $\boldsymbol{H}\in\mathbb{R}^{2d\times T}$ 和整个问题的综合向量序列 $\boldsymbol{U}\in\mathbb{R}^{2d\times J}$。

④ 注意流层，综合 $\boldsymbol{H}$ 和 $\boldsymbol{Q}$ 得到答案的信息。具体可分为两个过程：匹配和融合。匹配即为使用注意力机制对 $\boldsymbol{H}$ 和 $\boldsymbol{U}$ 进行双向匹配，这也是 Bi-DAF 名字的由来。在运用注意力机制时，定义一个匹配矩阵 $\boldsymbol{S}\in\mathbb{R}^{T\times J}$，其中 S_{tj} 代表 $\boldsymbol{H}$ 中第 t 个向量与 $\boldsymbol{U}$ 中第 j 个向量的相似度，且 $S_{tj}=\alpha(H_{:t},U_{:j})\in\mathbb{R}$，该相似度通过一个可训练的标量函数来计算。用 $\boldsymbol{h}$ 代表 $\boldsymbol{H}$ 中的一个向量，$\boldsymbol{u}$ 代表 $\boldsymbol{U}$ 中的一个向量，将[h; u; h∘u]拼接成一个 $6d$ 维度的向量(其中∘代表内积)，乘上一个可训练的权值向量 $\boldsymbol{w}$ 即可得到对应的 $\boldsymbol{s}$。

计算上下文到问题的注意力：定义 $a_t\in\mathbb{R}^J$ 为对于上下文中第 t 个向量，J 个问题向量的重要程度，则对于每一个 t，$\sum a_{tj}=1$ 和 $a_t=\mathrm{Softmax}(S_{t:})$，就有了 T 个不同的对于问题向量的 J 维权值，得到由注意力机制加权后的问题向量序列 $\tilde{U}_{:t}=\sum_j a_{tj}U_{:j}$，图 7.13(c)使用的是图 7.13(a)的结构。

计算从问题到上下文的注意力：定义 $b=\mathrm{Softmax}(\max_{\mathrm{col}}(\boldsymbol{S}))\in\mathbb{R}^T$ 为 T 个上下文向量序列的权值向量，这里只关注该上下文向量是否对于某一个问题向量比较重要，只要在 J 维的重要性中，存在一维比较大，就认为该上下文向量是重要的。那么加权后的文章向量 $\tilde{\boldsymbol{h}}=\sum_t b_t \mathrm{H}_{:t}\in\mathbb{R}^{2d}$，图 7.13(c)使用的是图 7.13(b)的结构。

至此，基于双向注意力机制的匹配过程结束，又获得了两个 $2d\times T$ 维的向量序列。

融合过程是将上面获得的两个注意力向量序列以及之前获得的上下文信息向量序列 $\boldsymbol{H}$ 综合起来，求得上下文向量序列上的查询感知表示，定义为 $G_{:t}=\beta(H_{:t},\tilde{U}_{:t},$

$\widetilde{H}_{:t})\in\mathbb{R}^{d_G}$，该 G 的维度为 $8d\times T$。

⑤ 模型层，利用双向长短期记忆网络将维度为 $8d\times T$ 的 G 中的信息综合，生成维度为 $2d\times T$ 的 M，则 M 中包含了非常多的信息，一方面体现了问题与文章之间的交互，另一方面将这种交互输入长短期记忆网络后得到了交互的上下文信息。

⑥ 输出层，利用蕴含了庞大信息的 G 和 M，可以获得所需要的输出信息。

（3）算法创新点。

论文的创新点主要包括以下几个方面：

① 编码器内部将 Q 融合进 D 中，去注意 D 中每个词，即图7.13中的“上下文到问题”模块，在计算注意力时，新增 $\boldsymbol{h}$ 和 $\boldsymbol{u}$ 的点乘项；另外，还创新性地提出用 D 去注意 Q 中的每个词，即图7.13中的“问题到上下文”模块，与“上下文到问题”模块本质一样，区别是对注意力值取最大后再对 $\boldsymbol{h}$ 加权平均得到单个向量，可以看成是 D 融合进 Q 后的结果参与到编码器的每个时间步的输入，见图7.13(b)中“问题到上下文”的输出线。最终得到：

$$G_{:t}=\beta(H_{:t},\widetilde{U}_{:t},\widetilde{H}_{:t})\in\mathbb{R}^{d_G} \tag{7.63}$$

② 编码器输出层做了类似特征工程的操作变换，将 $\boldsymbol{h}$ 和 $\boldsymbol{u}$ 等向量进行拼接，两两相乘等，论文中提到简单的拼接取得比较好的结果，具体操作是：

$$\beta(\boldsymbol{h},\tilde{\boldsymbol{u}},\tilde{\boldsymbol{h}})=[\boldsymbol{h};\tilde{\boldsymbol{u}};\boldsymbol{h}\circ\tilde{\boldsymbol{u}};h\circ\tilde{\boldsymbol{h}}]\in\mathbb{R}^{8d\times T}(i.e.,d_G=8d) \tag{7.64}$$

③ 编码器部分利用 Q 和 D 通过解码器注意编码器的输出 G，得到每一步的 M，然后使用多层感知机和 Softmax 预测起始位置的概率分布 P^1，再将多层感知机和 Softmax 输出和 M 再经过长短期记忆网络和 Softmax 预测停止位置概率分布 P^2，损失函数是交叉熵，涉及的公式如下：

$$P^1=\mathrm{Softmax}(\boldsymbol{W}_{(P^1)}^{\mathrm{T}}[G;M]) \tag{7.65}$$

$$P^2=\mathrm{Softmax}(\boldsymbol{W}_{(P^2)}^{\mathrm{T}}[G;M^2]) \tag{7.66}$$

$$L(\theta)=-\frac{1}{N}\sum_{i}^{N}(\log(P_{y_i^1}^1)+\log(P_{y_i^2}^2)) \tag{7.67}$$

2）QA-Net①

（1）论文简介。

当前端到端的机器阅读和自动问答模型主要是基于注意力模型的循环神经网络，

① 参见：Yu A W，Dohan D，Luong M T，et al. QA-Net：Combining Local Convolution with Global Self-attention for Reading Comprehension[EB/OL]. 2018[2019-11-10]https://arxiv.org/pdf/1804.09541.pdf。

但是因为循环神经网络的连续性导致训练和推理速度变慢。论文提出一种新的自动问答算法架构 QA-Net,不需要循环神经网络。编码器部分仅需要卷积和自注意力层,其中卷积部分是本地交互,自注意力部分需要全局交互。在 SQuAD 数据集上取得与循环神经网络相同精度时,QA-Net 架构训练速度提升 3～13 倍,推理速度提升 4～9 倍,速度上的提升使得其能够“喂入”更多数据训练模型。论文将 QA-Net 模型与来自机器翻译模型的反向翻译生成的数据相结合。在 SQuAD 数据集上,使用 QA-Net“喂入”增强数据训练的模型在测试集获得 F1 得分 84.6,优于此前公布的最佳得分 81.8。

(2) 模型网络结构。

作者在论文中提供了 QA-Net 方法的网络结构,笔者将前述约定的 Q、D、A 标识在对应位置方便读者理解,具体如图 7.14 所示。

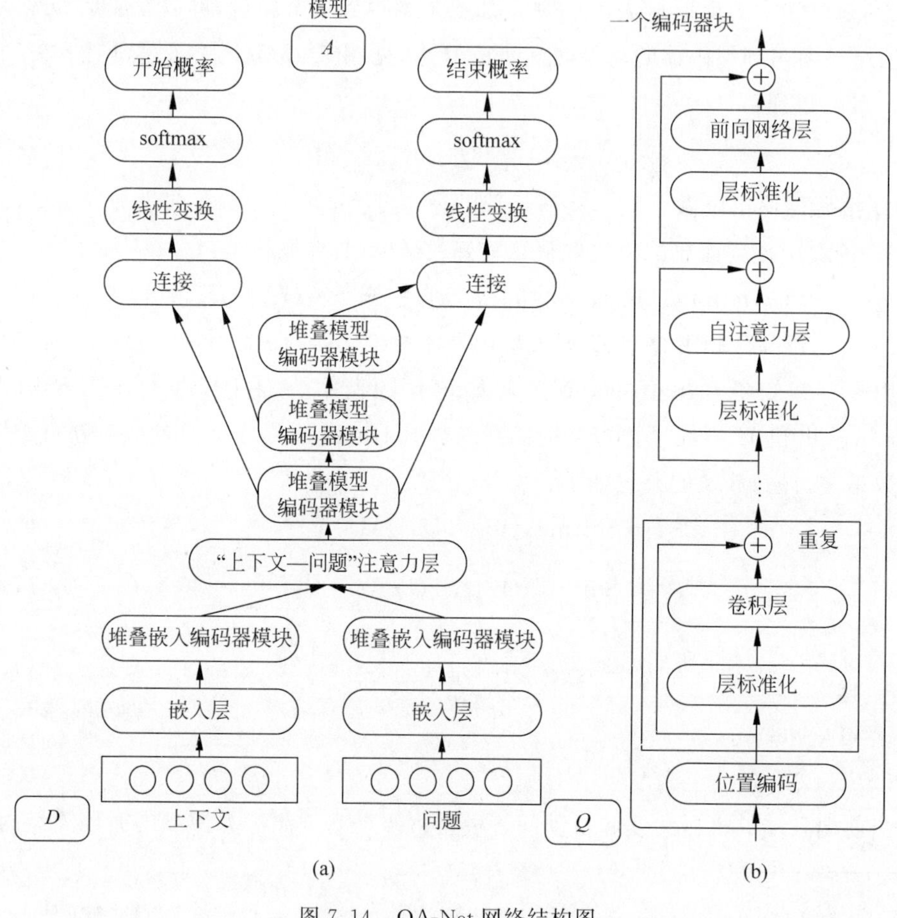

图 7.14　QA-Net 网络结构图

图7.14中，左侧为包含多个编码器模块的QA-Net整体架构，右侧为基本编码器模块单元，QA-Net所使用的所有编码器都是按照这个模式构建的，仅仅修改模块中卷积层的数量。QA-Net在每一层之间会使用层正则化和残差连接技术，并且将编码器结构内位置编码（卷积、自注意力、前向网络等）之后的每个子层封装在残差模块内。QA-Net还共享了上下文、问题、输出编码器之间的部分权重，以达到知识共享。以下详细介绍图7.14 QA-Net的五个模块。

首先给定输入问题 $\boldsymbol{Q}=\{q_1,q_2,\cdots,q_m\}$，上下文向量 $\boldsymbol{C}=\{c_1,c_2,\cdots,c_n\}$ 和一个输出答案跨度 $S=\{c_i,c_{i+1},\cdots,c_{i+j}\}$，$x$ 代表原始单词及其嵌入。

① 嵌入层，把字符嵌入和词嵌入向量进行连接。训练期间，词向量是固定不变的，通过GLoVe预训练，其维度 $p_1=300$。字符向量获取方式如下：每一个字符可以训练的向量维度 $p_2=200$，每个单词被截断或者填充单词长度到16，获取每一行的最大值来获得每一个单词的固定向量表示，嵌入层的最后输出为 $[x_w;\ x_c]\in\mathbb{R}^{p_1+p_2}$，其中 x_w 表示词嵌入，x_c 表示字符嵌入的卷积输出，最后在该输出后面加两层高速网络。

② 嵌入编码器层，由两个堆叠嵌入编码器模块组成，使用了一个编码块（如图7.14(b)所示），该编码块由位置编码、多个卷积层、自注意力层和前向网络层组成。图7.14(b)使用的卷积是深度可分离卷积，具有较好的记忆功能和很好的泛化能力，该卷积核的大小是7，核的个数为128，一个块的卷积层数是4；对于自注意力层，采用的是多头注意力机制，所有层中头的个数为8；对于给定输入 x 和一个操作 f，该计算结果 $f(\text{layernorm}(x))+x$ 即为残差块的输出。

③ "上下文—问题"注意力层，这个部分与其他模型是一样的，首先计算了上下文以及问题的每一对词语的相似度，然后组成一个矩阵 $\boldsymbol{S}\in\mathbb{R}^{n*m}$，然后归一化 $\boldsymbol{S}$ 的每一行，获取到 $\widetilde{S1}$，然后"上下文—问题"的注意力计算如下：

$$\boldsymbol{A}=\widetilde{S1}*\boldsymbol{Q}^{\mathrm{T}}\in\mathbb{R}^{n*d} \tag{7.68}$$

式中，n——上下文的长度；

d——上一层的维度。

④ 模型编码层，共有三个堆叠模型编码器模块连接，每个堆叠模型编码器模块由7个编码器块堆叠而成。3个堆叠模型编码器模块之间共享参数。

⑤ 输出层，该层视具体任务而定。在SQuAD任务中分别预测每个位置是答案跨

度的起始位置和结束位置的概率，分别记为 P^1 和 P^2，则：

$$P^1 = \text{Softmax}(W_1[M_0; M_1]) \tag{7.69}$$

$$P^2 = \text{Softmax}(W_2[M_0; M_2]) \tag{7.70}$$

式中，W_1、W_2——可训练的变量；

M_0、M_1、M_2——对应由低到高的三个堆叠模型编码器模块输出。

其目标函数和其他模型一样，为：

$$L(\theta) = -\frac{1}{N}\sum_{i}^{N}[\log(P^1_{y_i^1}) + \log(P^2_{y_i^2})] \tag{7.71}$$

式中，y_i^1、y_i^2——分别为第 i 个样本的实际起止位置。

（3）算法创新点。

论文的创新点主要包括以下几个方面：

① 编码器部分采用卷积神经网络实现，由多个结构一致的编码器块（见图 7.14(b)）来实现，每个块又包含不同的层，其中，层标准化（Layer-norm）可以看作是批数据标准化（Batch-norm）的变种，后者是对每批数据中的 x 特征进行归一化，而前者是针对一层的 x 特征输出归一化；卷积采用深度可分离卷积（Depthwise Separable Convolutions）结构[①][②]，此卷积方法就是把一个 $H\times W\times D$ 的卷积核，分解成 $H\times W\times 1$ 和 $1\times D$ 两个矩阵，降低矩阵的秩，减少参数量。

② 解码器部分新增一层上下文到问题的注意力，做法与 Bi-DAF 类似但又有些差别，论文作者提到其借鉴 DCN[③] 模型，在注意力值中额外增加 D（即 c）和 Q（即 q）的点乘，具体公式为：

$$f(q,c) = \boldsymbol{W}_0[q,c,q\odot c] \tag{7.72}$$

③ 解码器部分基本沿用 Bi-DAF 思路。除模型网络设计之外，论文还对数据进行扩充，使用英语转法语和法语转英语的语料来扩充训练数据集，但机器翻译模型如果精度不够反而会引入误差而降低预料的质量最终影响 QA-Net 模型性能。

---

① 参见：Kaiser L，Gomez A N，Chollet F. Depthwise Separable Convolutions for Neural Machine Translation [EB/OL]. 2017[2019-11-10]https://arxiv.org/pdf/1706.03059.pdf。

② 参见：Chollet F. Xception：Deep Learning with Depthwise Separable Convolutions[C]. Proceedings of the IEEE conference on computer vision and pattern recognition，2017：1251-1258。

③ 参见：Xiong C，Zhong V，Socher R. Dynamic Coattention Networks for Question Answering[EB/OL]. 2016[2019-11-10]https://arxiv.org/pdf/1611.01604.pdf。

7.7 用 MindSpore 实现基于 BERT 的自动问答

说明：由于开发迭代 MindSpore 的接口及流程会不断演进，书中代码仅为示意代码，完整可运行代码请大家以线上代码仓中对应章节代码为准。

网址为：https://mindspore.cn/resource。读者可扫描右侧二维码获取相关资源。

实现基于 BERT 的自动问答场景主要包括两个部分——数据集准备和训练 BERT 网络。数据集准备工作主要是处理自动问答原始文本集，转成 BERT 网络需要的特定输入格式。首先定义类 BertForQuestionAnswer 构造 BERT 关于自动问答场景的网络结构，此网络结构并不复杂，就是在 BERT 预训练网络的后面添加两个独立的全连接层，用来预测所提问题的答案在段落中的起始和终止位置。其次定义类 BertForQuestionAnswerLoss 计算损失函数，并构造 QANetWorkWithLoss 类将网络和损失函数统一成一个端到端的训练模型，最后训练网络。

7.7.1 数据集准备

以 Squad 1.0 公开数据集为例，将语料整理成多条语句，每句话的组成前半句是问题，后半句是包含答案出处的段落。需要利用 tokenization 分词包里的 tokenize() 函数对每句话进行分词，这里使用的是 Word Piece 模型方法，每句话起始和结束用[CLS]和[SEP]，中间插入[SEP]作为前半句和后半句的分隔符。分词后的字词会进一步由 tokenization 里的 convert_tokens_to_ids() 函数转成唯一的编号。同时记录每条数据中问题答案在段落中的起始 start_position 和结束位置 end_position。token_type_id 指示对应位置的字词是前半句还是后半句，使用 input_mask 可以在 Transformer 的注意力机制的计算中屏蔽掉不想关注的字词。处理好的数据存成 MindSpore 数据格式的文件，每条数据都有 input_ids，input_mask，token_type_id，start_positions，end_positions 的属性。

使用 MindSpore 数据格式 API 创建 NLP 数据集，其中代码 7.5 中调用的 train_

dataset()函数具体实现和 MindSpore 数据格式 API 介绍详见本书第 14 章。

7.7.2 训练 BERT 网络

首先定义网络结构的类 BertForQuestionAnswer，注意需要继承 mindspore.nn.Cell，如代码 7.1 所示。

代码 7.1 网络结构类 BertForQuestionAnswer

```
from .bert_model import BertModel, BertConfig
class BertForQuestionAnswer(nn.Cell):
    def __init__(self, config, is_training):
        super(BertForQuestionAnswer, self).__init__()
        self.is_training = is_training
        self.batch_size = config.batch_size
        self.seq_length = config.seq_length
        self.hidden_size = config.hidden_size
        self.weight_init = TruncatedNormal(config.initializer_range)
        self.output_weights = Parameter(_initializer(self.weight_init, [2, config.hidden_
size]),name = 'output_weight')
        self.output_bias = Parameter(_initializer('zero',2),name = 'output_bias')
        self.bert = BertModel(config, self.is_training)
        self.reshape = P.Reshape()
        self.matmul = P.MatMul(transpose_b = True)
        self.bias_add = P.BiasAdd()
```

其中 Bert_Model，BertConfig 是 MindSpore 自带的模块，可以直接调用。BertForQuestionAnswer()类中的 construct 函数如代码 7.2 所示。

代码 7.2 construct 函数构造详细的网络结构

```
def construct(self, input_ids, input_mask, token_type_id):
    sequence_output, _, _ = self.bert(input_ids, token_type_id, input_mask)
    final_hidden_matrix = self.reshape(sequence_output, [self.batch_size * self.seq_
length, self.hidden_size])
    start_logits = self.matmul(final_hidden_matrix, self.output_weights)
    start_logits = self.bias_add(start_logits, self.output_bias)
    end_logits = self.matmul(final_hidden_matrix, self.output_weights)
    end_logits = self.bias_add(end_logits, self.output_bias)
    start_logits = self.reshape(start_logits, [self.batch_size, self.seq_length])
    end_logits = self.reshape(end_logits, [self.batch_size, self.seq_length])
    return start_logits, end_logits
```

BERT预训练网络的输出是sequence_output，其维度是[batch_size，seq_length，hidden_size]，seq_length是序列的长度，hidden_size代表每个字词通过BERT网络得到的词向量的维度。sequence_output分别经过两个全连接层的信息融合后，得到答案在原文中预测起始和结束位置的预测输出，其维度都是[batch_size，seq_length]。有了网络结构和输出，定义BertForQuestionAnswerLoss类，定义损失函数，如代码7.3所示。

代码7.3　损失函数BertForQuestionAnswerLoss

```
class BertForQuestionAnswerLoss(nn.Cell):
    def __init__(self, config):
        super(BertForQuestionAnswerLoss, self).__init__()
        self.seq_length = config.seq_length
        self.one_hot = P.OneHot()
        self.log_softmax = nn.LogSoftmax(axis = -1)
        self.reduce_mean = P.ReduceMean()
        self.reduce_sum = P.ReduceSum()
    def construct(self, start_logits, end_logits, start_positions, end_positions):
        one_hot_start = self.one_hot(start_positions, depth = self.seq_length)
        log_probs_start = self.log_softmax(start_logits)
        loss_start = -self.reduce_mean(self.reduce_sum(one_hot_start * log_probs_start), -1)
        one_hot_end = self.one_hot(end_positions, depth = self.seq_length)
        log_probs_end = self.log_softmax(end_logits)
        loss_end = -self.reduce_mean(self.reduce_sum(one_hot_end * log_probs_end), -1)
        total_loss = (loss_start + loss_end)/2.0
        return total_loss
```

start_positions和end_positions是真实预测词的起始和结束位置，需转成One-Hot向量的形式。start_logit和end_logit是上文提到的BertForQuestionAnswer网络的预测输出，这里主要做起始位置和结束位置两个回归任务，其损失函数分别为loss_start和loss_end。构造QANetworkWithLoss类将网络和损失函数统一成一个端到端的训练模型，如代码7.4所示。

代码7.4　定义综合网络结构和损失函数的类QANetworkWithLoss

```
class QANetworkWithLoss(nn.Cell):
    def __init__(self, config, is_training):
        super(QANetworkWithLoss, self).__init__()
        self.is_training = is_training
        self.bert = BertForQuestionAnswer(config, is_training)
        self.loss = BertForQuestionAnswerLoss(config)
        self.cast = P.Cast()
```

```
    def construct(self, input_ids, input_mask, token_type_id, start_positions, end_positions):
        start_logits, end_logits = self.bert(input_ids, input_mask, token_type_id)
        total_loss = self.loss(start_logits, end_logits, start_positions, end_positions)
        return self.cast(total_loss, mstype.float32)
```

最后，训练网络的函数如代码 7.5 所示。

代码 7.5　训练用于自动问答的 BERT 模型

```
from mindspore.optim import AdamWeightDecay
from mindspore import Model
from mindspore.application.model_zoo.bert import BertConfig, QANetworkWithLoss,
BertTrainOneStepCell
def train_model():
    dataset = train _dataset()
    config = BertConfig(batch_size = 1)
    netwithloss = QANetworkWithLoss(config, True)
    netwithgrads = BertTrainOneStepCell(netwithloss, optimizer = AdamWeightDecay
(netwithloss.trainable_params()))
    model = Model(netwithgrads, optimizer = AdamWeightDecay(netwithloss.trainable_params()))
    model.train(1, dataset)
```

参考文献

[1] Pennington J, Socher R, Manning C. Glove: Global Vectors for Word Representation[C]. Proceedings of the 2014 Conference on Empirical Methods in Natural Language Processing (EMNLP). 2014: 1532-1543.

[2] Le, Quoc, Mikolov, et al. Distributed Representations of Sentences and Documents[C]. International Conference on Machine Learning. 2014: 1188-1196.

[3] Vaswani A, Shazeer N, Parmar N, et al. Attention Is All You Need[C]. Advances in Neural Information Processing Systems. 2017: 5998-6008.

[4] Berant J, Chou A, Frostig R, et al. Semantic Parsing on Freebase from Question-answer Pairs [C]. Proceedings of the 2013 Conference on Empirical Methods in Natural Language Processing. 2013: 1533-1544.

[5] Yao X, Van Durme B. Information Extraction over Structured Data: Question Answering with Freebase[C]. Proceedings of the 52nd Annual Meeting of the Association for Computational Linguistics. 2014: 956-966.

[6] Wang W, Yang N, Wei F, et al. Gated Self-matching Networks for Reading Comprehension and Question Answering[C]. Proceedings of the 55th Annual Meeting of the Association for Computational Linguistics. 2017: 189-198.

第8章

无监督学习：图向量

图数据广泛存在于各种现实场景中，蕴含丰富且复杂的潜在关系。随着人工智能的蓬勃发展，越来越多的机器学习任务需要分析处理图数据。一种有效的图分析方法是将图中元素映射到低维向量空间，同时又能够保留图的结构和属性信息。这个低维向量就是图向量(或称为“图嵌入”)。从经典的图嵌入方法到现在蓬勃发展的图神经网络，它们正在社交网络、推荐系统、化学与生物、自然语言处理等领域发挥着重要的作用。

8.1 图向量简介

图是一种由顶点以及顶点间关系的集合组成的数据结构，如图 8.1 所示。顶点间的连接称为边。如果图中每条边都有方向，则该图为有向图，其边也称为有向边；相反，如果图中的边没有方向，则该图为无向图。如果两个图的顶点数和边数相同，且第一个图中的所有顶点一一对应地置换为第二个图中的顶点名后可以得到第二个图，那么这两个图是同构的(如五点顶点连接成的五边形与五点顶点连接成的五角星是同构的)。一个顶点的度是指与该顶点相关联的边的条数。邻接矩阵(Adjacency Matrix)是图的常用存储表示，可以由顶点集合 $\boldsymbol{V}$ 和边的矩阵 $\boldsymbol{E}$ 来表示，如式(8.1)所示。

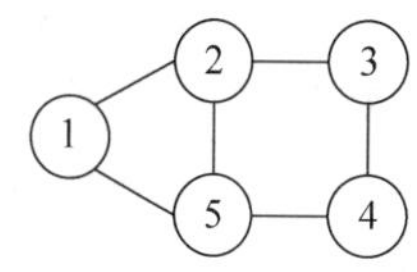

图 8.1 图的常用存储表示示意图

$$\boldsymbol{V}=(v_1,v_2,v_3,v_4,v_5) \quad \boldsymbol{E}=\begin{bmatrix}0&1&0&0&1\\1&0&1&0&1\\0&1&0&1&0\\0&0&1&0&1\\1&1&0&1&0\end{bmatrix} \tag{8.1}$$

图在现实世界(如通信网络、社交网络、电商网络、交通网络等)中无处不在。它们包含几百到数十亿个顶点以及顶点间(边)的关系，蕴含丰富的信息，分析它们显得尤为重要。

但是这些图往往是高维的，信息量庞大，难以直接进行处理。图嵌入算法(Graph Embedding Method,GEM)是分析处理这些图的重要方法，其基本思想是用一个低维、稠密的向量去表示图中的顶点和反映图中的结构信息，得到的向量可以用于后续任务，如顶点分类、链接预测等。一个好的图嵌入算法应具有以下特点[1]：

(1) 社区感知：顶点间隐藏向量的距离反映了图上顶点间的距离。

(2) 维度低：低维度便于后续计算。

(3) 适应性：新增顶点(边)不应使得所有计算过程重新进行。

(4) 连续性：连续的表达具有光滑的决策边界，且能精细化表达图中成员。

目前，图嵌入算法根据应用场景可以划分为顶点嵌入、边嵌入、混合嵌入和整图嵌入等。以顶点嵌入为代表的算法有经典的算法(如 DeepWalk、Node2Vec 等)和基于图神经网络的算法，如 GCN(图卷积网络，Graph Convolutional Networks)、GAT(图注意力网络，Graph Attention Networks)算法等。

经典的图嵌入算法存在两个缺点。第一，学习嵌入过程中顶点间不共享任何参数，计算效率低；第二，直接在特定结构的图上进行学习，缺乏泛化能力，不能处理动态图或新的图。大家熟悉的卷积神经网络虽然能很好地处理欧式数据，但很难处理好非欧式数据，存在局限性。CNN(卷积神经网络)和图嵌入方法存在的问题促进了图神经网络的发展。图神经网络(Graph Neural Networks,GNN)是一种通过图顶点间的消息传递来捕获图之间的依赖关系的模型。虽然原始的 GNN 很难训练，取得的结果不佳，但是通过大量研究者的不断努力，在网络结构、优化方法和并行计算等方面的改进使它们能够很好地学习。凭借出色的性能和较高的可解释性等优点，GNN 近年来已成为一种广泛应用的、热门的图分析方法[2]。特别是以图卷积网络和图注意力网络为代表的算法引起了研究者的极大关注。

本章着重介绍顶点嵌入算法，内容安排如下：

(1) 8.2 节主要介绍经典的图嵌入算法 DeepWalk 算法。

(2) 8.3 节主要介绍经典的图嵌入算法 LINE(Large-scale Information Network Embedding)算法。

(3) 8.4 节主要介绍经典的图嵌入算法 Node2Vec 算法。

(4) 8.5 节和 8.6 节主要介绍基于图神经网络的算法，分别是 GCN 算法和 GAT 算法。

(5) 8.7 节主要介绍图神经网络在推荐系统中的应用。

8.2 DeepWalk 算法

图表示数据(如邻接矩阵等)具有的稀疏性给算法设计带来了巨大的挑战。对于优秀的机器学习算法而言,在网络应用(如网络分类、推荐、异常检测等)中必须能够处理好数据稀疏性带来的不良影响。因此,对于结构复杂、高维稀疏的图数据,找到一种将其映射到低维稠密向量的方法十分重要。众所周知,机器学习不能直接处理自然语言,需要将文本中的单词转换成由数值构成的向量,以便建立模型进行分析,在自然语言处理这个领域中,经典的算法是 Word2Vec。受此启发,2014 年 Bryan Perozzi 提出了 DeepWalk 算法[1],DeepWalk 是图嵌入方法中非常经典的无监督学习算法。它既能在信息缺失的情况下表现优良,也容易被统计模型利用。接下来将介绍 DeepWalk 算法原理。

8.2.1 DeepWalk 算法原理

DeepWalk 算法的核心思路是通过截短(有限长度)随机游走(Random Walk)的局部信息来学习图中一个顶点的低维向量表达,用自然语言领域的知识做形象比喻,顶点是单词,随机游走得到的顶点序列是句子。在内容推荐和社区发现中,随机游走也常被用来作为各种问题的相似性度量。DeepWalk 算法的输入为一张连通图(有向无向均可),输出则为图中所有顶点的向量表达。图 8.2 是一个 DeepWalk 学习顶点低维向量表达的例子,图 8.2(a)表示 DeepWalk 的输入是一个图,图 8.2(b)表示 DeepWalk 输出是输入图中每个顶点的二维向量表示(二维向量便于可视化,故向量维度确定为 2),同种颜色的顶点代表它们相似,两个顶点的共有顶点越多,则它们对应二维向量之间的距离越近。

对于自然语言建模算法,需要的数据集是若干句子组成的语料库和若干单词组成的词汇表,有了这些数据集就可以进行模型的学习。而在 DeepWalk 算法中,有限长度的随机游走顶点序列集合就是这个“语料库”,图的顶点就是这个“词汇表”。

DeepWalk 算法主要分为两部分。

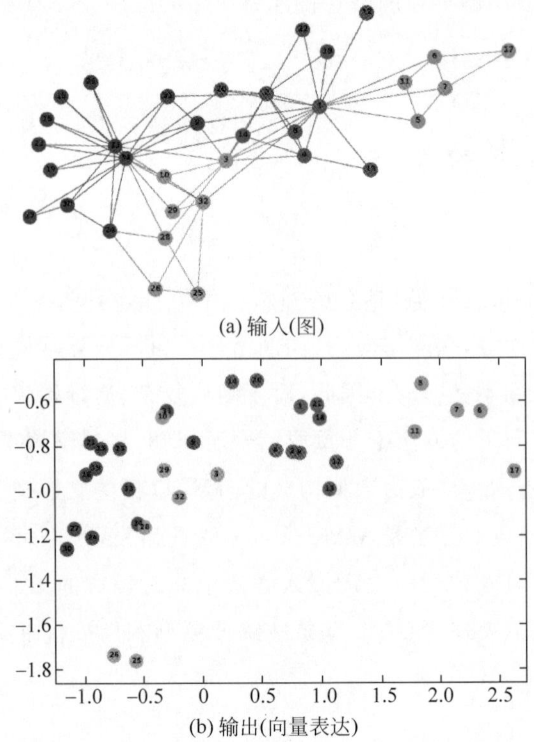

(a) 输入(图)

(b) 输出(向量表达)

图 8.2　DeepWalk 学习顶点低维向量表达样例

1. 随机游走生成顶点序列

定义以顶点 v_i 为根顶点的随机游走 $\boldsymbol{W}_{v_i}$，它是一个随机过程。首先，对于图 G，随机均匀采样一个顶点 v_i 作为随机游走 $\boldsymbol{W}_{v_i}$ 的根顶点；然后在当前采样的顶点的邻居中继续均匀采样，直到随机游走的顶点数达到最大长度 t，并非所有的随机游走顶点序列长度必须相同，每次随机游走的顶点序列长度可以是不同的。随机游走不但捕获了社区的信息，而且还具有两个其他的优点。

(1) 局部的顶点探索很容易实现并行。

(2) 对于图中的局部微小变化，不需要全局重新计算，这样便于实现在线学习。

2. SkipGram

SkipGram 对上面的随机游走 $\boldsymbol{W}_{v_i}$ 进行学习，得到向量表达。SkipGram 是自然语言处理领域中 Word2Vec 算法的一种[3]，它计算在给定单词的情况下，最大化周围单

词出现的概率，即给定中心词来预测上下文，详细内容见7.1节。SkipGram遍历出现在随机游动窗口w中所有可能的搭配。对每个搭配，通过每个顶点v_i及它的表示向量$\boldsymbol{\Phi}(v_j)\in\mathbb{R}^d$来最大化游走中邻居顶点的出现概率。由于标签维度等于顶点数$|V|$（想象一下One-hot向量），顶点数一般比较大，如果直接用Softmax直接计算这个概率，学习时需要大量计算资源。为了加速训练的过程，可以使用分层Softmax（Hierarchical Softmax）[4-5]来近似计算这个概率。分层Softmax通过将顶点分配到二叉树的叶节点上，把预测问题转换成最大化树的一条路径的概率。假设到顶点u_k路径是关于树节点的序列$(b_0,b_1,\cdots,b_{\lceil\log|V|\rceil})$，可得：

$$P(u_k \mid \boldsymbol{\Phi}(v_j))=\prod_{l=1}^{\lceil\log|V|\rceil} P(b_l \mid \boldsymbol{\Phi}(v_j)) \tag{8.2}$$

式中，$P(u_k|\boldsymbol{\Phi}(v_j))$——顶点$u_k$是顶点$v_j$的上下文的概率；

$\boldsymbol{\Phi}(v_j)$——顶点v_j的向量表示；

$P(b_l|\boldsymbol{\Phi}(v_j))$——从顶点$v_j$出发，沿二叉树选中顶点$u_k$路径中第$l$个节点的概率。

计算$P(u_k|\boldsymbol{\Phi}(v_j))$的时间复杂度也因此从原先的$O(|V|)$降低到$O(\log|V|)$。

上面就是DeepWalk算法的主要原理。为了形象地说明它的整个过程，可参见图8.3，具体说明如下。

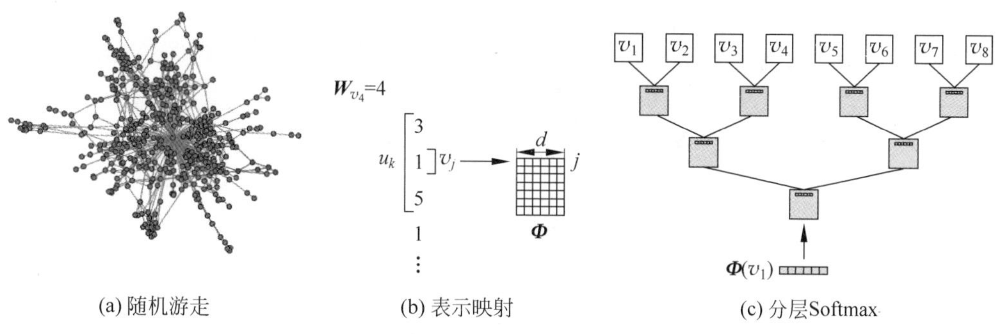

图8.3　整个DeepWalk算法过程概述

（1）图8.3(a)得到以v_4为根顶点的随机游走序列$\boldsymbol{W}_{v_4}$。

（2）图8.3(b)在序列$\boldsymbol{W}_{v_4}$上不断滑动窗口（长度为$2w+1$）生成样本，假如此时窗口内的顶点是[3,1,5]，样本为{(1,3),(1,5)}，映射中心顶点v_1到它的向量表示$\boldsymbol{\Phi}(v_1)$。

（3）图8.3(c)分层Softmax将$P(v_3|\boldsymbol{\Phi}(v_1))$和$P(v_5|\boldsymbol{\Phi}(v_1))$分解为对应于从根开始并在$v_3$和$v_5$结束的路径的概率分布，通过更新$\boldsymbol{\Phi}$来最大化这两个概率，更新最后的$\boldsymbol{\Phi}$就是所要计算的顶点表示矩阵。

8.2.2 DeepWalk 算法实现

介绍了 DeepWalk 算法原理后，本节给出了 DeepWalk 和 SkipGram 的实现伪代码，如算法 8.1 和算法 8.2 所示。

算法 8.1 DeepWalk 实现伪代码

输入：图 $G(V,\boldsymbol{E})$，窗口大小 w，嵌入大小 d，游走每个顶点的次数 γ，游走长度 t
输出：顶点表示矩阵 $\boldsymbol{\Phi} \in \mathbb{R}^{|V|\times d}$
初始化：从 $\boldsymbol{U}^{|V|\times d}$ 采样 $\boldsymbol{\Phi}$
从 V 中建立一棵二叉树 T
对每次迭代 $i=0$ 到 γ 执行：
    打乱顶点顺序 $O=\text{Shuffle}(V)$
    对每个顶点 $v_i \in O$ 执行：
        产生以 v_i 为根顶点的随机游走，$W_{v_i}=\text{RandomWalk}(G,v_i,t)$
        通过 SkipGram($\boldsymbol{\Phi}$, $\boldsymbol{W}_{v_i}$, w)学习嵌入
结束

算法 8.2 SkipGram 实现伪代码

输入：顶点表示矩阵 $\boldsymbol{\Phi}$，随机游走序列 $\boldsymbol{W}_{v_i}$，窗口大小 w
输出：新的顶点表示矩阵 $\boldsymbol{\Phi}$
对每个顶点 $v_j \in \boldsymbol{W}_{v_i}$ 执行
    对窗口内每个顶点 $u_k \in \boldsymbol{W}_{v_i}[j-w:j+w]$ 执行：
        计算 $J(\boldsymbol{\Phi})=-\log P(u_k \mid \boldsymbol{\Phi}(v_j))$
        更新向量表示 $\boldsymbol{\Phi}=\boldsymbol{\Phi}-\alpha * \frac{\partial J}{\partial \boldsymbol{\Phi}}$
    结束
结束

8.3 LINE 算法

DeepWalk 算法作为一种基于随机游走的图嵌入算法，在众多数据集上表现良好。然而，DeepWalk 算法只根据点与点之间的显式连接来考虑点之间的相似性（如图 8.4 中的 6 和 7 这两个点），忽略了现实信息网络中不相连的点也可能存在相似性这一事实：图 8.4 中 5 和 6 两个点之间没有直接相连，但它们共享 1、2、3、4 这四个点，所以 5

和 6 之间也存在相似性。其实这很好理解，如果两个人有很多共同好友，那么这两个人很可能有共同的爱好和行为习惯。LINE 算法[6]通过精心设计损失函数，同时考虑了 6、7 和 5、6 之间的这两种相似性，使得算法学习到的向量表示既保留了局部网络结构信息，又能更好地保留全局网络结构信息。不仅如此，LINE 算法还具有强大的普适性：它既能用于有向图，又能用于无向图；既能用于有权图，又能用于无权图。下面对 LINE 算法做一个简单的介绍。

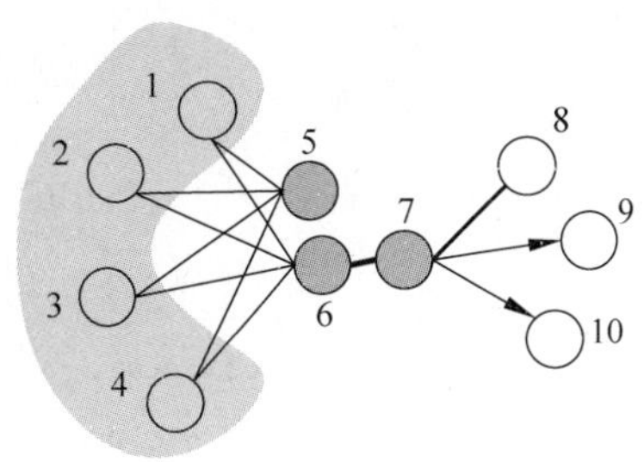

图 8.4　信息网络示意图①

8.3.1　LINE 算法原理

存在直接联系的点之间一定有相似性，由此首先引出一阶相似性的定义：顶点对之间的直接相似性称为一阶相似性。如果两个顶点之间存在直接连接，则连接这两个顶点的边的权值 w_{ij} 表示一阶相似性大小；如果两个顶点之间不存在直接连接，则一阶相似性大小为 0。图 8.4 中点 6 和点 7 之间就存在一阶相似性。

一阶相似性只能用于无向图，对于信息网络中的每一条无向边 (i,j)，定义顶点 v_i 和 v_j 之间的联合概率为：

$$p_1(v_i,v_j)=\frac{1}{1+\exp(-\boldsymbol{\Phi}(v_i)^{\mathrm{T}}\cdot\boldsymbol{\Phi}(v_j))} \tag{8.3}$$

式中，$p_1(v_i,v_j)$——顶点 v_i 和 v_j 之间的联合概率；

$\boldsymbol{\Phi}(v_i)$——顶点 v_i 的低维向量表示，$\boldsymbol{\Phi}(v_i)\in\mathbb{R}^d$。

式(8.3)在 $|V|\times|V|$（V 表示顶点数）的空间中定义了一个概率分布 $p(\cdot,\cdot)$，而它的经验概率为 $\hat{p}_1=\frac{w_{ij}}{\boldsymbol{W}}$，其中 $\boldsymbol{W}=\sum_{(i,j)\in E}w_{ij}$。为保留一阶相似性，用 KL 散度定义以下优化函数：

$$D_{\mathrm{KL}}(\hat{p}_1(\cdot,\cdot),p_1(\cdot,\cdot))=\sum_{(i,j)\in E}\hat{p}_1(v_i,v_j)(\log\hat{p}_1(v_i,v_j)-\log p_1(v_i,v_j)) \tag{8.4}$$

① 图片来源：http://www.www2015.it/documents/proceedings/proceedings/p1067.pdf。

式中，$D_{\mathrm{KL}}(\hat{p}_1(\cdot,\cdot),p_1(\cdot,\cdot))$——顶点之间的经验联合概率分布和实际联合概率分布的 KL 散度；

$\hat{p}_1(\cdot,\cdot)$——顶点之间的经验联合概率分布；

$p_1(\cdot,\cdot)$——顶点之间的联合概率分布。

对式(8.4)去除常数项后，就得到了一阶相似性的目标函数：

$$O_1=-\sum_{(i,j)\in E} w_{ij}\log p_1(v_i,v_j) \tag{8.5}$$

式中，O_1——LINE 算法的一阶相似性优化函数；

w_{ij}——顶点 v_i 和 v_j 之间边权；

$p_1(v_i,v_j)$——顶点 v_i 和 v_j 之间的实际联合概率。

但是，一阶相似性只能表示存在直接联系的点之间的相似性，现实世界的信息网络中很多没有直接联系的点之间也存在相似性，由此引出二阶相似性的定义：顶点 u、v 的邻域网络结构之间的相似性称为二阶相似性。用 $\boldsymbol{p}_u=(w_{u,1},w_{u,2},\cdots,w_{u,|V|})$表示顶点 u 和其他所有顶点之间的一阶相似性，则 $\boldsymbol{p}_u$ 和 $\boldsymbol{p}_v$ 之间的相似性就是顶点 u 和顶点 v 之间的二阶相似性；如果没有一个顶点同时和 u、v 相连，则顶点 u 和顶点 v 之间的二阶相似性为 0。图 8.4 中点 5 和点 6 之间就存在二阶相似性。

对于二阶相似性，每个顶点不仅作为自身存在，同时也作为其他顶点的上下文而存在，所以在此引入两个向量：$\boldsymbol{\Phi}(v_i)$和$\boldsymbol{\Phi}(v_i)'$，其中$\boldsymbol{\Phi}(v_i)$是顶点 v_i 被当作顶点自身时的向量表示，$\boldsymbol{\Phi}(v_i)'$是顶点 v_i 被当作其他顶点的上下文时的向量表示。二阶相似性既可以用于有向图，又可以用于无向图。对于信息网络中任意一条有向边(i,j)（无向边可以看成是两条有向边），定义顶点 v_j 成为 v_i 的上下文的概率为：

$$p_2(v_j\mid v_i)=\frac{\exp(\boldsymbol{\Phi}(v_j)'^{\mathrm{T}}\cdot\boldsymbol{\Phi}(v_i))}{\sum_{k=1}^{|V|}\exp(\boldsymbol{\Phi}(v_k)'^{\mathrm{T}}\cdot\boldsymbol{\Phi}(v_i))} \tag{8.6}$$

式中，$p_2(v_j|v_i)$——顶点 v_j 成为 v_i 的上下文的概率；

$\boldsymbol{\Phi}(v_j)'^{\mathrm{T}}$——顶点 v_j 作为上下文时的低维向量表示；

$|V|$——信息网络的顶点数。

对每一个顶点 v_i，式(8.6)都定义了一个条件分布 $p_2(\cdot|v_i)$。而它的经验分布 $\hat{p}_2(\cdot|v_i)$被定义为 $\hat{p}_2(v_j|v_i)=\dfrac{w_{ij}}{d_i}$，其中$d_i=\sum_{k\in N(i)} w_{ik}$是顶点$v_i$ 的出度。为保留二阶相似性，用 KL 散度定义以下优化函数：

$$D_{\mathrm{KL}}(\hat{p}_1(\cdot,\cdot),p_1(\cdot,\cdot))=\sum_{(i,j)\in E} d_i\hat{p}_2(v_j \mid v_i)(\log\hat{p}_2(v_j \mid v_i)-\log p_2(v_j \mid v_i)) \tag{8.7}$$

式中，$D_{\mathrm{KL}}(\hat{p}_1(\cdot,\cdot),p_1(\cdot,\cdot))$——作为上下文时顶点之间的经验联合概率分布和联合概率分布的 KL 散度；

$\hat{p}_2(v_j|v_i)$——顶点 v_j 成为顶点 v_i 的上下文的经验概率；

d_i——顶点的出度。

对式(8.7)去除常数项后，就得到了二阶相似性的目标函数：

$$O_2=-\sum_{(i,j)\in E} w_{ij}\log p_2(v_j \mid v_i) \tag{8.8}$$

为同时保留一阶相似性和二阶相似性，LINE 算法将 O_1 和 O_2 分别进行最小化，然后将 O_1 和 O_2 得到的低维向量进行拼接，从而得到每一个顶点 v_i 的低维向量表示 $\boldsymbol{\Phi}(v_i)$。

如果直接对 O_2 进行最小化，计算条件分布 $p_2(\cdot|v_i)$时需要计算所有的顶点后求和，因此最小化 O_2 的时间复杂度将达到 $O(|V|^2)$。在此，定义负采样的目标函数变为：

$$\log\sigma(\boldsymbol{\Phi}(v_j)'^{\mathrm{T}}\cdot\boldsymbol{\Phi}(v_i))+\sum_{n=1}^{K}E_{n\sim P_n(v)}[\log\sigma(-\boldsymbol{\Phi}(v_n)'^{\mathrm{T}}\cdot\boldsymbol{\Phi}(v_i))] \tag{8.9}$$

其中，σ——sigmoid 函数，$\sigma(x)=\dfrac{1}{1+\exp(x)}$；

K——每次数据采样中负样本的数量；

$P_n(v)$——$P_n(v)\propto d_v^{3/4}$。

用负采样的目标函数替代 $\log p_2(v_j|v_i)$，则二阶相似性的优化目标改为：

$$O_2=-\sum_{(i,j)\in E} w_{ij}\left\{\log\sigma(\boldsymbol{\Phi}(v_j)'^{\mathrm{T}}\cdot\boldsymbol{\Phi}(v_i))+\sum_{n=1}^{K}E_{v_n\sim P_n(v)}[\log\sigma(-\boldsymbol{\Phi}(v_n)'^{\mathrm{T}}\cdot\boldsymbol{\Phi}(v_i))]\right\} \tag{8.10}$$

此外，直接对 O_1 进行最小化时存在平凡解 $u_{ik}=\infty$，其中 $i=1,2,\cdots,|V|,k=1,2,\cdots,d$。为避免这个平凡解，同样进行负采样更改目标函数：

$$O_1=-\sum_{(i,j)\in E} w_{ij}\left\{\log\sigma(\boldsymbol{\Phi}(v_j)^{\mathrm{T}}\cdot\boldsymbol{\Phi}(v_i))+\sum_{n=1}^{K}E_{v_n\sim P_n(v)}[\log\sigma(-\boldsymbol{\Phi}(v_n)^{\mathrm{T}}\cdot\Phi(v_i))]\right\} \tag{8.11}$$

无论最小化 O_1 还是 O_2，目标函数中都有个 w_{ij}，在使用梯度下降法进行最小化时，w_{ij} 会出现在梯度中。而不同边的 w_{ij} 可能相差很大，导致难以选择一个好的学习率。如果选择大的学习率，w_{ij} 较大的边就可能会出现梯度爆炸；如果选择较小的学习率，w_{ij} 较小的边又可能会出现梯度消失。对此，使用边采样进行优化：使用 Alias 法从原始的带权边中进行采样，每条边被采样的概率正比于原始图中边的权重，采样后的边权(边的权重)被当作二元边(权值为 0 或 1)。这样就解决了不同的边 w_{ij} 大小不一的问题。

8.3.2 LINE 算法实现

介绍了 LINE 算法原理后，本节给出了 LINE 算法实现伪代码，如算法 8.3 所示。

算法 8.3 LINE 算法实现伪代码

```
输入:图 G(V, E),嵌入维度 d,负采样中负样本数 K,初始学习率 lr
输出:维度为Φ^{|V|×d}低维稠密向量表示
(1) 最小化一阶相似性损失函数 O_1:
(2) 初始化表示向量Φ(v_i),i=1,2,…,|V|,Φ(v_i)∈R^d
(3) 按照 Alias 法,根据图 G(V,E)建立边采样表
(4) 利用负采样中负样本数 K 和图 G(V, E)建立负采样表
(5) 当(i,j)∈E 循环执行:
(6)       根据边采样表进行边采样
(7)       根据负采样表进行负采样
(8) 结束循环
(9) 使用异步梯度下降对 O_1 进行优化
(10) 最小化二阶相似性损失函数 O_2
(11) 初始化表示向量Φ(v_i)和Φ(v_i)',i=1,2,…,|V|,Φ(v_i)∈R^d,Φ(v_i)'∈R^d
(12) 重复步骤(2)~(8)
(13) 使用异步梯度下降对 O_2 进行优化
(14) 将 O_1 得到的Φ(v_i)和 O_2 得到的Φ(v_i)进行拼接,得到图的低维向量表示
```

8.4 Node2Vec 算法

前面 8.2 节和 8.3 节介绍的 DeepWalk 算法和 LINE 算法依赖于网络邻域的严格概念，存在对网络特有连接模式不敏感等问题。DeepWalk 算法是通过深度优先搜索

(Depth First Search,DFS)随机游走对顶点邻域采样；LINE 算法是通过广度优先搜索(Breadth First Search,BFS)进行顶点采样。Node2Vec 算法是综合 DFS 和 BFS 二者的图嵌入方法，是对 DeepWalk 算法的扩展，如图 8.5 所示。在图 8.5 中，DFS 搜索的邻域是由按照距离源顶点 u 越来越远的顺序采样的顶点组成，如顶点 s_4, s_5, s_6。BFS 搜索的邻域仅局限于源顶点 u 的近邻顶点，如顶点 s_1, s_2, s_3。

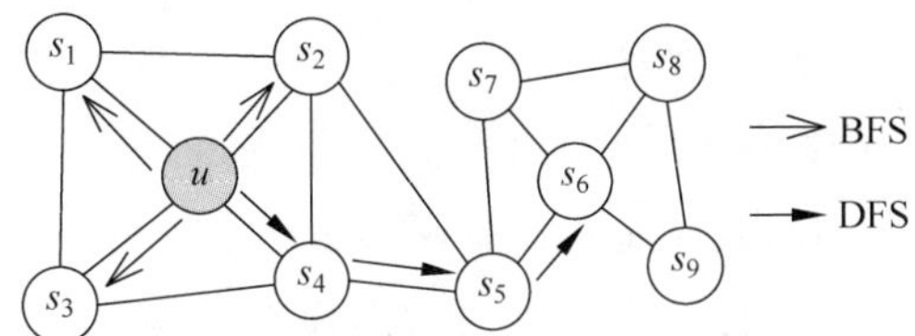

图 8.5 从源顶点 u 开始的 DFS 和 BFS 搜索策略①

8.4.1 Node2Vec 算法原理

Node2Vec 算法由 Aditya Grover 于 2016 年提出[7]，用于学习图顶点的连续向量表示。相比之前的算法，它通过设计了一个对顶点有偏随机游走过程，有效地探索了不同的邻域(同质性和结构等价性)，学习到顶点更加丰富的表示。整个算法的流程与前文提到的 DeepWalk 算法相似，主要分为有偏随机游走和学习向量表示两个过程。

1. 有偏随机游走

首先来介绍有偏随机游走过程。这个过程主要是通过对不同顶点赋予不同的采样概率实现的。假定源顶点为 u，随机游走长度为 l，游走的第 i 个顶点为 c_i，开始顶点 $c_0=u$，那么顶点 c_i 的采样概率通过下面公式进行计算：

$$P(c_i = x \mid c_{i-1} = v) = \begin{cases} \dfrac{\pi_{vx}}{Z}, & (v,x) \in \boldsymbol{E} \\ 0, & \text{其他} \end{cases} \tag{8.12}$$

式中，π_{vx}——顶点 v 和 x 之间未归一化的转移概率；

Z——归一化常数。

Node2Vec 通过引入两个参数 p 和 q 计算式(8.12)中的转移概率，进而实现有偏随机游走过程。假设当前通过边 (t,v) 游走到顶点 v，通过计算边 (t,v) 在 v 基础上的

① 图片来源：https://cs.stanford.edu/~jure/pubs/node2vec-kdd16.pdf。

转移概率来决定下一步游走哪个顶点。设未归一化的转移概率为：

$$\pi_{vx}=\alpha_{pq}(t,x)\cdot w_{vx}\alpha_{pq}(t,x)=\begin{cases}\dfrac{1}{p} & d_{tx}=0\\ 1 & d_{tx}=1\\ \dfrac{1}{q} & d_{tx}=2\end{cases} \tag{8.13}$$

式中，d_{tx}——顶点 t 到 v 的最短路径距离。

d_{tx} 必须是$\{0,1,2\}$中的一个，这样两个参数 p 和 q 可以充分控制游走过程，如图 8.6 所示。返回参数 p 控制重新访问上一步访问顶点的概率。假如当前顶点是 v，若 p 值较大（$>\max(q,1)$），则访问上一步访问顶点 t 的概率就会减小，反之则概率增加。而“内-外”参数 q 控制游走过程更像 BFS 还是更像 DFS。q 值越大，随机游走的顶点越靠近顶点 t，此时更像是 BFS，从整体上来看是一种微观的角度；q 值越小，随机游走的顶点越远离顶点 t，此时更像是 DFS，从整体上来看是一种宏观的角度。

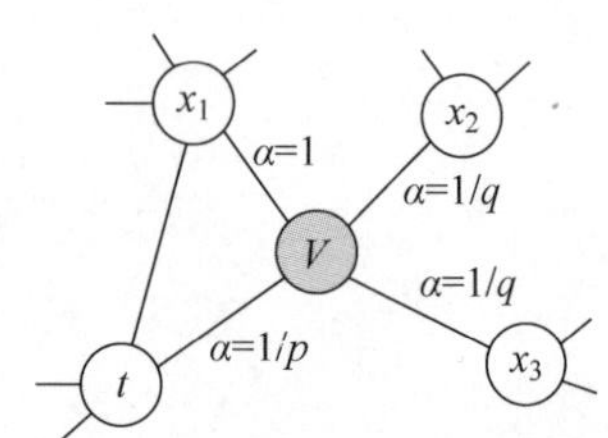

图 8.6　一个随机游走过程示例

很明显，有偏随机游走过程中的每一步采样是基于转移概率 π_{vx} 的，实际上这个概率可以通过 Alias 采样法[8-9]预先计算并在采样过程中直接使用，那么此时的采样复杂度为 $O(1)$，可以加速算法的游走过程。

2. 顶点的向量表示

通过上面的过程，获得了随机游走的顶点序列集合。接下来是学习顶点的向量表示。对于给定的图 $G=(V,\boldsymbol{E})$，顶点到向量表示的映射函数 $f:V\to\mathbb{R}^d$，d 是表示向量的维度，对每个顶点 $u\in V$，使用算法学习顶点向量表示，即优化如下的目标函数公式：

$$f^*=\underset{f}{\operatorname{argmax}}\sum_{u\in V}\log P(N_S(u)\mid f(u)) \tag{8.14}$$

式中，$f(u)$——顶点 u 的向量表示；

$N_S(u)$——在邻域采样策略 S 下顶点 u 的邻域。

根据已有的条件，这个优化问题不易求解，于是引入了以下两个假设：

(1) 条件独立性假设：

$$P(N_S(u)\mid f(u))=\prod_{n_i\in N_S(u)}P(n_i\mid f(u)) \tag{8.15}$$

式中，n_i——在邻域采样策略 S 下顶点 u 的邻域中的顶点。

（2）特征空间对称性假设：

$$P(n_i \mid f(u)) = \frac{\exp(f(n_i) \cdot f(u))}{\sum_{v \in V} \exp(f(v) \cdot f(u))} \tag{8.16}$$

有了这两个假设，式(8.14)目标函数可以简化成如下的形式，更方便求解：

$$\begin{aligned} \frac{\partial E}{\partial u_j} &= t_j - y_j = e_j f^* \\ &= \underset{f}{\operatorname{argmax}} \sum_{u \in V} \left[-\log Z_u + \sum_{n_i \in N_S(u)} f(n_i) \cdot f(u) \right] \end{aligned} \tag{8.17}$$

式中，Z_u——每个顶点的配分函数，$Z_u = \sum_{v \in V} \exp(f(u) \cdot f(v))$。

在实际中，可以通过负采样来解决配分函数计算成本高的问题。最后，像训练神经网络一样，利用 SGD 对式(8.17)进行优化，不断地学习映射 f 的参数，得到每个顶点的向量表示。

8.4.2 Node2Vec 算法实现

介绍了 Node2Vec 算法原理后，本节给出了该算法实现伪代码。Node2Vec 算法的实现伪代码，与 DeepWalk 算法非常相似，主要是产生随机游走序列和学习向量表示两部分，如算法 8.4 所示。

算法 8.4　Node2Vec 实现伪代码

```
输入:图 G(V,E,W),嵌入维度 d,游走每个顶点的次数 γ,游走长度 l,窗口大小 w,返回参数 p,
内—外参数 q
输出:嵌入映射函数 f
(1) 计算转移概率 π = PreprocessModifiedWeights(G,p,q)
(2) 初始化 walks 为空
(3) 对每次迭代 iter = 1 到 γ 执行:
(4)      对每次顶点 u∈V
(5)          产生随机游走 walk = node2vecWalk(G′,u,l)
(6)          walk 保存到 walks
(7) 学习映射 f = 随机梯度下降(w,d,walks)
node2vecWalk:(图 G′(V,E,π),起始顶点为 u,游走长度为 l)
(1) 初始化 walk 为[u]
(2) 游走从源顶点开始 walk_iter = 1 到 l 执行:
(3)      获取当前顶点 curr = walk[-1]
(4)      获取当前顶点的邻居 V_curr = GetNeighbors(curr,G′)
```

(5)　　采样顶点 s = AliasSample(V_{curr} , π)
(6)　　将采样的顶点 s 保存到 walk 的末尾
(7) 返回 walk

8.5 GCN 算法

CNN(卷积神经网络)在计算机视觉领域展现出的好效果来自于离散卷积可以很有效地提取空间特征。对于图片、视频等像素点整齐排列的低维矩阵,CNN 可通过计算中心像素点以及相邻像素点的加权求和来实现空间特征的提取。但对不具备规则结构的高维图数据,CNN 是很难处理的,存在局限性。为了解决这个问题,Bruna 等人提出了 GCN(图卷积网络)来实现对结构不规则的图数据的顶点信息进行汇聚。

目前,将卷积推广到图域的方法主要可以分为谱方法(Spectral Approaches)和非谱方法(Non-spectral Approaches)两类。GCN 是一种谱方法,它借助了图谱理论(Spectral Graph Theory)来实现拓扑图上的卷积操作。该方法的核心为使用拉普拉斯矩阵把空域上的卷积操作搬到谱域上。图的特征可通过把图上的任意向量表示为拉普拉斯特征矩阵的线性组合在谱域上提取图的特征。相比直接在空域上提取特征的非谱方法,GCN 的效果更好。GCN 模型可以一次性提取整个图的信息,滤波器的参数在图中所有位置都是可共享的[10],所以不需要针对每个顶点做计算,大大降低了模型的复杂度。

在第一代 GCN 基础之上,Defferranrd 等人提出做计算时将卷积核替换为 Chebyshev 多项式求和[11],该方法巧妙地在频域中得到了平滑的滤波器从而降低了模型的复杂度。而后,又有多种用数学变换替代卷积核的方法被提出。在接下来要介绍的模型中,Kipf 与 Welling 通过限制过滤器在每个顶点周围的一阶邻域内运行,降低了运算成本,使得网络更高效,同时提高了模型的精度。

8.5.1 GCN 算法原理

Kipf 与 Welling 选取的二层图卷积网络模型公式如下:

$$Z = f(\boldsymbol{X}, \boldsymbol{A}) = \mathrm{Softmax}(\hat{\boldsymbol{A}}\,\mathrm{ReLU}(\hat{\boldsymbol{A}}\boldsymbol{X}\boldsymbol{W}^{(0)})\boldsymbol{W}^{(1)}) \tag{8.18}$$

式中，$\hat{\boldsymbol{A}}=\widetilde{\boldsymbol{D}}^{-\frac{1}{2}}\widetilde{\boldsymbol{A}}\boldsymbol{D}^{-\frac{1}{2}}$，$\widetilde{\boldsymbol{D}}_{ii}=\Sigma_j\widetilde{\boldsymbol{A}}_{ij}$，$\widetilde{\boldsymbol{A}}=\boldsymbol{A}+\boldsymbol{I}_N$；

$\boldsymbol{A}$——图的邻接矩阵；

$\boldsymbol{W}^l$——$\boldsymbol{W}^l$ 代表式中 $\boldsymbol{W}^{(0)}$，$\boldsymbol{W}^{(1)}$，是权重参数；

$\boldsymbol{X}$——图的顶点特征矩阵。

下面详细介绍式(8.18)的由来。

首先明确，这里使用的对称归一化拉普拉斯矩阵定义公式如下：

$$\boldsymbol{L}=I_N-\boldsymbol{D}^{-1/2}\boldsymbol{L}\boldsymbol{D}^{-1/2} \tag{8.19}$$

式中，$\boldsymbol{D}$——顶点度矩阵。

对拉普拉斯矩阵做谱分解，有：

$$\boldsymbol{L}=\boldsymbol{U}\boldsymbol{\Lambda}\boldsymbol{U}^{\mathrm{T}} \tag{8.20}$$

式中，$\boldsymbol{U}$——归一化拉普拉斯的特征向量矩阵(即谱矩阵)；

$\boldsymbol{\Lambda}$——相应的特征值矩阵(对角矩阵)。

图上的谱卷积可以定义为信号 $\boldsymbol{x}\in\mathbb{R}$ 与滤波器 $\operatorname{diag}(\theta)$ $(\theta\in\mathbb{R})$ 在傅里叶域的乘积，即：

$$g_\theta\star\boldsymbol{x}=\boldsymbol{U}g_\theta\boldsymbol{U}^{\mathrm{T}}\boldsymbol{x} \tag{8.21}$$

式中，$\boldsymbol{U}^{\mathrm{T}}\boldsymbol{x}$——$\boldsymbol{x}$ 的图傅里叶变换；

g_θ——$\mathcal{L}$特征向量的函数，也就是 $g_\theta(\boldsymbol{\Lambda})$。

对于大型图数据来说，计算拉普拉斯特征矩阵的开销是很大的，为了降低计算的复杂度，利用 Chebyshev Polynomial 的 K 阶截断来对 $g_\theta(\boldsymbol{\Lambda})$取近似：

$$g_{\theta'}(\boldsymbol{\Lambda})\approx\sum_{k=0}^{K}\boldsymbol{\theta}'_k T_K(\widetilde{\boldsymbol{\Lambda}}) \tag{8.22}$$

式中，$\widetilde{\boldsymbol{\Lambda}}$——经$\mathcal{L}$的最大特征值 $\lambda_{\max}$ 缩放后的特征向量矩阵，$\widetilde{\boldsymbol{\Lambda}}=2/\lambda_{\max}\cdot\boldsymbol{\Lambda}-\boldsymbol{I}_N$；

$\boldsymbol{\theta}'$——Chebyshev 参数向量，$\boldsymbol{\theta}'\in\mathbb{R}^K$。Chebyshev 多项式(切比雪夫多项式)使用递归的方式进行定义：$T_k(\boldsymbol{x})=2\boldsymbol{x}T_{k-1}-T_{k-2}(\boldsymbol{x})$，其中 $T_0(\boldsymbol{x})=1$ 且 $T_1(\boldsymbol{x})=\boldsymbol{x}$。

现在用 $g_{\theta'}$ 代替 g_θ，可以得到：

$$\begin{aligned} g_{\theta'}\star\boldsymbol{x}&\approx\boldsymbol{U}\sum_{k=0}^{K}\boldsymbol{\theta}'T_k(\widetilde{\boldsymbol{\Lambda}})\boldsymbol{U}^{\mathrm{T}}\boldsymbol{x}\\ &=\sum_{k=0}^{K}\boldsymbol{\theta}'_k\boldsymbol{U}T_k(\widetilde{\boldsymbol{\Lambda}})\boldsymbol{U}^{\mathrm{T}}\boldsymbol{x} \end{aligned} \tag{8.23}$$

而 $T_k(\widetilde{\boldsymbol{\Lambda}})$是$\boldsymbol{\Lambda}$ 的 k 阶多项式，且有 $\boldsymbol{U}\widetilde{\boldsymbol{\Lambda}}^k\boldsymbol{U}^{\mathrm{T}}=(\boldsymbol{U}\widetilde{\boldsymbol{\Lambda}}\boldsymbol{U}^{\mathrm{T}})^k=\widetilde{\boldsymbol{L}}^k$，其中 $\widetilde{\boldsymbol{L}}=\frac{2}{\lambda_{\max}}\boldsymbol{L}-\boldsymbol{I}_N$，式(8.22)可以表达成如下形式：

$$g_{\theta'}\star\boldsymbol{x}\approx\sum_{k=0}^{K}\boldsymbol{\theta}'T_k(\widetilde{\boldsymbol{L}})\boldsymbol{x} \tag{8.24}$$

采用 Chebyshev 多项式近似后，谱卷积不再依赖整张图，而是仅与距离中心顶点 k 阶之内的顶点(即 k 阶邻居)建立联系。

通俗地讲，经过 Chebyshev 多项式近似，每一次的卷积操作可以理解为每个中心顶点汇聚其 k 阶邻居的信息。但在实际过程中，由于图结构数据的规模比较巨大，采用近似后，计算量仍然很大，为了降低运算成本，可以进一步简化运算，即选取 $k=1$，也就是每次只汇聚一阶邻居的信息。此时，谱卷积可以近似为 $\widetilde{L}$ 的线性函数，如前所述，这样只建立起了中心顶点与一阶邻居间的依赖关系。为了解决这个问题，可以通过堆叠成图卷积网络来建立 k 阶邻居的依赖关系，即一次图卷积时，中心顶点接收到了一阶邻居信息；叠加第二次图卷积时一阶邻居在上一次图卷积时已得到其一阶邻居信息，这意味着中心顶点将通过其一阶邻居得到其二阶邻居信息，以此类推。而且，这样做的另一个优势是，在建立 k 阶邻居的依赖关系时，不需要受到 Chebyshev 多项式的限制。

为了进一步简化运算，在 GCN 的线性模型中，通过定义 $\lambda_{\max}\approx 2$，可以得到如下谱卷积一阶线性近似表达形式：

$$\begin{aligned} g_{\theta'}\star\boldsymbol{x} &\approx \boldsymbol{\theta}'_0\boldsymbol{x}+\boldsymbol{\theta}'_1(\boldsymbol{L}-\boldsymbol{I}_N)\boldsymbol{x} \\ &=\boldsymbol{\theta}'_0\boldsymbol{x}-\boldsymbol{\theta}'_1\boldsymbol{D}^{-\frac{1}{2}}\boldsymbol{A}\boldsymbol{D}^{-\frac{1}{2}}\boldsymbol{x} \end{aligned} \tag{8.25}$$

可以看到，式(8.25)中仅有两个参数$\boldsymbol{\theta}'_0$与$\boldsymbol{\theta}'_1$。若需建立 k 阶邻居上的依赖关系，可以通过设置 k 层这样的滤波器来实现。

在实际的过程中，可以通过限制参数的数量来避免过拟合，并最小化每层的矩阵乘法进一步降低运算复杂度。可以令$\boldsymbol{\theta}=\boldsymbol{\theta}'_0=-\boldsymbol{\theta}'_1$，式(8.25)可以表达成如下形式：

$$g_{\theta}\star\boldsymbol{x}\approx\boldsymbol{\theta}(\boldsymbol{I}_N+\boldsymbol{D}^{-\frac{1}{2}}\boldsymbol{A}\boldsymbol{D}^{-\frac{1}{2}})\boldsymbol{x} \tag{8.26}$$

需要注意的是，$\boldsymbol{I}_N+\boldsymbol{D}^{-\frac{1}{2}}\boldsymbol{A}\boldsymbol{D}^{-\frac{1}{2}}$ 的特征值范围为[0,2]，这意味着，当不停地重复该操作时(网络非常深时)，可能会引起梯度爆炸或梯度消失。为了避免这一问题，这里引入了一种重正则化方法(Renormalization Trick)：

$$\boldsymbol{I}_N+\boldsymbol{D}^{-\frac{1}{2}}\boldsymbol{A}\boldsymbol{D}^{-\frac{1}{2}}\rightarrow\widetilde{\boldsymbol{D}}^{-\frac{1}{2}}\widetilde{\boldsymbol{A}}\widetilde{\boldsymbol{D}}^{-\frac{1}{2}} \tag{8.27}$$

其中，$\widetilde{\boldsymbol{A}}=\boldsymbol{A}+\boldsymbol{I}_N$，$\widetilde{\boldsymbol{D}}_{ii}=\Sigma_j \widetilde{\boldsymbol{A}}_{ij}$。当图中每个顶点的表示不是单独的标量而是一个大小为 C 的向量时，可以使用其变体进行处理：

$$\boldsymbol{Z}=\widetilde{\boldsymbol{D}}^{-\frac{1}{2}}\widetilde{\boldsymbol{A}}\widetilde{\boldsymbol{D}}^{-\frac{1}{2}}\boldsymbol{X}\boldsymbol{\theta} \tag{8.28}$$

式中，$\boldsymbol{\theta}$ ——参数矩阵，$\boldsymbol{\theta}\in\mathbb{R}^{C\times F}$。

$\boldsymbol{Z}$——相应的卷积结果，$\boldsymbol{Z}\in\mathbb{R}^{N\times F}$。

此时，每个顶点的顶点表示被更新成了一个新的 F 维向量，该 F 维向量包含了相应的一阶邻居上的信息。

经过上面讲述的内容，可以得到图卷积神经网络的逐层传播表达形式：

$$\boldsymbol{H}^{(l+1)}=\sigma(\widetilde{\boldsymbol{D}}^{-\frac{1}{2}}\widetilde{\boldsymbol{A}}\widetilde{\boldsymbol{D}}^{-\frac{1}{2}}\boldsymbol{H}^{(l)}\boldsymbol{W}^{(l)}) \tag{8.29}$$

其中，第 l 层网络的输入为 $\boldsymbol{H}^{(l)}$，$\boldsymbol{H}^{(l)}\in\mathbb{R}^{N\times F}$（初始输入为 $H^{(0)}=X$）。

式中，N——图中顶点数量，每个顶点使用 d 维特征向量表示；

$\boldsymbol{W}^{(l)}$——需要训练的权重参数，$\boldsymbol{W}^{(l)}\in\mathbb{R}^{d\times d}$；

σ——激活函数。

通过以上推导，最终得到本节一开始介绍的图卷积网络结构：

$$\boldsymbol{Z}=f(\boldsymbol{X},\boldsymbol{A})=\mathrm{Softmax}(\hat{\boldsymbol{A}}\,\mathrm{ReLU}(\hat{\boldsymbol{A}}\boldsymbol{X}\boldsymbol{W}^{(0)})\boldsymbol{W}^{(1)}) \tag{8.30}$$

8.5.2 GCN 算法实现

介绍了 GCN 算法原理后，本节给出了 GCN 算法实现伪代码，如算法 8.5 所示。

算法 8.5 GCN 实现伪代码

输入：图 $G(V,\boldsymbol{E})$，顶点特征矩阵 $\boldsymbol{X}$，邻接矩阵 $\boldsymbol{A}$，学习率 lr，有标签顶点集 y_L

输出：输出特征矩阵 $\boldsymbol{Z}$

(1) 随机初始化权重参数 $\boldsymbol{W}$

(2) 输入顶点特征 $\boldsymbol{X}$，邻接矩阵 $\boldsymbol{A}$

(3) 提取顶点度矩阵 $\boldsymbol{D}$

(4) 通过 $\boldsymbol{D}$ 矩阵与 $\boldsymbol{A}$ 矩阵计算拉普拉斯矩阵 $\hat{\boldsymbol{A}}$

(5) 使用 $\hat{\boldsymbol{A}}$ 与 $\boldsymbol{W}$ 对 $\boldsymbol{X}$ 进行图卷积操作得到特征图(Feature Map)

(6) 使用 ReLU 函数激活得到输出矩阵 $\boldsymbol{Z}_0$

(7) 将上一层的输出 $\boldsymbol{Z}_0$ 进行图卷积操作得到新的特征图(Feature Map)

(8) 使用 Softmax 函数激活得到新的输出特征矩阵 $\boldsymbol{Z}$

(9) 对输出特征矩阵 $\boldsymbol{Z}$ 使用损失函数计算与 y_L 间的损失

(10) 通过梯度下降法更新权重参数 $\boldsymbol{W}$

(11) 重复步骤(4)～(9)

(12) 结束

8.6 GAT 算法

对于以 GCN 为代表的谱方法，每次计算依赖于拉普拉斯矩阵特征向量和图的结构，所以在一个特定图结构上训练的 GCN 模型很难应用到另一个结构的图中，不具备归纳能力，广泛应用受到限制。

对于非谱方法，是直接在图上定义卷积，对空间中相邻的顶点进行操作。但是这类方法面临的问题是如何定义一个运算来处理不同大小的邻域并保持 CNN 参数共享的特性。为了解决这个问题，研究者进行了一系列的改进[12-15]。2017 年，Hamilton 等人提出的归纳学习经典算法 GraphSAGE，其通过对一个固定大小的邻域进行采样，每个顶点将由其邻域的聚合表示，这样即使图中出现了在训练过程中没有出现过的新顶点，它仍可以用它的邻顶点来恰当地表示。这种方法在几个大规模的归纳基准测试中取得了不错的成绩。

但是实际中的邻居顶点对于目标顶点的影响是不同的，之前的方法对邻居的重要性一视同仁，并未考虑这个问题。目前被广泛应用在深度学习模型中的注意力机制，是对人类直觉的模仿，其可以在大量信息中聚焦对目标任务有帮助的关键部分，抑制其他的无效信息。受此启发，Petar 等人于 2018 年提出了一种基于注意力机制的图数据顶点分类模型——GAT(图注意力网络)[18]，该网络的基本思路是通过自注意力策略关注它的邻居并决定邻居顶点的权重，不同的邻居顶点对目标顶点的影响不同，进而更好计算每个目标顶点的隐藏表示。下面详细介绍 GAT 的算法原理。

8.6.1 GAT 算法原理

图注意力层是图注意力网络的重要组成单元，所以本节主要介绍了图注意力层的原理。假设当前注意力层的输入是一组顶点特征：$\boldsymbol{h}=\{\vec{\boldsymbol{h}}_1,\vec{\boldsymbol{h}}_2,\cdots,\vec{\boldsymbol{h}}_N\}$，$\vec{\boldsymbol{h}}_i\in\mathbb{R}^F$，其中 N 是顶点数，F 是每个顶点的特征数。注意力层的输出是一组新的顶点特征：$\boldsymbol{h}'=\{\vec{\boldsymbol{h}}'_1,\vec{\boldsymbol{h}}'_2,\cdots,\vec{\boldsymbol{h}}'_N\}$，$\vec{\boldsymbol{h}}'_i\in\mathbb{R}^{F'}$。

为了把输入特征转换为更高级的特征，需要进行至少一次非线性变换。为此，首先对每个顶点进行线性变换；然后用自注意力机制 a 计算注意力相关系数 e_{ij}，它表示

顶点 j 的特征对顶点 i 的重要性，计算公式如下：

$$e_{ij}=a(\boldsymbol{W}\vec{\boldsymbol{h}}_i,\boldsymbol{W}\vec{\boldsymbol{h}}_j) \tag{8.31}$$

式中，$\boldsymbol{W}$——权重矩阵 $\boldsymbol{W}\in\mathbb{R}^{F'\times F}$；

a——自注意力机制 $a:\mathbb{R}^{F'}\times\mathbb{R}^{F'}\rightarrow\mathbb{R}$。

接下来，通过 Masked Attention 将注意力机制引入图结构中：只对 $j\in N_i$ 的顶点计算 e_{ij}，其中 N_i 是图中顶点 i 的邻居顶点（包含顶点 i）。为了使不同顶点的系数便于比较，使用 Softmax 函数对 i 的所有邻居顶点 j 进行归一化：

$$a_{ij}=\mathrm{Softmax}_j(e_{ij})=\frac{\exp(e_{ij})}{\sum\limits_{k\in N_i}\exp(e_{ik})} \tag{8.32}$$

注意力机制 a 可以是一个单层前向神经网络，通过权值向量 $\vec{\boldsymbol{a}}\in\mathbb{R}^{2F'}$ 和 LeakyReLU 非线性激活函数（当输入为负时，斜率 $a=0.2$）来确定，网络结构如图 8.7(a)所示。

因此，注意力系数通过如下公式进行计算：

$$a_{ij}=\frac{\exp(\mathrm{LeakyReLU}(\vec{\boldsymbol{a}}^{\mathrm{T}}[\boldsymbol{W}\vec{\boldsymbol{h}}_i\,\|\,\boldsymbol{W}\vec{\boldsymbol{h}}_j]))}{\sum\limits_{k\in N_i}\exp(\mathrm{LeakyReLU}(\vec{\boldsymbol{a}}^{\mathrm{T}}[\boldsymbol{W}\vec{\boldsymbol{h}}_i\,\|\,\boldsymbol{W}\vec{\boldsymbol{h}}_k]))} \tag{8.33}$$

式中，$\cdot^{\mathrm{T}}$——转置操作；

$\|$——拼接（Concatenation）操作。

经过上面的计算，就获得了归一化后的注意力系数，然后利用它来计算每个顶点的输出特征：

$$\vec{\boldsymbol{h}}'_i=\sigma\left(\sum_{j\in N_i}a_{ij}\boldsymbol{W}\vec{\boldsymbol{h}}_j\right) \tag{8.34}$$

与 Vaswani 等人提出的 Transformer 模型类似，将自注意力机制拓展到多头注意力机制增强了计算的稳定性。具体的计算过程是先单独进行 K 次自注意力机制的计算，然后将得到的特征进行拼接，得到最终的顶点表示，即：

$$\vec{\boldsymbol{h}}'_i=\|_{k=1}^{K}\sigma\left(\sum_{j\in N_i}a_{ij}^{k}\boldsymbol{W}^k\vec{\boldsymbol{h}}_j\right) \tag{8.35}$$

式中，a_{ij}^k——第 K 次自注意力机制计算出的归一化后的注意力系数；

$\boldsymbol{W}^k$——对应的输入线性变换权重矩阵。

对于网络最后一层使用多头注意力机制时，拼接操作就不那么有效了。因此，对最后一层使用平均操作来代替拼接，然后通过非线性的激活之后，得到多头注意力层的顶点表示形式：

$$\vec{h}'_i=\sigma\left(\frac{1}{K}\sum_{k=1}^{K}\sum_{j\in N_i}\alpha_{ij}^{k}\boldsymbol{W}^k\vec{h}_j\right) \tag{8.36}$$

用图 8.7(b)来形象地展示一个多头图注意层的聚集过程($K=3$),图中不同的箭头样式和颜色表示独立的注意力计算过程。可以看出,图注意力网络对目标顶点的表示是其一阶邻居(包含自身)顶点的加权和,是一个在局部图上的计算过程。因此,GAT 具有高效、灵活和可移植的优点。高效性体现在:局部的图顶点—邻居对可以实现并行计算;灵活性体现在:对不同度的顶点赋予不同大小的权重;可移植性体现在:模型可以推广到未见过的图上,是一种归纳式的学习。GAT 考虑了邻居顶点对目标顶点的不同重要性,在一些实际场景中取得了不错的效果。

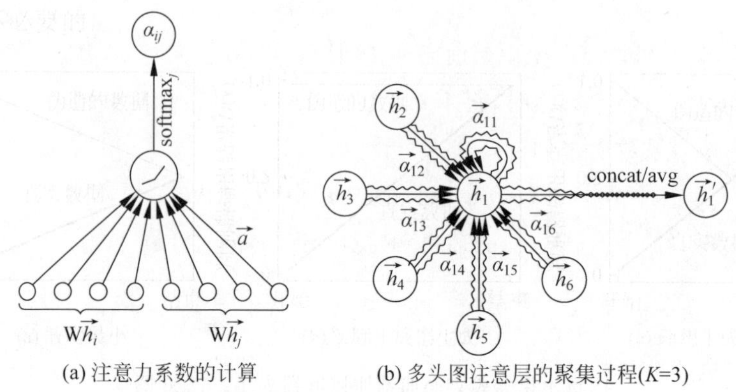

图 8.7 注意力机制网络结构图①

8.6.2 GAT 算法实现

前面介绍了 GAT 算法原理,本节给出 GAT 算法的实现伪代码,如算法 8.6 所示。

算法 8.6 GAT 算法实现伪代码

输入:图 $G(V,\boldsymbol{E})$,顶点特征 $\boldsymbol{h}$,顶点标签 y,学习率 lr,多头注意力机制单元数 K

输出:权重参数 $\boldsymbol{W}$ 和 $\vec{a}$

(1) 随机初始化权重参数矩阵 $\boldsymbol{W}$ 和 $\vec{a}$

(2) 重复执行:

(3) 　　对输入层和隐藏层:

(4) 　　　　对每次迭代 iter = 0 到 K 执行自注意力机制:

(5) 　　　　　　计算注意力互相关系数 α_{ij}

① 图片来源:https://arxiv.org/pdf/1710.10903.pdf。

(6)　　　　计算得到自注意力机制下顶点的输出特征 $\boldsymbol{h}'$
(7)　　　拼接 K 个输出特征向量，得到多头注意力机制下顶点的输出特征 $\boldsymbol{h}'$
(8)　　　将输出特征 $\boldsymbol{h}'$ 作为下一层的输入特征
(9)　　对输出层：
(10)　　　重复步骤(3)～(5)
(11)　　　对 K 个输出特征向量取均值，得到多头注意力机制下顶点的输出特征 $\boldsymbol{h}'$
(12)　　根据顶点标签 y 和输出特征 $\boldsymbol{h}'$ 的差值更新权重参数矩阵 $\boldsymbol{W}$ 和 $\vec{\boldsymbol{a}}$
(13) 直到达到停止条件

8.7　应用：推荐系统

随着互联网行业的发展和移动终端的流行，信息爆炸的时代已经来临。而另一方面，随着生活节奏的加快，人们的时间尤显珍贵。如何帮助消费者从海量的信息中获取到所需要的信息，这项任务非常重要和紧迫，因此推荐系统应运而生。

现有推荐系统的核心思想是协同过滤，即相似的用户会喜欢同一个物品，而相似的物品也会被同一个用户所喜欢。协同过滤主要分为两类模型：基于记忆的方法(Memory-based)和基于模型的方法(Model-based)。

基于记忆的方法又分为两种：基于用户的协同过滤和基于物品的协同过滤。基于用户的协同过滤的核心思想是，给用户推荐和他相似的用户喜欢的物品。类似地，基于物品的协同过滤的核心思想是，给用户推荐和他之前喜欢的物品相似的物品。为了实现这两种方法，基于记忆的方法定义了物品与物品之间的相似度，或者用户与用户之间的相似度。这类方法简单、易懂、容易实现，但是当物品或者用户数量庞大时，需要耗费大量的时间和空间去计算每一对物品和每一对用户之间的相似性，同时在大量物品和用户中查找相似的物品和用户也是非常耗时的。

矩阵分解，作为基于模型的协同过滤的一类方法，是实现协同过滤思想，从而设计高效推荐系统的方法中，最为成功的模型之一。矩阵分解模型根据用户和物品的交互记录，将用户和商品在同一个空间内建模成隐式向量。一对未知的用户和物品之间的喜好预测时根据相应用户和物品的向量计算得来(通常是向量内积运算)。矩阵分解家族中，比较有名的两个模型是 SVD 和 SVD＋＋。其中，SVD 模型在一般的矩阵分解基础上，引入了用户偏置、物品偏置和全局偏置，使得模型训练更加稳定。SVD＋＋

扩展了 SVD 模型，将用户与商品的交互历史引入矩阵分解模型当作辅助特征，进一步提升模型的效果。

8.7.1 工业界中的推荐系统

推荐系统早在 20 世纪就被提出，而在最近十年被工业界更加广泛地应用。据不完整统计，亚马逊超过 35%的商品是由推荐系统推销售出；2014 年 Google 依靠推荐系统在互联网广告业务上收入 430 亿美元；2015 年苹果应用商店收入 210 亿美元，Google 应用商店收入 100 亿美元。作为一个世界 500 强的公司，华为也将推荐系统应用于各个方面。推荐系统是一个内容极其丰富的课题，甚至可以单独编写成书，由于篇幅限制，这里从工业界研究员的角度来介绍推荐系统。

工业界的推荐系统一共由三步组成：候选集生成、匹配预测、排序。工业界的推荐系统可能有百万级别，甚至更多的物品待推荐，但是在这么大规模的候选集上进行匹配预测和排序是无法在可接受的时间内完成的。因此，需要根据当时的推荐场景、物品的特性甚至是用户的偏好生成一个规模可接受的候选集，通常是数百到数千不等。在生成了该候选集后，匹配预测模型对候选集中的每一个物品进行预测，预测当前用户对该物品的喜好程度。最终，排序步骤根据匹配预测模型的结果和一些实际商业规则进行结合，得到最终的排序结果。下面主要对工业界中的一个重要方向——点击率预测进行展开。点击率预测属于上述三步中的匹配预测部分。

点击率预测在工业界推荐系统中是一个十分重要的问题。点击率预测最早出现在网页广告场景。在基于 CPC(Cost Per Click)模型的网页广告中，用户每次对广告的点击行为都会给展示该广告的平台带来一定收入，而收入的数目则是由广告主和平台的商业合同决定。平台对于候选广告的排序规则一般是 CTR×bid，这里 CTR(Click Through Rate，点击率)代表当前用户对该广告的预估点击率，bid 表示广告主的竞价——如果该广告被用户点击，广告主付给平台金额。该排序规则的物理含义是，将候选广告按照每次展示为平台带来的收入进行排序；简单来说，是按照预期收益进行排序。除了网页广告中，实时竞价广告也用到了相同的排序规则。此外，游戏应用排序和视频排序场景下，相似的规则也是适用的。在游戏应用排序中，一般是按照 CTR×LTV 进行排序，这里 LTV(Life Time Value)代表一个用户对该游戏应用的平均付费；在视频排序中，一般是按照 CTR×WT 进行排序，这里 WT(Watch Time)代表一个用户在该视频的平均观看时长。由此可见，点击率预测问题——将点击率预测准确，是工业界推荐系统中非常重要的问题。

对于大部分商业公司的推荐系统模型演进，大致具有共同的路线：由宽广模型（稀疏线性模型 LR、因子分解机模型 FM），到深度学习模型，再到考虑了图结构的深度学习模型和强化学习模型。

在介绍基于图神经网络的模型之前，首先要了解推荐系统的输入数据形式。推荐系统和自然语言处理、计算机视觉从输入数据形式上有较大的不同。推荐系统中有大量的离散型特征，如性别、城市、星期几等。这类离散型特征没有实际的数值含义，因此通常用 One-hot 编码方式表示。One-hot 编码指将所有可能值用 0-1 取值的高维向量表示，对应的那一位取值为 1，其他位取 0，该 One-hot 向量的维度则是所有可能取值的个数。例如，星期五可以表示为[0,0,0,0,1,0,0]，性别男可以表示为[0,1]，城市上海可以表示为[0,0,1,…,0]。可以看到，推荐系统的输入数据通常是高维、稀疏的。

8.7.2　推荐系统中的图神经网络模型

由于推荐系统的输入数据具有高维、稀疏的特性，超大规模的推荐系统会面临几个挑战：

（1）存储挑战，目前推荐系统中的数据都是用结构化数据来表示的，所有特征按一定的顺序排列在一起，其中的很多特征都是重复的，比如有一万个男性用户，那么系统就需要存储一万次男性所代表的向量，例如[0,1]，随着特征、用户和物品的增多，需要重复存储的数据量也就越来越大。

（2）稀疏性挑战，通常地，对类似 MovieLens[19]这样的电影推荐场景来说，其数据通常由“用户—物品”评分矩阵来表示，随着用户和物品的增多，评分矩阵的维度和稀疏性也会进一步增大，这背后的原因是大部分用户并没有对大多数的物品进行评分，而常用算法的核心——协调过滤需要依赖评分矩阵，因此也会受到影响。

（3）可扩展性挑战，指推荐系统能处理不断增长的数据，协同过滤的计算量随数据量指数级增长，也给推荐系统带来了挑战[20]。

图数据的结构给解决上述三个挑战带来曙光。

（1）针对特性重复存储的问题，男性可以是图上的一个顶点，因此所有男性用户会拥有一条从该用户顶点到男性顶点的边，只用维护边的信息即可，对于维度更高的特征，图结构存储的效果更明显。

（2）针对稀疏性挑战，图结构存储以顶点为中心，只维护其入边和出边，基本不存在稀疏性问题。

（3）针对可扩展性挑战，图结构能方便地增加新的顶点和新的边，因为具有局部性，只需针对新加上的边/顶点更新模型即可。

业界首个利用图神经网络作为商用级别端到端推荐模型的是 Pinterest(中文译名：钉图)公司与 Stanford 联合发表的 PinSage 模型[20]。Pinterest 是一个图片社交网站，它采用瀑布流的形式展现图片的内容，新的图片不断自动加载在页面底端，无须用户翻页，用户将感兴趣的图片用钉钉在钉板上，也可以保存、分享，其他用户也可以关注并转发。Pinterest 的主要推荐物品是图片(也就是 Pins)，内容包括食品、衣服、产品等，用户将感兴趣的图片组合到一起形成一个集合(Boards)，把 Pinterest 的数据建模，可以构建一个二分图，即有两种不同类型的顶点(Pins 和 Boards)，同类型的顶点间没有连接边，顶点的特征包含了图片、文本注释(标题与描述)，如图 8.8 所示。

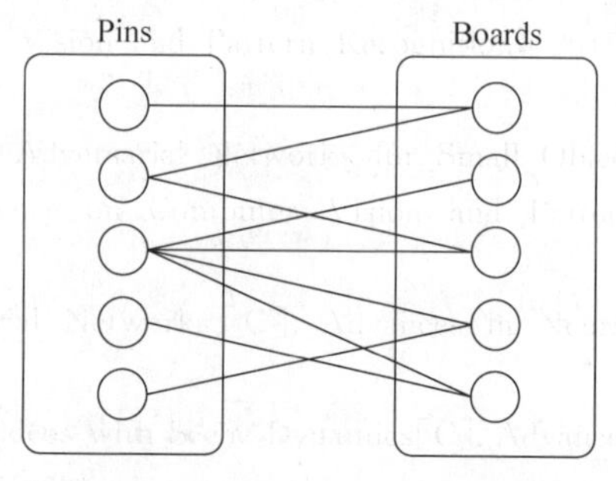

图 8.8　Pinterest 二分图示意图

传统的 GCN 是整张图都参与训练，但是在 Pinterest 等工业级的推荐场景中有几十亿的顶点和上百亿的边，此时整张图都参与运算是比较困难的。基于这个问题，PinSage 借鉴了 GraphSage 的思想对 GCN 进行一系列的改进，可以认为它是一个基于随机游走的 GCN。GraphSage 是 GCN 的一种归纳式变体，主要思想是通过采样聚合顶点的邻居信息来学习该顶点表示，以避免对整个图拉普拉斯(Laplacian)进行操作。因此，即使是未见过的顶点，依然可以利用其邻居信息学习顶点的表示，GraphSage 进而可以泛化到未见过的顶点上。PinSage 对 GCN 进行了改进，主要有以下方面：

(1) 通过对顶点邻居进行随机游走(Short Random Walks)采样动态地构建一个新的计算图进而进行一个局部的图卷积。考虑到不同邻居对于目标顶点的重要性是不同的，在信息汇聚中，邻居会有一个重要性得分(Importance Score)。

(2) 采用了 Mini-batch 做分布式训练。利用 CPU 对顶点邻居采样来获取定义局部卷积所需的特征；利用张量计算和硬件加速对每个预先计算好的小图进行分布式随机梯度下降计算，它可以单独进行卷积运算，且每一个卷积层中参数共享。

(3) 在推理过程中利用相关技术手段解决顶点邻居重复计算的问题

PinSage 算法的核心是利用局部的图卷积来学习包含数十亿对象的 Web 级图中顶点的嵌入，高质量的顶点嵌入可以为之后的推荐打下坚实的基础。PinSage 算法主要概括为以下两个部分。

一是卷积(Convolve)部分。详细的算法流程见算法 8.7。首先输入计算好顶点的嵌入、顶点的邻居、顶点邻居的权重和汇聚函数；然后信息汇聚计算邻居的嵌入（伪代码第 1 行）；其次利用汇聚后的邻居嵌入和顶点嵌入更新当前的顶点嵌入（伪代码第 2 行）；最后，对得到的顶点嵌入进行归一化（伪代码第 3 行）。信息汇聚过程中顶点邻居采样的方法有两点好处：一是邻居的数目是固定大小的，计算过程中的内存可控；二是利用邻居对顶点的不同重要性来汇聚信息。每次应用卷积运算（算法 8.7）得到一个顶点的新嵌入，通过将多个这样的卷积叠加起来，可以获得更多关于顶点周围的局部图结构的信息。

算法 8.7　卷积

输入：当前顶点 u 的嵌入 $\boldsymbol{z}_u$，邻居嵌入集合 $\{\boldsymbol{z}_v \mid v \in N(u)\}$，邻居权重集合 α，汇聚函数 $\gamma(\cdot)$

输出：顶点 u 新的嵌入 $\boldsymbol{z}_u^{\mathrm{NEW}}$

(1) 汇聚邻居信息

$$\boldsymbol{n}_u \leftarrow \gamma(\{\mathrm{ReLU}(\boldsymbol{Q}\boldsymbol{h}_v + q) \mid v \in N(u)\}, \alpha)$$

(2) 计算并更新顶点嵌入

$$\boldsymbol{z}_u^{\mathrm{NEW}} \leftarrow \mathrm{ReLU}(\boldsymbol{W} \cdot \mathrm{Concat}(\boldsymbol{z}_u, \boldsymbol{n}_u) + \boldsymbol{w})$$

(3) 归一化

$$\boldsymbol{z}_u^{\mathrm{NEW}} \leftarrow \boldsymbol{z}_u^{\mathrm{NEW}} / \| \boldsymbol{z}_u^{NEW} \|_2$$

二是 Mini-batch 部分。算法 8.8 详细介绍了如何堆叠卷积为一小批顶点 M 生成嵌入的过程。首先是 Mini-batch 顶点邻居采样的过程，获取各顶点的邻居（见算法 8.8 伪代码第(2)～(8)行）；然后应用 K 个卷积迭代生成目标顶点的 K 次表示（见算法 8.8 伪代码第(9)～(16)行）；最后，利用上一步得到的嵌入通过一个全连接神经网络学习得到最终的顶点嵌入（见算法 8.8 伪代码第(17)～(19)行）。其中，$\boldsymbol{G}_1$，$\boldsymbol{G}_2$，g 是全连接层的参数。

算法 8.8　Mini-batch 部分

输入：一小批顶点集 $M \subset V$，深度参数 K，邻居函数 $N: V \to 2^V$

输出：嵌入 $\boldsymbol{z}_u$，$\forall u \in M$

(1) Mini-batch1：Mini-batch 顶点的邻居采样

(2) $S^{(K)} \leftarrow M$

(3) 对每个深度参数 $k = K, K-1, \cdots, 1$ 执行：

(4) 　　$S^{(k-1)} \leftarrow S^{(k)}$

(5) 　　对每个顶点 $u \in S^{(k)}$ 执行：

(6) 　　　　$S^{(k-1)} \leftarrow S^{(k-1)} \cup N(u)$

(7) 　　结束

(8) 结束

(9) 生成顶点嵌入

(10) $\boldsymbol{h}_u^{(0)} \leftarrow \boldsymbol{x}_u, \forall u \in S^{(0)}$
(11) 对每个深度参数 $k=1,2,\cdots,K$ 执行：
(12) 　　对每个顶点 $u \in S^{(k)}$ 执行：
(13) 　　　　$\mathcal{H} \leftarrow \{\boldsymbol{h}_v^{(k-1)}, \forall v \in N(u)\}$
(14) 　　　　$\boldsymbol{h}_u^{(k)} \leftarrow \text{Convolve}^{(k)}(\boldsymbol{h}_u^{(k-1)}, \mathcal{H})$
(15) 　　结束
(16) 结束
(17) 对每个顶点 $u \in M$ 执行：
(18) 　　$\boldsymbol{z}_u \leftarrow \boldsymbol{G}_2 \cdot RELU(\boldsymbol{G}_1 \boldsymbol{h}_u^{(K)} + g)$
(19) 结束

PinSage 促进了图卷积算法在商业推荐系统中的应用，产生了积极地影响。图神经网络在未来可以进一步扩展，解决其他大规模的图表示学习问题，并在实际场景中产生更大的价值。

参考文献

[1] Perozzi B, Al-Rfou R, Skiena S. Deepwalk: Online Learning of Social Representations[C]. Proceedings of the 20th ACM SIGKDD International Conference on Knowledge Discovery and Data Mining, 2014, 20: 701-710.

[2] Zhou J, Cui G, Zhang Z, et al. Graph Neural Networks: A Review of Methods and Applications [EB/OL]. (2019-07-10)[2019-10-28]https://arxiv.org/pdf/1812.08434.pdf.

[3] Mikolov T, Chen K, Corrado G, et al. Efficient Estimation of Word Representations in Vector Space[EB/OL]. (2013-09-07)[2019-10-28]https://arxiv.org/pdf/1301.3781.pdf%5D.

[4] Mnih A, Hinton G E. A Scalable Hierarchical Distributed Language Model[C]. Advances in Neural Information Processing Systems, 2009: 1081-1088.

[5] Morin F, Bengio Y. Hierarchical Probabilistic Neural Network Language Model[C]. In Proceedings of the International Workshop on Articial Intelligence and Statistics, 2005, 5: 246-252.

[6] Tang J, Qu M, Wang M, et al. Line: Large-scale Information Network Embedding[C]. Proceedings of the 24th International Conference on World Wide Web. International World Wide Web Conferences Steering Committee, 2015, 24: 1067-1077.

[7] Grover A, Leskovec J. Node2vec: Scalable Feature Learning for Networks[C]. Proceedings of the 22nd ACM SIGKDD International Conference on Knowledge Discovery and Data Mining, 2016, 22: 855-864.

[8] Norris, James R. Markov Chains[M]. Cambridge: Cambridge University Press, 1998.

[9] Walker A J. New Fast Method for Generating Discrete Random Numbers with Arbitrary Frequency Distributions[J]. Electronics Letters, 1974, 10(8): 127-128.

[10] Duvenaud D K, Maclaurin D, Iparraguirre J, et al. Convolutional Networks on Graphs for

Learning Molecular Fingerprints[C]. Advances in Neural Information Processing Systems, 2015：2224-2232.

[11] Thomas N. Kipf, Max Welling. Semi-supervised Classification With Graph Convolutional Networks[C]. International Conference on Learning Representations, 2017.

[12] Atwood J, Towsley D. Diffusion-convolutional Neural Networks[C]. In Advances in Neural Information Processing Systems, 2016：1993-2001.

[13] Niepert M, Ahmed M, Kutzkov M. Learning Convolutional Neural Networks for Graphs[C]. In Proceedings of The 33rd International Conference on Machine Learning, 2016, 48：2014-2023.

[14] Monti F, Boscaini D, Masci J, et al. Geometric Deep Learning on Graphs and Manifolds Using Mixture Model Cnns[C]. Proceedings of the IEEE Conference on Computer Vision and Pattern Recognition, 2017：5115-5124.

[15] Hamilton W, Ying Z, Leskovec J. Inductive Representation Learning on Large Graphs[C]. Advances in Neural Information Processing Systems, 2017：1024-1034.

[16] Velickovic P, Cucurull G, Casanova A, Romero A, Lio P, Bengio Y. Graph Attention Networks [C]. International Conference on Learning Representations, 2018.

[17] Vaswani A, Shazeer N, Parmar N, et al. Attention Is All You Need[C]. Advances in Neural Information Processing Systems, 2017：5998-6008.

[18] Harper F M, Konstan J A. The Movielens Datasets: History and Context [J]. Acm Transactions on Interactive Intelligent Systems, 2016, 5(4)：19.

[19] Sharma L, Gera A. A Survey of Recommendation System: Research Challenges [J]. International Journal of Engineering Trends and Technology(IJETT), 2013, 4(5)：1989-1992.

[20] Ying R, He R, Chen K, et al. Graph Convolutional Neural Networks for Web-scale Recommender Systems[C]. Proceedings of the 24th ACM SIGKDD International Conference on Knowledge Discovery & Data Mining. ACM, 2018：974-983.

第9章

无监督学习：深度生成模型

9.1 变分自编码器

变分自编码器(Variational AutoEncoders,VAEs)是深度学习中一类重要的生成模型，于2013年由P. Kingma和Max Welling等人提出[①]。基于变分自编码器，可以设计出复杂的数据生成模型，然后使用训练数据集对模型进行训练，从而能够生成虚构的图像，如名人面孔、高分辨率的数字艺术品等。

9.1.1 提出背景

自编码器(AutoEncoder)是神经网络的一种，它是由一个编码器和一个解码器相连的网络组成。编码器网络接收输入，并将其转换成编码(Code)，编码一般为低维度的表征向量，解码器网络接收编码，将其转换为与原始输入相似的输出，整体框架如图9.1所示，其中图9.1(a)为自编码器输入，图9.1(c)为自编码器输出。自编码器网络通常作为一个整体进行训练，构造的损失函数一般是网络输出和输入之间的均方误差或交叉熵，称其为重构损失。这样会限制输入只能被近似地复制，而不会完全相等，从而强制网络考虑输入数据的哪些部分需要被优先复制，进而学习到输入数据的有用特性。

尽管自编码器网络能够学习到如何生成更紧凑的表示特征以及重建网络的输入，但存在一个基本的问题，网络将输入转换成编码向量后，其所在的潜在空间只允许简单的插值，会造成不连续的现象。例如，在MNIST数据集上训练一个自编码器，并将其在二

① 参见：Kingma D P, Welling M. Auto-encoding Variational Bayes[EB/OL]. 2013[2019-11-10]https://arxiv.org/pdf/1312.6114.pdf。

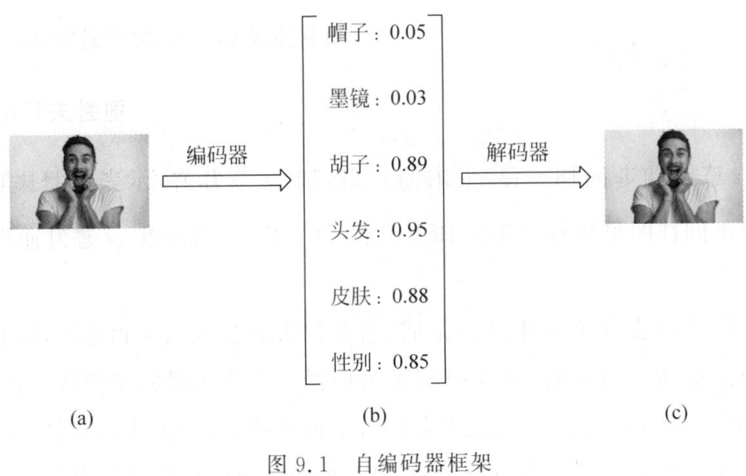

图 9.1　自编码器框架

维潜在空间中进行可视化，如图 9.2 所示，可以看到不同类别的图像分布在不同的簇上。这是因为每种类别的图像具有不同的编码。因此在使用解码器进行解码时，能够准确地得到和输入相同的图像。但是，当想从潜在空间中随机抽样，或者从一个连续的潜在空间中产生不同于输入图像的输出时，如果空间存在不连续性(如不同类簇之间存在间隙)，并且从此空间中采样，那么解码器将会产生非预期的输出。因为网络在训练期间，从未看到来自潜在空间区域的编码向量，因此解码器不知道如何对潜在空间的分布进行处理。

因而，考虑潜在空间的连续性，允许随机采样和差值的变分自编码器应运而生。

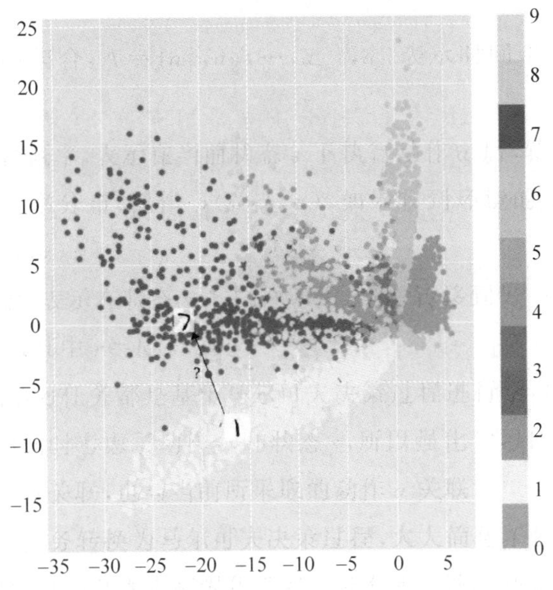

图 9.2　MNIST 数据集在标准自编码器的潜在空间分布

9.1.2 发展现状

相比于标准的自编码器,变分自编码器以概率的方式描述对潜在空间的观察。因此,在变分自编码器网络中,不是对每个潜在状态属性输出单个编码,而是输出每个潜在属性的概率分布。如图 9.3 所示,对于输入的图像,变分自编码器模型在潜在空间中输出了可能值的统计分布,然后对每个特征的值在统计分布中进行随机采样,得到新的向量后,供给后面的解码器模型。这一步实质上实施了连续、平滑的潜在空间表示。对于潜在空间分布中的所有采样值组成的向量,期望经过训练后解码器能够准确重构输入,因此,在潜在空间中彼此相邻的特征应该与类似的重构相对应。

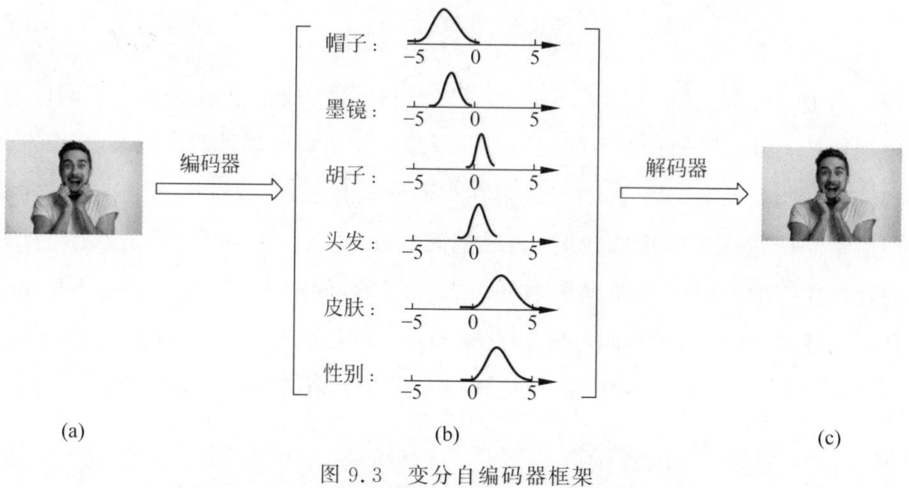

图 9.3 变分自编码器框架

截至 2019 年 8 月 1 日,在 GitHub 有大量基于变分自编码器的工程实现,以 Google Brain 提出的 Magenta Music VAE[1] 为例,Watch 有 813 个,Star 有 13 641 个,Fork 有 2714 个,Issues 目前 Open 有 181 个,396 个已处于 Closed 状态。

9.1.3 技术原理

从 9.1.2 节可以看到,标准自编码器与变分自编码器最大的不同在于,标准自编码器在潜在空间输出的是状态值,而变分自编码器在潜在空间输出的是描述该空间每个维度分布的参数。

将描述潜在空间每个维度的分布参数符号化为 z,那么变分自编码器的解码器模块会通过 z 生成观察数据 x,如图 9.4 所示。

$z \Rightarrow x$

图 9.4 解码器模块示意

在变分自编码器网络中，只能看到输出的 x，但是想推断出 z 的特征，需要计算 $p(z|x)$，也就是说，基于贝叶斯公式，得到：

$$p(z \mid x)=\frac{p(x \mid z)p(z)}{p(x)} \tag{9.1}$$

式中，$p(z|x)$——x 条件下 z 发生的概率；

$p(x|z)$——z 条件下 x 发生的概率；

$p(z)$——z 发生的概率；

$p(x)$——x 发生的概率。

接下来需要计算出 $p(x)$，即数据样本整体的分布。假设经过变分自编码器网络，得到一批数据输出$\{x_1,x_2,\cdots,x_n\}$，数据样本整体用 $\boldsymbol{X}$ 表示，如果能基于$\{x_1,x_2,\cdots,x_n\}$得到数据样本整体的分布 $p(x)$，那么直接根据 $p(x)$采样，就可以得到所有可能的数据了(包括$\{x_1,x_2,\cdots,x_n\}$以外的)。这是一个理想中的生成模型，当然，这个理想模型很难实现，因为局部的数据样本分布难以替代总体数据的分布情况。因此可以先将概率分布重写为：

$$p(x)=\int p(x \mid z)p(z)\mathrm{d}z \tag{9.2}$$

此时，$p(x|z)$就描述了一个由 z 来生成 x 的模型。由于 z 为隐变量，因此计算式(9.2)是非常困难的，需要应用变分推断(Variation Inference)来估计这个值。变分推断的思想是：寻找一个容易处理的概率分布 $q(z)$，使得 $q(z)$与目标概率分布 $p(z|x)$尽量接近，然后用 $q(z)$代替 $p(z|x)$来对复杂的概率分布进行近似的推断。回想一下，KL 散度(Kullback-Leibler Divergence)是对两个概率分布的差异的度量，其定义如下：

$$\begin{aligned}\mathrm{KL}(q \parallel p)&=\int q(t)\log\frac{q(t)}{p(t)}\mathrm{d}t=E_q(\log q-\log p)\\&=E_q[\log q]-E_q[\log p]\end{aligned} \tag{9.3}$$

式中，$q(t)$——概率分布 q；

$p(t)$——概率分布 p；

$\log q$——q 的对数；

$E_q[\log q]$——q 分布下 $\log q$ 的期望。

其中，KL 散度满足以下重要的性质：

$$\mathrm{KL}(q \parallel p)\geqslant 0 \text{ 且 } \mathrm{KL}(q \parallel p)=0 \leftrightarrow q=p \tag{9.4}$$

因此，如果想要确保 $q(z)$与 $p(z|x)$相似，可以通过最小化两个概率分布之间的 KL 散度，即转换为对式(9.5)的优化：

$$\min \mathrm{KL}(q(z) \parallel p(z \mid x)) \tag{9.5}$$

根据 KL 散度的定义及 $p(z|x)=\dfrac{p(z,x)}{p(x)}$,可以得到:

$$\mathrm{KL}(q(z) \parallel p(z \mid x)) = E[\log q(z)] - E[\log p(z,x)] + \log p(x) \tag{9.6}$$

令 ELBO(Evidence Lower Bound Objective)是 $p(x)$ 对数似然的一个下界(Lower Bound),则:

$$\mathrm{ELBO}(q) = E[\log p(z,x)] - E[\log q(z)] \tag{9.7}$$

根据 KL 散度非负的性质,结合式(9.6)和式(9.7),得出:

$$\log p(x) = \mathrm{KL}(q(x) \parallel p(z \mid x)) + \mathrm{ELBO}(q) \geqslant \mathrm{ELBO}(q) \tag{9.8}$$

由于对于给定的数据集,$p(x)$为常数,因此若要最小化式(9.8)中的 $\mathrm{KL}(q(x) \parallel p(z|x))$,即可等价为最大化 ELBO($q$)。将 ELBO($q$)记为 L,以强调需要优化的参数。那么根据概率的乘法公式,经过简单的变换后,最大化 ELBO(q)可以写作:

$$\max L(\theta,\Phi;\, x^{(i)}) = E_{q_{\Phi}(z|x)}[\log p_{\theta}(x^{(i)} \mid z)] - \mathrm{KL}(q_{\Phi}(z \mid x^{(i)}) \parallel p_{\theta}(z)) \tag{9.9}$$

在式(9.9)中第一项 $E_{q_{\Phi}(z|x)}[\log p_{\theta}(x^{(i)}|z)]$代表重构的可能性,第二项 $\mathrm{KL}(q_{\Phi}(z|x^{(i)}) \parallel p_{\theta}(z))$则确保学习到的分布 q 类似于真实的先验分布 p。

经过对式(9.9)的最优化,得到了类似真实先验分布 p 的分布 q 后,便可以使用 q 来推断潜在空间里隐藏的变量,也就是 z。同时,这些隐藏变量可以用于生成观察 $\tilde{x}$。为了更直观的表述,将所描述的文字构造成神经网络结构,其中编码器模型学习从真实数据 x 到隐藏变量 z 的映射,解码器模型学习从隐藏变量 z 到观察数据 $\tilde{x}$ 的映射,如图 9.5 所示。

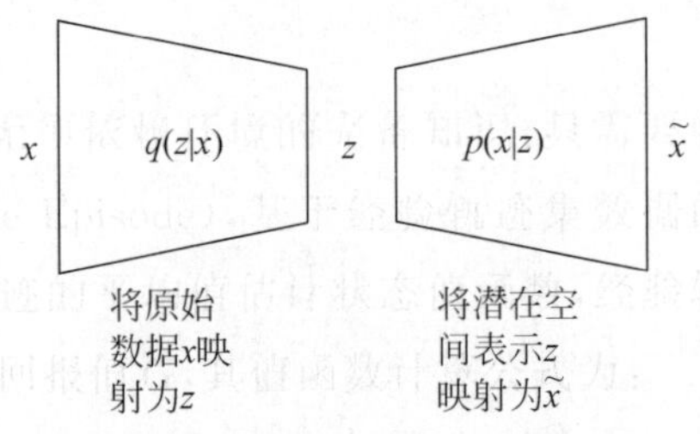

图 9.5 变分自编码器结构

建立网络后,便需要构造损失函数。如上面提到的,损失函数包括两项:第一项惩罚真实数据和观察数据的重构误差;第二项鼓励学习到的分布 $q(x|z)$类似于真实的先验分布 $p(z)$,最后的损失函数如下(j 为潜在空间的每个维度):

$$\mathcal{L}(x,\tilde{x}) + \sum_{j} \mathrm{KL}(q_j(z \mid x) \parallel p(z)) \tag{9.10}$$

式中,$\mathcal{L}(x,\tilde{x})$——真实数据 x 和观察数据 $\tilde{x}$ 的重构误差;

$\mathrm{KL}(q_j(z|x) \parallel p(z))$——$j$ 维度下概率分布 $q_j(z|x)$和概率分布 $p(z)$的 KL 散度。

下面看一下变分自编码器的实现细节。之前提到,学习到的概率分布 $q(x|z)$服从正态分布,那么潜在空间会输出两个向量来描述潜在状态分布的均值和方差。之

后，解码器模型将从预定义的正态分布中，依照潜在空间的均值和方差进行样本采样，以生成一个潜在向量，并开始重构原始输入。

图 9.6 为变分自编码器的网络细节。从图中可以看到，变分自编码器有两个编码器模块：一个用于计算样本均值，一个用来计算样本方差。

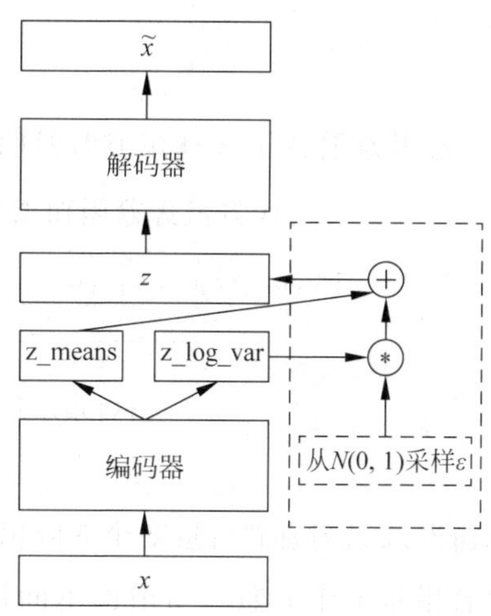

图 9.6　变分自编码器网络细节

对于计算样本均值的编码器，它在输出结果上添加"高斯噪声"，使得对结果进行解码的解码器模块能够对噪声具有鲁棒性。而前文中介绍的额外的 KL 损失（目的是让均值为 0，方差为 1），事实上就相当于编码器的一个正则项，即损失使得编码器的输出均值趋向 0。

计算样本方差的编码器用于动态调节噪声的强度。当解码器还没有训练好时（重构误差远大于 KL 损失），就会适当降低噪声（KL 损失增加），使得拟合起来更加容易（重构误差开始下降）。反之，如果解码器训练得不错（重构误差小于 KL 损失），这时候噪声就会增加（KL 损失减少），使得拟合变得更加困难（重构误差开始增加），这时候，解码器就要想办法提高它的生成能力了。

最后，需要对变分自编码器模型进行训练。如之前了解的，训练模型时，需要能够使用反向传播来计算网络中的每个参数和损失函数之间的关系。然而，在变分自编码器中，需要对样本进行随机采样，对于这一随机的过程，反向传播无法计算参数和损失函数之间的关系。因此，变分自编码器引入了一种称为再参数化（Reparameterization Trick）的方法，在网络中的位置如图 9.6 的虚线框所示。再参数化方法前向传播及反向传播的详细流程分别如图 9.7 和图 9.8 所示。

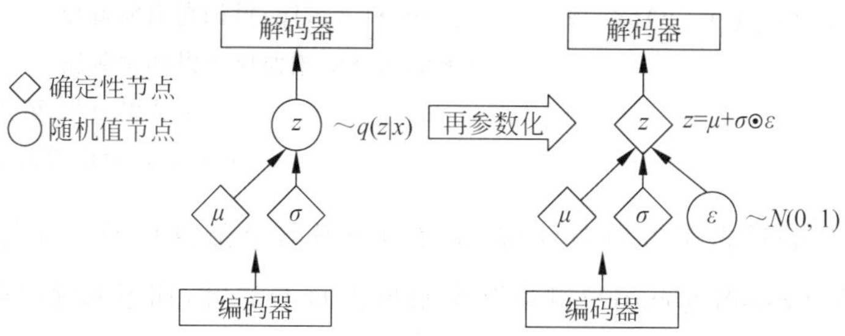

图 9.7　再参数化方法前向传播

从图 9.7 和图 9.8 中可以看到，再参数化方法从单位高斯分布随机采样 ε 开始，然后通过潜在分布的均值 μ 改变随机采样的 ε，最后通过潜在分布的方差 σ 对其进行缩放。通过这种再参数化的方法，克服了随机抽样过程反向传播无法计算的问题，从而可以优化分布的参数，同时仍保持从该分布随机抽样的能力。

最后，看一下使用 MNIST 数据集对变分自编码器进行训练后，对潜在空间进行二维可视化后的分布情况，如图 9.9 所示。可以看到，相比于图 9.2 中标准自编码器潜在空间的类簇之间不均匀分布（潜在空间有些区域无法表征任何实际数据），变分自编码器能够学习将输入数据转换为平滑的潜在特征，其通过聚类来保持临近编码在局部尺度上的相似性，该特性是通过重建损失的集群形成性质和 KL 损失的密集包装性质来达到平衡，使得形成的解码器可以解码不同的簇。这意味着如果从编码向量的相同分布中采样一个向量，则解码器将成功解码它。当该向量被插入时，簇作为一个平滑的组合特征，不会有突然的间隙，可以被解码器理解并解码。

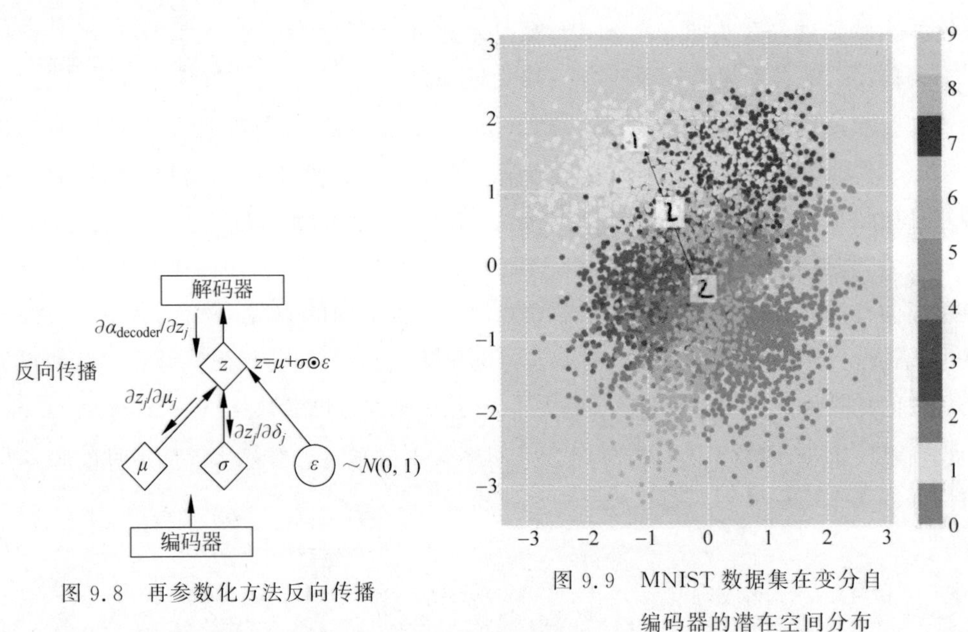

图 9.8　再参数化方法反向传播

图 9.9　MNIST 数据集在变分自编码器的潜在空间分布

9.1.4　技术难点

变分自编码器作为生成模型，其算法流程是经过编码器得到潜在空间后，从潜在空间中进行采样，然后使用解码器网络生成与输入数据类似的新数据。该方法可以处理明显不同类型的数据，如顺序或非顺序、连续或离散、标记或完全不标记等。变分自编码器的损失函数具有两个目的：一为惩罚真实数据和观察数据的重构误差，二为鼓励学习到的分布趋近于真实的先验分布。如何权衡两者的比重，从而得到精确的生成结果，是需要通过大量实验去验证的。同时，变分自编码器虽然显性地定义了概率分布，但并非精确求解概率分布，而是用下界来近似概率分布。所以生成的样本相比于生成对抗网络[2]会更模糊一些。因此，如何改善变分自编码器生成样本模糊的问题，结合变分自编码器和生成对抗网络，对两者的探索是未来非常有意义的研究。

9.1.5　应用场景

变分自编码器作为一个生成模型，在虚拟图像生成、虚拟视频生成以及强化学习等领域得到了广泛的应用，并取得了较好的进展。例如，9.1.2 节所提到的 Magenta Music VAE，基于变分自编码器的模型也能和长短期记忆网络结合，构建长短期记忆网络"编码器-解码器"对来训练一个变分自编码器，用于生成合成文本。除了文本生成、声音生成外，对于虚构人脸照片，利用一个"卷积-解卷积编码器-解码器"来替换标准的全连接的密集"编码器-解码器"也能有很好效果，如图 9.10 所示[3]。同时，变分自编码器在视频生成、强化学习等领域也取得了好的效果。

图 9.10　变分自编码器生成虚构人脸

9.2 生成对抗网络

Goodfellow 等人于 2014 年提出[2]生成对抗网络(GAN)。生成对抗网络是一种生成模型,也是一种非监督学习方法。其通过一种对抗博弈的过程进行训练,让生成网络和判别网络以一种博弈的方式进行互相学习。目前,生成对抗网络在计算机视觉和图像处理领域应用较为广泛,通常用于生成以假乱真的图像并进行数据增强。生成对抗网络已成为人工智能领域一个热门的研究方向,得到越来越多研究者的关注。

9.2.1 提出背景

目前,人工智能的发展可以概括为两个重要的阶段:感知阶段和认知阶段。从外界接收各种信号并对其进行判断的过程称为感知,例如图像识别和语音识别都属于这一范畴。而比感知阶段更深一层次的阶段是认知阶段,即不仅对接收到的外界信号做出判断并且对外界信号产生一定的理解。生成对抗网络的出现是人工智能在认知阶段的一个重要探索。生成对抗网络包含生成器和判别器,经过训练之后的生成器可以对数据产生理解,从而生成新的数据样本。因此,生成对抗网络在某种层面来说加深了人工智能对数据的理解[4]。

随着 2012 年 Hinton 团队提出的 AlexNet 在大规模图像识别竞赛 ImageNet 上取得成功以来,深度学习受到越来越多的关注,神经网络也再度受到学术界和工业界的关注。得益于计算机算力的提升,神经网络自身参数多、训练难的问题得到部分解决。深度学习技术在视觉、语言和语音领域都在飞速发展,取得越来越多的突破。在训练方面,神经网络能够采用通用的反向传播方式进行优化,训练过程易于实现;而在结构方面,其实现简单、灵活。同时,神经网络模型具有极强的建模能力,理论上神经网络模型可以逼近任意形式的函数。深度神经网络的发展也是生成对抗网络发展最重要的基础。

监督学习分为生成方法和判别方法,可以分别学习得到生成模型和判别模型。生成方法通过数据来学得联合概率分布 $P(X,Y)$,同时利用贝叶斯定理求得条件概率分布 $P(Y|X)=\dfrac{P(X,Y)}{P(X)}$,以 $P(Y|X)$ 作为模型的预测输出,得到生成模型。判别方法利用数据直接学得决策函数 $f(X)$ 或者条件概率分布 $P(Y|X)$ 作为预测输出,得到的

模型即为判别模型。生成方法涉及数据的分布假设和参数的学习，通常会对数据的显式和隐式变量进行分布假设，然后利用真实的训练数据对分布参数进行拟合，通过训练得到分布模型。拟合生成模型所用的方法通常有极大似然估计法、马尔可夫链方法等。不同于一般的生成方法——通过显式假设数据分布来学习与拟合分布参数，生成对抗网络不需要直接假设数据的分布，而是通过无监督生成模型来学习真实数据的本质特征，从而刻画出样本数据的分布特征，生成与训练样本相似的新数据。一般而言，生成模型的参数远远小于训练数据的量，因此模型能够学习发现数据本质的特征，从而可以生成新的相似的数据。

基于深度学习的发展，生成模型方法理论日渐成熟以及对抗思想被引入人工智能领域，在目前深度学习发展的热潮下，生成对抗网络的提出对深度学习在视觉、语言和语音等领域的发展起到了推动作用。生成对抗网络启发自博弈论中的二人零和博弈，博弈双方为生成模型 G 和判别模型 D。生成模型 G 在训练过程中不断学习训练数据集中真实数据的概率分布，并且试图将输入噪声数据 z 进行转换来逼近真实数据。判别模型目标是将生成数据与真实数据进行区分。它在训练过程中不断优化，提升判断输入数据来源的准确度。生成对抗网络的目标是让生成模型 G 和判别模型 D 不断进行博弈，通过相互竞争使两个模型同时得到训练，最终用得到的生成模型 G 进行数据生成，用得到的判别模型 D 进行数据来源判断。

9.2.2　发展现状

自从生成对抗网络被提出以来，各种生成对抗网络的衍生模型也相继被提出，这些模型的改进总结起来包括：针对目标函数、模型结构的改进，针对生成对抗网络的一些问题解决[5]的改进。以下分别对这几个方向的发展加以说明。

生成模型的目标是让生成数据的分布 $p_g(x)$ 与真实数据的分布 $p_{\text{data}}(x)$ 尽可能接近。因此，最小化两个概率分布之间的差别是训练生成模型的关键。标准的生成对抗网络使用判别模型来最小化 JS(Jensen-Shannon)散度 $\text{JSD}(p_{\text{data}} \| p_g)$。研究者发现可以通过更换距离计算方法或散度来提升生成对抗网络表现。其中有基于 f 散度的 f-GAN[6] 和 LSGAN(Least Square GAN)[7]，基于 IPM(Integral Probability Metric)的 WGAN(Wasserstein GAN)①、WGAN-GP(WGAN with Gradient Penalty)[8]、

① 参见：Arjovsky M，Chintala S，Bottou L. Wasserstein GAN[EB/OL]. 2017[2019-11-10]https://arxiv.org/pdf/1701.07875.pdf。

Fisher GAN[9]、MMDGAN(Maximum Mean Discrepancy GAN)[10]等。

生成模型和判别模型的结构是非常重要的,它们影响着生成对抗网络训练的稳定性和最终训练结果的表现。比较常见的一些修改模型结构的技巧有批量标准化、堆叠结构、多重生成和判别模型。其中比较有名的 DCGAN(Deep Convolutional GAN)① 为其他 GAN 模型提供了一个较好的基准。DCGAN 提供了一个基于深度卷积神经网络的稳定训练的 GAN 网络模型。基于分层结构的 GAN 网络也比较常见,例如使用多个 GAN 网络对构成分层结构的 StackedGAN[11],使用单个 GAN 网络分层结构的 Progressive GAN②。还有基于自编码结构的 BEGAN(Boundary Equilibrium GAN)③、MAGAN(Margin Adaptation GAN)[12]。

在动态训练生成对抗网络的过程中会存在理论和实际中的一些问题,其中尤其以模式崩溃的问题最为突出。一旦出现模式崩溃,生成模型会难以获取真实数据的概率分布。为了解决模式崩溃问题,研究者提出了基于目标函数的 Unrolled GAN④0、基于网络结构的 MAD GAN(Multi Agent Diverse GAN)[12]等。

9.2.3 技术原理

生成对抗网络(见图 9.11)通过对抗的方式来估计生成模型,同时包含两个训练过程:生成模型 G 用来获取真实训练数据的概率分布;判别模型 D 用来判别输入数据是来自真实训练样本还是来自生成模型 G。生成模型 G 的训练过程是最大化判别模型 D 判错的概率。整个生成对抗网络的优化过程可以归纳为一个"二元极小极大博弈"问题。为了使生成模型学习得到真实数据 x 的概率分布 p_g,首先定义输入噪声的先验概率分布 $p_z(z)$,然后将该先验概率分布映射到数据空间 $G(z;\theta_g)$,其中 G 是一个将 θ_g 作为参数的多层感知机构成的可微函数,这样就构成了生成模型。定义判别模型为 $D(x;\theta_d)$,以真实数据或者生成数据作为输入,输出标量 $D(x)$表示数据 x 来自于真实数据的概率值,定义生成数据的标签为 0,真实数据的标签为 1。生成对抗网络训练

① 参见:Radford A,Metz L,Chintala S. Unsupervised Representation Learning with Deep Convolutional Generative Adversarial Networks[EB/OL]. 2015[2019-11-10]https://arxiv.org/pdf/1511.06434.pdf。

② 参见:Karras T,Aila T,Laine S,et al. Progressive Growing of Gans for Improved Quality,Stability,and Variation[EB/OL]. 2017[2019-11-10]https://arxiv.org/pdf/1710.10196.pdf。

③ 参见:Berthelot D,Schumm T,Metz L. Began:Boundary Equilibrium Generative Adversarial Networks[EB/OL]. 2017[2019-11-10]https://arxiv.org/pdf/1703.10717.pdf。

④ 参见:Metz L,Poole B,Pfau D,et al. Unrolled Generative Adversarial Networks[EB/OL]. 2016[2019-11-10]https://arxiv.org/pdf/1611.02163.pdf。

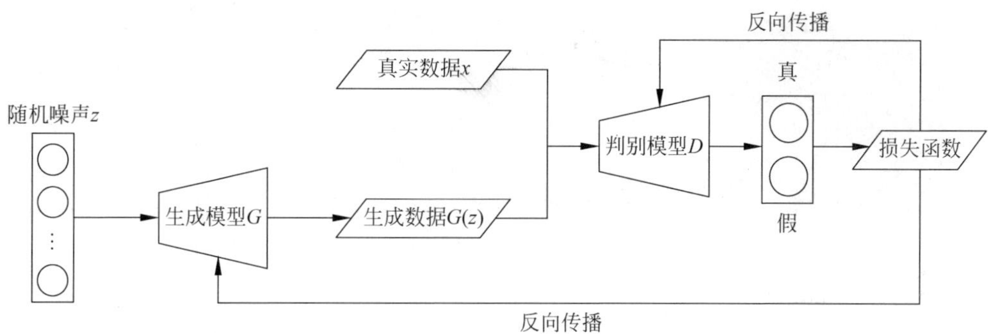

图9.11　生成对抗网络示意图

判别模型 D 用于最大化输出正确的标签，训练生成模型 G 用于最小化判别模型 D 对于生成数据输出正确的标签①。换言之，生成模型 G 和判别模型 D 通过优化如下的"二元极大极小博弈"问题的目标函数来获得结果：

$$\min_G \max_D V(D,G) = E_{x\sim p_{\text{data}}(x)}[\log D(x)] + E_{z\sim p_z(z)}[\log(1-D(G(z)))] \quad (9.11)$$

式中，G——生成模型；

D——判别模型；

$V(D,G)$——关于 D 和 G 的价值函数；

x——样本数据；

$p_{\text{data}}(x)$——真实数据分布；

z——噪声数据；

$p_z(z)$——噪声数据分布。

实际上，目标函数可能不会提供足够的梯度让生成模型 G 学习得足够好。在训练早期，当生成模型 G 未收敛时，判别模型 D 可以以较高的置信度将生成数据与训练样本数据进行区分，这时，$\log(1-D(G(z)))$饱和。为了训练生成模型 G 来最小化 $\log(1-D(G(z)))$，可以训练生成模型 G 来最大化 $\log(D(G(z)))$。选择为 $\log(D(G(z)))$进行训练，在学习的早期可以提供更充足的梯度。生成对抗网络训练算法如算法9.1所示。

算法9.1　生成对抗网络训练

输入：生成对抗网络 Minibatch 随机梯度下降训练，判别模型训练步数 k 是超参数，这里设置为1，训练迭代次数为 T

① 参见：Jahanian A, Chai L, Isola P. On the "Steerability" of Generative Adversarial Networks[EB/OL]. 2019[2019-11-10]https://arxiv.org/pdf/1907.07171.pdf。

输出：对抗模型 D 参数更新结果 $\theta_{d\text{kT}}$，生成模型 G 参数更新结果 $\theta_{g\text{T}}$

(1) 设 $t \in \{1,2,\cdots,\text{T}\}$

(2) 从噪声先验概率分布 $p_g(z)$ 中采样出 m 个噪声样本 $\{z^{(1)}, z^{(2)}, \cdots, z^{(m)}\}$

(3) 从数据生成概率分布 $p_{\text{data}}(x)$ 中采样出 m 个样本 $\{x^{(1)}, x^{(2)}, \cdots, x^{(m)}\}$

(4) 设 $r \in \{1,2,\cdots,k\}$

(5) 通过随机梯度上升更新判别模型：

$$\theta_{d_{tr}} \leftarrow \theta_{d_{t(r-1)}} + \nabla_{\theta_d} \frac{1}{m} \sum_{i=1}^{m} [\log(D(x^{(i)})) + \log(1 - D(G(z^{(i)})))] \tag{9.12}$$

(6) 从噪声先验概率分布 $p_g(z)$ 中采样出 m 个噪声样本 $\{z^{(1)}, z^{(2)}, \cdots, z^{(m)}\}$

(7) 通过随机梯度下降来更新生成模型：

$$\theta_{g_t} \leftarrow \theta g_{t-1} - \nabla_{\theta_g} \frac{1}{m} \sum_{i=1}^{m} \log(1 - D(G(z^{(i)}))) \tag{9.13}$$

(8) 输出：经过梯度更新之后的对抗模型 D 和生成模型 G

(9) 在训练判别模型 D 时，对任意的生成模型 G，需要最大化价值函数 $V(D,G)$：

$$V(G,D) = \int_x p_{\text{data}}(x)\log(D(x))\text{d}x + \int_z p_z(z)\log(1 - D(g(z)))\text{d}z \tag{9.14}$$

$$= \int_x p_{\text{data}}(x)\log(D(x)) + p_g(x)\log(1 - D(x))\text{d}x \tag{9.15}$$

(10) 对任意 $(a,b) \in \mathbb{R}^2 \backslash \{0,0\}$，关于 y 的函数 $a\log(y) + b\log(1-y)$ 在 $\frac{a}{a+b}$ 处取得最大值。因此，当生成模型 G 固定时，最优的判别模型 D 为：

$$D_G^*(x) = \frac{p_{\text{data}}(x)}{p_{\text{data}}(x) + p_g(x)} \tag{9.16}$$

(11) 对判别模型 D 进行训练的过程可以解释为极大似然估计条件概率函数 $P(Y=y|x)$，其中 Y 表示 x 来自 p_{data}（当 $y=1$ 时），还是来自 p_g（当 $y=0$ 时）。目标函数此时可以变为：

$$\begin{aligned} C(G) &= \max_D V(G,D) \\ &= E_{x\sim p_{\text{data}}}[\log(D_G^*(x))] + E_{x\sim p_z}[\log(1 - D_G^*(G(z)))] \\ &= E_{x\sim p_{\text{data}}}[\log(D_G^*(x))] + E_{x\sim p_g}[\log(1 - D_G^*(x))] \\ &= E_{x\sim p_{\text{data}}}\left[\log\left(\frac{p_{\text{data}}(x)}{p_{\text{data}}(x) + p_g(x)}\right)\right] + E_{x\sim p_g}\left[\log\left(\frac{p_g(x)}{p_{\text{data}}(x) + p_g(x)}\right)\right] \end{aligned} \tag{9.17}$$

(12) 可以将 $C(G)$ 改写为 KL(Kullback-Leibler)散度的形式进行优化：

$$C(G) = -\log(4) + \text{KL}\left(p_{\text{data}} \,\Big\|\, \frac{p_{\text{data}} + p_g}{2}\right) + \text{KL}\left(p_g \,\Big\|\, \frac{p_{\text{data}} + p_g}{2}\right) \tag{9.18}$$

改写为 JS(Jensen-Shannon)散度的形式，即：

$$C(G) = -\log(4) + 2\text{JS}(p_{\text{data}} \,\|\, p_g) \tag{9.19}$$

两个分布之间的 JS 散度总是非负的，并且当且仅当 $p_{\text{data}} = p_g$ 时取得最小值 0。所以，当固定判别模型 D，更新生成模型 G 时，目标函数取得全局最小值当且仅当 $p_{\text{data}} = p_g$ 时成立。

(13) 最终，博弈的结果是生成模型 G 可以生成足以以假乱真的数据 $G(z)$，而判别模型 D 难以判断生成数据是否真实，即：

$$D^*(x) = \frac{p_{\text{data}}(x)}{p_{\text{data}}(x) + p_g(x)} = \frac{1}{2} \tag{9.20}$$

在训练生成对抗网络的过程中，同一轮参数更新中，一般对判别模型 D 进行 k 次梯度上升来更新参数，然后再对生成模型 G 进行一次梯度下降来进行参数更新。

9.2.4 技术难点

生成对抗网络解决了生成模型的一些问题，同时提出的对抗学习的方式对机器学习的发展有很大的启发。但生成对抗网络在解决这些问题的同时也引入了一些新的问题。生成对抗网络最大的问题同时也是最大的优点是引入了对抗学习的准则，对抗学习在理论上很难判断模型是否收敛以及平衡点的存在性。训练过程需要保持生成模型和判断模型同步进行训练并且保证平衡，否则难以保证得到较好的训练结果。在实际训练过程中生成模型和判断模型的同步训练很难把控，训练过程难以保持稳定。另外，由于生成模型和判别模型都采用了多层感知的神经网络模型，引入了神经网络模型固有的问题，即可解释性差。在训练完生成对抗网络后利用生成对抗网络产生的样本虽然具有多样性，但是存在崩溃模式现象，可能会生成多个差异不大的样本。

9.2.5 应用场景

生成对抗网络具有极强的数据生成能力，生成对抗网络最直接的应用就是数据增强，通过网络生成和真实数据分布一致的数据样本，例如可以生成图像、视频等。同时，生成对抗网络可以用于解决标注数据不足时的学习问题，应用于无监督学习和半监督学习。生成对抗网络还可以用于语言和语音等领域，如对话生成、由文本生成图像等。

在图像和计算机视觉领域，生成对抗网络的应用较为广泛。例如，在图像迁移领域（图像迁移会将原始图像从域 X 转换到域 Y 中）有 Pix2pix[13]、PAN[14]、CycleGAN[15]、DiscoGAN[16]等算法；在图像超分领域有 SRGAN[17] 算法；在目标检测中有 SeGAN[18]、Perceptual GAN[19]等算法；在目标变形中有 GeneGAN① 算法；在联合图像生成中有 CoupledGAN 等算法；在视频生成中有 Video GAN[21]、Pose-GAN[22]、MoCoGAN[23]等算法；在文字生成图像中有 Stack GAN[24]算法；在改变人脸面部属性中有 AGE-GAN[25]算法。

在序列数据生成领域，生成对抗网络也有较多的应用。例如，在音乐生成中用到的 SeqGAN②；在文本生成中用到的 RankGAN[26]；在语音转换中用到

---

① 参见：Zhou S,Xiao T,Yang Y,et al. GeneGAN: Learning Object Transfiguration and Attribute Subspace From Unpaired Data[EB/OL]. 2017[2019-11-10]https://arxiv. org/pdf/1705. 04932. pdf。

② 参见：Yu L, Zhang W, Wang J, et al. SeqGAN: Sequence Generative Adversarial Nets with Policy Gradient[C]. hirty-First AAAI Conference on Artificial Intelligence, 2017。

的 VAW-GAN①。

在其他领域生成对抗网络比较常见的应用有，在半监督学习中用到的 SSL-GAN[27]、Triple-GAN[28]；在领域自适应中会用到的 UPLDA[29]；在医疗图像分割中用到的 DI2IN[30]、SeGAN[31]。

可见生成对抗网络在视觉、语音、语言等领域都得到了一定的发展，正在受到越来越多的关注。

9.2.6 框架模块

在 GitHub 官方主页及其他用户开源代码上，已支持主流框架有 TensorFlow、Pytorch、Keras 等，涵盖的编码语言按热度分别是 Python、C++、Java、C 等。

9.3 应用：数据增强

数据增强，顾名思义是对数据进行“增加”或“强化”。从词义上看，“增强”与“生成”有些相关性，综合来看，可以将数据增强看作是深度神经网络生成模型（可以简称为深度生成模型）的典型应用方向之一。为了让读者更好地了解数据增强的定义、技术发展，接下来将主要结合图像领域的实际场景详尽阐述。

9.3.1 数据增强的定义

数据增强又名数据扩增或数据增广。在深度学习中，当数据量不大时可能会导致过拟合，使得训练误差很小，但测试误差却特别大。怎么办呢？有时候得到更多的标注数据可能不是很容易，于是最好的解决办法就是人“造”数据——人工增加训练集的大小。笔者结合自己的理解，认为数据增强是一种基于（有限）数据生成新数据的方法。

① 参见：Hsu C C，Hwang H T，Wu Y C，et al. Voice Conversion from Unaligned Corpora Using Variational Autoencoding Wasserstein Generative Adversarial Networks[EB/OL]. 2017[2019-11-10]https://arxiv.org/pdf/1704.00849.pdf。

9.3.2　数据增强的目的

数据增强的目的主要有两个：一是基于已有数据生成新数据来扩充数据规模；二是利用新旧数据丰富数据减少网络模型过拟合现象。

9.3.3　传统数据增强的方法

传统数据增强的方法在发展多年后已经比较成熟，本节选取一些经典或常用的示例讲解。

1. 空间几何变换操作

1）翻转

翻转(Flip)包括两种：一种沿着水平方向翻转图像，另一种沿着垂直方向翻转图像。如图 9.12 所示，图 9.12(a)为原图，图 9.12(b)为经过翻转后的新图。

(a) 原图

(b) 翻转效果

图 9.12　图片空间几何变换之翻转示例

2）裁剪

裁剪(Crop)指将图片中有用或感兴趣的区域裁剪出来，训练中通常采用随机裁剪的策略，图 9.13 为随机裁剪后的结果。

3）旋转变换/反射变换

旋转(Rotation)/反射(Reflection)变换指对图像进行一定角度的旋转来改变图像的朝向，训练时一般都选择随机旋转，图 9.14 为旋转/反射变换后的结果。

4）缩放变换

缩放(Zoom)变换指对图像的某个部分或者全部，进行一定比例放大或缩小操作。

(a) 原图　　　　(b) 随机裁剪效果1

(c) 随机裁剪效果2　　　　(d) 随机裁剪效果3

图 9.13　图片空间几何变换之裁剪示例

(a) 原图　　　　(b) 旋转/反射效果1

(c) 旋转/反射效果2　　　　(d) 旋转/反射效果3

图 9.14　图片空间几何变换之旋转/反射变换示例

训练时，一般有两种变换：一是将整个图像缩放到一定尺寸；二是选取图像的某个部分将其缩放至原图像尺寸，图 9.15 为图 9.14(a)经过缩放变换得到。

(a) 缩放变换效果1

(b) 缩放变换效果2

图 9.15　图片空间几何变换之缩放变换示例

2. 像素颜色变换操作

1）添加噪声

添加噪声(Noise Addition)指在原图上随机叠加一些噪声。训练时，一般添加椒盐噪声或高斯噪声。图 9.16 为图 9.14(a)经过两次随机添加高斯噪声的效果。

(a) 添加高斯噪声效果1

(b) 添加高斯噪声效果2

图 9.16　图片像素颜色变换之添加噪声示例

2）粗滤器

粗滤器(Coarse Dropout)指选取一定面积的位置随机的矩形或圆形等区域，进行信息丢失变换，图像所有通道信息丢失则在对应位置产生黑色块，部分通道信息丢失则产生彩色块，图 9.17 为图 9.14(a)经过粗滤器得到。

3）模糊变换

模糊变换(Fuzzy Transformation)，指缩小图像各像素点值间的差异实现像素平滑化，从视觉上达到图片模糊的效果，图 9.18 为图 9.14(a)经过模糊变换得到。

(a) 添加粗滤器效果1

(b) 添加粗滤器效果2

图 9.17 图片像素颜色变换之粗滤器示例

(a) 模糊变换效果1

(b) 模糊变换效果2

图 9.18 图片像素颜色变换之模糊变换示例

4）对比度变换

对比度变换(Contrast)指在图像 HSV 颜色空间，一般保持色调 H 不变，改变每个像素的饱和度 S 和亮度分量 V 值来实现对比度变换，如图 9.19 为图 9.14(a)经过处理得到。

5）随机擦除法

随机擦除法(Random Erasure)指在图像上随机选取一块区域进行信息擦除，擦除区域内的每个像素一般采用随机噪声填充，如图 9.20 为图 9.14(a)经过处理得到。

6）转换法

转换法(Invert)指按照给定的概率值将部分或所有通道的像素数值 m 变换为 $255-m$，如图 9.21 为图 9.14(a)经过处理得到。

7）锐化

锐化(Sharpen)指补偿图像的轮廓，突出图像上地物的边缘及灰度跳跃变化的部分，实质是提高了地物边缘及周围之间的反差，使图像变得更加清晰，如图 9.22 为图 9.14(a)经过处理得到。

(a) 对比度变换效果1

(b) 对比度变换效果2

(c) 对比度变换效果3

(d) 对比度变换效果4

图 9.19 图片像素颜色变换之对比度变换示例

(a) 随机擦除法效果1

(b) 随机擦除法效果2

(c) 随机擦除法效果3

(d) 随机擦除法效果4

图 9.20 图片像素颜色变换之随机擦除法示例

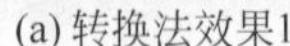

(a) 转换法效果1

(b) 转换法效果2

图 9.21　图片像素颜色变换之转换法示例

8）浮雕

浮雕(Emboss)指图像上的物体经过浮雕变换后能够“浮出”图像所在平面，如图 9.23 为图 9.14(a)经过处理得到。

图 9.22　图片像素颜色变换之锐化示例

图 9.23　图片像素颜色变换之浮雕示例

3. 不适用场景说明

使用传统数据增强方法时，有些任务场景使用某些变换操作就不合适，例如数字识别场景，原图是数字 6 和 9 时，经过旋转变换后则无法区分开；又如侧偏的人脸，经过翻转变换后则无法区分左右。

9.3.4　基于深度学习的数据增强方法

近年来，学术界和工业界不断涌现出一些出色的基于 AI 的数据增强方法，本节将提炼并挑选部分典型的方法及应用进行讲解。下面关于数据增强方法的分类从科学性角度来看并不严谨，仅是粗略分类，供读者参考。

1. 基于卷积网络的图像增强方法

1）实时图像增强方法①

（1）适用场景。该方法主要针对移动端图像实时增强场景，可以嵌入图像处理流水线中或者将实时增强结果作为用户调整图像时的参考选项。

（2）解决思路。参照双边网格处理和局部仿射颜色变换理念设计神经网络结构，对模型输入成对的输入/输出图像，训练卷积神经网络来预测双边空间（Bilateral Space）中局部仿射模型的系数，模型学习如何做出本地的、全局的和依赖于内容的决策来近似所需的图像变换。

离线训练模型时，神经网络的输入是低分辨率图像，在双边空间中产生一组仿射变换，使用新的切片节点以边缘保留方式对这些变换进行上采样，然后将这些上采样变换应用于全分辨率图像。

（3）创新点。创新点主要包括两点：一是引入一种新的神经网络架构，设计灵感来自双边网格处理和局部仿射颜色变换；二是毫秒级别实现1080P实时图片增强。如图9.24所示，图9.24(a)为原图，1200万像素，16比特（位）线性输入，为了便于可视化做了色调映射；图9.24(b)为HDR＋绘制色调，耗时400～600ms；图9.24(c)为算法处理结果，耗时61ms，峰值信噪比为28.4dB。

(a) 原图

(b) HDR+绘制色调

(c) 处理结果

图9.24　展示实时图像增强方法的效果图

2）低光照图像增强方法②

（1）适用场景。该方法主要针对低光照成像场景，暂时无法完美处理含人体及动

① 参见：Gharbi M，Chen J W，Barron J T，et al. Deep Bilateral Learning for Real-time Image Enhancement [J]. ACM Transactions on Graphics（TOG），2017，36(4)：118。

② 参见：Chen C，Chen Q F，Xu J，et al. Learning to See in the Dark[C]. Proceedings of the IEEE Conference on Computer Vision and Pattern Recognition. 2018：3291-3300。

态目标的场景。

(2) 解决思路。论文中开源一套 5094×2 个图像的数据集,每一张原始短曝光低光照图像对应一张长曝光参考图像,并对应开发一套基于完全卷积网络端到端的训练流水线。

(3) 创新点。主要创新点是开源了一套用于处理低光照场景的数据集。图 9.25 展示低光照图像增强的效果图。

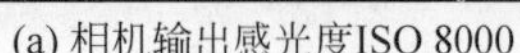

(a) 相机输出感光度ISO 8000　　(b) 相机输出感光度ISO 409600　　(c) 依据图9.25(a)原始数据得到的结果

图 9.25　展示低光照图像增强的效果图

3) 图像风格迁移方法[32]

(1) 适用场景。将现有照片变换至某参考照片的特定风格并保持真实感。

(2) 解决思路。论文[32]总体上是利用"编码-解码"(Encoder-Decoder)结构实现照片级的真实感风格迁移,主要包括两个关键步骤,首先是风格化转移,即实现目标照片按照参考照片中的风格进行转移,其次是平滑变换,确保空间连续性的风格化转移。

(3) 创新点。对比传统或之前提出的方法,本论文创新点主要有两个方面:一是提出平滑变换使得风格迁移更具备真实感;二是风格转移和平滑变换可以分开各自闭合计算。如图 9.26(e)为该方法的实验效果图。

(a) 风格　　(b) 内容　　(c) Gatys等人论文的实验[33]结果　　(d) Luan等人论文的实验[34]结果　　(e) 该论文方法的实验结果

图 9.26　展示风格及内容变换的效果图

2. 基于生成对抗网络的图像增强方法

1）使用更少标签生成高保真图像[①]

（1）适用场景。该方法适用于标签数据较少时需要生成高保真图像的场景。

（2）解决思路。论文中将该方法又分为预训练方法和联合训练方法。具体介绍如下。

① 预训练方法(Pre-trained Approaches)，包括非监督聚类方法和半监督方法。

非监督聚类方法。使用相关论文(Gidaris 等，2018)[②]、(Kolesnikov 等，2019)[③]提出的自我监督方法对真实训练数据提取特征表达，然后聚类并将簇作为标签的替代标识，设计对应的铰链损失函数求最小化来训练 GAN 网络。

半监督方法。在非监督聚类方法理念的基础上，引入相关论文(Zhai 等，2019)[④]的思路将自我监督方法修改为半监督损失函数，并假定只有训练集的一个子集数据，论文通过自我监督和线性分类器同时训练得到特征表达，然后再用它来训练 GAN 网络。

② 联合训练方法(Co-training Approaches)，包括非监督方法和半监督方法。

非监督方法。对比预训练非监督方法，本方法避免了先做特征表达，再进行 GAN 训练，而是在 GAN 训练过程中直接推理标签。论文中采取了两种可对比方式：一是移除真实标签后将真实样本及生成的样本设置为相同的标签并将判别器中的映射层移除；二是将随机标签映射给非标签的真实图片，即此部分数据未提供有效信息给判别器，而采样的标签可以帮助生成器提供额外的随机信息。

半监督方法。对比预训练半监督方法，此处也将特征表达提取和 GAN 训练进行融合。

（3）创新点。论文[⑤]提出两个简单但有效的创新点：一是关于自我监督学习，通过自我监督学习得到训练数据的语义特征提取器，得到的特征表示可以被用来指导

① 参见：Lucic M，Tschannen M，Ritter M，et al. High-fidelity image generation with fewer labels [EB/OL]. 2019[2019-11-10]https://arxiv.org/pdf/1903.02271.pdf。

② 参见：Gidaris S，Singh P，Komodakis N. Unsupervised Representation Learning by Predicting Image Rotations[C]. In International Conference on Learning Representations，2018。

③ 参见：Kolesnikov A，Zhai X，Beyer L. Revisiting Selfsupervised Visual Representation Learning[C]. In Computer Vision and Pattern Recognition，2019。

④ 参见：Zhai X，Oliver A，Kolesnikov A，et al. S4L：Selfsupervised Semi-Supervised Learning[EB/OL]. 2019[2019-11-10]https://arxiv.org/pdf/1905.03670.pdf。

⑤ 参见：Lucic M，Tschannen M，Ritter M，et al. High-fidelity image generation with fewer labels [EB/OL]. 2019[2019-11-10]https://arxiv.org/pdf/1903.02271.pdf。

GAN 训练过程；二是关于半监督学习，训练集的标签可以从其子集中推断得到，推断得到的标签能被当作条件信息用于 GAN 训练。

2）使用少量数据快速生成高分辨率图像①

(1) 适用场景。该方法适用于带标签数据较少时需要快速生成高分辨率图像。

(2) 解决思路。论文核心思想是认为“在标准 GAN 的判别器中测量生成数据比带标签真值数据更真实的概率或许是可行的”，具体步骤如下。

① 对先验知识进行理论分析，如图 9.27 所示。图 9.27(a)表示 JS 散度最小化求最优解；图 9.27(b)表示使用标准 GAN 实际训练生成器来最小化损失函数；图 9.27(c)生成器理想训练过程来最小化损失函数，虚线指达到交叉点平衡后，后续迭代是必要的，也可能是不必要的。

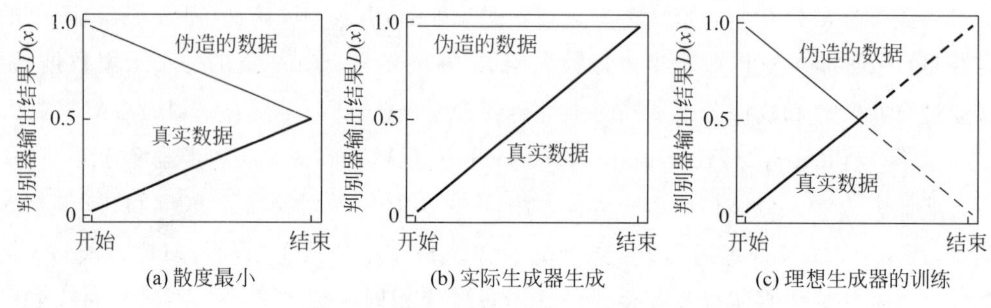

图 9.27　生成器和判别器训练收敛效果示意图

② 分析散度最小化时将判别器的损失函数设置为詹森-香农散度(Jensen-Shannon Divergence，JSD)[38]，实验结果表明标准 GAN 的饱和损失最小化时只增加了真实数据的判别器输出结果，伪造数据的判别器结果并没有增加(如图 9.27(b)所示)，这意味着标准 GAN 的动态与詹森-香农散度的最小化是非常不同的。文章也分析了在基于积分概率度量的 GAN 中，真数据和假数据对判别器损失函数的梯度贡献是相同，而在标准 GAN 中，如果判别器达到最优，梯度完全忽略了真实数据。

③ 提出了相对标准 GAN、相对 GAN、相对平均 GAN 的概念，并进行了简单/稳定、难/不稳定实验。

(3) 创新点。传统 GAN 网络主要是测量生成数据真实的概率值。文章提出 Relativistic GAN，其主要测量生成数据比带标签真值数据更真实的概率。文章中泛

① 参见：Jolicoeur-Martineau A. The relativistic discriminator：a key element missing from standard GAN [EB/OL]. 2018[2019-11-10]https://arxiv.org/pdf/1807.00734.pdf。

化构造一个新的距离来测量“相对真实性”，从实验数据看，基于 2011 个标签样本能够生成合理的高分辨率图像（256×256），而传统 GAN 则无法实现，如图 9.28 所示。

(a) 猫图像(256×256)通过GAN训练(5k次迭代)

(b) 猫图像(256×256)通过RaSGAN训练(指标FID=32.11)

图 9.28　Relativistic GAN 生成效果图

3. 基于数据自适应的图像增强方法

截至 2019 年 6 月，学术界在这个领域比较有代表性的文章主要有两篇，分别是来自 Google Brain 的 *AutoAugment*：*Learning Augmentation Strategies From Data*①和 Kakao Brain 的 *Fast AutoAugment*②，考虑到后者是在前者基础上的改进，本书以第一篇文章为例进行讲解。

（1）适用场景。根据现有数据进行自动数据增强，传统数据增强需要提前设定对每个图片的增强策略，而自动增强会从事先设计的自动增强策略库中自动选择合适的策略对每个图片进行增强。

（2）解决思路。论文中 Google Brain 将查找最优增强策略定义为离散搜索问题，主要包括两个部件，即搜索算法和搜索空间。从高层次看，搜索算法（通过控制器 RNN 来实现）对数据增强策略 S 采样，其中 S 携带要对图片做的预处理操作，在每个批处理过程中被采用的可能性及力度，然后使用 S 来训练具有固定架构的神经网络，验证精度 R 将被反馈来更新控制器。考虑到 R 不可微分，控制器将基于策略梯度来更新。具体来看：

---

① 参见：Cubuk E D，Zoph B，Mane D，et al. AutoAugment：Learning Augmentation Strategies From Data [C]. Proceedings of the IEEE Conference on Computer Vision and Pattern Recognition. 2019：113-123。

② 参见：Lim S，Kim I，Kim T，et al. Fast AutoAugment[EB/OL]. 2019[2019-11-10]https://arxiv.org/pdf/1905.00397.pdf。

① 搜索空间：每个数据增强策略包括 5 个子策略，每个子策略含有 2 个图像操作，原论文一共选取 16 个操作。

② 搜索算法：实验时采用强化学习，含有两个部件分别是基于循环神经网络(RNN)的控制器和近端策略优化算法。

(3) 创新点。论文 Google Brain 中的创新点包括两个方面，其一是提出 AutoAugment(自动增强)概念，指自动搜索或选择数据增强策略；其二是设计一个搜索空间，其中每一个策略都包含多个子策略，每个子策略包括处理函数(如平移、旋转等)、被采用的可能性及力度。从实验结果来看，AutoAugment 效果对比基线有收益，论文中提到其他作者对 ImageNet 微调后在 Stanford Cars 上达到 SOTA(State-Of-The-Art)错误率为 5.9%，此论文使用 AutoAugment 错误率达到 5.2%，如表 9.1 所示。

表 9.1 Inception v4 模型在基线和选择数据增强策略操作训练下的 Top 1 错误率(%)效果对比

数据集	训练规模	类别	基线值	选择数据增强策略
Oxford 102 Flowers[35]	2040	102	6.7	4.6
Caltech-101[36]	3060	102	19.4	13.1
Oxford-IIIT Pets[37]	3680	37	13.5	11.0
FGVC Aircraft①	6667	100	9.1	7.3
Stanford Cars②	8144	196	6.4	5.2

9.4 用 MindSpore 实现基于生成对抗网络的数据增强

说明：由于开发迭代 MindSpore 的接口及流程会不断演进，完整可运行代码请大家以线上代码仓中对应章节代码为准。

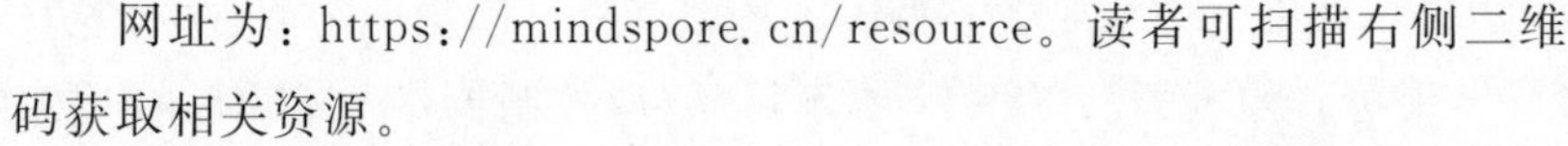

网址为：https://mindspore.cn/resource。读者可扫描右侧二维码获取相关资源。

① 参见：Maji S, Rahtu E, Kannala J, et al. Fine-grained Visual Classification of Aircraft[EB/OL]. 2013[2019-11-10]https://arxiv.org/pdf/1306.5151.pdf。

② 参见：J. Krause, J. Deng, M. Stark, et al. Collecting a Large-scale Dataset of Fine-grained Cars[J]. In Second Workshop on Fine-Grained Visual Categorization, 2013, 2:7。

参考文献

[1] Roberts A, Engel J, Eck D. Hierarchical Variational Autoencoders for Music[C]. NIPS Workshop on Machine Learning for Creativity and Design, 2017.

[2] Goodfellow I,Pouget-Abadie J,Mirza M,et al. Generative Adversarial Nets[C]. Advances in Neural Information Processing Systems, 2014: 2672-2680.

[3] Hou X,Shen L,Sun K,et al. Deep Feature Consistent Variational Autoencoder[C]. 2017 IEEE Winter Conference on Applications of Computer Vision (WACV). IEEE,2017: 1133-1141.

[4] 王坤峰,苟超,段艳杰,等.生成式对抗网络GAN的研究进展与展望[J].自动化学报,2017,43(3): 321-332.

[5] Creswell A,White T,Dumoulin V,et al. Generative Adversarial Networks: An Overview[J]. IEEE Signal Processing Magazine,2017,35(1): 53-65.

[6] Nowozin S, Cseke B, Tomioka R. f-GAN: Training Generative Neural Samplers Using Variational Divergence Minimization[C]. Advances in Neural Information Processing Systems, 2016: 271-279.

[7] Mao X,Li Q,Xie H,et al. Least Squares Generative Adversarial Networks[C]. Proceedings of the IEEE International Conference on Computer Vision, 2017: 2794-2802.

[8] Gulrajani I,Ahmed F,Arjovsky M,et al. Improved Training of Wasserstein Gans[C]. Advances in Neural Information Processing Systems, 2017: 5767-5777.

[9] Mroueh Y,Sercu T. Fisher GAN[C]. Advances in Neural Information Processing Systems, 2017: 2513-2523.

[10] Li C L,Chang W C,Cheng Y,et al. Mmd gan: Towards Deeper Understanding of Moment Matching Network[C]. Advances in Neural Information Processing Systems, 2017: 2203-2213.

[11] Zhang H,Xu T,Li H,et al. StackGAN: Text to Photo-Realistic Image Synthesis with Stacked Generative Adversarial Networks[C]. Proceedings of the IEEE International Conference on Computer Vision, 2017: 5907-5915.

[12] Ghosh A, Kulharia V, Namboodiri V P, et al. Multi-agent Diverse Generative Adversarial Networks[C]. Proceedings of the IEEE Conference on Computer Vision and Pattern Recognition, 2018: 8513-8521.

[13] Isola P, Zhu J Y, Zhou T, et al. Image-to-image Translation with Conditional Adversarial Networks[C]. Proceedings of the IEEE Conference on Computer Vision and Pattern Recognition, 2017: 1125-1134.

[14] Wang C, Xu C, Wang C, et al. Perceptual Adversarial Networks for Image-To-Image Transformation[J]. IEEE Transactions on Image Processing,2018,27(8): 4066-4079.

[15] Zhu J Y,Park T,Isola P,et al. Unpaired Image-To-Image Translation Using Cycle-consistent Adversarial Networks[C]. Proceedings of the IEEE international Conference on Computer Vision, 2017: 2223-2232.

[16] Kim T,Cha M,Kim H,et al. Learning to Discover Cross-Domain Relations with Generative Adversarial Networks[C]. Proceedings of the 34th International Conference on Machine Learning-Volume 70. JMLR. org,2017: 1857-1865.

[17] Ledig C, Theis L, Huszár F, et al. Photo-realistic Single Image Super-Resolution Using A Generative Adversarial Network[C]. Proceedings of the IEEE Conference on Computer Vision and Pattern Recognition, 2017: 4681-4690.

[18] Ehsani K, Mottaghi R, Farhadi A. SeGAN: Segmenting and Generating the Invisible[C]. Proceedings of the IEEE Conference on Computer Vision and Pattern Recognition, 2018: 6144-6153.

[19] Li J,Liang X, Wei Y, et al. Perceptual Generative Adversarial Networks for Small Object Detection[C]. Proceedings of the IEEE Conference on Computer Vision and Pattern Recognition, 2017: 1222-1230.

[20] Liu M Y, Tuzel O. Coupled Generative Adversarial Networks[C]. Advances in Neural Information Processing Systems. 2016: 469-477.

[21] Vondrick C,Pirsiavash H,Torralba A. Generating Videos with Scene Dynamics[C]. Advances In Neural Information Processing Systems, 2016: 613-621.

[22] Walker J,Marino K,Gupta A,et al. The Pose Knows: Video Forecasting by Generating Pose Futures[C]. Proceedings of the IEEE International Conference on Computer Vision, 2017: 3332-3341.

[23] Tulyakov S,Liu M Y,Yang X,et al. MocoGAN: Decomposing Motion and Content for Video Generation[C]. Proceedings of the IEEE Conference on Computer Vision and Pattern Recognition, 2018: 1526-1535.

[24] Huang X,Li Y,Poursaeed O,et al. Stacked Generative Adversarial Networks[C]. Proceedings of the IEEE Conference on Computer Vision and Pattern Recognition, 2017: 5077-5086.

[25] Antipov G,Baccouche M,Dugelay J L. Face Aging with Conditional Generative Adversarial Networks[C]. 17 IEEE International Conference on Image Processing (ICIP), 2017: 2089-2093.

[26] Lin K,Li D,He X,et al. Adversarial Ranking for Language Generation[C]. Advances in Neural Information Processing Systems, 2017: 3155-3165.

[27] Salimans T,Goodfellow I,Zaremba W,et al. Improved Techniques for Training gans[C]. Advances in Neural Information Processing Systems, 2016: 2234-2242.

[28] Li C, Xu K, Zhu J,et al. Triple Generative Adversarial Nets[C]. Advances in Neural Information Processing Systems, 2017: 4088-4098.

[29] Bousmalis K,Silberman N,Dohan D,et al. Unsupervised Pixel-level Domain Adaptation with Generative Adversarial Networks[C]. Proceedings of the IEEE Conference on Computer Vision and Pattern Recognition, 2017: 3722-3731.

[30] Yang D,Xiong T,Xu D,et al. Automatic Vertebra Labeling in Large-scale 3D CT Using Deep Image-to-image Network with Message Passing and Sparsity Regularization[C]. International Conference on Information Processing in Medical Imaging. Springer,Cham,2017: 633-644.

[31] Xue Y,Xu T,Zhang H,et al. SeGAN: Adversarial Network with Multi-scale l 1 Loss for

Medical Image Segmentation[J]. Neuroinformatics,2018,16(3-4): 383-392.

[32] Li Y,Liu M Y,Li X,et al. A Closed-form Solution to Photorealistic Image Stylization[C]. Proceedings of the European Conference on Computer Vision (ECCV), 2018: 453-468.

[33] Gatys L A,Ecker A S,Bethge M. Image Style Transfer Using Convolutional Neural Networks [C]. Proceedings of the IEEE Conference on Computer Vision and Pattern Recognition, 2016: 2414-2423.

[34] Luan F,Paris S,Shechtman E,et al. Deep Photo Style Transfer[C]. Proceedings of the IEEE Conference on Computer Vision and Pattern Recognition, 2017: 4990-4998.

[35] Nilsback M E,Zisserman A. Automated Flower Classification over a Large Number of Classes [C]. 2008 Sixth Indian Conference on Computer Vision,Graphics & Image Processing. IEEE, 2008: 722-729.

[36] Fei-Fei L, Fergus R, Perona P. Learning Generative Visual Models from Few Training Examples: An Incremental Bayesian Approach Tested on 101 Object Categories[C]. 2004 Conference on Computer Vision and Pattern Recognition Workshop. IEEE,2004: 178-178.

[37] Em Y, Gag F, Lou Y, et al. Incorporating Intra-class Variance to Fine-grained Visual Recognition[C]. 2017 IEEE International Conference on Multimedia and Expo (ICME). IEEE, 2017: 1452-1457.

[38] Goodfellow I,Pouget-Abadie J,Mirza M,et al. Generative Adversarial Nets[C]. Advances in Neural Information Processing Systems, 2014: 2672-2680.

第 10 章

深度强化学习

本章将从强化学习的基本概念开始，到如何求解强化学习任务进行介绍。在求解强化学习任务中，分为基本的求解方法和利用深度学习的求解方法，对于深度强化学习的求解方法，将会简述 DQL 算法、DDPG 算法和 A3C 算法。

10.1 强化学习基本概念

深度强化学习的基本原理来源于强化学习，其涉及的知识面广，尤其是涵盖了诸多数学知识，如马尔可夫属性、马尔可夫决策过程、贝尔曼方程、最优控制等。基于此，本节将会对强化学习所涉及的基本数学概念进行系统性梳理，以便更好地学习深度强化学习。

10.1.1 基础概念与理论

了解深度强化学习背后的基础概念和基础数学理论，有助于更加深刻地理解深度强化学习。本节主要围绕策略 π、动作 a、价值 v、奖励 r 的概念以及它们之间的关系进行讲述。

1. 基础理论

强化学习主要由智能体(Agent)和环境组成。智能体通过状态(State)、奖励(Reward)、动作(Action)与环境(Environment)进行交互，如图 10.1 所示。假设图中智能体所处时刻 t 的状态为 s_t，智能体在环境中根据状态 s_t 执行动作 a_t，此时环境感知到智能体的新的动作后到达新的状态 s_{t+1} 并给出新环境状态对应的奖励 r_{t+1}。如此，按照上述过程智能体与环境反复地交互，此过程为强化学习任务的基本表达流程。

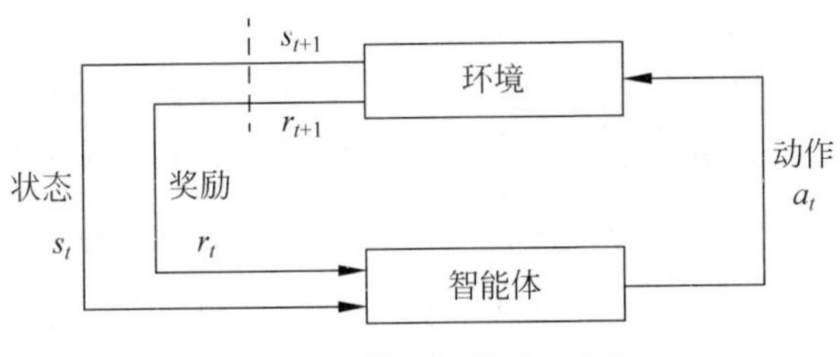

图 10.1　强化学习基本架构

2. 奖励

奖励定义了强化学习中智能体的学习目标。智能体每一次和环境交互，环境反馈奖励信号 r，告诉智能体刚才的动作 a 好还是不好，可以通俗地理解为对智能体的奖励和惩罚。

值得注意的是，强化学习的目标并不是当前奖励最大，其任务过程的最终目的是让智能体最大化累计奖励(Cumulative Reward)R。式(10.1)为累积奖励的计算过程，其为所有奖励之和：

$$R = r_1 + r_2 + \cdots + r_n \tag{10.1}$$

一般而言，环境是随机或者未知的，这意味着下一个状态 s 可能也是随机的，因而无法确定下一时间步智能体执行的动作和获得的奖励。智能体向未来探索得更多，其产生的不确定性结果也越多。因此，在实际的强化学习任务中，通过使用未来累积折扣奖励(Cumulative Future Discounted Reward)G_t 来代替未来累积奖励：

$$G_t = R_t + \gamma R_{t+1} + \cdots + \gamma^{n-t} R_n, \quad \gamma \in [0,1] \tag{10.2}$$

式(10.2)中参数 γ 为折扣因子(Discount Factor)。该式表示对于距离当前时间步 t 越远的奖励，通过乘以折扣因子 γ，使得未来奖励对未来累计折扣奖励的影响性越少。根据式(10.2)可得，时间步 t 的未来累积折扣奖励 G_t 可以用时间步 $t+1$ 的未来累积折扣奖励 G_{t+1} 表示：

$$\begin{aligned} G_t &= R_t + \gamma [R_{t+1} + \gamma(R_{t+2} + \cdots)] \\ &= R_t + \gamma G_{t+1} \end{aligned} \tag{10.3}$$

综上所述，强化学习的目标是智能体选择一个能够使得未来累积折扣奖励 G_t 最大化的策略。

3. 策略

智能体根据状态 s_t 和奖励 r_t 选择动作的规则可以称为策略，定义为 π。其中价值函数 v 是累积奖励的期望 $\mathbb{E}(G)$。强化学习就是不断地根据环境的反馈信号进行试错学习，进而调整智能体所处于环境的状态，最终优化目标是找到最优策略 π^*。

策略 π 主要分为确定性策略和随机性策略两种。

(1) 确定性策略(Deterministic Policy)：$a=\pi(s)$，表示策略是直接根据状态 s 选择动作 a。该表达式为确定性过程，中间没有概率，智能体不需要进行选择。

(2) 随机性策略(Stochastic Policy)：$\pi(a|s)=P[a_t=a|s_t=s]$，表示策略是随机的。智能体在状态 s 下根据每个动作概率 $\pi(a|s)$ 选择动作 a 的概率，策略通过随机性概率 P_{sa} 进行选择，因此称为随机性策略。其中，有 $\sum\pi(a|s)=1$。

4. 价值

价值函数(Value Function)用于评估智能体在时间步 t 的状态 s_t 的好坏，即其评判一次交互中的立即奖励 r 的好坏。由于价值函数的输入分为状态 s 和状态-动作对 $<s,a>$，当算法输入仅为状态 s 时，称为状态值函数 $v(s)$；当输入算法为状态-动作对时，称为动作值函数 $q(s,a)$；当不区分输入时，统称为价值函数 v。

状态值函数 $v(s)$ 是对未来累积折扣奖励的预测，表示智能体在状态 s 下，执行动作 a 可以得到的奖励期望：

$$v(s)=\mathbb{E}[G_t \mid s_t=s] \tag{10.4}$$

动作值函数主要用于评估智能体在状态 s 选择动作 a 的好坏程度，使用 $q(s,a)$ 进行表示。实际上，动作值函数和状态值函数类似，其区别在于动作值函数会考虑在当前时间步 t 执行动作 a 所带来的影响：

$$q(s,a)=\mathbb{E}[G_t \mid s_t=s,a_t=a] \tag{10.5}$$

由式(10.5)可得，价值函数最后的计算结果为数学期望值，即折扣累积奖励的期望。

10.1.2 马尔可夫决策过程

本节对深度强化学习中的马尔可夫决策过程进行详细介绍，主要包括马尔可夫性质(Markov Property，MP)和马尔可夫决策过程(Markov Decision Process，MDP)两部分，为进一步探索深度强化学习奠定基础。

1. 马尔可夫性质

马尔可夫性质表示，在状态 s_t 时，执行动作 a_t 后一时间步的状态 s_{t+1} 和奖励 r_{t+1} 只与当前状态 s_t 和动作 a_t 有关联，与历史时间步以及更早的时间步的状态没有关联性。

由上可知，马尔可夫性质具有无后效性，即系统的下一个状态只与当前的状态有关，而与之前或者更早的状态无关。然而在实际环境中，智能体所需要完成的任务不能够完全满足马尔可夫属性，即在时间步 $t+1$ 的反馈不一定仅依赖于时间步 t 的状态和动作。为了简化强化学习任务的求解过程，这里假设强化学习任务满足马尔可夫属性，并通过约束环境的状态使得强化学习任务满足马尔可夫属性。

2. 马尔可夫决策过程

马尔可夫具有无后效性大大简化了马尔可夫决策过程。具体而言，一个马尔可夫决策过程由一个四元组构成：

$$\mathrm{MDP}=(S,A,P,R) \tag{10.6}$$

式中，S——状态空间集合，$S=\{s_1,s_2,\cdots,s_n\}$，s_i 表示时间步 i 智能体所处环境的状态；

A——动作空间集合，$A=\{a_1,a_2,\cdots,a_n\}$，a_i 表示时间步 i 智能体所执行的动作；

P——状态转移概率，表示在当前状态 s 下执行动作 a 后，转移到下一时间步状态 s' 的概率分布，记作 $p(s'|s,a)$，如果收到环境的反馈信号 r，则记作 $p(s',r|s,a)$；

R——奖励函数，表示在状态 s 下执行动作 a 后，转移到另一个状态 s 所得到的奖励为 r，其中 $r=R(s,a)$。

一般而言，强化学习任务都是基于马尔可夫决策过程进行学习和求解的。由于在马尔可夫决策过程中同时考虑了动作 a 和状态 s，所以强化学习任务中的下一个状态不仅与当前的状态 s 有关联，也与当前所采取的动作 a 关联。

通过将强化学习任务转换为马尔可夫决策过程，大大简化了强化学习任务的求解难度和复杂度，为高效且精确地求解强化学习任务夯实了数学基础。

10.1.3 贝尔曼方程

本节将对如何求解深度强化学习任务进行初步阐述。从某种意义上来说,求解深度强化学习等同于优化贝尔曼方程(Bellman Equation)。

贝尔曼方程表示在当前时刻 t 状态的价值和下一时刻 $t+1$ 状态的价值之间的关系。因此状态值函数 $v(s)$和动作值函数 $q(s,a)$都可用贝尔曼方程进行表示。

下面以状态值函数 $v(s)$为例用贝尔曼方程进行表示。无论是状态值函数抑或动作值函数,把式(10.2)进行代入,可以分为两部分:第一部分为即时奖励 r_t;另外一部分为未来状态的折扣价值 $\gamma v(s_{t+1})$:

$$v(s)=\mathbb{E}[G_t \mid s_t=s]=\mathbb{E}[r_t+\gamma v(s_{t+1}) \mid s_t=s] \tag{10.7}$$

因此,状态值函数的贝尔曼方程为:

$$v(s)=R_s+\gamma \sum_{s' \in S} P_{ss'} v(s') \tag{10.8}$$

式(10.8)表示当前状态 s 的价值函数,由当前状态获得的奖励 R_s 加上经过状态间转换概率 $P_{ss'}$ 乘以下一状态的状态值函数 $v(s')$得到,其中 γ 为未来折扣因子。最后将式(10.8)使用线性代数进行表示,可以简化为:

$$\boldsymbol{v}=\boldsymbol{R}+\gamma \boldsymbol{P} \boldsymbol{v}' \tag{10.9}$$

10.2 基本求解方法

10.1 节介绍了强化学习的基本概念,并主要围绕强化学习的策略、奖励、状态、价值进行展开,有了基本元素后可以通过马尔可夫决策过程把强化学习任务抽象出来,使用贝尔曼方程进行表达。本节简述强化学习的求解方法。事实上,求解强化学习等同于优化贝尔曼方程。

求解强化学习实际上可被认为求解最优策略,而最优策略可以通过求解最优值函数得到,最优值函数的求解就是优化贝尔曼方程。简言之,强化学习任务的求解最后演化成对贝尔曼方程的优化。

具体而言,对于小规模马尔可夫决策过程,可以直接求解价值函数;对于大规模马尔可夫决策过程,则可以通过动态规划法(Dynamic Programming Method)、蒙特卡罗法(Monte Carlo Method)和时间差分法(Temporal Difference Method)对贝尔曼方程进行优化。

根据马尔可夫决策过程,通过上述三种方法可以求解贝尔曼方程,进而得到强化学习模型。

10.2.1　动态规划法

动态规划法通过把一个复杂的问题分解为多个子问题,并逐个求解子问题,最后把子问题的解进行结合,进而解决较难的原问题。其中,“动态”指问题由系列的状态组成,而且能随时间的变化而逐步发生变化,“规划”即优化每一个子问题。

其基本原理是在计算值函数时用到当前状态 s 的所有后续状态 s' 的值函数,后续状态值函数根据环境模型中 MDP 的 $p(s'|s,a)$ 计算得到,其值函数计算公式为:

$$v(s) \leftarrow \sum \pi(a \mid s) \sum p(s' \mid s,a)[r(s' \mid s,a) + \gamma v(s')] \tag{10.10}$$

1. 策略评估

首先,在环境模型已知的前提下,策略评估(Policy Evaluation)用于对任意策略进行合理估计该策略将带来的累积奖励期望及准确衡量该策略的优劣程度。策略评估通过计算与策略 π 对应的状态值函数 $v_\pi(s)$,以评估该策略 π 的优劣。即给定一个策略 π,计算基于该策略下每个状态 s 的状态值 $v(s)$的期望,并用该策略下的最终状态值的期望来评估策略 π。

2. 策略改进

策略评估的目的是衡量策略的好坏程度,而策略改进(Policy Improvement)的目的是找到更优策略。首先通过策略评估计算出当前策略的状态值 $v(s)$,然后策略改进算法基于计算得到的状态值 $v(s)$进一步计算求解,以便找到更优的策略。

3. 策略迭代算法

策略迭代(Policy Iteration)由策略评估和策略改进相互组合而成。假设有一个策略 π_0,首先利用策略评估获得该策略的状态值函数 $v_{\pi_0}(s)$;然后基于策略改进,获得更优的策略 π_1;接着再次利用策略评估得到新的策略 π_1 对应的状态值函数 $v_{\pi_1}(s)$;最后根据策略改进获得更优的策略 π_2。如上所述,反复交替使用策略迭代和策略改进，经过多轮的交替，策略迭代算法不断逼近最优状态值 $v(s)$，最后找到最优策略 π^* 及其对应的状态值函数 $v_{\pi^*}(s)$。

4. 值迭代算法

结合策略评估和策略改进，策略迭代算法可以转换为效率更高的值迭代算法，具体而言，每次迭代对所有的状态 s 按照下式进行更新：

$$v_{k+1}(s)=\max_{a}\sum_{s',r}p(s',r\mid s,a)[r+\gamma v_k(s')] \tag{10.11}$$

式中，$p(s',r|s,a)$——在状态 s 下执行动作 a，环境转移到状态 s' 并获得奖励 r 的概率。

目标是最大化状态值的概率，表示迭代到第 $k+1$ 次时，值迭代能够把获得的最大状态值 $v(s)$ 赋值给 $v_{k+1}(s)$，直至算法结束，再通过状态值 v 获得最优策略。

利用式(10.11)，算法迭代完所有状态后，可以获得局部最优的状态值，根据局部最优状态值获得局部最优策略。不断迭代上述过程，直至局部最优状态值收敛于全局最优状态值为止。

10.2.2 蒙特卡罗法

蒙特卡罗法能够处理免模型的任务，其原因无须依赖环境的完备知识，只需要收集从环境中进行采样得到的经验轨迹(Experience Episode)，基于经验轨迹集数据的计算，可求解最优策略。具体而言，其利用经验轨迹的平均值估计状态值函数，经验轨迹平均值指一次经验轨迹中状态 s 处的累积折扣回报值 G，其值函数计算公式为：

$$v(s_t)\leftarrow v(s_t)+a[G_t-v(s_t)] \tag{10.12}$$

值得注意的是，蒙特卡罗法有如下 4 个特点：

(1) 蒙特卡罗法能够直接从环境中学习经验轨迹，即采样过程。

(2) 蒙特卡罗法基于免模型任务，无须提前知晓 MDP 的状态转换概率 P。

(3) 蒙特卡罗法使用完整经验轨迹进行学习，属于离线学习方法。

(4) 蒙特卡罗法基于状态值期望等于多次采样的平均奖励这一假设，以更为简洁的方式求解免模型的强化学习任务。

10.2.3 时间差分法

时间差分法主要基于时间序列的差分数据进行学习，其分为固定策略和非固定策略两种。固定策略时间差分法以 Sarsa 算法为代表；非固定策略以 Q-Learning 算法为代表。

1. Sarsa 算法

Sarsa 算法的目的是估计动作值函数 $q(s,a)$，即估计在策略 π 下对任意状态 s 上所有可能执行动作 a 的动作值函数 $q_\pi(s,a)$。其动作值函数表达式为：

$$q(s_t,a_t) \leftarrow q(s_t,a_t) + a[\underbrace{\underbrace{r_{t+1} + \gamma q(s_{t+1},a_{t+1})}_{\text{Target}} - q(s_t,a_t)}_{\text{Error}}] \tag{10.13}$$

式中，$\theta = r_{t+1} + \gamma q(s_{t+1},a_{t+1})$——时间差分目标(Target)；

$\theta - q(s_t,a_t)$——时间差分误差(Error)。

式(10.13)中动作值函数的每一次更新都需要用到 5 个变量：当前状态 s、当前动作 a、环境反馈奖励 r、下一时间步状态 s' 和下一时间步动作 a'。这 5 个变量组合成 (s,a,r,s,a')，便是时间差分控制 Sarsa 算法的由来。其具体算法流程如下：

算法 10.1　Sarsa 算法

输入:随机状态 s
输出:动作值函数 $q(s,a)$
(1) **初始化**:
(2) 对于任意状态 s,设置 $q(s,a)$为任意值
(3) **重复**经验轨迹:
(4) 　　初始化状态 s
(5) 　　根据动作值 q,在状态 s 下执行动作a
(6) 　　**重复** 经验轨迹中时间步 t:
(7) 　　　　根据动作值 q,在状态 s 下执行动作a
(8) 　　　　更新动作值函数:$q(s,a) \leftarrow q(s,a) + \alpha[r + \gamma q(s',a') - q(s,a)]$
(9) 　　　　记录新的状态和动作,$s \leftarrow s'$,$a \leftarrow a'$
(10) 　　**直至** 终止状态 s
(11) **输出** 动作值函数 $q(s,a)$

Sarsa 算法首先随机初始化动作值函数 q，随后迭代式地进行经验轨迹的采样。在采集某一条经验轨迹时，智能体首先根据贪婪策略(Greedy Policy)，在状态 s 下选择并执行动作 a；接下来在环境中进行学习，并更新动作值函数 $q(s,a)$，直至算法结束。

2. Q-Learning 算法

Q-Learning 算法在动作值函数 $q(s,a)$ 更新中，采用的是不同于选择动作时所遵循的策略。该算法动作值函数 $q(s,a)$ 的更新如下：

$$q(s_t,a_t) \leftarrow q(s_t,a_t) + a\underbrace{[\underbrace{r_{t+1} + \gamma \max_a q(s_{t+1},a_t)}_{\text{Target}} - q(s_t,a_t)]}_{\text{Error}} \tag{10.14}$$

与 Sarsa 算法相比较，区别在于 Q-Learning 算法更新 Q 值时，时间差分目标使用动作值函数最大值 $\max_a q(s_{t+1},a_t)$，与当前选择动作所使用的策略无关，因此动作值 Q 往往是最优的。

其算法流程如算法 10.2 所示。与 Sarsa 类似，区别在进入重复经验轨迹的循环后，Q-Learning 算法在初始化状态 s 后，直接进入该经验轨迹的迭代中，并根据贪婪策略在状态 s' 下选择动作 a'。

算法 10.2　Q-Learning 算法

输入：随机状态 s
输出：动作值函数 $q(s,a)$
(1) **初始化**：
(2) 对于任意状态 s，设置 $q(s,a)$ 为任意值
(3) **重复** 经验轨迹：
(4) 　　初始化状态 s
(5) 　　**重复** 经验轨迹中时间步 t：
(6) 　　　　根据动作值 q，在状态 s 下执行动作 a
(7) 　　　　执行动作 a，获得奖励和下一时间步的状态 s'
(8) 　　　　更新动作值函数：$q(s,a) \leftarrow q(s,a) + a[r + \gamma \max_a q(s',a) - q(s,a)]$
(9) 　　　　记录新的状态，$s \leftarrow s'$
(10) 　　**直至** 终止时间步 T_s
(11) **输出** 动作值函数 $q(s,a)$

值得注意的是，动态规划法能够较好地表示贝尔曼方程，但在实际环境中，大多数强化学习任务都属于免模型任务，即不能提供完备的环境知识。通过基于采样的蒙特卡罗法，能够在一定程度上解决强化学习任务求解方法的问题。时间差分法与蒙特卡罗法类似，基于采样数据估计当前价值函数。不同的是时间差分法采用动态规划法中的提升算法(Boosting)计算当前价值函数，而蒙特卡罗是在每次采样结束之后才能计算当前的价值函数。

10.3　深度强化学习算法

如果能够充分利用深度学习的优势，将会提高强化学习智能体在实际任务中的表现，尤其是利用深度学习极强的表征能力。事实上，深度强化学习正是以此为出发点，通过有机融合深度学习和强化学习两种技术，使得智能体同时具有极强的感知和决策能力。

10.3.1　DQN 算法

DQN 算法为 Google DeepMind 团队的 Minh 等于 2013 年提出的第一个深度强化学习算法，并在论文中得到进一步完善。论文中给出了 DQN 算法效果对比，如图 10.2 所示。在 Atrari 游戏中，DQN 算法在大部分游戏中超越了人类的平均水平，并由此引发了业界对深度强化学习的研究热潮。

DQN 算法引入目标函数、目标网络和经验回访机制三大核心技术，使得 DQN 算法能够通过动作价值函数隐式地学习最优策略。

1. 目标函数

DQN 算法引入深度神经网络，其作用是对在高维且连续状态下的动作值函数 $q(s,a)$ 进行近似。但是在使用深度神经网络模型的学习动作值函数的近似之前，需要定义清楚网络的优化目标（即优化的目标函数，也称为损失函数），随后才能使用其他已有的参数学习方法更新模型的权重参数，进而获得近似价值函数。

为了获得深度神经网络模型可以学习的目标函数，DQN 算法通过 Q-Learning 算法构建网络模型可优化的损失函数。根据式(10.14)，DQN 算法的损失函数为：

$$L(\boldsymbol{\theta}) = \mathbb{E}\left[(\text{Target } \boldsymbol{Q} - q(s,a,\boldsymbol{\theta}))^2\right] \tag{10.15}$$

式中，$\boldsymbol{\theta}$ ——深度神经网络模型的权重参数；

Target $\boldsymbol{Q}$——目标动作值。

Target $\boldsymbol{Q}$ 目标动作值为：

$$\text{Target } \boldsymbol{Q} = r + \gamma \max_{a'}(s',a',\boldsymbol{\theta}) \tag{10.16}$$

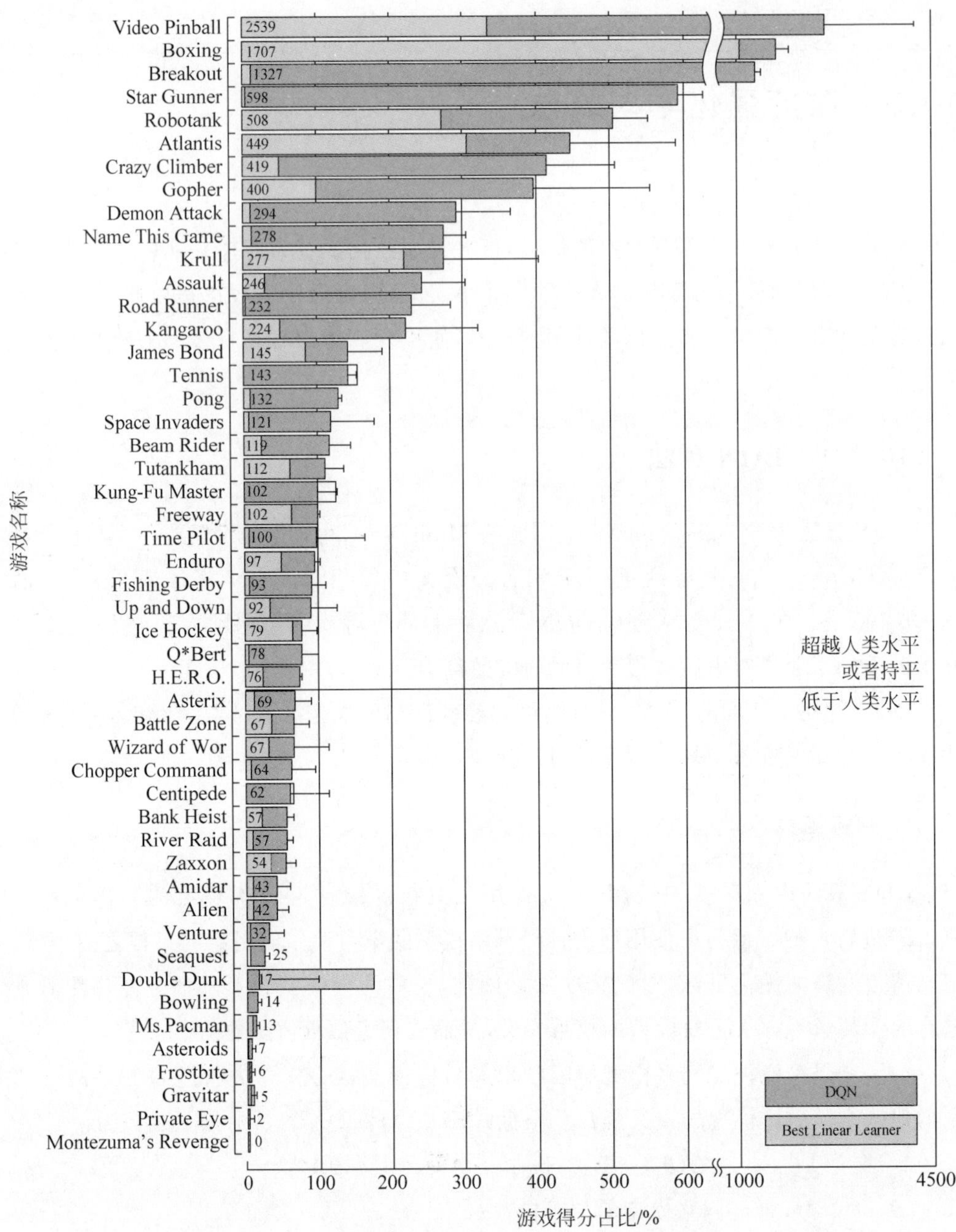

图 10.2 DQN 算法效果对比[1]

由于 DQN 算法中的损失函数基于 Q-Learning 算法的更新确定，因此式(10.14)与式(10.15)的含义相同：基于当前的预测价值逼近目标价值。

在获得 DQN 算法的损失函数之后，可以直接采用深度学习中的梯度下降等优化算法，对深度神经网络模型的函数 $L(\boldsymbol{\theta})$ 的权重参数 $\boldsymbol{\theta}$ 进行求解。

2. 目标网络

由式(10.15)可知，在 Q-Learning 算法中，预测价值和目标价值使用相同的参数模型。当预测的价值增大时，目标价值也会随之增大，这在一定程度上增加了模型振荡和发散的可能性。

为了解决该问题，DQN 算法使用旧的网络参数 $\boldsymbol{\theta}^{-}$ 评估一个经验样本下一时间步的价值，且只在离线的多步时间间隔上更新旧的网络参数 $\boldsymbol{\theta}^{-}$，为待评估的网络提供一个稳定的训练目标，并给予充分的训练时间，从而更好地控制估计误差。

因此，DQN 算法分别使用两个卷积神经网络进行学习。

(1) 预测网络 $q(s,a,\boldsymbol{\theta}_i)$：用于评估当前状态-动作对的价值函数。

(2) 目标网络 $q(s,a,\boldsymbol{\theta}_i^{-})$：用于产生目标动作值(Target Q)。算法根据计算式(10.15)的损失函数更新预测网络中的参数 $\boldsymbol{\theta}$，每经过 N 轮迭代后，将预测网络的参数复制给目标网络中的参数 $\boldsymbol{\theta}^{-}$。

DQN 算法通过引入目标网络，使得一段时间内目标价值保持不变，并在一定程度上降低了预测价值和目标价值之间的相关性，使得训练时损失值振荡和发散的可能性降低，从而提高了算法的稳定性。

3. 经验回放

深度学习任务中，输入的样本数据之间是相互独立的。以图像分类模型为例，输入的图像 A 与图像 B 之间没有直接关联关系。而强化学习任务中，样本间往往是强关联、非静态的，如果直接使用关联的数据使用深度神经网络进行训练，会导致模型难以收敛、训练期间损失值持续波动。

基于此，DQN 算法引入了经验回放机制：把每一个时间步智能体和环境交互得到的经验样本数据存储到经验池中，当需要进行网络训练时，从经验池中随机抽取小批量的数据进行重新训练。通过引入经验回放机制，一方面，可以较容易地对奖励数据进行备份；另一方面，小批量随机样本采样的方式有助于去除样本间的相关性和依赖性，减少函数近似后进行值函数估计中出现的偏差，进而解决数据相关性及非静态分布等问题，使得网络模型更容易收敛。

因此，DQN 算法保存大量历史经验样本数据，每个经验样本数据如以下五元组的形式进行存储：

$$(s, a, r, s', T) \tag{10.17}$$

式中，T——布尔值类型，表示新的状态 s' 是否为终止状态。

式(10.17)表示智能体在状态 s 下执行动作 a，到达新的状态 s' 并获得相对应的奖励 r。

环境每执行一步，智能体把执行该时间步所获得的经验信息存储在经验池中，即内存。待智能体执行 N 步之后，智能体从经验池中随机抽取小批量经验样本数据。基于抽样的经验样本数据，执行 DQN 算法式(10.15)用于更新 Q 函数。

经验回放机制看似简单，却有效地除去了样本间的相关性和依赖性，使得深度神经网络能够很好地弥合强化学习任务中的价值函数。

4. 算法流程

DQN 算法使用一个权重参数为 $\boldsymbol{\theta}$ 的深度卷积神经网络作为动作值函数的网络模型，通过该卷积神经网络模型 $q(s, a, \boldsymbol{\theta})$ 模拟动作值函数 $q_\pi(s, a)$，即

$$q(s, a, \boldsymbol{\theta}) \approx q_\pi(s, a) \tag{10.18}$$

随后使用均方误差定义目标函数，作为深度卷积神经网络的损失函数。

$$L_i(\boldsymbol{\theta}_i) = \mathbb{E}[(r + \gamma \max_{a'} q(s', a', \boldsymbol{\theta}_i) - \max_{a} q(s, a, \boldsymbol{\theta}_i))^2] \tag{10.19}$$

式中，a'——下一个时间步的动作值；

s'——下一个时间步的状态值。

由式(10.19)可知，其算法主要使用了 Q-Learning 算法中更新 Q 值作为训练的目标值。对应 DQN 算法中，该目标 Q 值使用目标网络进行预测，而当前 Q 值使用预测网络进行预测。最后，采用均方误差算法计算 Q-learning 算法中的时间差分误差。

接下来，基于式(10.19)计算深度卷积神经网络模型参数 $\boldsymbol{\theta}$ 的梯度：

$$\nabla_{\boldsymbol{\theta}_i} L_i(\boldsymbol{\theta}_i) = \mathbb{E}\left[(r + \gamma \max_{a'} q(s', a', \boldsymbol{\theta}_i) - \max_{a} q(s, a, \boldsymbol{\theta}_i))\ \nabla_{\theta_i}(s, a, \boldsymbol{\theta}_i)\right] \tag{10.20}$$

最后，使用小批量随机梯度下降算法实现卷积神经网络模型对目标函数进行优化。其中，$\nabla_{\boldsymbol{\theta}_i}(s, a, \boldsymbol{\theta}_i)$ 可以通过卷积神经网络计算得到，从而得到最优动作值(Q 值)。

值得注意的是，DQN 算法只能面向离散控制的强化学习任务，极大地限制了 DQN 算法的应用。为了解决 DQN 算法本身所存在的限制，后续研究者在 DQN 算法基础之上提出了众多 DQN 算法的改进版本，如 Double DQN、Dueling DQN 等。

2015 版 DQN 算法的具体流程如下。

使用一个卷积神经网络模型表示预测网络 $q(s,a,\boldsymbol{\theta}_i)$，用于评估当前动作值函数；使用另外一个卷积神经网络表示目标网络 $q(s,a,\boldsymbol{\theta}_i^-)$，用于计算目标价值。算法根据损失函数更新目标网络的参数，经过 C 轮迭代后，将预测网络模型的相关参数赋值给目标网络，详细算法见算法 10.3。

算法 10.3　2015 版 DQN 算法

输入：预测网络，目标网络

输出：目标网络

(1) **初始化** 经验池 $\mathcal{D}$，存储经验样本的最大值为 $\boldsymbol{N}$

(2) **初始化** 预测网络，其权重参数为 $\boldsymbol{\theta}$

(3) **初始化** 目标网络，其权重参数为 $\boldsymbol{\theta}^- = \boldsymbol{\theta}$

(4) **重复** 经验轨迹，从 1 到 M

(5) 　　初始化状态 s_1，并计算输入序列 $\phi_1 = \phi(s_1)$

　　重复 经验轨迹中的时间步，从 1 到 T

(6) 　　　　以概率 ε 选择随机动作 a_t

　　　　以概率 $1-\varepsilon$ 根据 $a_t = \max\limits_a q^*(\phi(s_1),a,\boldsymbol{\theta})$ 选择动作 a_t

(7) 　　　　执行动作 a_t，获得奖励 r_t 和状态图像帧 x_{t+1}

(8) 　　　　设 $s_{t+1} = s_t, x_{t+1}$，并计算下一时间步的输入序列

$$\phi_{t+1} = \phi(s_{t+1}) \tag{10.21}$$

(9) 　　　　存储经验样本 $(\phi_t, a_t, r_t, \phi_{t+1})$ 到经验池 $\mathcal{D}$ 中

(10) 　　　　从经验池 $\mathcal{D}$ 中随机采样小批量的存储样本数据 $(\phi_t, a_t, r_t, \phi_{t+1})$

(11) 　　　　设置 y_i：

$$y_i = \begin{cases} r_j \\ r_j + \gamma \max\limits_{a'} q^-(\phi_{j+1}, a', \boldsymbol{\theta}^-) \end{cases} \tag{10.22}$$

(12) 　　　　使用梯度下降算法更新损失函数 $(y_i - q(\phi_j, a_j, \boldsymbol{\theta}))^2$ 中的网络参数 $\boldsymbol{\theta}$

(13) 　　　　每隔 C 步重新赋值 $q^- = q$

10.3.2　DDPG 算法

由于 DQN 算法只能用于动作离散的强化学习任务，为了将深度强化学习算法应用到连续动作空间中，Lillicrap 等提出了深度确定性策略梯度（Deep Deterministic Policy Gradient，DDPG[2]）算法。

1. 策略梯度算法[3]

策略梯度（PG）算法通过策略梯度概率分布函数 $\pi_{\boldsymbol{\theta}}(s_t|\boldsymbol{\theta}^\pi)$ 来显式地表达每一时间步的最优策略，智能体在每一时间步 t 根据该概率分布进行动作采样，获得当前时

间步的最优动作值 a_t^*：

$$a_t^* \sim \pi_{\boldsymbol{\theta}}(s_t \mid \boldsymbol{\theta}^\pi) \tag{10.23}$$

在生成最优动作的过程，本质为随机过程，因此策略梯度算法最后学习到的策略分布函数 $\pi_{\boldsymbol{\theta}}(s_t \mid \boldsymbol{\theta}^\pi)$属于随机型策略。

2. 确定性策略梯度算法[4]

策略梯度算法最大的缺点是策略评估效率较为低下：策略梯度算法学习得到随机策略后，每一时间步智能体需要根据最最优策略概率分布函数进行动作采样，从而获得具体的动作值。每一时间步智能体对高维的动作空间进行采样将会耗费大量的计算资源。

2014 年 David Silver 提出，基于确定性策略梯度(DPG)算法，能够快速并且有效地求解连续动作的强化学习任务。其中每一时间步 t 的动作通过函数 μ 获得确定的动作值。

$$a_t^* \sim \mu_{\boldsymbol{\theta}}(s_t \mid \boldsymbol{\theta}^\mu) \tag{10.24}$$

式中，μ——最优动作策略，不需要经过采样得到的随机策略。

3. 深度确定性策略梯度算法

Lillicrap 等在 2016 年指出 DDPG 算法，将深度神经网络与 DPG 算法进行融合，并使用演员-评论家算法作为该算法的基本架构。相对于 DPG 算法，DDPG 算法有以下改进。

(1) 深度神经网络作为函数近似：采用深度神经网络作为策略函数 $\mu(s;\boldsymbol{\theta}^\mu)$和动作值函数 $q(s,a;\boldsymbol{\theta}^q)$的近似，使用随机梯度下降算法训练上述两个神经网络模型中的参数。利用非线性近似策略函数的准确性、高效性和可收敛性，使得深度强化学习可以处理确定性策略问题。

(2) 引入经验回放机制：演员与环境进行交互的时候，产生的状态转换样本数据具有时序关联性。因此通过借鉴 DQN 算法的经验回放机制，去除样本之间的相关性和依赖性，减少函数近似后进行值函数估计所产生的偏差，从而解决了数据间相关性及其独立同分布(i. i. d)问题，使得算法更加容易收敛。

(3) 使用双网络架构：对于策略函数和价值函数，均使用双重深度神经网络架构，分为策略目标网络 $\mu'(s;\boldsymbol{\theta}^{\mu'})$、策略在线网络 $\mu(s;\boldsymbol{\theta}^\mu)$、价值在线网络 $q(s;\boldsymbol{\theta}^q)$和价值目标网络 $q'(s;\boldsymbol{\theta}^{q'})$，使得算法的学习过程更加稳定，收敛速度更快。

10.3.3 A3C 算法

Minh 等基于异步强化学习的思想，提出了一种轻量级的深度强化学习框架——异步优势的演员-评论家算法(Asynchronous Advantage Actor-Critic，A3C[5])。该框架使用异步的梯度下降算法优化深度网络模型，并结合多种强化学习算法，能够使深度强化学习基于 CPU 快速地进行策略学习。下面分别介绍 A3C 算法的优势演员-评论家算法(Advantage Actor-Critic Algorithm)和异步算法(Asynchronous Algorithm)，通过这两种算法的结合得到 A3C 算法。

1. 优势演员-评论家算法

基于价值的强化学习算法作为评论家，基于策略的强化学习算法作为演员，结合两种算法的优势得到演员-评论家算法。在 Critic 网络进行更新时，引入优势函数的概念，以确定其网络模型输出动作的好坏程度，使得对策略梯度的评估偏差更少。

A3C 算法结合了优势函数和基于演员-评论家算法，使用两个网络模型分别近似价值函数 $v(s)$ 和策略函数 $\pi(s)$。其中，前者用于判断某状态的好坏程度，后者用于估计一组输出动作的概率。

1) 基于价值的学习——评论家

在基于值函数近似的强化学习中，可以使用深度神经网络作为价值函数的近似函数，其中参数 $\boldsymbol{w}$ 为网络模型的权重参数。

$$q(s,a) \approx q(s,a;\boldsymbol{w}) \tag{10.25}$$

DQN 算法的损失函数为：

$$L(w_i) = \mathbb{E}\left[(\text{Target } \boldsymbol{Q} - q(s,a;w_i))^2\right] \tag{10.26}$$

式中，Target $\boldsymbol{Q}$——目标动作值，即

$$\text{Target } \boldsymbol{Q} = r + \gamma \max_{a'} \boldsymbol{Q}(s',a';w_i^-) \tag{10.27}$$

式(10.25)的损失函数实际上是基于单步 Q-Learning 算法，即计算目标动作值时只关心下一时间步的状态。其缺点是只直接影响产生奖励 r 的状态-动作对的价值，其余状态-动作对只能通过动作值函数进行间接的影响，从而导致算法学习速率慢。

一个快速传播奖励的方法是使用多步 Q-Learning 算法，多步指的是后续的 n 步状态：

$$\text{Target } \boldsymbol{Q} = r_t + \gamma r_{t+1} + \cdots + \gamma^{n-1} r_{t+n-1} + \gamma^n \max_a \boldsymbol{Q}(s_{t+n},a) \tag{10.28}$$

其优点在于一个奖励 r 可以直接影响前面 n 个状态-动作对，能够更好地模拟历史经验，明显提高算法学习的有效性。

2) 基于策略的学习——演员

基于策略的强化学习中，使用深度神经网络作为策略函数的近似函数，参数 $\boldsymbol{\theta}$ 为策略网络模型的权重参数。

$$\pi(s,a) \approx \pi(a \mid s;\boldsymbol{\theta}) \tag{10.29}$$

A3C 算法使用策略迭代更新网络中的权重参数$\boldsymbol{\theta}$。由于策略函数的目标是最大化奖励,因此可以使用梯度上升算法计算关于奖励的期望。策略梯度的更新公式为:

$$\nabla_{\boldsymbol{\theta}} \mathbb{E}[r_t] = \nabla_{\boldsymbol{\theta}} \log\pi(a_t \mid s_t;\boldsymbol{\theta}) r_t \tag{10.30}$$

式中,$\pi(a_t|s_t;\boldsymbol{\theta})$——在状态 s_t 下选择动作 a_t 的概率;

$\nabla_{\boldsymbol{\theta}} \log \pi(a_t|s_t;\boldsymbol{\theta}) r_t$——概率的对数乘以该动作的奖励 R_t,并以梯度上升的方式更新权重参数$\boldsymbol{\theta}$。

式(10.28)表示奖励期望越高的动作,选择该动作的概率也就越高。

实际上,假设每个动作的奖励均为正,每个动作输出的概率将会随着梯度上升算法不断地被提高,上述操作在很大程度上会减缓学习速率,同时使得梯度方差增大。因此,可对式(10.30)进行标准化,从而降低梯度的方差:

$$\nabla_{\boldsymbol{\theta}} \log\pi(a_t \mid s_t;\boldsymbol{\theta})(r_t - b_t(s_t)) \tag{10.31}$$

式中,$b_t(s_t)$——基线函数,设为奖励 r_t 的期望估计,通过求其梯度更新参数$\boldsymbol{\theta}$,当总奖励超过基线的动作时,其概率将会提高,反之则降低,同时还可以降低梯度方差。

通过奖励 r_t 减去基线函数 $b_t(s_t)$的方式学习策略函数,可以减少该估计的方差,同时保持其无偏性。

3) 优势函数

优势函数基于演员-评论家算法的损失函数进行修改,以更好地根据奖励对动作值进行估计。

在策略梯度更新的过程中,更新规则使用了折扣奖励 r_t 用于通知智能体哪些动作是好的,哪些动作是不好的。接着进行网络的更新,以确定该动作的好坏程度。该函数为优势函数 $A(s_t,a_t)$:

$$A(s_t,a_t) = q(s_t,a_t) - v(s_t) \tag{10.32}$$

在式(10.31)中,$r_t - b_t(s_t)$可以使用动作优势函数进行代替,因为可将折扣奖励 r_t 视为动作值函数 $q(s_t,a_t)$的估计,将基线函数 $b_t(s_t)$视为对状态值函数(s_t)的估计:

$$r_t \approx q^{\pi}(s_t,a_t) \tag{10.33}$$

$$b_t(s_t) \approx v^{\pi}(s_t) \tag{10.34}$$

状态值函数 $v(s_t)$是在时间步 t 的状态下,所有动作值函数关于动作概率的期望;而动作值函数 $q(s_t,a_t)$是单个动作所对应的价值,因此式(10.32)中 $q(s_t,a_t) - v(s_t)$ 能评价当前动作值函数相对于平均值的大小。

A3C 算法中不直接确定动作值 Q，而使用折扣奖励 R 作为动作值 Q 的估计，最终优势函数为：

$$A(s_t, a_t) = R(s_t, a_t) - v(s_t) \tag{10.35}$$

2. 异步算法

DQN 算法由单个深度神经网络代表的智能体与环境交互，与 DQN 算法不同，A3C 算法则利用多个智能体与多个环境进行交互，便于更有效地学习。A3C 异步架构如图 10.3 所示，主要由环境、工人（Worker）、全局网络（Global Network）组成，其中每个 Worker 作为一个智能体与独立的环境进行交互，并有属于自身的深度神经网络模型。图中不同的 Worker 同时与环境进行交互，其执行的策略和学习到的经验都独立于其他 Worker。因此，该多智能体异步探索的方式能够比单个 Worker 进行探索的方式更好、更快、更多样性地工作。

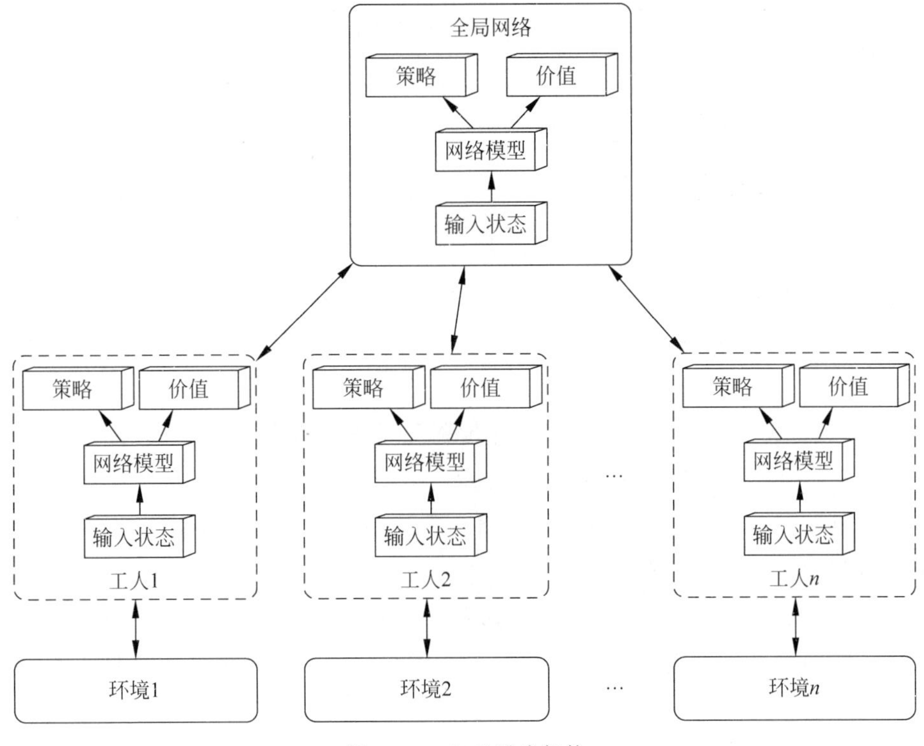

图 10.3　A3C 异步架构

A3C 具体的异步算法流程如图 10.4 所示。首先，Worker 复制 Global Network，作为自身的深度神经网络模型的参数；随后，智能体利用 CPU 多线程进行任务分配，不同的 Worker 使用不同参数的贪婪策略，因此得到不同的经验；接下来，独立的 Worker 计算自身价值和策略的损失；然后基于计算出的价值和损失，Worker 通过损失函数计算梯度；最后，Worker 更新 Global Network 的参数，即每个线程将自身学习到的参数更新到全局网络中。如此重复迭代，直到学习出理想的网络参数为止。

图 10.4　异步算法流程

10.4　最新应用

10.4.1　推荐系统

近年来，各大互联网公司开始探索深度强化学习在推荐系统中如何应用和落地，其中不乏包括阿里、京东[6]、腾讯、Facebook 等。例如，Zheng 等[7]利用深度强化学习解决新闻领域推荐的多变性问题。下文将会探讨阿里巴巴的 Chen 等[8]，使用基于模型的深度强化学习应用于推荐系统。

回顾推荐系统常用方式，其主要是寻找损失函数评估可以使模型预测结果和即时用户响应之间差异最小化的模型。换而言之，传统的推荐系统模型没有明确考虑用户的长期兴趣。但用户的兴趣会根据其看到的内容随着时间而变化，而推荐者的行为可能会显著地受到此类变化的影响。

Chen 在文中指出，为了解决无模型任务的样本复杂度大的问题，基于模型的深度强化学习对解决推荐系统的问题更为可靠。该推荐系统框架使用统一的极小化极大框架学习用户行为模型和相关的奖励函数，然后再利用用户行为模型学习深度强化学习的策略，具体如图 10.5 所示。

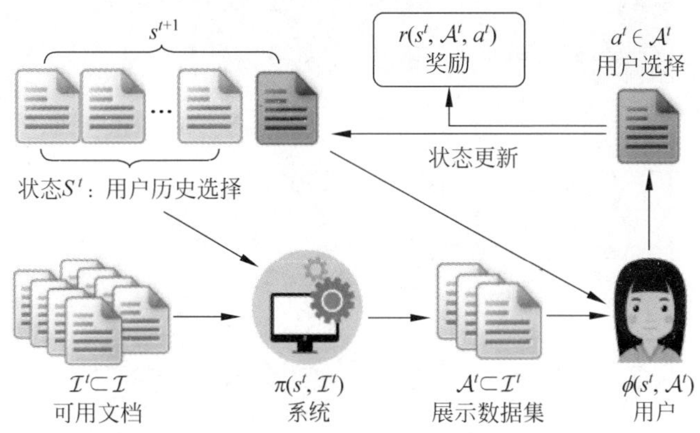

图 10.5　用户与推荐系统之间的交互

具体而言，其利用生成对抗学习网络来模拟用户行为动态，并学习其奖励函数。可以通过联合极小化极大优化算法用于评估用户行为和奖励。因此，可以得到更准确的用户模型，且可得到与用户模型一致的方法学习奖励函数；其次在于相较于人工设计的奖励函数，从用户行为中学习到的奖励函数更有利于强化学习任务；再者是学习到的用户模型使研究者能够为新用户执行基于模型的强化学习任务，从而实现更好的推荐结果。

研究者还开发了级联 DQN 算法来获得组合推荐策略(如图 10.6 所示)。动作值函数的级联设计允许其在大量候选物品中找到要显示的物品的最佳子集，其时间复杂度和候选物品的数量呈线性关系，大大减少了计算难度。

最终实验结果表明，在保留似然性和点击预测的角度而言，通过 GAN 模型可以更好地拟合用户行为。根据学习到的用户模型和奖励，研究者发现评估推荐策略可以给用户带来更好的长期累积奖励。此外，在模型不匹配的情况下，基于模型的策略也能够很快地适应新的用户兴趣动态变化。

10.4.2　博弈游戏

腾讯的 Wu 等[9]在 2018 年发布了使用强化学习的王者荣耀 AI 进行组团开黑，并取得一定的成绩。具体地，该算法使用 5 个独立的王者荣耀智能体，通过 5 对 5 对阵《王者荣耀》王者段位人类玩家，进行 250 局游戏，并一举拿下 48%的胜率，几乎可算战成平手。

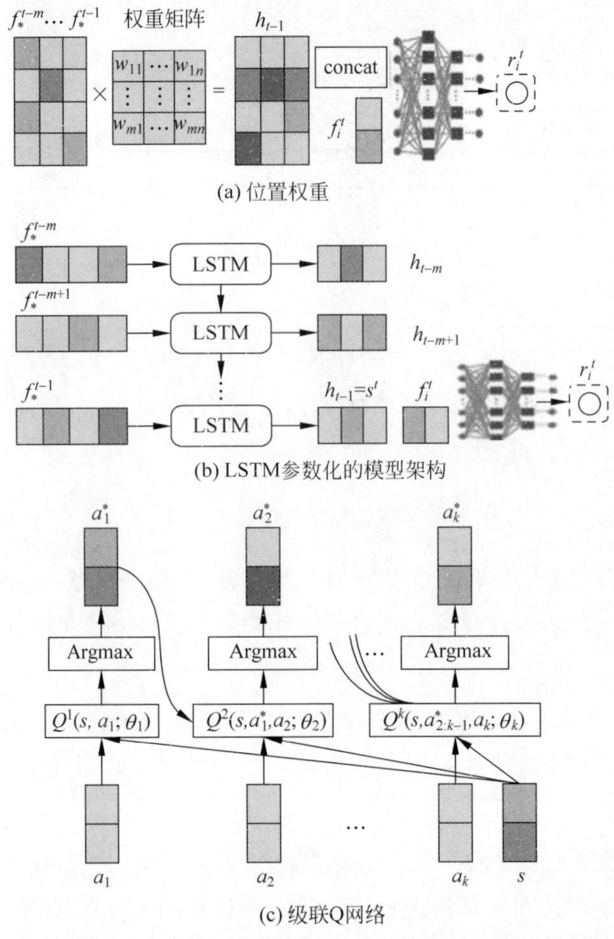

图 10.6　DQN 算法效果对比

与此相同，在博弈游戏中使用强化学习的还有《星际争霸》游戏，因为该游戏会遇到拥有巨大的状态空间、庞大的动作空间、局部观察、多玩家同时在线游戏、长期决策等问题，因此非常适合作为研究对象。腾讯 AI Lab 的 Sun 等[10]利用深度强化学习开发出了能在《星际争霸 Ⅱ》全场游戏中打败"开挂"内置的智能体。该"开挂"AI 的能力相当于暴雪战网(Battle. net)天梯排名系统中前 30%～50%的人类玩家。此外，DeepMind 使用元强化学习(Meta-RL)[11]算法在《星际争霸》游戏中进行对弈，也取得不错的成绩。

由以上可知，近年来深度强化学习在游戏博弈中的应用越来越广泛。下面以 AlphaGo Zero 为例，对深度强化学习在围棋上的对弈进行简单的阐述。

AlphaGo[12]在初期版本中，通过与人类棋手的棋谱进行学习训练，学习到如何下围棋。AlphaGo Zero[13]则跳过了该步骤，通过自我对弈学习下棋，从零学起，因此也命名为 Zero。该算法系统从一个对围棋一无所知的深度神经网络开始，将该深度神经网络和搜索算法结合，进行自我对弈。在对弈过程中，深度神经网络不断调整、升级其参数，用于预测每一步落子的概率和最终的胜利者。

具体而言，AlphaGo 算法有两个深度神经网络：一个是策略网络，利用了大量的人类对弈棋局来评估下一步的可能性；另一个是价值网络，用于评价当前局面的好坏。而在 AlphaGo Zero 版本，除了围棋规则外，没有任何背景知识，并且只使用一个神经网络。

AlphaGo Zero 算法的核心思想是：以蒙特卡罗搜索树算法生成的对弈作为深度神经网络的训练数据。该深度神经网络以大小为 19×19 的棋盘作为输入，以下一步下子的概率以及胜率作为输出。随着蒙特卡罗搜索树算法的不断执行，下子的概率及胜率会趋于稳定，而深度神经网络的输出也是下子概率和胜率，两者之差即为损失。随着训练的不断进行，网络对于胜率的下子概率的估算将越来越准确。下面是对 AlphaGo Zero 算法的具体解析。

1. AlphaGo Zero 增强学习过程

图 10.7 为算法的自我对弈过程，时间步从 s_1 到 s_T。在每个状态 s_t，使用最近一次的网络 f_θ，执行一次蒙特卡罗搜索树算法，得到对应的动作 a_θ。其中动作根据蒙特卡罗搜索树算法计算得到的搜索概率而选择，即 $a_t \sim \pi_t$。当到达终止状态 s_T 后，算法根据围棋的游戏规则确定胜利者 z 和所获得的奖励。

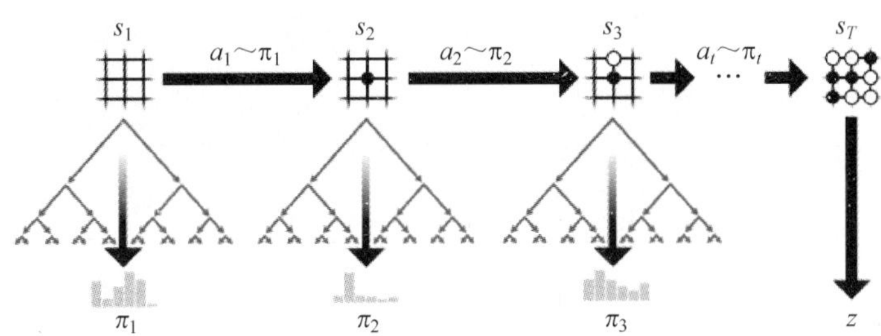

图 10.7　AlphaGo Zero 自我对弈过程

图 10.8 为 AlphaGo Zero 的神经网络训练过程。网络使用原始的棋盘状态 s_t 作为输入，通过多次卷积操作，输出两路数据，一路是向量 $\boldsymbol{p}_t$，表示围棋中下子的概率分布；另外一路是标量 v_t，表示玩家在当前棋局 s_t 的胜率。神经网络模型参数 $\boldsymbol{\theta}$ 将自动更新，利用最大化策略向量 $\boldsymbol{p}_t$ 和搜索概率 π_t 的相似性，计算最小化预测赢家 $\boldsymbol{v}_t$ 与实际赢家 z 之间的误差。新参数将应用于下一次自我对弈的迭代过程中。

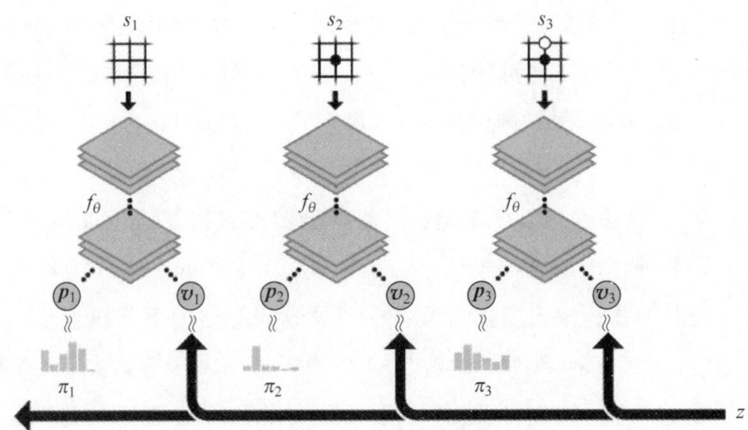

图 10.8　AlphaGo Zero 网络模型训练过程

2. AlphaGo Zero 蒙特卡罗树搜索过程

AlphaGo Zero 蒙特卡罗树搜索过程如图 10.9 所示。下面是蒙特卡罗树搜索的具体步骤。

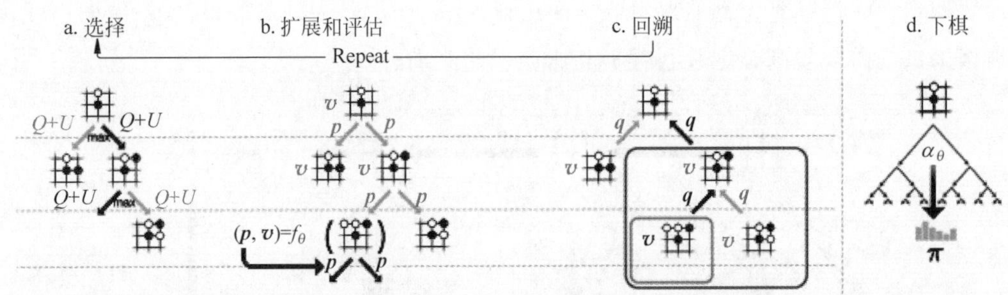

图 10.9　AlphaGo Zero 蒙特卡罗树搜索过程

（1）每次模拟选择的分支，选择最大的 $Q+U$，其中 Q 是动作值，U 是置信上限，U 依赖于存储在分支上的优先概率 $\boldsymbol{p}$ 和该搜索树分支的访问次数 N。

（2）扩展叶节点，使用神经网络 $(\boldsymbol{p}, \boldsymbol{v})=f_\theta$ 评估状态 s，并将向量 $\boldsymbol{p}$ 的值存储在对

应状态 s 的扩展边上。

(3) 根据价值 V 更新动作价值 Q，其反映所有动作的子树的平均值。

(4) 一旦搜索结束，返回搜索概率 π，其余搜索次数 $N^{1/\tau}$ 成正比，其中 N 是每个分支的访问次数，τ 为控制参数。

10.5　用 MindSpore 实现基于 DQN 的博弈游戏

说明：随着开发迭代 MindSpore 的接口及流程的不断发展，完整可运行的代码请读者以线上代码仓中对应章节代码为准。

网址：https://mindspore.cn/resource。读者可扫描右侧二维码获取相关资源。

参考文献

[1] Mnih V, Kavukcuoglu K, Silver D, et al. Playing Atari with Deep Reinforcement Learning [EB/OL]. 2013[2019-11-10] https://arxiv.org/pdf/1312.5602.pdf.

[2] Lillicrap T P, Hunt J J, Pritzel A, et al. Continuous Control with Deep Reinforcement Learning[EB/OL]. 2015[2019-11-10] https://arxiv.org/pdf/1509.02971.pdf.

[3] Sutton R S, McAllester D A, Singh S P, et al. Policy Gradient Methods for Reinforcement Learning with Function Approximation [C]. Advances in Neural Information Processing Systems. 2000: 1057-1063.

[4] Silver D, Lever G, Heess N, et al. Deterministic Policy Gradient Algorithms[C/OL]. 2014 [2019-11-10]http://xueshu.baidu.com/usercenter/paper/show?paperid=43a8642b81092513eb6bad1f3f5231e2&site=xueshu_se.

[5] Mnih V, Badia A P, Mirza M, et al. Asynchronous Methods for Deep Reinforcement Learning [C]. International Conference on Machine Learning. 2016: 1928-1937.

[6] Zhao X, Zhang L, Ding Z, et al. Deep Reinforcement Learning for List-wise Recommendations [EB/OL]. 2017[2019-11-10] https://arxiv.org/pdf/1801.00209.pdf.

[7] Zheng G, Zhang F, Zheng Z, et al. DRN: A Deep Reinforcement Learning Framework for News Recommendation [C]. Proceedings of the 2018 World Wide Web Conference. International World Wide Web Conferences Steering Committee, 2018: 167-176.

[8] Chen X, Li S, Li H, et al. Generative Adversarial User Model for Reinforcement Learning

Based Recommendation System[C]. International Conference on Machine Learning. 2019: 1052-1061.

[9] Wu B, Fu Q, Liang J, et al. Hierarchical Macro Strategy Model for Moba Game ai[EB/OL]. 2018[2019-11-10] https://arxiv.org/pdf/1812.07887.pdf.

[10] Sun P, Sun X, Han L, et al. Tstarbots: Defeating the Cheating Level Builtin AI in Starcraft ii in the Full Game[EB/OL]. 2018[2019-11-10] https://arxiv.org/pdf/1809.07193.pdf.

[11] Wang J X, Kurth-Nelson Z, Kumaran D, et al. Prefrontal Cortex as a Meta-sreinforcement Learning System[J]. Nature Neuroscience, 2018, 21(6): 860.

[12] Silver D, Huang A, Maddison C J, et al. Mastering the game of Go with Deep Neural Networks and Tree Search[J]. Nature, 2016, 529(7587): 484.

[13] Silver D, Schrittwieser J, Simonyan K, et al. Mastering the Game of Go without Human Knowledge[J]. Nature, 2017, 550(7676): 354.

第 11 章

自动化机器学习

机器学习研究和应用在近几十年得到爆炸式的发展，尤其是深度学习已经在语音识别[1]、图像识别以及机器翻译[4][5]等方面取得了巨大成功。然而，机器学习在实际应用中仍然面临着诸多挑战。传统机器学习[6]~[8]严重依赖专家经验进行数据预处理，提取有效特征，选择合适算法和超参数来训练模型；深度学习虽然不需要手动提取特征，但也要依赖相关专家经验设计出符合特定应用场景的神经网络结构，如满足不同硬件设备(GPU、TPU 以及 NPU)、不同性能约束(时延、内存)的网络架构。为了减少对专家经验的依赖以及避免人工经验带来的偏差，自动化机器学习(Automated Machine Learning，AutoML)应运而生。

11.1 AutoML 框架

AutoML 是端到端的自动化机器学习框架，涵盖自动数据标注、自动数据预处理、自动特征工程、自动模型选择、自动超参调优等步骤，如图 11.1 所示。可以看出，深度学习与传统机器学习在数据处理、特征工程以及模型选择方面都有很大差异。数据处理方面，传统机器学习主要利用数据清理、数据集成、数据变换等方法将原始数据处理成标准统一的结构化数据；而深度学习所使用的图像、声音等非结构化数据已经是统一的形式了，无须进行数据预处理，仅需要进行数据标注。特征工程、模型选择在传统机器学习领域是相互独立的，而在深度学习领域已经融为了一体。传统机器学习的特征工程主要包括特征提取、特征清洗、特征选择以及特征降维等步骤；模型选择是指从众多算法中选择性能较优的模型或者利用集成学习方法组合生成较优的混合模型。深度学习的特征工程和模型选择主要依赖于神经网络的结构设计，包括算子的使用以及空间排布。

神经架构搜索(Neural Architecture Search, NAS)是指通过强化学习[9-11]、演化

算法[12-13]以及梯度方法[14-16]等自动设计出符合需求的神经网络架构，从而极大降低设计成本。NAS 算法应用广泛，不仅包括图像分类、目标检测[17]、语义分割[18-19]、图像超分[20]等视觉领域，还包括自然语言处理[21]以及图神经网络等领域[22]。NAS 可以确定神经网络的架构，但得到的架构中还有许多需要提前设置的超参，例如学习率、权重衰减以及训练周期数等。研究表明，超参数的设置将直接影响模型的精度以及训练、推理速度。自动超参调优可以利用网格搜索、随机搜索以及贝叶斯优化等方法自动搜索出符合特定场景需求的超参数。

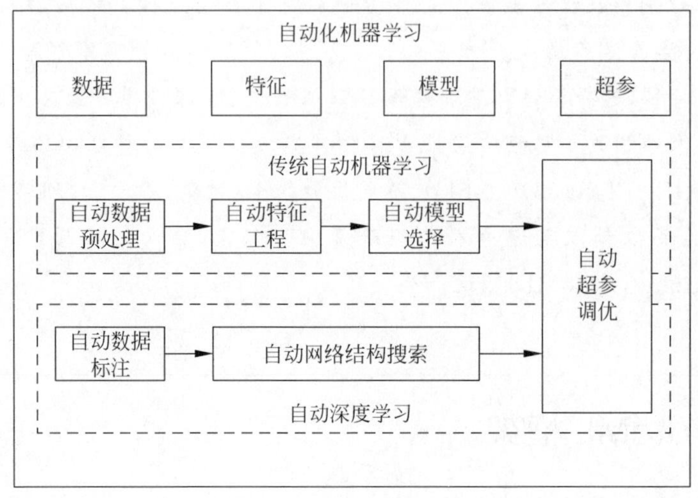

图 11.1　自动化机器学习基本框架

AutoML 技术已经在商业上取得了一定的成功。美国的谷歌公司率先将 AutoML 技术应用到了谷歌云平台上。用户只需要将自己的标签数据上传到谷歌云上，就可以获得一个训练好的深度学习模型，而无须相关的专家经验，如图 11.2 所示。不仅如此，美国的微软、Oneclick 以及中国的百度、第四范式和智铀科技等公司都相继推出了自己的 AutoML 产品。如前所述，NAS 算法和自动超参调优是 AutoML 关键技术，本小节将重点围绕这两点展开阐述。

11.1.1　NAS 算法

NAS 算法由搜索空间、搜索策略以及性能评估三部分组成，如图 11.3 所示。搜

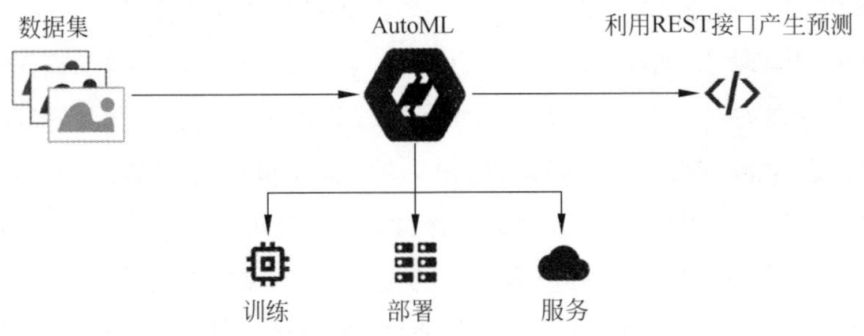

图 11.2　Google AutoML 的工作原理示意图[①]

索空间定义了 NAS 算法的整个解空间；搜索策略定义了如何在搜索空间中生成性能最优的网络结构；性能评估是指搜索出的神经网络架构在训练集及验证集上的精度、时延等性能指标的测试。性能评估的测试结果会反向优化搜索策略，指导生成性能更优的网络结构。然而，人们在追求性能的同时，会受到计算资源和时间成本的约束。近年来，研究者们通过不断优化 NAS 算法试图在保证性能的同时，尽可能降低计算资源等消耗。例如，针对特定的任务，人们可以结合先验知识缩小搜索空间的范围。通过权重共享等方式，可以避免标准的训练、验证过程，从而降低性能评估的时间成本。后面将主要围绕 NAS 搜索空间、搜索策略以及性能评估等方面展开讨论。

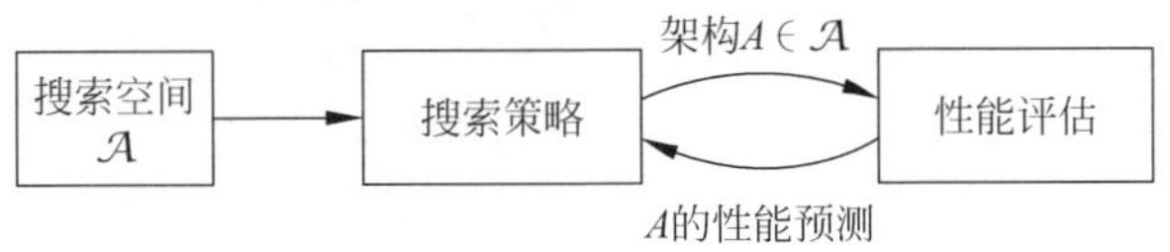

图 11.3　NAS 算法基本流程

1. 搜索空间

搜索空间定义了算法的解空间，从本质上限定了网络架构，并最终影响算法的结果。一般来说，搜索空间的定义分为两种，分别是基于整网的搜索空间和基于单元(Cell)的搜索空间。

基于整网的搜索空间中，最简单的网络结构为链式结构。网络中当前层接收上一层的输出作为输入，并将当前层的输出作为下一层的输入，如图 11.4(a)所示。链式网络中首先需要定义的是整个网络的大小，即网络的层数。其次还需要定义网络中每一

① 参考网址：https://cloud.google.com/automl/。

层的操作，例如 3×3 卷积或是 3×3 池化。至此，整个网络就搭建完成了。简单的链式网络的搜索空间较小，搜索起来也较为容易，但是也极大地限制了算法的自由度。为了解决这个问题，NAS 算法在搜索空间中加入了分支与跳连接等优秀的设计，即网络中当前层不仅可以接收上一层的输出作为输入，还可以与之前的层之间建立跳连接，接受其作为输入，如图 11.4(b)所示。并且，搜索空间中不再限制每一层的输入数量为 1，而是可以有多个输入。在搜索空间的定义上，需要添加定义网络连接方式的参数，例如 NAS 中的 Anchor Point。此种改进增大了算法的搜索空间，但不可避免地也增加了算法的搜索难度。

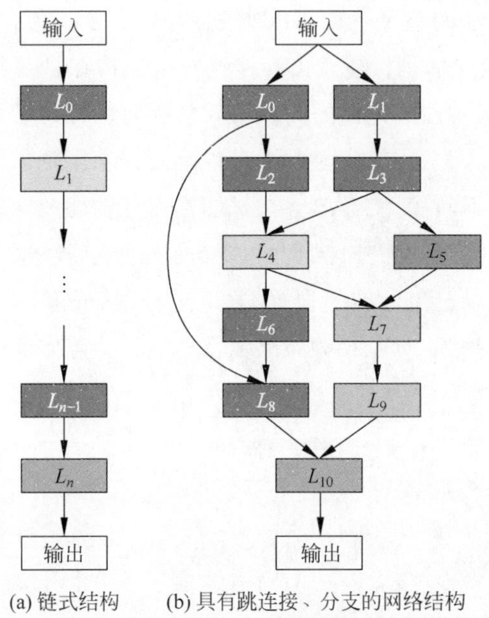

(a) 链式结构　　(b) 具有跳连接、分支的网络结构

图 11.4　不同链接方式的神经网络架构①

在基于单元的搜索空间(见图 11.5)中，算法按照预定义的结构堆叠单元得到最终的网络架构。搜索空间中包含 Normal Cell 和 Reduction Cell。两种单元中一般包含卷积、池化等操作，但是在 Normal Cell 中保持输入的维度不变，而 Reduction Cell 中会降低输入的维度进行输出。基于单元的搜索空间的提出，不仅减小了搜索空间的范围，降低了搜索的难度，而且提高了网络在不同任务以及数据集上的迁移能力。Zoph 等成功将在 CIFAR-10 上搜索得到的单元结构迁移到 ImageNet 上，并且取得了当时

① 图片来源：https://arxiv.org/pdf/1808.05377.pdf。

ImageNet 数据集上最优秀的表现。不仅如此，基于单元的搜索方法还应用到了目标检测[17]、语义分割等领域[19]。例如 Ghiasi 等[17]基于特征金字塔网络（Feature Pyramid Network，FPN）的单元结构生成目标检测网络，而 FPNLiu 等[19]通过搜索 ASPP 的单元结构来生成语义分割的网络。

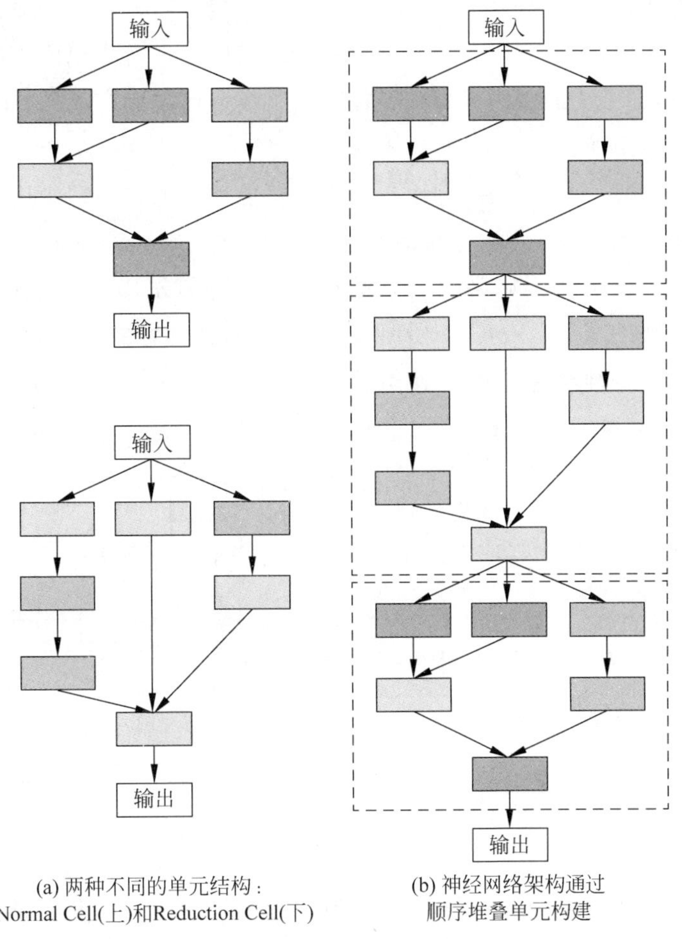

图 11.5　基于单元的搜索空间①

2. 搜索策略

不论基于整网还是基于单元，搜索空间都很大，遍历搜索是不切实际的。即便在

① 图片来源：https://arxiv.org/pdf/1808.05377.pdf。

相同的搜索空间下，由于计算资源等限制，不同搜索策略找到的结果可能完全不同。搜索策略的好坏同样影响了整个算法的结果，关键点在于如何有效利用反馈信息来更新指导探索方向，在快速找到最优解的同时防止陷入局部最优。

Zoph 等[9]使用强化学习在 CIFAR-10 和 PTB 数据集上迈出了第一步，取得了具有竞争力的结果之后，NAS 成为机器学习领域中主流的研究方向，强化学习、进化学习和基于梯度的方法等均被用于神经网络搜索。但 Zoph 等提出的 NAS 算法耗费了巨量的计算资源，业界的工作重心除了提高网络模型的准确率之外，还在尝试减少算法所需要的计算资源。

在强化学习算法中，将网络的构建定义为智能体在操作空间中连续采样的过程，依次生成网络架构参数。采样结束后，网络架构随之确定。将当前网络架构在验证集上的准确率作为奖励值反馈给智能体，更新智能体的参数，提高智能体在采样过程中选择更优秀操作的概率。Zoph 等使用 RNN 作为智能体控制网络架构的生成。以生成仅包含卷积层的神经网络为例，使用 RNN 依次生成每一层卷积的超参数，包括卷积核数量、卷积核高度、宽度，横向和纵向步长，如图 11.6 所示。

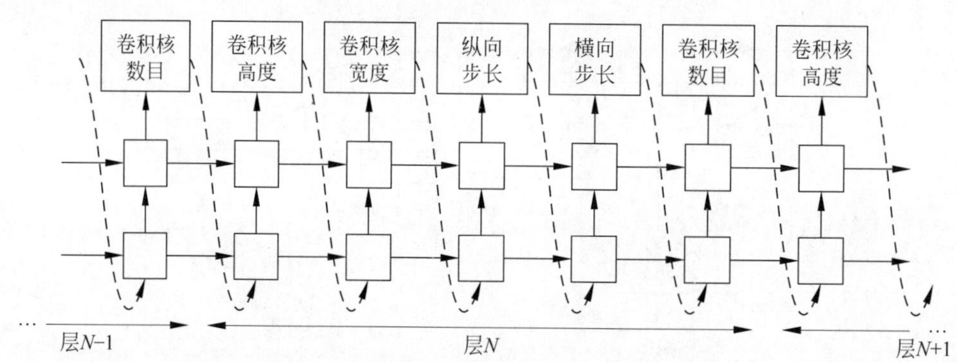

图 11.6　RNN 智能体生成的网络序列示意图①

具体地，RNN 生成网络的过程定义为连续的动作 $a_{1:T}$，算法奖励值 $J(\theta_c)$ 定义为：

$$J(\theta_c)=E_{P(a_{1:T};\theta_c)}[R] \tag{11.1}$$

式中，θ_c——RNN 的参数；

P——RNN 在 T 步动作之后选择当前网络架构的概率；

R——当前网络架构在验证集上的准确率。

① 图片来源：https://arxiv.org/pdf/1611.01578.pdf。

由于 R 不可微，算法中使用策略梯度 $\nabla_{\theta_c} J(\theta_c)$ 来更新 θ_c：

$$\theta_{c'} = \theta_c + \eta \nabla J(\theta_c) \tag{11.2}$$

$$\nabla_{\theta_c} J(\theta_c) = \sum_{t=1}^{T} E_{P_{(a_{1:T};\theta_c)}} [\nabla_{\theta_c} \log P(a_t \mid a_{(t-1):1};\theta_c) R] \tag{11.3}$$

式中，η——学习率。

在不同的强化学习 NAS 算法中，搜索策略的定义和策略优化的方法有所不同。Zoph 等使用策略梯度来更新智能体 RNN 的参数，Baker 等则使用 Q-Learning 方法来控制网络架构的生成。

上述算法中，算法都是从零开始搜索网络架构，Cai 等提出了网络变换（Network Morphism）的概念，算法中使用现有的网络架构为起点，通过网络变换的方式来得到新架构，在网络变换的基础上可以重用之前的参数，大大节约了从头开始训练的时间。算法中仍然使用强化学习定义智能体，智能体的操作空间定义为改变网络的深度和宽度，并使用网络架构在验证集上的准确率作为奖励值更新智能体的参数。采用网络变换的算法可以更好地利用人工设计的优秀网络，与从头开始搜索相比可以降低计算资源的消耗。Cai 等提出的算法仅支持层级的网络变换，而 Klein 等可以通过增加多分支等方式修改网络的拓扑结构，从而进一步提高算法的自由度，扩大了算法的搜索空间。

与强化学习路线算法不同的是，进化学习算法中将网络架构的生成看成一个初始架构随着算法的进行慢慢演化的过程。初始架构可以是随机生成的架构，也可以是手工设计表现优异的架构。进化算法中的种群则对应着网络架构池。不同的进化算法在父架构的采样和架构池的维护方面有所不同。Real 等使用竞争法在架构池中采样，而 Gao 等依据帕累托最优进行采样。在采样得到的父架构中，将表现优异的由父架构变异得到的子架构加入架构池中，并赋予其繁衍后代的权利。如果要在算法中保持架构池数量不变，那么在每次生成子架构的同时都需要从架构池中移除一个架构。移除的策略也有多种，可以选择移除由采样得到的两个父架构中表现较差的架构；也可以选择删除架构池中最久未被更新的架构。前者可以保证进化算法的优胜劣汰，后者则可以保持架构池的多样性，防止架构池中大部分架构为同一个架构的后代。学者们将随机算法、进化学习和强化学习进行了比较，结果表明强化学习和进化学习在准确性上均小幅地优于随机算法，但进化学习的搜索时间更短，且可以搜索到更小尺寸的网络。

上述基于强化学习以及进化学习的 NAS 始终在离散空间上进行优化，优化过程中没有直接的方向，而是以准确率作为指导，找到近似的方向。与无梯度算法不同的是，Luo 等通过将架构编码连续化找到了直接梯度下降的方向。NAO 算法中包含编码器、预测器、解码器三部分。首先通过编码器将网络架构编码成在连续空间上的点，预测器定义为普通的回归网络。使用编码器得到的编码以及该网络架构在对应数据集上的准确率作为标签训练预测器，使预测器可以预测连续空间中编码的准确率。解码器用来将连续空间中的编码解码为正常的网络编码。在上述编码预测解码的架构训练完成之后，算法便可以沿着预测器上的梯度方向找到表现可能更好的架构。NAO 中使用连续空间上的编码找到了梯度下降的方向，提高了搜索的有效性，但是本身算法中需要得到架构准确率的数据标签来训练预测器，花费了较多的计算资源。

与 NAO 不同的是，Liu 等提出的 DARTS 将单元的搜索空间连续化松弛以找到梯度下降的方向。算法中将单元的搜索空间定义为 DAG(有向无环图)，整个搜索空间中的操作集定义为$\mathcal{O}$，每一层的操作不再是搜索空间中的单个操作，而是整个$\mathcal{O}$中操作的凸组合，对于每个操作设置权重作为网络架构参数。任何一个中间节点 j 的输入定义为其全部前置节点 i 输出的和，即

$$x^{(j)}=\sum_{i<j}o^{(i,j)}(x^{(i)}) \tag{11.4}$$

式中，$o^{(i,j)}$——第 i 个节点和第 j 个节点之间的操作。

搜索算法的目标改为优化操作权重$\boldsymbol{\alpha}$ 和网络参数 $\boldsymbol{w}$，即

$$\min_{\boldsymbol{\alpha}} \mathcal{L}_{\text{val}}(\boldsymbol{w}^{*}(\boldsymbol{\alpha}),\boldsymbol{\alpha}) \tag{11.5}$$

$$\text{s. t. } \boldsymbol{w}^{*}(\boldsymbol{\alpha})=\operatorname{argmin}_{w}\ \mathcal{L}_{\text{train}}(\boldsymbol{w},\boldsymbol{\alpha}) \tag{11.6}$$

式中，$\mathcal{L}_{\text{val}}$——验证集上的损失函数；

$\mathcal{L}_{\text{train}}$——训练集上的损失函数。

在训练过程中使用训练集优化网络普通参数 $\boldsymbol{w}$，使用验证集优化网络架构参数$\boldsymbol{\alpha}$。双层优化对算法实现来说有一定的难度，算法中使用了近似优化的技巧。在训练结束后，在每两个节点间取权重$\boldsymbol{\alpha}$ 最大的操作作为最终单元结构中的操作：

$$o^{(i,j)}=\operatorname{argmax}_{o\in\mathcal{O}}\ \boldsymbol{\alpha}_{o}^{(i,j)} \tag{11.7}$$

可以看到的是，在 NAO 和 DARTS 中，算法只考虑了模型的准确率，而没有考虑时延、模型大小等目标，但考虑当前手机等设备的普及程度，设计一个能够在手机等资源受限的设备上使用的神经网络是十分必要的。Mobilenet 则是针对手机等设备人工设计的优秀网络，在得到较好的准确率的同时，也考虑了模型推理时延，实现了多目标算法。Single-path 是在 Mobilenet V2 的基础上，基于超核的搜索空间构建的高效搜

索算法，在 MindSpore 框架中也得到了实现，这里给予较详细的算法介绍。

在 Single-path 算法中采用了与 Mobilenet V2 同样的搜索空间。搜索空间为基于单元的链式结构，层数固定并采用 Mobile Inverted Bottleneck Convolution（MBconv）作为单元的内部结构。搜索空间中需要搜索的仅为卷积核大小 $k \times k$（3×3/5×5）以及控制卷积核数量的膨胀率（扩张率）e（3/6），即 MBconv-$k \times k$-e。搜索空间的具体形式如图 11.7 所示。

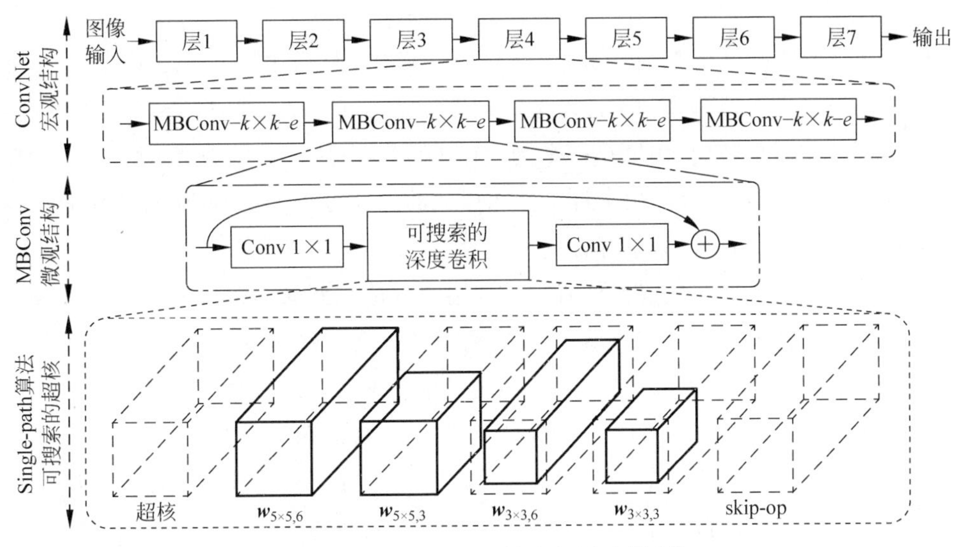

图 11.7　Single-path 搜索空间示意图[①]

在进入单元运算时，首先使用大卷积核，即 5×5 卷积核及扩张率为 6，得到一个大特征图。然后根据搜索过程中选择的卷积核大小以及扩张率来截取需要的特征图。该过程中只使用了单条路径，取消了操作分支，大大减少了特征图数量，节约了大量内存。

在搜索过程中，Single-path 中根据权重值的 L2 范数（欧几里得范数）与阈值大小的对比来对网络架构进行决策，并且把阈值也定义为神经网络的参数，对其使用梯度下降来进行更新学习。定义为端侧多目标算法的 Single-path 不仅考虑了模型准确率，还考虑了模型的推理时延。因此，算法损失函数为：

$$\text{Loss} = \min_{\boldsymbol{w}} \text{CE}(\boldsymbol{w} \mid t_k, t_e) + \lambda \cdot \log(R(\boldsymbol{w} \mid t_k, t_e)) \tag{11.8}$$

式中，$\text{CE}(\boldsymbol{w} | t_k, t_e)$——交叉熵；

$R(\boldsymbol{w} | t_k, t_e)$——模型推理时延。

① 图片来源：https://arxiv.org/pdf/1907.00959.pdf。

可以看到，该损失函数可以直接对网络参数 w 和阈值参数 t 进行梯度下降更新。值得注意的是，Single-path 中将网络参数以及网络架构参数同时使用训练集上的数据进行更新，与以往 DARTS 等中使用训练集训练网络参数和验证集训练网络架构参数有所不同。Single-path 中的这种尝试在保证算法有效的基础上，在一定程度上增加了训练的便捷性，但是否会带来网络过拟合的问题仍然值得考虑。

3. 性能评估

性能评估是为了使 NAS 搜索出的神经网络架构更具泛化能力。通常的方法是将搜索出的网络结构在训练集和验证集上分别进行训练和验证。但 NAS 算法搜索过程中会生成较多的网络结构，如果每一个网络结构都需要从头开始训练，将消耗巨大的计算资源。为此，业界已经提出了许多性能评估的加速方法，例如低保真度预估、学习曲线外推、权重继承和权重共享等方法。

低保真度预估是降低性能评估时间最直接的方法。例如训练过程中，只抽取数据的部分子集，降低图像的分辨率，减少训练的时间以及卷积通道数和单元数等。理论上，只要保证 NAS 生成的网络结构之间的相对排名不变，该评估方法就是有效的。然而最新的研究结果表明，采用低保真度预估的方法获得的网络结构的相对排名与实际情况差别很大。学习曲线外推是利用类似机器学习的方式获得性能的曲线，以便及时终止效果不佳的用例。例如 Domhan 等便基于训练初期的性能预测以后的发展趋势，从而加速评估过程。类似地，Liu 等基于已有的网络结构训练出代理模型，从而去预测更大尺寸的网络模型以加速评估过程。

权重继承和权重共享是通过复用已有的权重来加速性能评估的。区别在于前者是继承其他网络（如父模型）的权重来初始化，而后者是由于 One-Shot 算法所生成的子网络可以被视为超图中的子图，因此可以共享公共边的权重，如图 11.8 所示。权重继承的典型例子是网络变换模型。该模型可以在保证功能不变的情况下修改网络结构，使得训练时间只需较少的 GPU 天（1 个 GPU 运行一天）。权重共享的例子也有很多，包括 Pham 等基于强化学习提出的 ENAS 算法，以及 Liu 等提出的 DARTS 算法等。虽然权重共享极大节省了评估时间，但却无法保证由不同子网络得到的性能评估的相对排名与实际情况一致。而且权重共享的方法将子图的搜索空间限定在了超图的范围内，进而限定了网络结构的解空间。不仅如此，原始的权重共享方法需要将超图保存在 GPU 显存中，使得该类方法只能结合单元的方式进行搜索，而无法直接在大数据集上进行。ProxylessNAS 算法通过将网络权重二值化，以及在训练过程中只激活其中一条路径下的候选算子的方式，有效地解决了这类问题。

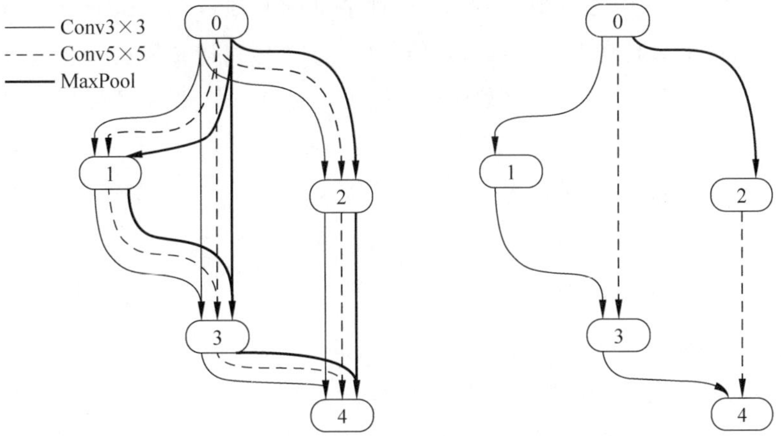

图 11.8　One-Shot 方法示意图[①]

图 11.8 中，0 表示神经网络的输入；1，2，3 分别是不同的隐藏层；4 是输出层。

NAS 算法不仅技术上得到了较大发展，而且已经在各领域得到了广泛的应用，如图像分类、目标检测、语义分割、图像超分等。然而，在实际应用的过程中人们会发现，只是想简单重复文献里面的结果都是非常复杂的，因为神经网络模型的性能不仅仅是由网络结构决定的，而且数据增强、超参数设置对结果都会有影响。例如，为了提高在 CIFAR-10 数据集上的网络性能，学者们会考虑使用预先学习率策略、CutOut 数据增强、MixUp 以及 Shake-Shake 的正则化等方法。因此，将 NAS 算法与超参调优、数据增强等一起进行优化，可能是未来重要的研究方向。

11.1.2　超参调优

超参调优是深度学习中被广泛了解和应用的概念。合适的超参数设置，可以使深度学习模型的结果得到进一步优化。通常在训练模型的过程中会涉及两类参数：模型本身的参数/权值和决定训练过程的超参。深度神经网络中每个节点都有一个权值，代表了该节点对最终预测结果的影响程度，需要从训练数据中学习得到，因此参数在训练过程中是不断更新变化的；而超参属于配置变量，需要在开始训练前设置，且大部分超参在训练过程中通常不会频繁变化。深度学习里面的超参数通常包括学习率、权重衰减、训练轮数等。

① 图片来源：https://arxiv.org/pdf/1808.05377.pdf。

超参调优的过程通常为：定义所有超参的可能数值范围；定义一个采样方法在规定数值范围内采样一组超参值；定义一个评估准则并通过交叉验证评价当前模型结果；基于当前结果对超参数进行调节，循环这个过程直到找到较优的一组参数来处理当前的训练任务。Hutter 等将超参调优描述为：给定一个有 N 个参数的机器学习模型 $\mathcal{A}$，定义第 n 个超参来自于空间 $\boldsymbol{\Lambda}_n$，则整个超参空间为 $\boldsymbol{\Lambda}=\Lambda_1\times\Lambda_2\times\cdots\times\Lambda_N$。在给定的数据集 D 上找到一组超参为 $\boldsymbol{\lambda}^*\in\boldsymbol{\Lambda}$，使得：

$$\lambda^*=\underset{\boldsymbol{\lambda}\in\boldsymbol{\Lambda}}{\operatorname{argmin}}E_{(D_{\text{train}},D_{\text{valid}})\sim D}V(\mathcal{L},\mathcal{A}_{\boldsymbol{\lambda}},D_{\text{train}},D_{\text{valid}}) \tag{11.9}$$

式中，$\mathcal{L}$——模型训练的损失函数；

$\mathcal{A}_{\boldsymbol{\lambda}}$——给定算法 A 的一组参数 $\boldsymbol{\lambda}$；

D_{train}——交叉验证的第 i 份训练数据；

D_{valid}——交叉验证的第 i 份验证数据；

$\mathbf{V}(\mathcal{L},\mathcal{A}_{\boldsymbol{\lambda}},D_{\text{train}},D_{\text{valid}})$——度量模型 A 在超参 $\boldsymbol{\lambda}$ 基于训练集 D_{train} 在验证集 D_{valid} 的损失函数。

超参在模型训练过程中发挥着至关重要的作用，因为它将严重影响模型的性能表现。例如学习率决定了权值更新的速度，学习率过大可能会导致结果错过最优值；学习率过小可能会导致更新速率过慢而陷入局部最优。然而，除了学习率之外还有很多超参共同决定了模型的训练过程，因此想要找到一组好的超参使得模型可以达到较优性能往往需要面临以下问题：

(1) 超参空间是一个复杂高维的空间，包含多个相互影响的超参且每个超参可能属于不同的类型。

(2) 超参调优过程中需要对训练作业运行大量的评估实验，因此需对评估实验进行跟踪分析。

(3) 对于深度学习来说，每次评估过程开销较大。

(4) 通常情况下难以获取超参的梯度信息，如一些枚举或离散类型的超参。

基于上述问题，手动对超参进行优化过于烦琐甚至难以实现，因此许多自动超参调优方法和工具被提出。除了减少人工成本外，自动超参调优还可能达到超越手动调优的结果，进一步提升性能，也可以更公平地比较和复现不同的超参调优方法。

自动超参调优的方法有多种，Hutter 等将各种方法大致划分为模型无关和模型有关的黑盒优化方法，这里的模型无关指优化方法不依赖某种模型，模型有关指优化方法需要依赖某种模型，如高斯过程等。我们将超参调优方法分为独立验证（Trial-dependent）的方法与非独立验证（Trial-independent）的方法。我们按照这种方法进行分类的原因是有些超参调优方法验证每一组配置是相互独立的，如网格搜索与随机搜索的方法。这种方法进行每一次验证不会显性地利用其他的验证结果。而大部分的方法会显性地利用已有的验证结果进行下一次验证，如贝叶斯优化。

1. 独立验证的优化方法

最为典型的独立验证的优化方法有网格搜索(Grid search)和随机搜索(Random search)两种。网格搜索是一种全因子实验设计，它给每个超参设置一组有限的测试值，然后验证每一种参数组合。网格搜索具有以下特点。

(1) 效率受超参数量的影响大，验证次数会随参数数量的增长呈指数增长，出现维度灾难。

(2) 增加每个超参的搜索点会极大增加验证次数，假设有 n 个超参，每个超参仅有 2 个值，配置总数达到 2^n，而当每个超参有 3 个超参值时，配置总数达到 3^n，数量大大增加。因此，此方法仅在少量配置上是可行的。

(3) 配置验证相互不影响，容易并行验证。

另一种独立验证的搜索方法是随机搜索。随机搜索预先设置一个搜索的次数，然后随机采样超参组合进行验证。相比网格搜索，随机搜索的优点是对于每个超参能够验证更多的参数点。直观地，给定 N 个超参进行 C 次验证，假如采用网格搜索的方式，每个超参只能验证 $C^{\frac{1}{N}}$ 个点，但是随机搜索可以对每个超参都验证 C 个不同的点。当有部分超参对模型特别重要时，随机搜索的这个性质就显得尤为重要。如图 11.9 所示，随机搜索可以验证到重要参数更多的点。

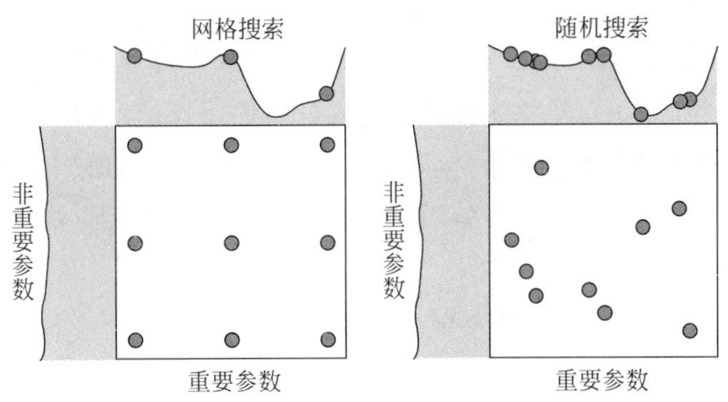

图 11.9　网格搜索与随机搜索对参数搜索的比较

随机搜索通常被视为一个有用的基线搜索方法，这种方法有以下一些特点：

（1）算法没有对模型本身做任何假设，而且只要有足够多的资源，随机搜索在预期中能够达到最优解的任意近似。这种方法可以结合更加复杂的搜索方法，作为扩大探索（Exploration）范围的方法，以提高搜索的效果，例如 Ahmed① 及 Hutter 的做法，也可以用于初始搜索过程。

（2）经常会比基于模型的搜索算法消耗更长的时间。例如，当超参空间是 N 个独立的布尔值参数，并且每个参数的取值分别对应一个好的参数和一个差的参数时，随机搜索需要 2^{N-1} 次验证才能找到最优解，而按照每次优化单个超参的思路，只需要验证 $N+1$ 次就可以找到最优解。

（3）不依赖其他配置的验证，可以并行验证。

2. 非独立验证的优化方法

非独立验证的优化方法通过建立超参数配置有性能之间的关系，利用先验知识及采样点逼近超参数配置的最优解。这样的方法一般有以下特点：

（1）需要对配置空间有一定的假设，即人为形成对配置空间的先验知识，用于指导优化过程，一般有一个代理模型。

（2）需要收集多个配置进行验证，并在先验知识下推断下一个尝试的配置，已减少验证的次数，优化的过程是顺序的，大多是基于顺序模型的全局优化（Sequential Model-Based Optimization，SMBO）。

贝叶斯优化是一种模型有关的方法，是目前针对“黑盒函数”的全局优化最佳的方式之一，特别是在深度学习中的超参优化（Hyper Parameter Optimization，HPO）展现出良好的效果，在图像分类，语音识别和自然语言处理等任务中都有应用。对于需较长时间验证的目标函数，贝叶斯优化是一种可行的优化方法，并且特别适合连续型且维度低于 20 的变量。贝叶斯优化中，高斯过程是一个常用的模型。为了更好地理解贝叶斯优化，我们先简单介绍一下高斯过程。关于贝叶斯优化更加详尽的介绍，读者可以参考 Brochu 及 Shahriari 的文章。

对于一个序号集合 T 及普通概率空间上的一个变量集合 $x=(x_t)_{t\in T}$，称 x 为一个高斯过程，假如对任意 $t_1,t_2,\cdots,t_n\in T$，向量 $(x(t_1),x(t_2),\cdots,x(t_n))$ 服从正态分布。这个正态分布被一个均值函数 $t\rightarrow E[x(t)]$ 及一个协方差函数 $K(x(t),x(s)):=$

① 参考网址：https://www.cs.ubc.ca/～schmidtm/Documents/2016_NIPSw_FOBO.pdf。

$\mathrm{cov}[x(t),x(s)]$唯一决定，通常也称这个协方差矩阵为 kernel。对于高斯过程最直观的一个理解是将序号集 T 定义为实数集$\mathbb{R}$，于是可以想象 x 是时间轴上对每个点都有定义的变量集合，且对任何时间点集合上的$(x(t_1),x(t_2),\cdots,x(t_n))$都是一个正态分布，即 x 是一个高斯随机过程。

贝叶斯优化是一个包含代理模型（Surrogate Model）和采集函数（Acquisition Function）两个成分的迭代算法，概率模型描述了目标函数在不同参数（例如深度学习中的超参）下的分布，采集函数则决定在当前估计的概率模型下应选择的下一个验证的参数点。概率模型一般选择的是高斯过程，我们通过将超参配置（记为 λ）视为一个序号集合 T 的方式来应用贝叶斯优化。记 $f(\lambda)$ 是我们的目标函数，定义 $\boldsymbol{f}=(f(\lambda))_{\lambda\in T}$ 是一个高斯过程，便可以将对目标函数的优化转换为对高斯过程的采样及拟合，λ 的最优解则是拟合结果的一个预测。一个常用的目标函数是模型在测试集上的测试准确率。前面提到，高斯过程通过均值函数 $m(\lambda)$和协方差函数 $k(\lambda,\lambda')$唯一决定，通常均值函数被假设为常函数，所以高斯过程的合理性只依赖于协方差函数。马特恩协方差函数（Mátern5/2 Kernel）是一个常用的 Kernel，该协方差只取决于两点间的距离。在观测值不带噪声的前提下，均值 $\mu(\cdot)$与协方差 $\sigma^2(\cdot)$的预测分别为：

$$\mu(\lambda)=\boldsymbol{k}_*^{\mathrm{T}}\boldsymbol{K}^{-1}y,\quad \sigma^2(\lambda)=k(\lambda,\lambda)-\boldsymbol{k}_*^{\mathrm{T}}\boldsymbol{K}^{-1}\boldsymbol{k}_* \tag{11.10}$$

式中，$\boldsymbol{k}_*$——λ 与所有已观测值的协方差向量；

$\boldsymbol{K}$——所有已观测值的协方差矩阵；

y——λ 配置下目标值的预测值。

注意，在均值式子中虽然假定了高斯过程的先验均值是 0，但是在新的点的预测却非常依赖 Kernel，几乎不可能是 0，也因为搜索的空间在大多情况下是一个相对封闭的空间，将高斯过程的先验均值设置为 0 是一个可以接受的假设。

在这样一个框架下，采样的过程显得尤为重要，假如采集到的点无法使目标函数接近高斯过程的最优点，其拟合的高斯过程将无法预测一个好的最优解。采集函数目前有许多种，较常用的一种是期望提升（Expected Improvement，EI）：

$$E[I(\lambda)]=E[\max(f_{\min}-y,0)] \tag{11.11}$$

式中，$I(\cdot)$——示性函数；

$f_{\min}$——当前最好的观测值；

y——λ 配置下目标值的预测值。

当 y 在超参配置 λ 下服从正态分布时，这个函数才能够以封闭的形式计算出来：

$$E[I(\lambda)]=(f_{\min}-\mu(\lambda))N\left(\frac{f_{\min}-\mu(\lambda)}{\sigma}\right)+\sigma\phi\left(\frac{f_{\min}-\mu(\lambda)}{\sigma}\right) \tag{11.12}$$

式中，$N(\cdot)$——标准正态分布密度函数；

$\phi(\cdot)$——标准正态分布函数；

μ——λ 配置下目标值的预测均值；

σ——λ 配置下目标值的预测标准差。

其中 $f_{\min}$ 及 y 与式(11.11)含义相同。图 11.10 展示了贝叶斯的优化过程。图中，我们的目标是使用高斯过程最小化虚线值(目标函数)，图中黑色实线代表模型预测值，标号①的区间代表不确定性，标号②曲线是采集函数的值。基于当前观察到的点，算法通过最大化采集函数值获取下一个采样点进行验证(图 11.10(a))，图中观测点所对应的采集函数值较低，采集函数最大值的点所预测的值在观测点左侧，不确定较大，可能预测值比观测点更优。如图 11.10(b)所示，在高斯过程更新后观测点右方的预测值最低，采集函数值最大，采样在右方进行。图 11.10(c)中预测不确定性已经非常低，根据采集函数值再做一次验证。

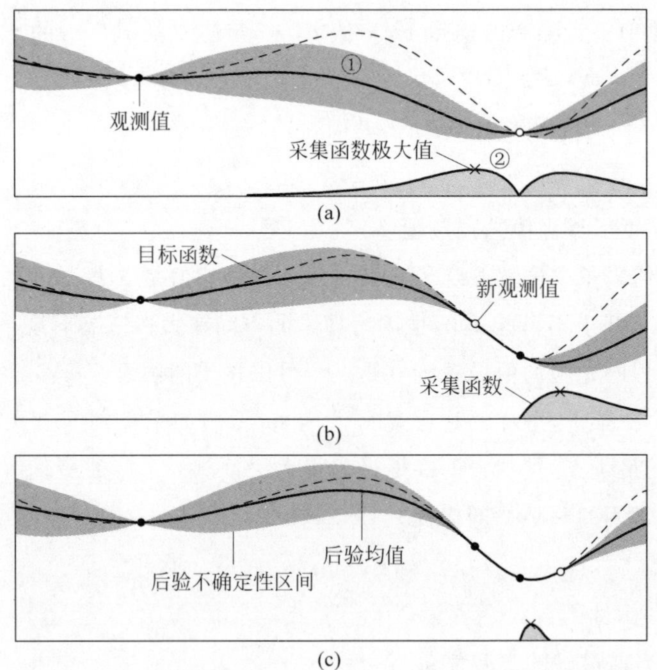

图 11.10 贝叶斯优化过程示意图

使用标准高斯过程的一个缺点是其计算量随数据点的数量呈 $O(n^3)$ 增长，当采集数据点数量很大时会限制对高斯过程的拟合。这个可以通过稀疏高斯过程来解决，其做法是只用部分诱导点（Inducing Points）来构建协方差矩阵，使高斯过程能快速进行拟合，但是这种做法可能导致对不确定性的估计不准确。使用高斯过程的另一个缺陷是其对高纬度数据点的处理效果不好，解决方法对高维度的超参配置预先进行处理，例如使用随机嵌入及对超参配置空间的拆分分别应用高斯过程等。

除了使用高斯过程作为代理模型以外，还有各种方法进行贝叶斯优化。例如，先使用神经网络对输入做预处理，然后将输出作为基函数应用贝叶斯线性回归进行处理。另一个替代贝叶斯优化的方法是使用随机森林，高斯过程在较小的数值型超参配置空间较随机森林有更好的表现，但在大数据集、分类类型（Categorical）和条件类型（Conditional）的配置空间，随机森林往往有更好的表现。

基于种群（Population-based）的方法是另一种非独立验证的优化方法，但却是模型无关的，这种方法通过保持一个种群，然后对其进行更新迭代的方法得到新的种群。一般迭代更新的方法包括对种群的成员进行部分扰动（Mutation，变异）和成员之间进行组合。在超参调优中，种群是一个超参配置的集合，每次更新种群会对超参配置进行部分变异以及对配置进行组合，这样的更新会持续到满足一定的条件后停止。这类优化算法常见的有遗传算法、演化算法、演化策略和粒子群优化算法。它们概念容易理解，能够处理不同的数据类型且非常容易并行验证。

基于种群的优化方法中最有名的方法是协方差自适应调整的进化策略（Covariance Matrix Adaptation Evolution Strategy，CMA-ES），这个算法从一个多元高斯分布中采样超参配置，超参配置的均值和协方差会在每个迭代中基于成员的验证结果进行更新。CMA-ES 是当前最有效的黑盒优化方法之一，在黑盒优化基准测试[①]中有很好的表现。

3. 超参优化中的 Tricks

神经网络的训练包含许多超参，如学习率、动量、权重衰减率、批大小和训练步数等。超参调优有许多自动化的方法，也有许多 Tricks 可以用来选择超参，这里我们介绍学习率设置及早停法的两个 Tricks。超参选择方法在 Smith 及 Goodfellow 的资料中有更详尽的介绍。

---

① 参考网址：http://numbbo.github.io/workshops/index.html。

随机梯度下降及其变体(如 Adam 和 RMSProp 等)是当前训练神经网络的主要方法。这类优化方法都要求学习率这个输入。学习率对神经网络训练影响很大,设置太小会导致网络收敛速度太慢,特别是当陷入局部最优时可能会消耗更多时间"挣脱"局部最优解;设置太大会导致学习过程不稳定,损失函数振荡大,可能错过最优点甚至无法收敛。图 11.11 所示为不恰当的学习率。

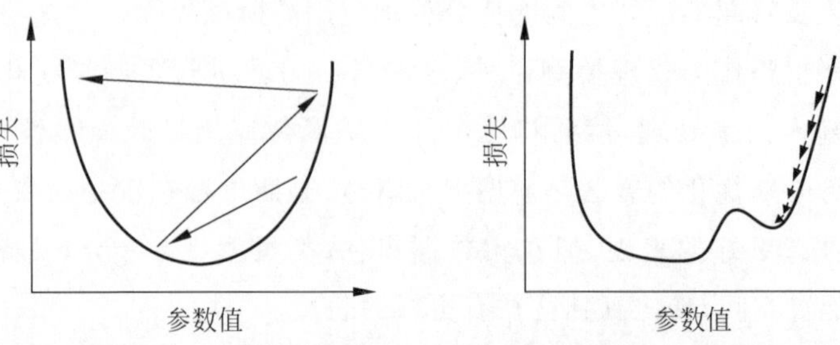

图 11.11 不恰当的学习率示意图

一般,学习率的设置是通过经验及人工尝试来选择。这种方法在一定经验的指导下经常也能达到不错的效果,但是这种选择的方法需要尝试的次数可能会很多,非常烦琐且浪费资源。那么,有什么方法可以确定学习率呢? Leslie N. Smith 提出一种周期学习率(Cyclical Learning Rates, CLR)的方法。

CLR 方法需要首先设置一个最小学习率和最大学习率的界线以及步长。步长是描述学习率变化的步数,可以是训练迭代的次数或者 epoch 数。一个周期的长度是两个步长:在第一个步长中,学习率从最小值线性上升到最大值;在第二个步长中,学习率从最大值线性下降到最小值,如图 11.12 所示。除了线性变化,还尝试了其他的学习率变化方法,但是发现效果都是等价的,因此推荐最简单的线性变化方法。

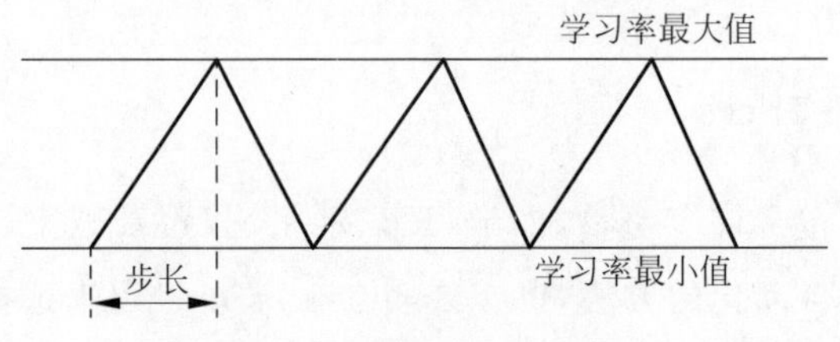

图 11.12 CLR 方法示意图

那么,如何测试一个可用的学习率区间呢? Leslie N. Smith 通过如下方法获取最大学习率和最小学习率。设定一个学习迭代次数或者步长数,训练开始时设置很小的学习率,然后在每个迭代中逐步(线性或指数性)增加学习率。这个学习率变化的过程展示了对选择学习率有价值的信息。学习率还较小的时候,网络会开始收敛,随着学习率的上升超过一个合理的范围,导致网络损失函数值开始上升,验证精度开始下降。按照这个思路,我们选取刚观察到的验证损失或者精度开始下降的点为学习率最大值。最小学习率的选择一般有以下几种方法。

(1) 按照经验法则,选择最大学习率的 1/3 或者 1/4,甚至更小的比例为最小学习率。

(2) 选择最大学习率的 1/10 或者 1/20,甚至更小的比例为最小学习率。

(3) 用一组初始学习率尝试几百个迭代,在能够看到收敛趋势的学习率中选择最大的一个。

(4) 选择训练框架允许的最小学习率进行学习率区间测试,然后选择精度上升开始减缓的一个点作为最小学习率。如图 11.13 所示,学习率在 0.001 左右精度上升变缓了,可以选择这个点作为最小学习率,最大学习率按照前面描述的可以选择 0.006。

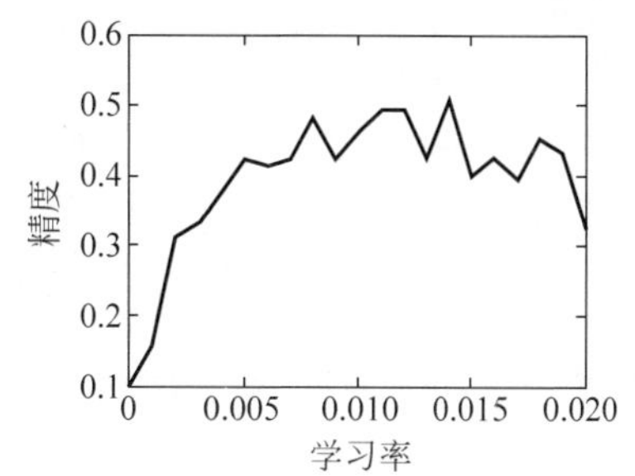

图 11.13　CIFAR-10 学习率区间测试示意图

早停法在神经网络训练中有广泛的应用,一个常见的作用是防止过拟合,而在超参优化中,早停法可以用来及时停止对明显不合适的超参配置的测试。

在防止过拟合中,使用早停法的一个简单的方法是通过观察神经网络在训练集和验证集上的误差,假如观察到神经网络在验证集上的测试误差开始上升,而在训练集上的测试误差仍然在下降,则模型训练可能需要终止。超参调优中使用早停法也依赖某种表现曲线,接下来简单描述模型表现曲线停止法则及中间值停止法则两种自动化早停的方法,可参考 Google Vizier。

模型表现曲线停止法则使用在模型的表现曲线上做回归的方式进行早停,常见的表现曲线是模型在验证集上的测试误差或者精度。这种方法使用模型已经获得的模型表现测量值预测接下来的测量值。例如,用第 1～10 个 epoch 的验证集误差值预测第 11 个 epoch 的验证集误差值。假如预测的接下来的模型表现超过已经观察到的最好值的概率非常小,那么模型训练就会终止。Vizier 采用非参贝叶斯回归的方式,参数化贝叶斯回归方法可以参考其他文献。

中间值停止法则是一个与模型无关的早停法则。为方便叙述,假设按照每一个 epoch 为一个阶段进行早停判断。假设在 epoch i 中的第 s 步,目标测量值为 x_s^i,中间值法则判断在当前 epoch i 中的 $1\sim s$ 步的平均目标值 $\hat{x}_{1:s}^i$ 是否远低于已完成的 epoch 中的同期目标均值的中间值 median$(x_{1:s}^1, x_{1:s}^2, \cdots, x_{1:s}^{i-1})$,这里用 $x_{1:s}^i$ 表示该阶段目标值的均值。这个判断法则不需要依赖参数化模型,所以适用于更加广泛的表现曲线。

11.2 现有 AutoML 系统介绍

AutoML 系统已经有很多种实现方式,包括谷歌的 Google Vizier、Oneclick 的 oneclick.ai 等闭源实现,以及 AutoWeka、Auto-Sklearn、HyperOpt、微软公司的 Microsoft NNI 等开源实现。本节将重点介绍分别用于传统机器学习的 AutoWeka 等系统,以及深度学习的 Microsoft NNI 系统。

11.2.1 AutoWeka/Auto-Sklearn/HyperOpt

传统的机器学习包含数据采集/清洗、特征提取、模型选择、超参调优和模型部署等流程。其中模型选择和超参调优构成了其他非专业人员使用机器学习的最大障碍,也是数据科学家在实际应用中需要大量重复性实验的环节。因此,如何进行自动化模型选择和超参调优是大部分 AutoML 工具需要解决的主要问题。

人工建模过程往往根据目标和数据集特点先选定一种或几种算法,然后对算法中的参数进行调参。注意,不同算法的超参维度不同。AutoML 中可以将模型选择和超参调优两个相互依赖的优化问题当作一个联合优化问题进行求解给出最优的模型和超参组合。给定算法集 $\mathcal{A}=\{A^{(1)}, A^{(2)}, \cdots, A^{(k)}\}$ 以及关联的超参空间 $\Lambda^{(1)}, \Lambda^{(2)}, \cdots, \Lambda^{(k)}$,算法选择和超参联合优化问题可以表示为:

$$A_{\lambda^*}^* \in \underset{A^{(j)}\in\mathcal{A},\lambda\in\Lambda^{(j)}}{\operatorname{argmin}} \frac{1}{k}\sum_{i=1}^{k}\mathcal{L}(A_{\boldsymbol{\lambda}}^{(j)}, \mathcal{D}_{\text{train}}^{(i)}, \mathcal{D}_{\text{valid}}^{(i)}) \tag{11.13}$$

式中,$A_{\boldsymbol{\lambda}}^{(j)}$——给定算法 A 的一组参数 $\boldsymbol{\lambda}$;

$\mathcal{D}_{\text{train}}^{(i)}$——交叉验证的第 i 份训练数据;

$\mathcal{D}_{\text{valid}}^{(i)}$——交叉验证的第 i 份验证数据；

$\mathcal{L}(A_{\boldsymbol{\lambda}}^{(j)},\mathcal{D}_{\text{train}}^{(i)},\mathcal{D}_{\text{valid}}^{(i)})$——利用给定算法的一组超参在第 i 份训练数据上进行训练，在第 i 份验证数据上的损失函数值；

$A_{\lambda^*}^*$——超参空间中使损失函数最小的一组算法及超参。

即建模为一个简单的在参数空间 $\boldsymbol{\Lambda}=\Lambda^{(1)}\cup\cdots\cup\Lambda^{(k)}\cup\{\lambda_r\}$ 上的联合分层超参优化，其中 λ_r 是一个新的根超参用于在算法 $A^{(1)},A^{(2)},\cdots,A^{(k)}$ 中进行选择，而每个超参子空间 $\Lambda^{(i)}$ 则是在根超参 λ_r 取到对应算法 $A^{(i)}$ 时生成。优化目标是使在训练集 $\mathcal{D}_{\text{train}}$ 使用模型和超参进行训练，在验证集 $\mathcal{D}_{\text{valid}}$ 进行验证的 K 折交叉验证的损失值最小。

SMBO 是一种能有效求解式(11.13)中问题的贝叶斯优化方法，不仅能同时处理离散和连续超参，而且能充分探索超参空间条件依赖的分层结构。SMBO 算法的实现过程为：首先构建一个模型 $\mathcal{M}_{\mathcal{L}}$ 捕捉损失函数 $\mathcal{L}$ 对于超参设定值 $\boldsymbol{\lambda}$ 的依赖关系，之后算法重复利用模型 $\mathcal{M}_{\mathcal{L}}$ 决定一个有希望的候选参数 $\boldsymbol{\lambda}$，在数据集上评估参数 $\boldsymbol{\lambda}$ 的损失 c，利用新数据点 $(\boldsymbol{\lambda},c)$ 更新模型 $\mathcal{M}_{\mathcal{L}}$。

SMBO 算法实现的伪代码步骤如下：

(1) 初始化模型 $\mathcal{M}_{\mathcal{L}}$；数据点 $\mathcal{H}\leftarrow\varnothing$
(2) 当优化时间没达到上限时
(3) $\boldsymbol{\lambda}\leftarrow$ 由模型 $\mathcal{M}_{\mathcal{L}}$ 获取候选参数
(4) 计算损失 $c=\mathcal{L}(A_{\boldsymbol{\lambda}},\mathcal{D}_{\text{train}}^{(i)},\mathcal{D}_{\text{valid}}^{(i)})$
(5) $\mathcal{H}\leftarrow\mathcal{H}\cup\{(\boldsymbol{\lambda},c)\}$
(6) 利用数据点 $\mathcal{H}$ 更新模型 $\mathcal{M}_{\mathcal{L}}$
(7) 结束搜索
(8) 返回最小化 c 的参数 $\boldsymbol{\lambda}$

为了获取下一步的超参 λ，SMBO 根据模型 $\mathcal{M}_{\mathcal{L}}$ 定义一个获取函数去评估超参 $\boldsymbol{\lambda}$ 带来的收益，然后每次只需要在搜索空间 $\boldsymbol{\Lambda}$ 找到使获取函数最大的超参 $\boldsymbol{\lambda}$。一种根据给定损失值 $c_{\min}$ 计算超参的正向提升定义如下：

$$I_{c_{\min}}(\boldsymbol{\lambda})=\max\{c_{\min}-c(\boldsymbol{\lambda}),0\}\tag{11.14}$$

式中，$\boldsymbol{\lambda}$——一组超参；

$c(\boldsymbol{\lambda})$——给定超参 $\boldsymbol{\lambda}$ 的损失；

$c_{\min}$——参照损失值；

$I_{c_{\min}}(\boldsymbol{\lambda})$——给定超参 $\boldsymbol{\lambda}$ 相比于参照损失值的提升或增益。

代入模型 $\mathcal{M}_{\mathcal{L}}$，获取函数 EI 的计算可以表示为：

$$\mathbb{E}_{\mathcal{M}_{\mathcal{L}}}[I_{c_{\min}}(\boldsymbol{\lambda})]=\int_{-\infty}^{c_{\min}}\max\{c_{\min}-c(\boldsymbol{\lambda}),0\}\cdot\rho_{\mathcal{M}_{\mathcal{L}}}(c\mid\lambda)\mathrm{d}c\tag{11.15}$$

式中，$\rho_{\mathcal{M}_{\mathcal{L}}}(c|\boldsymbol{\lambda})$——给定超参的损失函数的概率分布；

$\mathbb{E}_{\mathcal{M}_{\mathcal{L}}}[I_{c_{\min}}(\boldsymbol{\lambda})]$——给定超参的损失提升的期望。

不同的算法对于损失函数 c 依赖超参$\boldsymbol{\lambda}$ 的建模 $\rho(c|\boldsymbol{\lambda})$不同，SMAC 算法使用近似高斯过程和随机森林模型。对于分层依赖参数，在模型训练和预测过程中 SMAC 将$\boldsymbol{\lambda}$中没有激活的参数赋默认值。通过随机森林模型，SMAC 得到一组损失函数 c 的预测分布参数均值 μ_λ 和方差 δ_λ^2，进一步 $\rho_{\mathcal{M}\mathcal{L}}(c|\boldsymbol{\lambda})$建模为高斯分布$\mathcal{N}(\mu_\lambda, \delta_\lambda^2)$。SMAC 将截至当前迭代为止的最优参数的损失作为 $c_{\min}$，将模型代入式(11.15)得到获取函数的闭式表达式：

$$\mathbb{E}_{\mathcal{M}_{\mathcal{L}}}[I_{c_{\min}}(\boldsymbol{\lambda})]=\sigma_{\boldsymbol{\lambda}}\cdot[\mu\cdot\phi(\mu)+\varphi(\mu)] \tag{11.16}$$

式中，μ——给定超参损失提升的规范化值，$\mu=\dfrac{c_{\min}-\mu_\lambda}{\delta_\lambda}$；

φ——标准正态分布的概率密度函数；

ϕ——标准正态分布的累计分布函数。

由于 SMAC 每次都以最好的参数作为基准进行迭代并且确保了该参数性能评估的高置信度，因此能理想地获得对抗函数评估所带来的噪声的健壮性，也被广泛使用于 NNI、AutoWeka、Auto-Sklearn 等自动机器学习工具中。

AutoWeka 是 2013 年由 Chris Thornton 等[98-99]开发的基于开源软件 Weka 的 AutoML 工具。其中 Weka 是新西兰 Waikato 大学用 Java 开发的机器学习开源软件，支持各种数据挖掘算法和工具，包括数据预处理、聚类、分类、回归、可视化交互和特征选择。AutoWeka 将 Weka 提供的特征选择和机器学习算法作为搜索空间，采用 SMAC 算法根据用户提供的数据同时自动选择学习算法并设置参数的功能。

Auto-Sklearn 是 2015 年由德国 Freiburg 大学 Matthias Feurer 等[100]开发的基于 Sklearn 的开源 AutoML 工具。Sklearn 是基于 Python 语言的开源机器学习库，同样支持分类、回归、聚类、降维、模型选择和数据预处理等用于数据挖掘和分析的传统算法。Auto-Sklearn 基于 Sklearn 加入了集成模型的支持，同时实现了部分的机器学习自动化。除了采用 SMAC 进行模型和超参搜索外，Auto-Sklearn 利用元学习为搜索目标设定历史优化结果作为初始值加速 SMAC 的收敛，以及利用搜索时构建集成模型获得泛化能力更好的模型。

HyperOpt 是 2013 年由 James Bergstra 等[101]开发的一个用于机器学习模型选择和超参调优的 Python 语言开源库。HyperOpt 提供了一个优化接口，支持用户自定义目标函数，自定义搜索空间，自定义搜索过程试验结果存储和自定义搜索算法。在搜索空间定义方面，HyperOpt 不是简单的支持向量空间，而是支持指定分布的条件变量，也可以和机器学习库（例如 Sklearn）结合进行模型搜索。在搜索算法方面支持随机搜索和 TPE（Tree of Parzen Estimators）算法。TPE 是一种 SMBO 算法，不同于 SMAC 采用简单的分段函数来预测损失函数分布。此外，HyperOpt 支持对搜索中的试验进行并行加速搜索过程。

虽然上述三种模型的实现语言、搜索算法和接入的机器学习算法库不同，而且选择和超参调优工具都基于贝叶斯优化实现了对传统机器学习算法的自动化，但它是都仅仅支持小规模的超参空间和模型空间搜索，无法支持深度学习的大规模超参或模型结构搜索。

11.2.2　Microsoft NNI

NNI（Neural Network Intelligence）是微软开源的 AutoML 工具。NNI 将超参或模型结构搜索的过程抽象成用户前端交互、搜索算法和底层训练平台三层来实现，每一层都有多种选择或实现，具有一定的可扩展性和灵活性，NNI 的架构如图 11.14 所示。

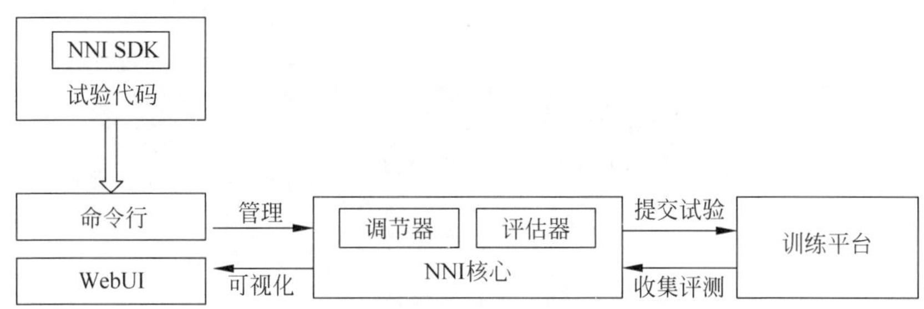

图 11.14　NNI 框架

第一层用户前端交互接口有命令行和网页界面 WebUI 两种模式，功能包含实验定义、搜索空间定义和试验定义等。在 NNI 框架中，实验、搜索空间、参数和试验的含义如下：

实验：一个实验就是一个找出模型的最佳超参或最佳神经网络结构的任务。任务包含试验和 AutoML 算法两部分。

搜索空间（Search Space）：模型调节的可行区域，例如每个超参的取值范围。

参数（Configuration）：一个参数就是搜索空间中的一个样本，也就是可调超参的一组具体的取值。

试验(Trial)：试验是应用一组新参数即一组超参取值或一个具体的网络结构的一次单独的尝试，因此要求试验代码必须能够利用提供的参数运行。

第二层 NNI 核心也是搜索算法实现层，主要实现了调节器和评估器两个模块来完成一次实验的搜索过程。在这两个模块中，NNI 不仅集成了多种算法来满足不同的实验场景，而且支持用户自定义算法。在 NNI 框架中，调节器和评估器的定义如下。

调节器(Tuner)：调节器是一种 AutoML 算法，用于生成下一次尝试的一组新参数，基于这组新参数可以运行一次新试验。调节器内建支持算法列表如表 11.1 所示，其中不仅支持超参搜索，还支持深度学习模型结构搜索。

表 11.1 调节器内建支持算法

算法名称	简介	建议场景
TPE	一种基于序列模型优化的方法，用高斯过程建模超参在不同模型性能分段的分布，根据历史试验更新分布选择一个新的超参值	黑箱优化算法，适用各种场景； 当计算资源有限时，只能进行少量试验表现出较好的性能； 经验发现优于随机搜索
Random Search	随机生成超参，一种简单有效的方法	在超参先验分布未知时作为 Baseline；计算资源充足或试验能快速完成的场景
Anneal	退火算法，一种随机搜索的简单变化，从一个先验解开始采样，然后搜索其邻域渐进收敛到最优解	计算资源充足或试验能快速完成； 搜索空间变量能从先验分布采样
Naïve Evolution	遗传算法，开始设置一定量的初始种群，经过"突变"产生新超参，然后根据"自然筛选"筛选出表现优秀的模型作为父体继续"突变"	计算资源充足或试验能快速完成或能利用评估器进行早停； 支持权重迁移的场景
SMAC	一种基于序列模型优化的方法，采用高斯随机过程模拟超参与模型性能的关系，使用随机森林模型预测下一个超参	黑箱优化算法，适用各种场景； 计算资源有限和离散超参场景
Batch Tuner	批量调节器，允许用户直接列举需要运行的试验参数组，运行完试验，实验结束	参数列表确定的场景
Grid Search	网格搜索，在搜索空间上进行穷举搜索；采样值根据设定的采样分布决定	适用小搜索空间
HyperBand	纯探索算法，在资源限制条件下尽可能探索更多的参数，利用有限资源进行试验找出有潜力的参数进行下一轮试验	适用中间结果就能在一定程度反映最终性能好坏的场景； 计算资源受限但是搜索空间比较大的场景

续表

算法名称	简介	建议场景
Network Morphism	提供自动搜索深度学习模型结构的函数。每个子网络继承父网络的参数,在深度、宽度和残差结构上进行网络形变,对子网络的性能利用历史试验数据进行评估,选出最有潜力的结构进行试验	需要设计深度网络结构的场景
Metis Tuner	除了根据当前结果预测下次试验的最佳参数外,同时给出参数调整可能造成的系统性能损失,仅当预测的参数可以带来一定程度的优化才会进行试验	黑箱优化算法,适用各种场景; 为连续试验提供指导
BOHB	HyperBand 算法的改进算法,克服了 HyberBand 算法没有利用历史试验数据随机生成参数组合的缺点,利用贝叶斯优化算法生成进行试验的新参数	适用中间结果就能在一定程度反映最终性能好坏的场景; 计算资源受限但是搜索空间比较大的场景; 相比于 HyperBand 能收敛到一组更好的参数
GP Tuner	高斯过程调节器即贝叶斯优化,一种基于序列模型优化的方法,采用高斯过程建模超参与模型性能的关系,拟合历史试验数据,同时给出新参数	资源受限但是目标函数难以建模优化的场景; 不适用需要大量试验的场景

评估器(Assessor):评估器分析试验的即时结果,例如周期性在测试数据集上的准确率评估结果,然后决定本次试验是否早停。

第三层训练平台也是每次试验的执行平台,可以有多种实现机制,具体定义如下:

训练平台:试验执行的平台,依赖于实验的参数,平台可以是本地机器、远端服务器或例如 OpenAI、Kubernetes 的大规模训练平台。

在三层框架基础上,NNI 运行一次实验的各模块的交互流程如下:

(1) 用户定义搜索空间和试验,调用实验接口。

(2) 调节器获取前端定义的搜索空间生成参数。

(3) 生成参数被传至训练平台(例如本地机器、远端机器或训练集群等)执行实验。

(4) 实验结果被传至评估器进行评估分析,评估器判断是否结束实验。

如果实验不结束,评估结果被返回调节器,重复步骤(2)~(4);否则,实验结束。

基于前端接口,用户完成一次超参调节或模型结构搜索实验只需要简单的 4 个步骤,其中步骤(1)~(3)示例如图 11.15 所示,具体步骤如下:

(1) 定义搜索空间,格式为 json 文件,包含参数名称,采样策略以及采样策略对应的参数等内容。

(2) 更新模型代码,即定义一次试验需要执行的代码,需要在原有训练代码基础上增加几行代码。首先在试验代码中需要包含 NNI 软件包,然后调用获取参数接口从调节器获取每次执行所需参数,接着需要调用及时结果报告接口将周期性评估结果反馈给评估器,最后需要调用报告最终结果接口将模型的性能评估结果反馈给调节器。

(3) 定义实验,可以通过一个执行参数文件来定义一次实验,在执行参数文件中需要指定实验中搜索空间、调节器、评估器、试验、训练平台等各个模块相关的参数。

(4) 启动实验,调用 NNI 实验创建命令指定实验执行参数文件路径,运行实验。

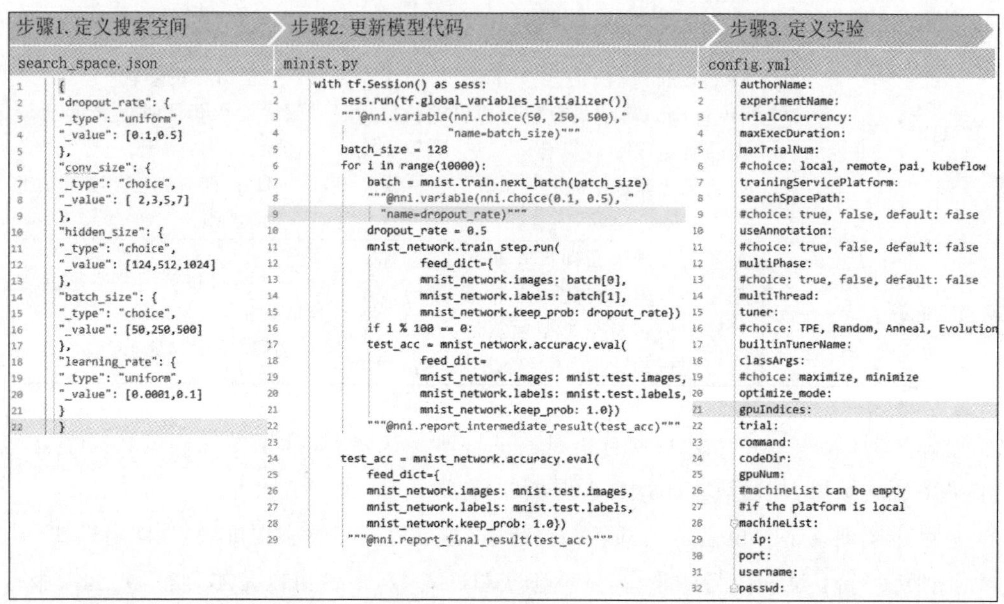

图 11.15 用户实验步骤

相比于其他 AutoML 服务或工具,NNI 通过框架设计功能更完善,支持的场景更丰富,具备了以下特点:

易用性:利用前端接口,用户只需在原有训练代码基础上简单改造就能快速搭建一次实验;为了兼容不同操作系统的用户习惯,同时支持命令行和 WebUI 调用。

可扩展性:抽象出训练平台接口,支持对接不同的计算资源,包含本地机器、远端服务器和大型训练平台,如 OpenAI、Kubernetes 等;支持分布式调度,根据训练平台上的资源容量,进行资源规划,指定运行资源。

灵活性：除了提供丰富的模块算法给用户进行自由组合，还允许用户自定义超参搜索算法、模型结构搜索算法和早停算法等；除了支持的训练平台，允许用户扩展接入更多的训练平台，例如虚拟机和 Kubernetes 的云端服务，甚至可以接入外部环境为其中特殊的应用和模型调参。

高效性：从系统层和算法层采用更高效的超参或模型结构搜索方法，例如利用早反馈机制去加速调参过程。

11.3　元学习

元学习（Meta Learning），又称主动学习（Learning to Learn），是系统地观察不同机器学习方法如何作用在广泛的学习任务上，从这些经验知识（或元数据，Meta Data）中学习，从而更快地学习新任务。这不仅加速和改进了机器学习方法或神经网络结构的设计，还可以用数据驱动方法取代手工设计的算法，使得新任务的学习变得更容易。

在这一过程中，需要收集描述先前学习任务和先前学习模型的元数据/元知识，包括：

算法配置：超参设置、算法流程和/或网络架构等。

模型评估：准确率、训练时间等。

模型参数：神经网络权重等。

任务本身的可测量属性：元特征（如样本类别、缺失值）等。

然后，从收集的任务中学习，以提取和迁移知识来指导新任务中最优模型的搜索。新任务与之前的任务越相似，可以利用的元数据就越多，迁移知识的效果就越好；当新任务与之前的任务完全不相关时，利用先前经验将无效。

在传统机器学习和深度学习领域有很多元学习算法被提出来[108-110]。本节不对传统机器学习领域的元学习算法做展开介绍，主要介绍近年来深度学习领域提出的元学习算法，包括学习优化器、学习参数初始化、学习损失函数和学习度量。

除了上述几类算法之外，学习神经网络结构也是一类常见元学习方法，详细内容在前面部分章节已有介绍，这里不再阐述。

11.3.1 学习优化器

优化器的选择对于深度学习的重要性不言而喻，好的优化器可以显著加速模型的训练过程。不同的优化器，在不同场景下，对于不同模型有不同的效果，深度学习研究人员往往要花大量精力选择和调试优化器。与其靠人力选择和调试优化器，不如使用深度学习模型学习一个优化器[111-113]。其中 Andrychowicz[112]、Ravi[113] 等人将在多个先前任务上训练的 LSTM 作为新任务的优化器。元学习器（优化器）的损失被定义为学习器（模型，即被优化对象）的损失之和，使用梯度下降法进行优化。在每一步中，元学习器根据之前学习到的模型权重以及当前的梯度，对权重进行更新，以最大限度地减少模型的误差。基于 LSTM 的元学习器的训练和使用过程[113] 如图 11.16 所示。

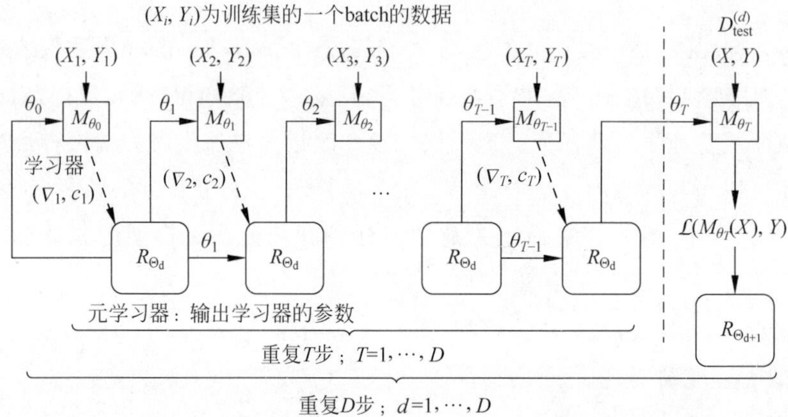

图 11.16　基于 LSTM 的元学习器的训练和使用①

完整的一次 LSTM 流程就可以生成模型，LSTM-Optimizer（元学习器）中的一个单元对应一次迭代训练（Learner）：

（1）在不同数据集上，利用 LSTM-Optimizer 训练不同的推荐模型。

（2）对各个模型做评估，基于评估的结果，不断更新元学习器。

（3）重复（1）和（2），直到利用 LSTM-Optimizer 生成的模型达到要求。

（4）推理时，在新用户数据上，利用 LSTM-Optimizer 快速生成一个推荐模型。

① 图片来源：https://lilianweng.github.io/lil-log/2018/11/30/meta-learning.html。

11.3.2　学习参数初始化

一个好的权重初始化，可以显著加快模型的训练速度，甚至提高模型的收敛精度。在具有大量相似任务的训练集上，训练得到这类任务通用的模型初始化参数 $\boldsymbol{W}_{\text{init}}$。在此基础上，对于新任务只需使用少数训练样例就可以快速训练一个深度学习模型。相比于随机参数初始化的方式，学习得到的权重初始化使得新模型的训练加快很多。利用元学习得到参数初始化的方法有 Meta-SGD[109]、MAML[110] 方法，以及 Nichol 等[114]提出的方法等。下面介绍 MAML（Model-Agnostic Meta-Learning）算法：

算法 11.1　MAML 实现参数初始化的伪代码

输入：任务分布 $p(T)$，学习率 α、β，误差定义 L，模型 f
输出：模型初始化参数 θ

随机初始化 θ
while:
　抽取若干批量任务 $T_i \sim p(T)$
　for all T_i:
　　在 K 个样例上评估 $\nabla_\theta L_{T_i}(f_\theta)$
　　用梯度下降法计算：$\theta'_i = \theta - \alpha \nabla_\theta L_{T_i}(f_\theta)$
　结束
　更新 $\theta \leftarrow \theta - \beta \nabla_\theta \sum_{T_i \sim p(T)} L_{T_i}(f_{\theta'_i})$
结束

准备：在训练集中随机取 N 个类别，每个类别中包括 K 个训练样本（Support Set）和 K' 个验证样本（Query Set）共同组成一个任务 Task，一个任务可类比成普通深度学习模型训练过程中的一个样本，反复在训练集中抽取若干任务组成一个任务集合。在 MAML 中，一次迭代过程包括两次参数更新，α 和 β 为学习率。

训练：

(1) 先初始化模型参数 θ。

(2) 在任务集合中抽取一个批量的任务。

(3) 对于这一批量中的每个任务，在其 Support Set 上计算误差，根据学习率 α 进行一次梯度下降，求出在当前任务上的期望参数，根据这一期望参数，用 Query Set 进行验证，得到在 Query Set 上的误差。求出在这一批量中的所有任务在 Query Set 上的误差和作为 Meta Loss。

(4) 根据这一 Meta Loss 对模型原来的参数 θ 求导，优化模型的参数。

(5) 在所有的批量上重复上述操作。最终得到模型的初始化参数。

11.3.3 学习损失函数

损失函数是模型评估指标的一种，用来估计模型预测值和真实值之间的差异，然后通过反向传播等手段指导模型的更新。对于不同场景和不同模型，深度学习研究人员通常会采用不同的损失函数，如对数损失函数（Log Loss）、平均二次方损失函数、余弦相似性损失函数（Cosine Proximity）、三元损失（Triplet Loss）等。不同的损失函数可以指导模型朝不同的方向更新，得到不同的效果，损失函数的定义对训练过程非常重要。如果有更好的损失函数，则学习的速度会更快。通过构造模型学习以往的任务经验来生成损失函数，是一种很好的方案。Sung[115] 提出利用 Meta-Critic 网络学习，将这一网络框架从强化学习迁移到监督学习，可得到损失函数，如图 11.17 所示。

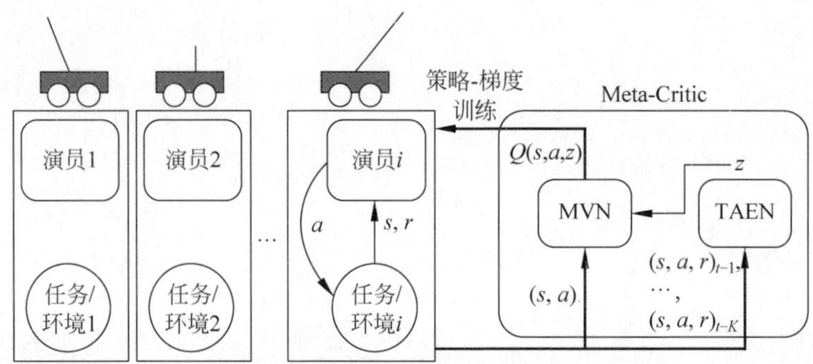

图 11.17 Meta-Critic 网络框架①

在强化学习中，为每个训练任务构造一个 Actor 网络，用多个任务同时训练一个核心指导网络。核心指导网络包含核心价值网络和任务行为编码器。Task-Actor Encoder 为 RNN 结构，训练时输入三元组集合，即状态（State）、动作（Action）、回报（Reward），输出为一个任务的表示信息 z。将 z 和状态、动作输入 Meta-Value 网络中。通过下式训练得到 Actor 网络 θ 和 Meta-Critic 网络 ϕ、ω。训练方法与强化学习中的 Actor-Critic[116] 类似，如下：

$$\theta^{(i)} \leftarrow \underset{\theta^{(i)}}{\operatorname{argmax}} Q_{\phi}(s_t^{(i)}, a_t^{(i)}, z_t^{(i)}), \quad i \in \{1,2,\cdots,M\} \tag{11.17}$$

① 图片来源：https://arxiv.org/pdf/1707.09835.pdf。

$$\phi,\omega \leftarrow \underset{\phi,\omega}{\mathrm{argmin}} \sum_{i=1}^{M} \left(Q_{\phi}(s_t^{(i)}, a_t^{(i)}, z_t^{(i)}) - r_t^{(i)} - \gamma Q_{\phi}(s_{t+1}^{(i)}, a_{t+1}^{(i)}, z_{t+1}^{(i)})\right)^2 \tag{11.18}$$

式中，θ,ϕ,ω——分别对应 Actor 网络、Meta-Value 网络、Task-Actor 编码器的参数；

s,a,z,r——分别对应状态(State)、动作(Action)、任务经过编码器后的表示、回报(Reward)；

Q——表示 Meta-Critic 的输出；

i,t——分别表示第 i 个任务、第 t 个 Step；

γ——表示衰减。

当出现新任务时，新建一个 Actor 网络，Meta-Critic 网络不变，使用 Actor-Critic 方法进行训练，可以很快地学到当前任务的 Actor 网络。

将上述框架应用在监督学习中，可得到一个损失函数。上述的 Actor 网络对应于监督学习中要学习的模型，其输入为特征 $\boldsymbol{x}$(对应 State)，输出预测的目标值 $\hat{y}$(对应于 Action)，损失函数的负值 $-l(\hat{y},y)$ 对应于回报 r。监督学习相当于强化学习中的一个 Step 过程，没有后续 Step。故通过下式进行训练网络：

$$\theta^{(i)} \leftarrow \underset{\theta^{(i)}}{\mathrm{argmax}} Q_{\phi}(x^{(i)}, \hat{y}^{(i)}, z^{(i)}), \quad i \in \{1,2,\cdots,M\} \tag{11.19}$$

$$\phi,\omega \leftarrow \underset{\phi,\omega}{\mathrm{argmin}} \sum_{i=1}^{M} (Q_{\phi}(x^{(i)}, \hat{y}^{(i)}, z^{(i)}) - r_t^{(i)})^2 \tag{11.20}$$

式中，$\boldsymbol{x}$——输入的特征；

$\hat{y}$——模型输出的预测值。

通过最大化由 Meta-Critic 估计出的 $-r$(即负损失函数值)，对模型(Actor 网络)进行训练，同时 Meta-Critic 网络学习每个任务的真实损失。Meta-Critic 中包含多个任务的信息，对于新任务，Meta-Critic 可以为其产生一个损失，即 $-r$。

11.3.4　学习度量

学习度量(Metric)可用在 NLP、CV 等领域，如衡量样例之间的相似性[117-119]，从而进行分类等任务。

Siamese 网络[117-119]从数据中学习一个相似性度量，对于未知类别的样本，用这个度量与已知类别样本比较，得到该样本的类别。Siamese 神经网络由两个相同的网络构成，两个网络共享同样的权重。将两个输入通过 Embedding 得到其对应的特征向量，计算向量之间的距离度量相似性。距离度量可使用欧式距离等。训练时，对于训练集中的样本，属于同一类的样本，最小化其向量之间的距离值；属于不同类的样本，最大化该距离值。

Koch[117]提出使用 Siamese 神经网络做 One-Shot 图像分类，如图 11.18 所示，即通过训练得到一个模型，对于输入的两张图片，一张为待分类图片，一张为训练集中的图片，输出两张图片属于同一类的概率。将该图片与训练集中的所有图片进行对比，找出概率最大的图片，其对应的类别即为待分类图片所属类别。

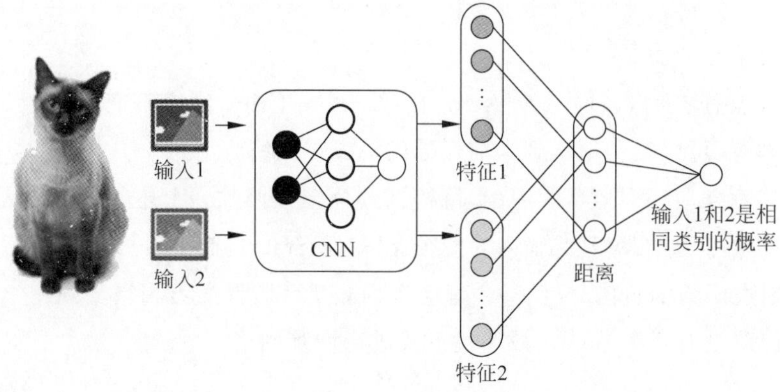

图 11.18　利用卷积 Siamese 网络进行图片分类①

在这一过程中，通过元学习技术可以学到计算两张图片之间相似性的一种方法。

11.4　用 MindSpore 实现 AutoML

说明：随着开发迭代 MindSpore 的接口及流程的不断发展，完整可运行代码请读者以线上代码仓中对应章节代码为准。

网址为：https://mindspore.cn/resource。读者可扫描右侧二维码获取相关资源。

① 参考网址：https://lilianweng.github.io/lil-log/2018/11/30/meta-learning.html。

参考文献

[1] Hinton G, Deng L, Yu D, et al. Deep Neural Networks for Acoustic Modeling in Speech Recognition[J]. IEEE Signal Processing Magazine, 2012, 29 (6): 82-97.

[2] LeCun Y, Bottou L, Bengio Y, et al. Gradient-based Learning Applied to Document Recognition[J]. Proceedings of the IEEE, 1998, 86(11): 2278-2324.

[3] Krizhevsky A, Sutskever I, Hinton G E. Imagenet Classification with Deep Convolutional Neural Networks[C]. Advances in Neural Information Processing Systems. 2012: 1097-1105.

[4] Sutskever I, Vinyals O, Le Q V. Sequence to Sequence Learning with Neural Networks[C]. Advances in Neural Information Processing Systems. 2014: 3104-3112.

[5] Bahdanau D, Cho K, Bengio Y. Neural Machine Translation by Jointly Learning to Align and Translate[EB/OL]. (2016-05-19) [2019-10-26] https://arxiv. org/pdf/1409. 0473. pdf.

[6] Hosmer D W, Lemeshow S. Applied Logistic Regression[M]. New York: Wiley, 2000.

[7] Cortes C, Vapnik V. Support-Vector Networks [J]. Machine Learning, 1995, 20(3): 273-297.

[8] Ye J, Chow J H, Chen J, et al. Stochastic Gradient Boosted Distributed Decision Trees[C]. Proceedings of the 18th ACM Conference on Information and Knowledge Management. ACM, 2009: 2061-2064.

[9] Zoph B, Le Q V. Neural Architecture Search with Reinforcement Learning[EB/OL]. (2017-2-15) [2019-10-26] https://arxiv. org/pdf/1611. 01578. pdf.

[10] Zoph B, Vasudevan V, Shlens J, et al. Learning Transferable Architectures for Scalable Image Recognition[C]. Proceedings of the IEEE Conference on Computer Vision and Pattern Recognition. 2018: 8697-8710.

[11] Pham H, Guan M, Zoph B, et al. Efficient Neural Architecture Search via Parameter Sharing [C]. International Conference on Machine Learning. 2018: 4092-4101.

[12] Real E, Moore S, Selle A, et al. Large-scale Evolution of Image Classifiers[C]. Proceedings of the 34th International Conference on Machine Learning-Volume 70. JMLR. org, 2017: 2902-2911.

[13] Real E, Aggarwal A, Huang Y, et al. Aging Evolution for Image Classifier Architecture Search[C]. AAAI Conference on Artificial Intelligence. 2019.

[14] Liu H, Simonyan K, Yang Y. Darts: Differentiable Architecture Search[EB/OL]. (2019-04-23) [2019-10-26] https://arxiv. org/pdf/1806. 09055. pdf.

[15] Xie S, Zheng H, Liu C, et al. SNAS: Stochastic Neural Architecture Search[EB/OL]. (2019-01-12) [2019-10-26] https://arxiv. org/pdf/1812. 09926. pdf.

[16] Cai H, Zhu L, Han S. ProxylessNAS: Direct Neural Architecture Search on Target Task and Hardware[EB/OL]. (2019-02-23) [2019-10-26] https://arxiv. org/pdf/1812. 00332. pdf.

[17] Ghiasi G, Lin T Y, Le Q V. Nas-fpn: Learning Scalable Feature Pyramid Architecture for Object Detection[C]. Proceedings of the IEEE Conference on Computer Vision and Pattern

Recognition. 2019：7036-7045.

[18] Chen L C，Collins M，Zhu Y，et al. Searching for Efficient Multi-scale Architectures for Dense Image Prediction[C]. Advances in Neural Information Processing Systems. 2018：8699-8710.

[19] Liu C，Chen L C，Schroff F，et al. Auto-deeplab：Hierarchical Neural Architecture Search for Semantic Image Segmentation[C]. Proceedings of the IEEE Conference on Computer Vision and Pattern Recognition. 2019：82-92.

[20] Chu X，Zhang B，Ma H，et al. Fast，Accurate and Lightweight Super-resolution with Neural Architecture Search[EB/OL]. (2019-01-24) [2019-10-26] https://arxiv. org/pdf/1901. 07261. pdf.

[21] So D，Le Q，Liang C. The Evolved Transformer[C]. International Conference on Machine Learning. 2019：5877-5886.

[22] Gao Y，Yang H，Zhang P，et al. GraphNAS：Graph Neural Architecture Search with Reinforcement Learning[EB/OL]. (2019-08-20) [2019-10-26] https://arxiv. org/pdf/1904. 09981. pdf.

[23] Brock A，Lim T，Ritchie J M，et al. SMASH：One-Shot Model Architecture Search through HyperNetworks[C]. 6th International Conference on Learning Representations. 2018.

[24] Elsken T，Metzen J H，Hutter F. Simple and Efficient Architecture Search for Convolutional Neural Networks[EB/OL]. (2017-11-13) [2019-10-26] https://arxiv. org/pdf/1711. 04528. pdf.

[25] Liu H，Simonyan K，Vinyals O，et al. Hierarchical RepresenWtations for Efficient Architecture Search[EB/OL]. (2018-02-22) [2019-10-26] https://arxiv. org/pdf/1711. 00436. pdf.

[26] Baker B，Gupta O，Naik N，et al. Designing Neural Network Architectures Using Reinforcement Learning[EB/OL]. (2017-03-22) [2019-10-26] https://arxiv. org/pdf/1611. 02167. pdf.

[27] Mendoza H，Klein A，Feurer M，et al. Towards Automatically-Tuned Neural Networks[C]. Workshop on Automatic Machine Learning. 2016：58-65.

[28] Goldberg D E，Deb K. A Comparative Analysis of Selection Schemes Used in Genetic Algorithms [M]. Foundations of genetic algorithms. Elsevier，1991，1：69-93.

[29] He K，Zhang X，Ren S，et al. Deep Residual Learning for Image Recognition[C]. Proceedings of the IEEE Conference on Computer Vision and Pattern Recognition. 2016：770-778.

[30] Williams R J. Simple Statistical Gradient-following Algorithms for Connectionist Reinforcement Learning[J]. Machine Learning，1992，8(3-4)：229-256.

[31] Cai H，Chen T，Zhang W，et al. Efficient Architecture Search by Network Transformation [C]. Thirty-Second AAAI Conference on Artificial Intelligence. 2018.

[32] Gastaldi X. Shake-shake Regularization[EB/OL]. (2017-05-23)[2019-10-26] https://arxiv. org/pdf/1705. 07485. pdf.

[33] Huang G，Liu Z，Van Der Maaten L，et al. Densely Connected Convolutional Networks[C].

Proceedings of the IEEE Conference on Computer Vision and Pattern Recognition. 2017: 4700-4708.

[34] Hutter F, Hoos H H, Leyton-Brown K. Sequential Model-based Optimization for General Algorithm Configuration [C]. International Conference on Learning and Intelligent Optimization. Springer, Berlin, Heidelberg, 2011: 507-523.

[35] Elsken T, Metzen J H, Hutter F. Efficient Multi-objective Neural Architecture Search via Lamarckian Evolution[EB/OL]. (2019-02-26) [2019-10-26] https://arxiv. org/pdf/1804. 09081. pdf.

[36] Zela A, Klein A, Falkner S, et al. Towards Automated Deep Learning: Efficient Joint Neural Architecture and Hyperparameter Search[EB/OL]. (2018-07-18)[2019-10-26] https://arxiv. org/pdf/1807. 06906. pdf.

[37] Klein A, Falkner S, Bartels S, et al. Fast Bayesian Optimization of Machine Learning Hyperparameters on Large Datasets[C]. Artificial Intelligence and Statistics. 2017: 528-536.

[38] Chrabaszcz P, Loshchilov I, Hutter F. A Downsampled Variant of Imagenet as An Alternative to the Cifar Datasets[EB/OL]. (2017-08-23)[2019-10-26] https://arxiv. org/pdf/1707. 08819. pdf.

[39] Baker B, Gupta O, Raskar R, et al. Accelerating Neural Architecture Search Using Performance Prediction[EB/OL]. (2017-11-08)[2019-10-26] https://arxiv. org/pdf/1705. 10823. pdf.

[40] Domhan T, Springenberg J T, Hutter F. Speeding up Automatic Hyperparameter Optimization of Deep Neural Networks by Extrapolation of Learning Curves[C]. Twenty-Fourth International Joint Conference on Artificial Intelligence. 2015.

[41] Klein A, Falkner S, Springenberg J T, et al. Learning Curve Prediction with Bayesian Neural Networks[C]. International Conference On Learning Representations. 2016.

[42] Rawal A, Miikkulainen R. From Nodes to Networks: Evolving Recurrent Neural Networks [EB/OL]. (2018-06-07)[2019-10-26] https://arxiv. org/pdf/1803. 04439. pdf.

[43] Swersky K, Snoek J, Adams R P. Freeze-thaw Bayesian Optimization[EB/OL]. (2014-06-16) [2019-10-26] https://arxiv. org/pdf/1406. 3896. pdf.

[44] Liu C, Zoph B, Neumann M, et al. Progressive Neural Architecture Search[C]. European Conference on Computer Vision. Springer, Cham, 2018: 19-35.

[45] Elsken T, Metzen J H, Hutter F. Simple and Efficient Architecture Search for Convolutional Neural Networks [EB/OL]. (2017-11-13) [2019-10-26] https://arxiv. org/pdf/1711. 04528. pdf.

[46] Cai H, Chen T, Zhang W, et al. Efficient Architecture Search by Network Transformation [C]. Thirty-Second AAAI Conference on Artificial Intelligence. 2018.

[47] Cai H, Yang J, Zhang W, et al. Path-Level Network Transformation for Efficient Architecture Search[C]. International Conference on Machine Learning. 2018: 677-686.

[48] Jin H, Song Q, Hu X. Auto-keras: Efficient Neural Architecture Search with Network Morphism[EB/OL]. (2019-03-26)[2019-10-26] https://arxiv. org/pdf/1806. 10282. pdf.

[49] Bender G, Kindermans P J, Zoph B, et al. Understanding and Simplifying One-shot

Architecture Search[C]. International Conference on Machine Learning. 2018: 549-558.

[50] Saxena S, Verbeek J. Convolutional Neural Fabrics[C]. Advances in Neural Information Processing Systems. 2016: 4053-4061.

[51] Sciuto C, Yu K, Jaggi M, et al. Evaluating the Search Phase of Neural Architecture Search [EB/OL]. (2019-05-24)[2019-10-26]https://arxiv.org/pdf/1902.08142.pdf.

[52] Cai H, Zhu L, Han S. ProxylessNAS: Direct Neural Architecture Search on Target Task and Hardware[EB/OL]. (2019-02-23)[2019-10-26]https://arxiv.org/pdf/1812.00332.pdf.

[53] Dong J D, Cheng A C, Juan D C, et al. Dpp-Net: Device-aware Progressive Search for Pareto-optimal Neural Architectures[C]. Proceedings of the European Conference on Computer Vision (ECCV). 2018: 517-531.

[54] Nekrasov V, Chen H, Shen C, et al. Fast Neural Architecture Search of Compact Semantic Segmentation Models via Auxiliary Cells[C]. Proceedings of the IEEE Conference on Computer Vision and Pattern Recognition. 2019: 9126-9135.

[55] Chu X, Zhang B, Ma H, et al. Fast, Accurate and Lightweight Super-resolution with Neural Architecture Search[EB/OL]. (2019-01-24)[2019-10-26] https://arxiv.org/pdf/1901.07261.pdf.

[56] Li L, Talwalkar A. Random Search and Reproducibility for Neural Architecture Search[EB/OL]. (2019-07-30)[2019-10-26]https://arxiv.org/pdf/1902.07638.pdf.

[57] Loshchilov I, Hutter F. Sgdr: Stochastic Gradient Descent with Warm Restarts[EB/OL]. (2017-05-03)[2019-10-26]https://arxiv.org/pdf/1608.03983.pdf.

[58] DeVries T, Taylor G W. Improved Regularization of Convolutional Neural Networks with Cutout[EB/OL]. (2017-11-29)[2019-10-26]https://arxiv.org/pdf/1708.04552.pdf.

[59] Zhang H, Cisse M, Dauphin Y N, et al. Mixup: Beyond Empirical Risk Minimization[EB/OL]. (2018-04-27)[2019-10-26] https://arxiv.org/pdf/1710.09412.pdf.

[60] Cubuk E D, Zoph B, Mane D, et al. Autoaugment: Learning Augmentation Policies from Data[EB/OL]. (2019-04-11)[2019-10-26]https://arxiv.org/pdf/1805.09501.pdf.

[61] Bergstra J S, Bardenet R, Bengio Y, et al. Algorithms for Hyper-Parameter Optimization [C]. Advances in Neural Information Processing Systems. 2011: 2546-2554.

[62] Klein A, Christiansen E, Murphy K, et al. Towards Reproducible Neural Architecture and Hyperparameter Search[C]. ICML 2018 Workshop On Reproducibility In ML (RML 2018), 2018.

[63] Luo R, Tian F, Qin T, et al. Neural Architecture Optimization[C]. Advances in Neural Information Processing Systems. 2018: 7816-7827.

[64] Stamoulis D, Ding R, Wang D, et al. Single-Path Nas: Designing Hardware-Efficient Convnets in Less Than 4 Hours[EB/OL]. (2019-04-05)[2019-10-26]https://arxiv.org/pdf/1904.02877.pdf.

[65] Elsken T, Metzen J H, Hutter F. Neural Architecture Search: A Survey[EB/OL]. (2019-04-26)[2019-10-26]https://arxiv.org/pdf/1808.05377.pdf.

[66] Hutter F, Kotthoff L, Vanschoren J. Automated Machine Learning-Methods, Systems, Challenges[M]. Springer, 2018.

[67] Bergstra J, Bengio Y. Random Search for Hyper-Parameter Optimization[J]. Journal of Machine Learning Research, 2012, 13(2): 281-305.

[68] Montgomery D C. Design and Analysis of Experiments[M]. John Wiley & Sons, 2017.

[69] Hutter F, Hoos H H, Leyton-Brown K. Sequential Model-Based Optimization for General Algorithm Configuration [C]. International Conference on Learning and Intelligent Optimization. Springer, Berlin, Heidelberg, 2011: 507-523.

[70] Snoek J, Larochelle H, Adams R P. Practical Bayesian Optimization of Machine Learning Algorithms[C]. Advances in Neural Information Processing Systems. 2012: 2951-2959.

[71] Snoek J, Rippel O, Swersky K, et al. Scalable Bayesian Optimization Using Deep Neural Networks[C]. International Conference on Machine Learning. 2015: 2171-2180.

[72] Dahl G E, Sainath T N, Hinton G E. Improving Deep Neural Networks for LVCSR Using Rectified Linear Units and Dropout[C]. 2013 IEEE International Conference on Acoustics, Speech and Signal Processing. IEEE, 2013: 8609-8613.

[73] Melis G, Dyer C, Blunsom P. On the State of the Art of Evaluation in Neural Language Models[EB/OL]. (2017-11-20)[2019-10-26]https://arxiv.org/pdf/1707.05589.pdf.

[74] Rasmussen C E. Gaussian Processes in Machine Learning[C]. Summer School on Machine Learning. Springer, Berlin, Heidelberg, 2003: 63-71.

[75] Brochu E, Cora V M, De Freitas N. A Tutorial on Bayesian Optimization of Expensive Cost Functions, with Application to Active User Modeling and Hierarchical Reinforcement Learning [EB/OL]. (2010-12-12)[2019-10-26] https://arxiv.org/pdf/1012.2599.pdf

[76] Shahriari B, Swersky K, Wang Z, et al. Taking the Human out of the Loop: A Review of Bayesian Optimization[J]. Proceedings of the IEEE, 2015, 104(1): 148-175.

[77] Snoek J, Larochelle H, Adams R P. Practical Bayesian Optimization of Machine Learning Algorithms[C]. Advances in Neural Information Processing Systems. 2012: 2951-2959.

[78] Jones D R, Schonlau M, Welch W J. Efficient Global Optimization of Expensive Black-Box Functions[J]. Journal of Global Optimization, 1998, 13(4): 455-492.

[79] Snelson E, Ghahramani Z. Sparse Gaussian Processes Using Pseudo-Inputs[C]. Advances in Neural Information Processing Systems. 2006: 1257-1264.

[80] Wang Z, Gehring C, Kohli P, et al. Batched Large-Scale Bayesian Optimization in High-Dimensional Spaces [EB/OL]. (2018-05-16) [2019-10-26] https://arxiv.org/pdf/1706.01445.pdf.

[81] Hutter F, Hoos H H, Leyton-Brown K. Sequential Model-Based Optimization for General Algorithm Configuration [C]. International Conference on Learning and Intelligent Optimization. Springer, Berlin, Heidelberg, 2011: 507-523.

[82] Davis L. Handbook of Genetic Algorithms[M]. Van Nostrand Reinhold, New York, 1991.

[83] Deb K. Multi-Objective Optimization Using Evolutionary Algorithms[M]. John Wiley & Sons, 2001.

[84] Brockhoff D, Auger A, Hansen N, et al. Mirrored Sampling and Sequential Selection for Evolution Strategies[C]. International Conference on Parallel Problem Solving from Nature. Springer, Berlin, Heidelberg, 2010: 11-21.

[85] Kennedy J. Particle Swarm Optimization[J]. Encyclopedia of Machine Learning, 2010: 760-766.

[86] Loshchilov I, Hutter F. CMA-ES for Hyperparameter Optimization of Deep Neural Networks [EB/OL]. (2016-04-25)[2019-10-26] https://arxiv.org/pdf/1604.07269.pdf.

[87] Hazan E, Klivans A, Yuan Y. Hyperparameter Optimization: A Spectral Approach[EB/OL]. (2018-01-20)[2019-10-26] https://arxiv.org/pdf/1706.00764.pdf.

[88] Smith L N. A Disciplined Approach to Neural Network Hyper-Parameters: Part 1--Learning Rate, Batch Size, Momentum, and Weight Decay[EB/OL]. (2018-04-24)[2019-10-26] https://arxiv.org/pdf/1803.09820.pdf.

[89] Goodfellow I, Bengio Y, Courville A. Deep Learning[M]. MIT Press, 2016.

[90] Smith L N. Cyclical Learning Rates for Training Neural Networks[C]. 2017 IEEE Winter Conference on Applications of Computer Vision (WACV). IEEE, 2017: 464-472.

[91] Prechelt L. Early Stopping-But When? [M]. Neural Networks: Tricks of the Trade. Springer, Berlin, Heidelberg, 1998: 55-69.

[92] Golovin D, Solnik B, Moitra S, et al. Google vizier: A Service for Black-Box Optimization [C]. Proceedings of the 23rd ACM SIGKDD International Conference on Knowledge Discovery and Data Mining. ACM, 2017: 1487-1495.

[93] Domhan T, Springenberg J T, Hutter F. Speeding up Automatic Hyperparameter Optimization of Deep Neural Networks by Extrapolation of Learning Curves[C]. Twenty-Fourth International Joint Conference on Artificial Intelligence. 2015.

[94] Swersky K, Snoek J, Adams R P. Freeze-Thaw Bayesian Optimization[EB/OL]. (2014-06-16)[2019-10-26] https://arxiv.org/pdf/1406.3896.pdf.

[95] Thornton C, Hutter F, Hoos H H, et al. Auto-WEKA: Combined Selection and Hyperparameter Optimization of Classification Algorithms[C]. Proceedings of the 19th ACM SIGKDD International Conference on Knowledge Discovery and Data Mining. ACM, 2013: 847-855.

[96] Kotthoff L, Thornton C, Hoos H H, et al. Auto-WEKA 2.0: Automatic Model Selection and Hyperparameter Optimization in WEKA[J]. The Journal of Machine Learning Research, 2017, 18(1): 826-830.

[97] Feurer M, Klein A, Eggensperger K, et al. Efficient and Robust Automated Machine Learning[C]. Advances in Neural Information Processing Systems. 2015: 2962-2970.

[98] Bergstra J, Yamins D, Cox D D. Hyperopt: A Python Library for Optimizing the Hyperparameters of Machine Learning Algorithms[C]. Proceedings of the 12th Python in Science Conference. 2013: 13-20.

[99] Bergstra J S, Bardenet R, Bengio Y, et al. Algorithms for Hyper-Parameter Optimization [C]. Advances in Neural Information Processing Systems. 2011: 2546-2554.

[100] Bergstra J, Bengio Y. Random Search for Hyper-Parameter Optimization[J]. Journal of Machine Learning Research, 2012, 13(Feb): 281-305.

[101] Real E, Moore S, Selle A, et al. Large-Scale Evolution of Image Classifiers[C]. Proceedings of the 34th International Conference on Machine Learning-Volume 70. JMLR. org, 2017:

2902-2911.

[102] Hutter F, Hoos H H, Leyton-Brown K. Sequential Model-Based Optimization for General Algorithm Configuration [C]. International Conference on Learning and Intelligent Optimization. Springer, Berlin, Heidelberg, 2011: 507-523.

[103] Li L, Jamieson K, DeSalvo G, et al. Hyperband: A Novel Bandit-Based Approach to Hyperparameter Optimization[EB/OL]. (2018-06-18)[2019-10-26] https://arxiv. org/pdf/1603. 06560. pdf.

[104] Jin H, Song Q, Hu X. Auto-keras: An Efficient Neural Architecture Search System[C]. Proceedings of the 25th ACM SIGKDD International Conference on Knowledge Discovery & Data Mining. ACM, 2019: 1946-1956.

[105] Li Z L, Liang C J M, He W, et al. Metis: Robustly Tuning Tail Latencies of Cloud Systems [C]. 2018 {USENIX} Annual Technical Conference ({USENIX} {ATC} 18). 2018: 981-992.

[106] Falkner S, Klein A, Hutter F. BOHB: Robust and Efficient Hyperparameter Optimization at Scale[EB/OL]. (2018-07-04)[2019-10-26] https://arxiv. org/pdf/1807. 01774. pdf.

[107] Vanschoren J. Meta-Learning: A Survey[EB/OL]. (2018-10-08)[2019-10-26] https://arxiv. org/pdf/1810. 03548. pdf.

[108] Hsu K , Levine S , Finn C . Unsupervised Learning via Meta-Learning[EB/OL]. (2019-03-21)[2019-10-26] https://arxiv. org/pdf/1810. 02334. pdf.

[109] Li Z, Zhou F, Chen F, et al. Meta-SGD: Learning to Learn Quickly for Few-Shot Learning [EB/OL]. (2017-09-28)[2019-10-26] https://arxiv. org/pdf/1707. 09835. pdf.

[110] Finn C, Abbeel P, Levine S. Model-Agnostic Meta-Learning for Fast Adaptation of Deep Networks[C]. Proceedings of the 34th International Conference on Machine Learning-Volume 70. JMLR. Org, 2017: 1126-1135.

[111] Bello I, Zoph B, Vasudevan V, et al. Neural Optimizer Search with Reinforcement Learning [C]. Proceedings of the 34th International Conference on Machine Learning-Volume 70. JMLR. Org, 2017: 459-468.

[112] Andrychowicz M, Denil M, Gomez S, et al. Learning to Learn by Gradient Descent by Gradient Descent[C]. Advances in Neural Information Processing Systems. 2016: 3981-3989.

[113] Ravi S, Larochelle H. Optimization as a Model for Few-Shot Learning[C]. International Conference on Learning Representations (ICLR), 2017.

[114] Nichol A, Achiam J, Schulman J. On First-Order Meta-Learning Algorithms[EB/OL]. (2018-10-22)[2019-10-26]https://arxiv. org/pdf/1803. 02999. pdf.

[115] Sung F, Zhang L, Xiang T, et al. Learning To Learn: Meta-Critic Networks for Sample Efficient Learning [EB/OL]. (2017-06-29)[2019-10-26] https://arxiv. org/pdf/1706. 09529. pdf.

[116] Barto A G, Sutton R S, Anderson C W. Neuronlike Adaptive Elements that Can Solve Difficult Learning Control Problems [J]. IEEE Transactions on Systems, Man, and Cybernetics, 1983 (5): 834-846.

[117] Koch G, Zemel R, Salakhutdinov R. Siamese Neural Networks for One-Shot Image

Recognition[C]. ICML Deep Learning Workshop. 2015, 2.

[118] Sung F, Yang Y, Zhang L, et al. Learning to Compare: Relation Network for Few-Shot Learning[C]. Proceedings of the IEEE Conference on Computer Vision and Pattern Recognition. 2018: 1199-1208.

[119] Vinyals O, Blundell C, Lillicrap T, et al. Matching Networks for One Shot Learning[C]. Advances in Neural Information Processing Systems. 2016: 3630-3638.

[120] Bromley J, Guyon I, Lecun Y, et al. Signature Verification Using a "Siamese" Time Delay Neural Network[C]. Advances in Neural Information Processing Systems. 1994: 737-744.

第 12 章

端云协同

随着移动和可穿戴设备的普及，业界提出了针对移动设备的轻量化模型以及端侧适用的深度学习框架，使深度学习技术被越来越多地应用在移动设备场景中。深度学习严重依赖于大数据，这为其在端侧场景中的应用带来了不小的挑战。一方面，端侧数据量通常较少，而且不同终端上产生的数据分布不同，这使得纯粹的端侧学习不太可行。另一方面，随着监管机构和用户对数据隐私问题越来越关注，隐私保护法规不允许直接收集和上传个人数据，这也使得利用端侧数据变得困难。伴随着这些问题，学术界和工业界先后在模型轻量化、端侧推理、迁移学习、联邦学习等方向做了很多探索和实践。端侧推理、迁移学习和联邦学习属于端云协同的不同阶段。本章将分别介绍这三种形态，以及融合这三种形态并打通云到端全流程的端云协同框架。

12.1 端侧推理

AI 在移动设备上的应用最初是通过调用应用程序接口（Application Programming Interface，API）实现的，云侧将 AI 能力以 API 的方式开放出来，端侧应用调用相应的 API 即可实现图片分类或者翻译等功能。但该方式存在上传用户数据、时延较长、断网后不可用等问题，体验还不够好。为了解决这些问题，TensorFlow Lite[①]、Paddle-Lite[②]、MNN[③]、PyTorch Mobile[④]、MindSpore 端侧推理框架等应运而生。在端侧推理场景中，将云侧模型优化并转换为端侧推理模型，使用端侧推理框架加载模型并对本地数据进行推理。

① 网址：https://www.tensorflow.org/lite。

② 网址：https://github.com/PaddlePaddle/Paddle-Lite

③ 网址：https://github.com/alibaba/MNN。

④ 网址：https://pytorch.org/mobile/home/。

由于端侧设备在算力和电量方面的限制，将模型用于端侧推理之前，通常要对模型进行轻量化(或称作模型压缩)。表 12.1 列举了端侧推理用到的模型轻量化常用技术。

表 12.1 模型轻量化常用技术

常用技术	描述	示例
高效结构设计	对神经网络卷积的方式进行改进(如可分离卷积)；使用更加细致、高效的模型设计，能够降低计算量和参数量	MobileNet 系列、ShuffleNet 系列、SequeezeNet
模型剪枝	删除对准确率影响不大的参数。先通过正常的训练过程学习连接，再修剪低于阈值的连接，重新训练剩余稀疏连接的权重；无须从零训练	一次性剪枝、迭代剪枝、非结构化剪枝、结构化剪枝
知识蒸馏	训练一个更紧凑的模型，从大模型蒸馏知识。实际效果对应用场景和网络结构较为敏感，只能用于具有 Softmax 损失函数的分类任务；需要从零训练	"学生-教师"范式
网络结构融合	对网络结构进行垂直或水平融合，垂直方向进行算子融合，水平方向进行结构融合	卷积、批标准化、激活函数三层融合为了一层；Inception 网络水平融合
权重量化	仅对模型权重进行量化，通过减少每个权重所占用的位数来压缩原始模型大小，计算时恢复成 Float32 计算	数值截断、基于聚类的量化
量化感知训练	对模型权重和激活值均进行量化，在训练过程中模拟量化带来的效果，训练得到的模型经量化后可以直接使用。支持从零训练和预训练	TensorFlowLite、TensorRT
无训练量化	对模型权重和激活值均进行量化，使用校准集(如 100 张图片)统计激活值的数据分布，进行非对称量化	TensorFlowLite、OCS (Outlier Channel Splitting)

高效结构设计、模型剪枝和知识蒸馏都是为了获取一个较轻量的模型结构，在保证精度牺牲不多的情况下，降低模型的时延或者大小。高效结构设计可以由人工完成，也可以结合 AutoML 等技术完成(在训练模型之前进行)。模型剪枝通常在模型训练过程中或者在模型训练之后进行。知识蒸馏是一种训练模型的方式，本身并不能使模型变得轻量化，通常伴随着高效结构设计和模型剪枝进行。网络结构融合通常在模型编译和计算图优化阶段进行，不涉及模型训练过程，只涉及最终得到的推理模型或

者推理图。模型量化不同于梯度量化，后者是用于分布式训练场景的技术。模型量化当前包括权重量化、量化感知训练和无训练量化三种形态。网络结构融合和模型量化一般在云侧模型转换为端侧模型时进行。

模型经过轻量化并转换为端侧模型文件后，需要通过端侧推理框架加载执行。端侧推理框架会根据当前端侧设备的硬件配置，进行硬件加速处理。例如，用神经处理单元、图形处理单元或 ARM NEON[①] 等方法加速算子执行；采用静态内存管理、内存池和共享内存等方法减少内存申请、复制和释放的耗时。

12.2　端云迁移学习

云侧预训练模型使用的数据集和端侧真实的数据存在差异，为了利用端侧真实数据训练模型，带来精准的个性化体验，端侧训练成为必然。由于端侧设备在算力、电量和数据量方面的限制，从头训练一个模型不切实际。因此，迁移学习技术被用在了端侧学习中，大幅度降低了端侧训练的难度。在学术界迁移学习没有一个统一的概念定义，本章采用泛化的迁移学习概念，包括增量训练、在线学习(Online Learning)，以及常用的加载部分权重的迁移学习。

本章只讨论端云协同场景中云到端的迁移学习，简称为端云迁移学习。如图 12.1 所示，典型的端云迁移学习流程如下：

(1) 根据端侧的任务选择预训练的模型，或训练新的模型。

(2) 云侧将模型下发到端侧。

(3) 端侧基于本地数据对模型进行微调。

(4) 端侧使用微调后的模型进行推理。

迁移学习通常有两种训练方法：一种是使用端侧数据对模型的整网进行训练；另一种是只对模型的后几层进行训练。后者通常用于图像类任务，这类任务通常使用卷积神经网络。一般认为，卷积神经网络的前几层(浅层)学习的是细节和简单的特征，如横纹、斜纹、拐角、颜色等，对于不同图像来说都是通用的；后几层(深层)学习到的是高级和抽象的特征，例如人脸、动物、车体等，对于不同的任务是不同的。在不影响精

① 网址：https://developer.arm.com/architectures/instruction-sets/simd-isas/neon。

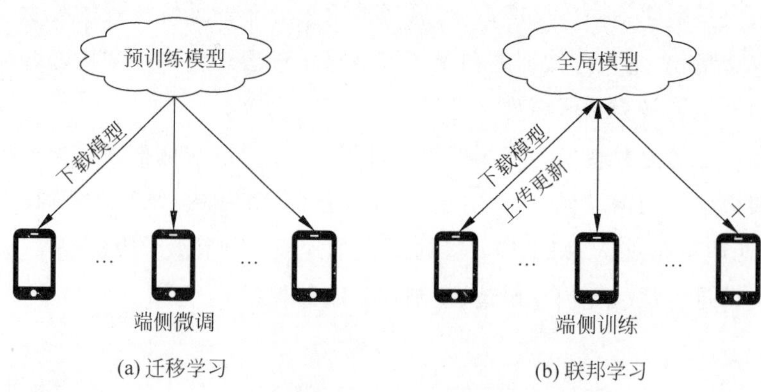

图 12.1　端云迁移学习和端云联邦学习示意图

度的情况下，只对预训练模型的后几层进行训练可以极大地加快训练速度。对于语言模型，如翻译模型，迁移的策略会更复杂一些，这源于语言本身的复杂性，不同语言之间语义结构差别较大。

增量训练不同于增量学习的概念，两者通常容易混淆。增量训练的概念比较简单，在端云协同场景中，是指将云侧训练好的模型在端侧用少量数据进行增量训练。增量训练场景中云侧预训练模型用的数据集和端侧数据集必须相似，即类别数量相同，类别相似。端侧特定类别数据较云侧数据集更丰富，增量训练可以改善预训练模型对端侧数据的拟合。

增量学习是一种在线学习方法，是指在生产环境中，数据一点一点不断产生，并且伴随着数据分布的变化，利用新产生的数据不断地训练模型，同时尽量保证模型不遗忘从旧数据学习到的知识，即避免"灾难性遗忘"。在线学习是相对离线学习的概念，在离线学习中所有数据在训练时必须是可用的，需要对数据样本进行乱序洗牌(Shuffle)，保证数据均匀分布，大多数模型训练都采用离线学习方法。在线学习中数据是按时间顺序逐渐生成的，数据分布会逐渐变化，离线学习的方法会失效。在线学习和持续学习(Continual Learning)、终生学习(Life-long Learning)等存在概念和方法上的交叉，这里不做详述。在端云协同场景中，由于使用端侧数据对模型进行了额外训练，如果端侧数据较少，或者非常不均衡，可能会导致训练后的模型只能识别端侧出现过的样本类型，而失去在云侧学习到的能力，即出现灾难性遗忘。解决灾难性遗忘主要有三类方法。

(1) 基于正则化方法(Regularization Approachs)，如 EWC(Elastic Weight Consolidation)、SI(Synaptic Intelligence)等。

(2) 基于动态结构(Dynamic Architectures)的方法,如NDL(Neurogenesis Deep Learning)、DEN(Dynamically Expanding Network)等。

(3) 互补学习系统和记忆回放(Complementary Learning Systems and Memory Replay),如DGR(Deep Generative Replay)、LwF(Learning without Forgetting)、GEM(Gradient Episodic Memory)等。

这里不展开介绍。在端云协同场景中,一个简单有效的记忆回放方法是:端侧从云侧下载小规模数据集(Memory),用于和端侧数据联合训练(Replay),避免端侧训练导致的灾难性遗忘。

加载部分权重的迁移学习在当前学术界和工业界特别流行。多数知名模型都有公开的预训练过的模型文件放在网络上,如ResNet50、MobileNetV2、BERT、YOLOV3、SSDLite-MobileNetV2等。开发者和研究人员通常的做法是:根据具体的需求从模型库中获取对应的预训练模型,然后对模型的输出层或后几层进行修改,以适应当前任务,然后利用本地数据对修改后的模型进行额外训练。这一过程是迁移学习的一个典型场景,在端云协同场景中,云到端的迁移学习十分有效。迁移学习中,理论上可以修改预训练模型的任意层,但实际使用中,通常只修改模型后几层。如修改全连接层(Fully Connected,FC),可以调整分类模型的类别数。

对预训练模型进行修改后,需要进行局部训练或动态训练。通常的做法是固定未修改层(冻结层)的权重参数,只训练修改层的权重参数,或者是除修改层外,把后几层也加入训练。另一种做法是分阶段训练,先针对修改层做训练,再对整网做微调,可以不断地重复上述两步直到模型收敛。在训练模型后几层时,有一个降低计算量、加快模型训练的技巧。将模型的冻结层和修改层拆分得到两个子模型,在这里称作模型A和模型B。先将模型A在本地所有数据上进行一遍推理,保存推理得到的特征图,作为训练模型B的数据集。然后基于保存的特征图对模型B进行训练,直至收敛。训练完成后,将模型A和模型B重新拼接为完成模型。因为训练过程中无须训练模型A的权重,这一技巧避免了重复对模型A进行计算,可以节省绝大部分的训练时间。

相比于直接利用端侧数据对模型从头开始训练,端云迁移学习有两个优势:一是在端侧数据量较少时模型不会过拟合(微调通常使用较小的学习率);二是可以极大地节省端侧训练所需的时间和资源。

12.3 端云联邦学习

为了充分利用端侧数据和端侧训练能力，一些端云联合学习方法和框架被提出来，旨在联合多个端侧设备，并实现端侧隐私保护。谷歌公司率先于 2016 年提出了联邦学习方框架，并对其中涉及的梯度聚合、梯度压缩、隐私保护、端侧可用性等问题做了充分的研究。随后，杨强等提出了横向联邦学习、纵向联邦学习、联邦迁移学习以及联邦强化学习等方法，以及对应的框架。如图 12.2 所示，杨强等对联邦学习做了泛化的定义：横向联邦学习、纵向联邦学习、联邦迁移学习。本节主要讲解横向联邦学习，更具体地说，是端云联邦学习。

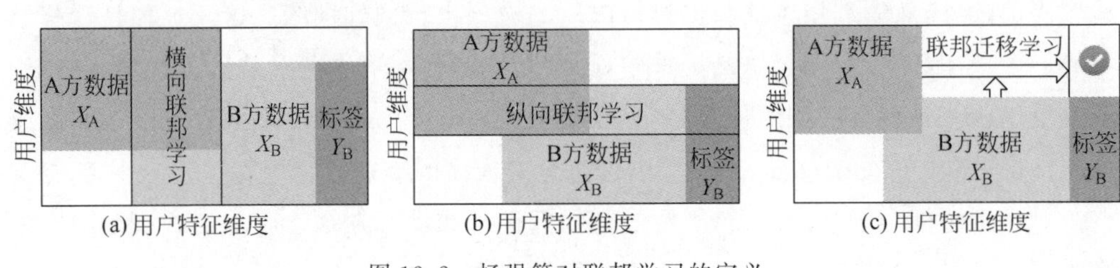

图 12.2　杨强等对联邦学习的定义

如图 12.1 所示，端云联邦学习旨在联合多个用户（多个终端）共同训练模型，同时解决隐私问题。端云联邦学习通常存在以下几个问题：

(1) 如何联合多端数据和训练能力？

(2) 如何防止端侧隐私泄露？

(3) 如何在联合多端共同训练模型的同时保持各端侧模型的个性化？

(4) 如何规避学习过程下放带来不可控因素，如恶意用户攻击？

联邦学习通常基于联邦平均（梯度聚合）联合多个端侧设备，基于差分隐私、同态加密、安全聚合等方法实现隐私保护，并通过梯度压缩等方法提高计算通信比。在此基础上，利用联邦元学习、联邦增量训练等技术，可以保持端侧模型个性化。另外，通过元学习、共识算法、恶意样本检测等技术，可以规避恶意攻击和不可控因素。接下来，主要介绍联邦学习用到的核心技术：联邦平均和梯度压缩。

12.3.1　联邦平均

为了提高计算通信比，降低频繁通信所带来的能耗，谷歌公司提出了联邦平均算法(Federated Averaging)。和纯随机梯度下降版本相比可以减少 1/10 到 1/100 的通信消耗。每轮联邦训练过程中，端侧进行多次迭代(Epoch)训练，然后云侧聚合多个端侧权重，并取加权平均。端侧每轮训练的代数越多，则计算/通信比越大。算法 12.1 展示了基本的联邦平均算法流程。

算法 12.1　联邦平均

输入：K 为终端数量，k 为终端索引，B 为端侧小批量数据，E 为端侧迭代次数，a 为端侧学习率，l 为损失函数

输出：权重 $\boldsymbol{W}$

云侧过程：

(1) 初始化权重 $\boldsymbol{W}_0$

(2) 在每一轮 $t=1, 2, \cdots$，执行(3)～(5)

(3) S_t = 随机选择 K 个终端

(4) 对每个终端 $k \in S_t$ 并行触发端侧训练，公式为：

$$\boldsymbol{W}_{t+1}^{k} = \text{ClientUpdate}(k, \boldsymbol{W}_t)$$

(5) 聚合端侧权重的公式为：

$$\boldsymbol{W}_{t+1} = \sum_{k=1}^{K} \frac{n_k}{n} \boldsymbol{W}_{t+1}^{k}$$

端侧训练 ClientUpdate(k,$\boldsymbol{W}$)：

(1) B＝将端侧数据分成小批量

(2) 在每一代 $e=1,2,\cdots,E$ 执行(3)。

(3) 对于每一小批量数据 $b \in B$ 计算梯度并更新权重，公式为：

$$\boldsymbol{W} = \boldsymbol{W} - a\ \nabla l(\boldsymbol{W}, b)$$

(4) 返回 $\boldsymbol{W}$ 到云侧。

12.3.2　梯度压缩

提高通信效率的另一项技术是梯度压缩(Gradient Compression)，对下载或上传的梯度数据进行压缩，以减少通信量，降低移动设备能耗和带宽消耗。常用的方法有以下几种。

(1) 梯度量化(Gradient Quantization)。常见的量化方法包括 TernGrad、SignSGD、QSGD 等。这几类技术均是针对梯度张量中每个元素进行量化，或者同时

利用量化后带来的稀疏性。这几种量化方法的通信量逼近值如表 12.2 所示。其中，d 表示梯度向量的维度；SGD 表示未采用压缩算法的 SGD。这几种算法的基本原理如下。

① TernGrad：把梯度的每一个元素量化为 3 个值$\{-1,0,1\}$中的一个，例如 $g=[0.1,-0.8,0.5,0,0.05]$可以被量化为 $Q(g)=[0,-1,1,0,0]$。量化后梯度的近似值被证明是无偏的，并且能使训练过程收敛。TernGrad 的通信代价达到 $O(d\ \log 3)$，压缩比为 32/log3，压缩效果已被 SignSGD、QSGD 等梯度压缩方法超越，在联邦学习的梯度压缩场景中不具有优势。

② SignSGD：只取梯度的每个元素的符号，如 $g=[0.1,-0.8,0.5,-0.1,0.05]$会被 SignSGD 量化为 $Q(g)=[1,-1,1,-1,1]$。SignSGD 的通信代价达到 $O(d)$，即压缩比为 32，压缩比已被 QSGD 超越。另外，只取元素符号的激进量化策略导致模型的收敛精度会有所下降。

③ QSGD：将梯度元素量化到几个离散值上(例如 4 位量化中，有 $2^4=16$ 个离散值)。如图 12.3 所示，将[0,4]均匀地划分 4 个区间，然后将每个元素量化到区间端点上，例如 2.4 会被以一定的概率量化到 2 或者 3。由于很多梯度元素可能会被量化到 0 值，使梯度张量变得稀疏，QSGD 会利用这一稀疏性，将量化的梯度张量用其中的非零元素和非零元素的索引来表示，进一步对梯度进行压缩。QSGD 的通信代价达到了 $O(\sqrt{d}\log d)$，梯度压缩比为 $32/\sqrt{d}\ \log d$，梯度方差上界逼近 $\sqrt{d}$。通常需要在通信效率和梯度精度之间做出权衡，可以通过传输更低精度的梯度来降低通信代价。QSGD 在低于 4 位量化的情况下收敛精度下降较明显，通常采用 4 位或 8 位的 QSGD，有效的通信代价为 $O(4d)$或 $O(8d)$。

表 12.2　几种梯度压缩算法

	算法			
	SGD	TernGrad	SignSGD	QSGD
通信量	32d	$d\log 3$	d	$\sqrt{d}\log d$

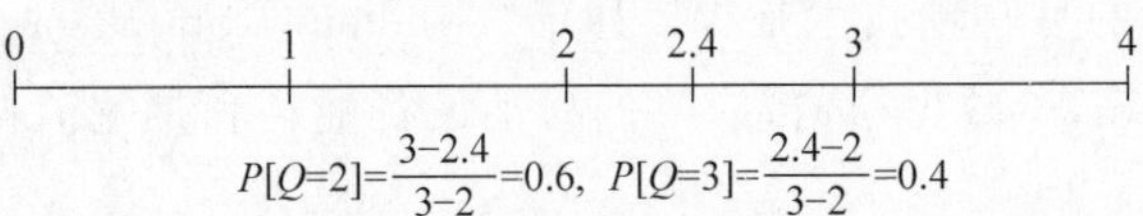

图 12.3　QSGD 示意图(P 表示梯度元素值被量化成 Q 的概率，其中 Q 表示量化的结果)

(2) 梯度稀疏(Gradient Sparsity)。梯度稀疏通常是利用量化所带来的稀疏性,或者通过下采样取梯度的一个随机子集,然后只需要上传稀疏张量的非零元素,以及索引或者下采样用的随机种子即可。

(3) 结构化更新(Structured Updates)。谷歌公司提出的一种结构化的梯度压缩方法,通过对梯度张量的结构进行限制,直接训练和更新更小的结构,而不是对计算得到的梯度进行量化或稀疏。例如:

① Low rank: 如式(12.1)所示,对权重 $\boldsymbol{W}$ 进行低秩分解,固定张量 $\boldsymbol{A}$,训练张量 $\boldsymbol{B}$,每次只需要上传 $\boldsymbol{B}$ 的更新,即可在云侧通过和 $\boldsymbol{A}$ 计算恢复正常的权重 $\boldsymbol{W}$。

$$\boldsymbol{W}(d_1 * d_2) = \boldsymbol{A}(d_1 * k) * \boldsymbol{B}(k * d_2), \quad k < d_1 \tag{12.1}$$

式中,$\boldsymbol{W}$——权重张量;

d_1——权重第 1 维大小;

d_2——权重第 2 维大小;

$\boldsymbol{A}$——低秩矩阵;

$\boldsymbol{B}$——低秩矩阵。

② 随机掩码(Random Mask): 每轮训练开始前,用随机种子(Random Seed)生成特定的稀疏模式(Sparsity Pattern),权重使用这种稀疏模式来初始化和更新。每次只需上传稀疏张量的非零元素和随机种子即可。

梯度压缩在联邦学习架构中的位置如图 12.4 所示。该系统部署在端侧和云侧构成的分布式系统上。梯度压缩装置(2)部署在端侧,梯度恢复装置(4)部署在云侧。每轮训练开始后,端侧经过几轮训练生成梯度,经梯度压缩装置压缩后,通过通信模块上

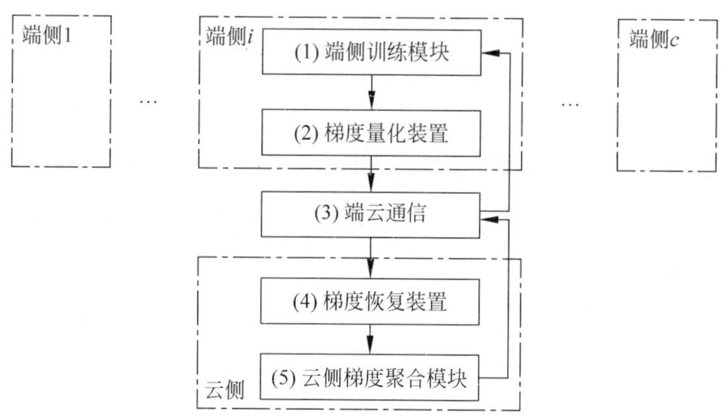

图 12.4　使用梯度压缩的联邦学习系统

传至云侧,在云侧经梯度恢复装置得到正常梯度数据,再交由梯度聚合模块进行梯度聚合,然后将新模型下发给端侧,进入下一轮。除了对联邦学习场景中上传的梯度进行压缩,对云侧下发给端侧的权重也可以用同样的方法进行压缩。对于同一个模型,梯度张量和权重张量的个数、形状和维度完全一致,两者的压缩和恢复方法也完全一致。对下发权重进行压缩同样也会影响模型收敛精度。

12.4 端云协同框架

从工业界的实际情况来看,AI 涉及多元化的设备和业务场景,从追求高精度转为关注性能和成本的平衡。不同模型的大小、内存占用和时延不同,不同型号设备的存储空间、内存大小和芯片性能差异很大,一种模型很难适应所有机型。从设计模型、训练模型到部署模型到不同设备,选择多、中间环节复杂、流程长,急需优化。现有的开源框架,对多元化模型在多元化设备上部署的支持严重不足。构建一套端云协同框架,面向端侧业务场景,打通模型生成、优化、训练、部署、应用等云到端全流程,提升研发效率和迭代速度十分必要。

在介绍端云协同框架之前,先明确端云协同框架的主要目标如下。

(1) 快速多处部署。实际场景中,模型需要快速适配不同机型硬件。通过神经架构搜索技术构建多元化的模型库,适配多种机型。针对特定应用场景,从模型库中搜索满足性能约束的模型,拿来即用,无须重训。

(2) 全栈性能优化。结合神经架构搜索、模型压缩(剪枝、蒸馏、量化)、编译优化(算子融合、常量折叠、硬件加速)等手段优化模型精度、大小、时延,追求极致性能。

(3) 灵活并且易用。支持多种策略组合使用,如模型生成、模型压缩和编译优化可以灵活组合;打通云到端全流程,集中管理全流程策略和配置,方便使用。

(4) 多种学习形态。MindSpore 端云协同框架逐步支持多种学习形态,比如支持当前业界常用的端侧推理形态,并逐步支持迁移学习、联合学习等需要端侧训练能力的高级学习形态,满足开发者各种各样的场景需求。

本节将从理论和逻辑架构方面探讨如何构建端云协同框架,不会涉及具体的云侧平台、端云通信、端侧开发工具包(Software Development Kit,SDK)等的实现。如图 12.5 所示,端云协同框架主要包含云侧的自动模型生成模块、模型压缩模块,以及端侧的编译优化模块和学习模块。自动模型生成模块用于构建模型库；模型压缩模块用于对模型库中的模型进行剪枝和量化；编译优化模块用于编译和优化计算图，以及加速算子执行；对应上一节的内容，学习模块包含三种形态：端侧推理、端云迁移学习、端云联合学习。这三种形态具有递增的复杂性，实现起来具有不同的难度，对应端云协同的三个阶段。

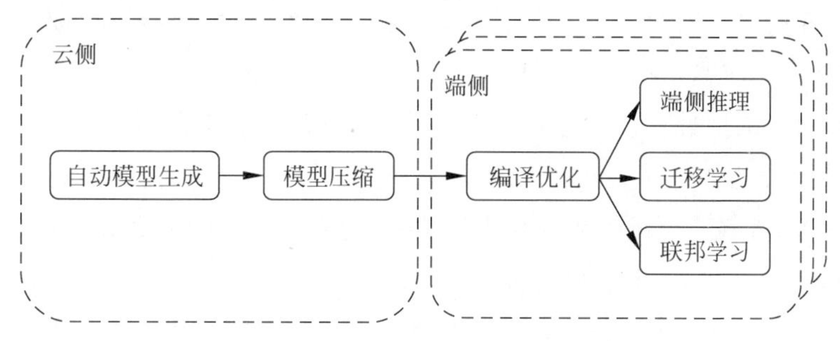

图 12.5　端云协同框架模块示意图

自动模型生成是整个端云协同框架里非常重要的环节。为了实现在各种应用场景下拿来即用，需要提前离线建立模型库，在线状态下只需要根据约束条件从模型库中检索出最优模型，无须额外训练。因此，需要通过多种任务（分类、目标检测）、多种数据集（开源数据集、自有数据集）、多种架构（MobileNetV2、一阶段检测模型、二阶段检测模型）、多种网络配置（输入形状、通道数、深度、核大小）的组合来生成大小、时延、精度不同的模型。通常，自动机器学习或者神经架构搜索技术每次只能按照一组约束生成一个模型，为了丰富模型库，需要反复按照不同组合执行多次，每次需要很长的搜索和训练时间。这一类模型生成方法包括基于强化学习的 ENAS（Efficient Neural Architecture Search）、MNAS（Mobile Neural Architecture Search），基于进化算法的 AmoebaNet，连续空间算法 DARTS（Differentiable Architecture Search）、NAO（Neural Architecture Optimization），以及其他搜索算法，如 PNAS（Progressive Neural Architecture Search）、Efficient Multi-Scale Architectures 等。

另一种快速生成模型库的方法是训练一个超网。超网包含由不同通道数、深度、核大小构成的子网集合，从超网中取出来的每个子网都处于预训练完成的状态，可以直接用于推理。在线状态下根据约束条件从子网集合中检索满足条件的模型即可，无须额外训练。Han Cai 等的论文使用了这种超网训练方法，并通过一定技巧使超网中的每个子网也被充分训练。以分类场景为例，其过程如下。

(1) 基础网络结构确定。采用 MobileNetV2，共有 5 个阶段，每个阶段最多有 4 个块，共有 20 个块，每个块均采用深度可分离卷积实现，由两个点卷积和一个深度卷积组成。

(2) 搜索空间定义。图像尺寸的取值区间为[128,224]，采样间隔为 4；深度即每个阶段的块数，取值空间为[4,3,2]；宽度取值空间为[6,5,4]，表示深度卷积的信道扩张倍数，核大小取值空间为[7,5,3]。

(3) 超网构建。搜索空间中每个维度均取最大值，构建超网结构，即每个阶段的深度为 4，每个块中深度卷积的核大小为 7，信道扩张倍数为 6。

(4) 超网训练。为了解决超网训练中子网之间的相互干扰，导致子网性能不佳，需要采用一种有效的超网训练策略，如渐进收缩式训练。首先对全网络进行训练，然后，固定其他维度，选择一个维度依次缩小取值，采用知识蒸馏的方式进行训练，直到所有维度的取值空间被遍历，生成超网参数文件。

(5) 子网采样。根据各维度取值从超网中获取网络结构和参数。依次根据每个阶段的深度取相应的块，例如深度值为 2 表示取该阶段的前两个块；然后根据其中每个块的宽度取相应的通道；然后根据核大小取相应部分的权重参数；最后根据取出的网络结构生成子网模型文件和相应权重文件并输出。

生成的模型确定后，就已具有任务类别、输入形状、精度、大小、输出格式等指标，但缺乏在各种机型上的时延指标。为了达到拿来即用的效果，需针对市场上各种主流机型进行时延建模。具体来说，将神经架构搜索空间内所有的算子(模型库中所有模型可能会用到的算子)下发到所有的目标机型上，在每个机型上通过对所有算子进行多遍推理统计算子的时延，然后建立每个机型的时延模型。通过该时延模型可以计算模型库中每个模型在对应机型上的时延。算子的搜索空间要考虑算子类型(卷积、全连接、批标准化、Softmax 等)、算子参数(核大小、步长、输入维度、输出维度)等，需结合具体搜索算法确定，这里不再详述。

除了生成模型和时延建模，另一项重要的工作是为模型库建立索引表。每个任务类型和数据集的组合对应一个索引表，索引表每条记录包含模型、输入形状、精度、大小、输出格式、在不同机型上的时延等指标。其中时延指标随着支持机型的增多会不断扩充。

图 12.6 展示了端云协同框架详细的流程，其中虚线框部分表示可以提前离线完成的部分，无须开发应用(Application，App)时临时执行。深灰色背景部分表示有场景无模型和有场景有模型两种使用情况。浅灰色背景表示端侧推理、迁移学习和联合学习三种形态。通过自动模型生成或者自定义的方式获取模型后，可以将模型用于三种

端侧学习形态。用于端侧推理前，通常要对模型进行压缩，如剪枝、蒸馏和量化，以及编译优化，如算子融合、图优化和硬件加速。用于迁移学习前，可以对模型进行剪枝、蒸馏、图优化和硬件加速。用于联合学习前，可以对模型进行剪枝、图优化和硬件加速。同时，联合学习过程中还涉及梯度聚合和梯度压缩。

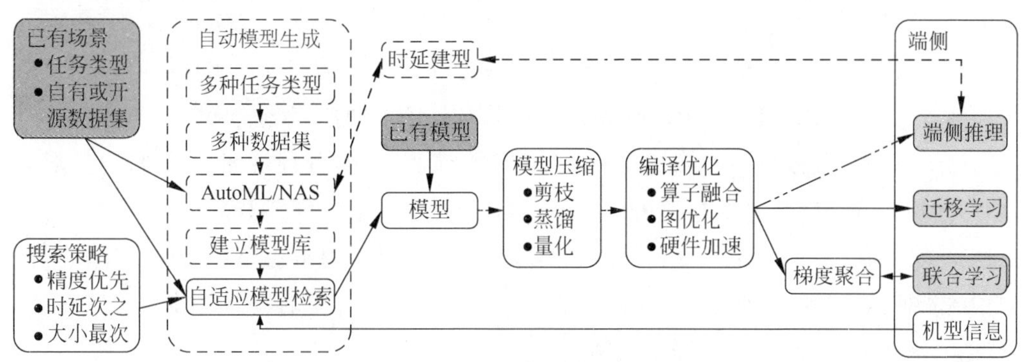

图 12.6　端云协同框架流程示意图

下面以开发一款目标检测应用为例，充分展示开发者使用端云协同框架的流程。假设开发者只有场景没有模型，具体流程如下。

(1) 设置场景：设置任务类型(如目标检测)，提供自有数据集(可选，可用于生成更契合使用场景的模型)。如果没有场景相关的自有数据集，可以选择开源数据集(如COCO2017)。

(2) 建立模型库：这一步通常是提前离线做的，无须开发应用时执行。如果开发者希望提供自己的数据集用于自动模型生成，则需设定场景、数据集和基础模型，通过自动模型生成模块训练并生成自己的模型库。如果已有时延模型未覆盖开发者的目标机型，则开发者需提供目标机型，利用时延建模模块对目标机型进行时延建模。

(3) 设置搜索策略：已根据任务类型(目标检测)、训练使用的数据集(COCO2017)确定了模型索引表，还需要确认搜索策略。如设置搜索优先级为模型时延＞模型大小＞模型精度，即希望获得时延较小和文件较小的模型，精度尽量高，但不是最重要的。

(4) 获取机型信息：通过端侧 SDK 自动获取目标机型信息，以确定模型库中各模型对应的时延。如果目标机型不在已建模机型列表里，则启动时延建模流程，将神经架构搜索空间内所有的算子下发到目标机型上，通过对所有算子进行多遍推理统计算子的时延，然后建立目标机型的时延模型。通过该时延模型可以计算模型库中每个模型在目标机型上的时延。

(5) 自适应模型检索：根据开发者设定的搜索条件、机型信息和搜索策略从模型库中检索出最优的模型。

(6) 模型压缩和编译优化：检索出的模型经过模型压缩(剪枝、蒸馏)后得到一个更轻量且精度几乎没下降的模型。在模型转换为端侧推理格式时，可以对模型进行算子融合、常量折叠和量化。

(7) 端侧学习：对于三种学习形态，端侧框架会根据当前终端的硬件配置，进行硬件加速处理，比如用 NPU、GPU 或 ARM NEON 等手段加速算子执行。

MindSpore 端云协同框架打通了云到端的全流程，针对各种端侧设备自动生成模型，通过剪枝和量化技术对模型进行压缩，然后通过 MindSpore 编译和优化计算图，并加速算子执行。MindSpore 端云协同框架逐步支持多种学习形态，例如支持当前业界常用的端侧推理形态，并逐步支持迁移学习、联邦学习等需要端侧训练能力的高级学习形态，满足开发者各种各样的场景需求。

参考文献

[1] Sandler M, Howard A, Zhu M, et al. Mobilenetv2: Inverted Residuals and Linear Bottlenecks [C]. Proceedings of the IEEE Conference on Computer Vision and Pattern Recognition. 2018: 4510-4520.

[2] Lebedev V, Lempitsky V. Speeding-up Convolutional Neural Networks: A survey[J]. Bulletin of the Polish Academy of Sciences. Technical Sciences, 2018, 66(6): 799-810.

[3] Lee N, Ajanthan T, Torr P H S. Snip: Single-shot Network Pruning Based on Connection Sensitivity[EB/OL]. (2019-02-23)[2019-10-16] https://arxiv.org/pdf/1810.02340.pdf.

[4] Anwar S, Hwang K, Sung W. Structured Pruning of Deep Convolutional Neural Networks[J]. ACM Journal on Emerging Technologies in Computing Systems (JETC), 2017, 13(3): 32.

[5] Ba J, Caruana R. Do Deep Nets Really Need to be Deep? [C]. Advances in Neural Information Processing Systems. 2014: 2654-2662.

[6] Hinton G, Vinyals O, Dean J. Distilling the Knowledge in a Neural Network[EB/OL]. (2015-05-09)[2019-10-16] https://arxiv.org/pdf/1503.02531.pdf.

[7] Jacob B, Kligys S, Chen B, et al. Quantization and Training of Neural Networks for Efficient Integer-arithmetic-only Inference[C]. Proceedings of the IEEE Conference on Computer Vision and Pattern Recognition. 2018: 2704-2713.

[8] Zhao R, Hu Y, Dotzel J, et al. Improving Neural Network Quantization without Retraining using Outlier Channel Splitting[C]. International Conference on Machine Learning. 2019: 7543-7552.

[9] McMahan H B, Andrew G. A General Approach to Adding Differential Privacy to Iterative

Training Procedures[EB/OL]. (2019-03-04)[2019-10-16] https://arxiv.org/pdf/1812.06210.pdf.

[10] Bonawitz K, Ivanov V, Kreuter B, et al. Practical Secure Aggregation for Privacy-Preserving Machine Learning[C]. Proceedings of the 2017 ACM SIGSAC Conference on Computer and Communications Security. ACM, 2017: 1175-1191.

[11] Xia R, Pan Y, Lai H, et al. Supervised Hashing for Image Retrieval via Image Representation Learning[C]. Twenty-eighth AAAI conference on artificial intelligence. 2014.

[12] Erin Liong V, Lu J, Wang G, et al. Deep Hashing for Compact Binary Codes Learning [C]. Proceedings of the IEEE Conference on Computer Vision and Pattern Recognition. 2015: 2475-2483.

[13] Lai H, Pan Y, Liu Y, et al. Simultaneous Feature Learning and Hash Coding with Deep Neural Networks [C]. Proceedings of the IEEE Conference on Computer Vision and Pattern Recognition. 2015: 3270-3278.

[14] Phong L T, Aono Y, Hayashi T, et al. Privacy-preserving Deep Learning via Additively Homomorphic Encryption[J]. IEEE Transactions on Information Forensics and Security, 2018, 13(5): 1333-1345.

[15] Kirkpatrick J, Pascanu R, Rabinowitz N, et al. Overcoming Catastrophic Forgetting in Neural Networks[J]. Proceedings of the National Academy of Sciences, 2017, 114(13): 3521-3526.

[16] Lopez-Paz D, Ranzato M A. Gradient Episodic Memory for Continual Learning[C]. Advances in Neural Information Processing Systems. 2017: 6467-6476.

[17] Rebuffi S A, Kolesnikov A, Sperl G, et al. Icarl: Incremental Classifier and Representation Learning[C]. Proceedings of the IEEE Conference on Computer Vision and Pattern Recognition. 2017: 2001-2010.

[18] Cauwenberghs G, Poggio T. Incremental and Decremental Support Vector Machine Learning [C]. Advances in Neural Information Processing Systems. 2001: 409-415.

[19] French R M. Catastrophic Forgetting in Connectionist Networks[J]. Trends in Cognitive Sciences, 1999, 3(4): 128-135.

[20] Yang Q, Liu Y, Chen T, et al. Federated Machine Learning: Concept and Applications[J]. ACM Transactions on Intelligent Systems and Technology (TIST), 2019, 10(2): 12.

[21] Blanchard P, Guerraoui R, Stainer J. Machine Learning with Adversaries: Byzantine Tolerant Gradient Descent[C]. Advances in Neural Information Processing Systems. 2017: 119-129.

[22] McMahan H B, Moore E, Ramage D, et al. Communication-efficient Learning of Deep Networks from Decentralized Data[EB/OL]. (2017-02-28)[2019-10-16] https://arxiv.org/pdf/1602.05629.pdf.

[23] Wen W, Xu C, Yan F, et al. Terngrad: Ternary Gradients to Reduce Communication in Distributed Deep Learning[C]. Advances in Neural Information Processing Systems. 2017: 1509-1519.

[24] Bernstein J, Wang Y X, Azizzadenesheli K, et al. SignSGD: Compressed Optimisation for Non-Convex Problems[EB/OJ]. (2018-08-07)[2019-10-28] https://arxiv.org/pdf/1802.04434.pdf.

[25] Alistarh D, Grubic D, Li J, et al. QSGD: Communication-efficient SGD via gradient quantization and encoding[C]. Advances in Neural Information Processing Systems. 2017: 1709-1720.

[26] Konečný J, McMahan H B, Yu F X, et al. Federated Learning: Strategies for Improving Communication Efficiency[EB/OL]. (2017-10-30)[2019-10-16] https://arxiv.org/pdf/1610.05492.pdf.

[27] Cai H, Gan C, Han S. Once for All: Train One Network and Specialize It for Efficient Deployment[EB/OL]. (2019-08-26)[2019-10-16] https://arxiv.org/pdf/1908.09791.pdf.

第 13 章

深度学习可视化

13.1 深度学习可视化概述

现今,深度学习的飞速发展使得深度学习模型在处理各种经典问题时表现优异,从而受到人们的广泛关注。然而,深度学习模型往往有着复杂的非线性内部结构,导致开发者难以了解模型的决策过程,以及解释模型在特定问题上表现优异的原因;同时,在模型出错时,开发者难以迅速定位错误的位置,给代码调试带来困难。因此,开发者或模型的使用者亟须一个辅助解释、调试和改进模型的方法。

可视化就是帮助解释模型、解决开发者困惑的有力方法。随着 AI 可解释领域的发展,针对深度学习开发各个环节的可视化技术也日渐成熟。本节从深度学习任务流程(如图 13.1 所示)入手,针对①数据分析、②模型建立与理解、③训练和④评估四个环节介绍不同的可视化方法,以及它们能够为开发者解决的问题。

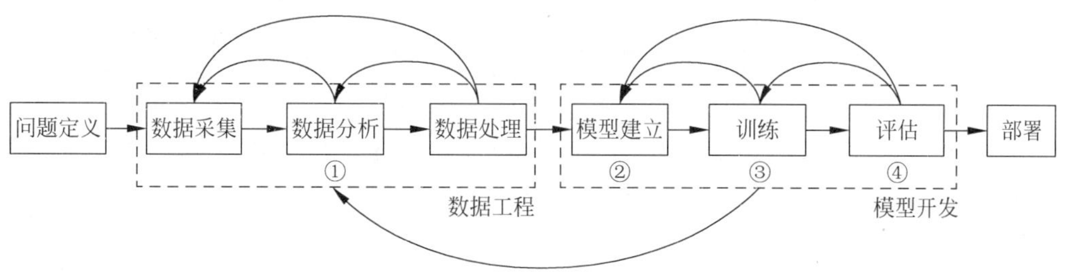

图 13.1 深度学习任务流程

13.1.1 数据分析

如图 13.1 所示,数据工程阶段包含数据采集、数据分析、数据处理三个步骤,如果在任何一个步骤发现问题，可回溯到之前的步骤重新进行分析或处理。在数据工程中，数据分析能够帮助开发者对采集到的数据有一个初步的认知，同时能够优化选取数据处理的方法，起到承上启下的作用。因此，针对数据分析的可视化尤为重要。本节从统计分析、降维以及数据集诊断三个方面介绍可视化在数据分析中的应用。

1. 统计分析

统计分析的目的在于总结数据集的统计特征，如数据的整体分布、某一特征的均值、标准差、置信区间等，帮助开发者对数据集有一个基本认知。应用于统计分析的可视化方法主要是各种图表，如箱型图、直方图、小提琴图等。如图 13.2 所示，图(a)展示了箱型图的主要特征，图(e)在基本特征基础上增加了置信区间的信息，图(f)～图(i)则展示了数据的分布特点。

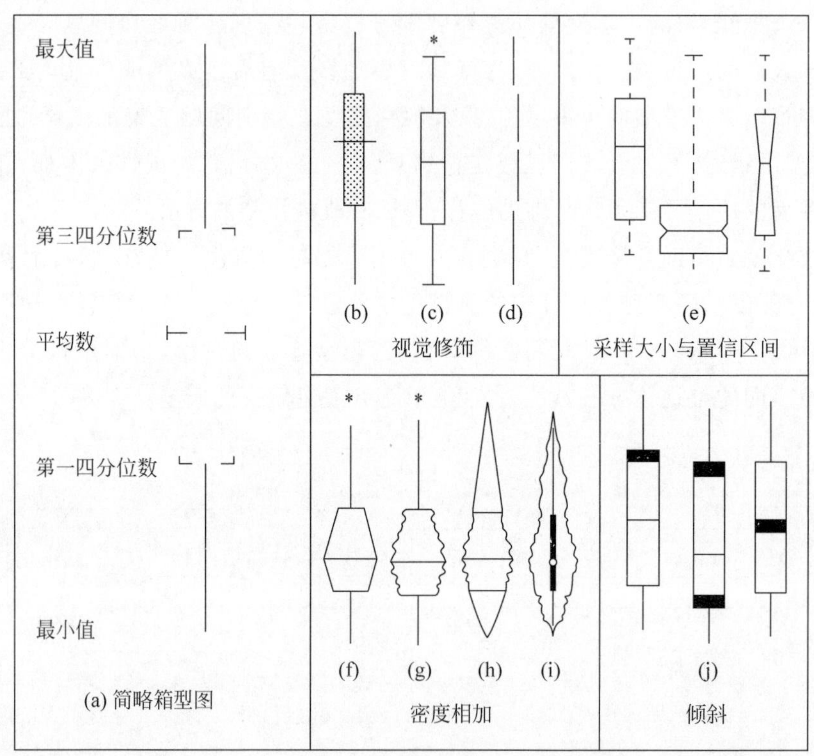

图 13.2　各种统计分析图表[①]

① 图片来源：https://arxiv.org/pdf/1807.06228.pdf。

2. 降维

统计分析能够帮助开发者快速了解数据集的基本特征，但是，随着数据集的不断扩大，特征维度的不断增加，开发者很难通过成百上千的图表进行分析。为了对高维数据进行分析，首先需要降维。常用的降维方法有主成分分析（Principal Components Analysis，PCA）、t 分布随机近邻嵌入（t-distributed Stochastic Neighbor Embedding，t-SNE），以及关注类别信息的线性判别分析（Linear Discriminant Analysis，LDA），等等。通过降维，开发者能够更加直观地在二维或三维等低维空间观察高维数据的分布，从而更加方便地寻找簇（Cluster）、离群点（Outlier）以及难以被分类器区分的数据点，如图 13.3 所示。

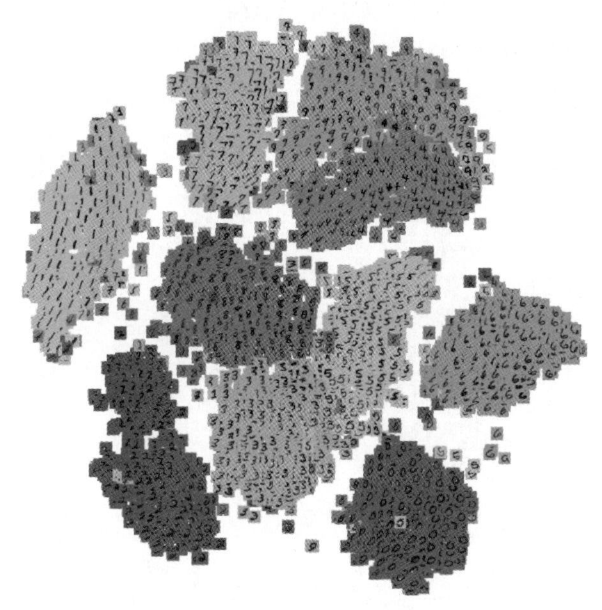

图 13.3　MNIST 数据集的 t-SNE 降维[①]

图 13.3 展示的是 MNIST 数据集降维至二维空间的展示。从图中看出，通过降维可以发现每个簇的边界处都有若干其他簇的样本点，这些样本点可能会为分类工作带来困难，提前发现这些样本点，能够及时针对数据集进行相应的预处理，避免模型出现不符合预期的表现。

① 图片来源：http：//www.cse.ust.hk/～huamin/explainable_AI_yao.pdf。

3. 数据集诊断

数据集诊断旨在利用可视化的方法，发现数据集中存在的问题，如从柱状图中发现某一特征存在大量缺失值或异常值，或从长条图中发现多分类问题中的数据不均衡。图 13.4 展示的是一个用于新闻分类的数据集，可以看出，各个类别的样本量不均衡，这就导致分类器可能对样本量多的类别分类效果好，但对样本量少的类别分类效果差，同时分类的准确率指标不能充分地反映分类器的能力。例如，数据集中有 A、B、C 三个类，其中 A 类样本量有 80 个，B 类和 C 类样本量各 10 个，分类器最终将 A 类样本全部分类正确，但将 B 类和 C 类样本全部分类错误。根据分类结果计算得到的准确率为 80%，但是这个分类器对于 B 类和 C 类的分类精确率为 0，并不是符合预期的分类器。因此，数据不均衡对于深度学习分类任务有着不可忽视的影响。通过可视化的方法提前发现这些问题，能够节省计算资源。

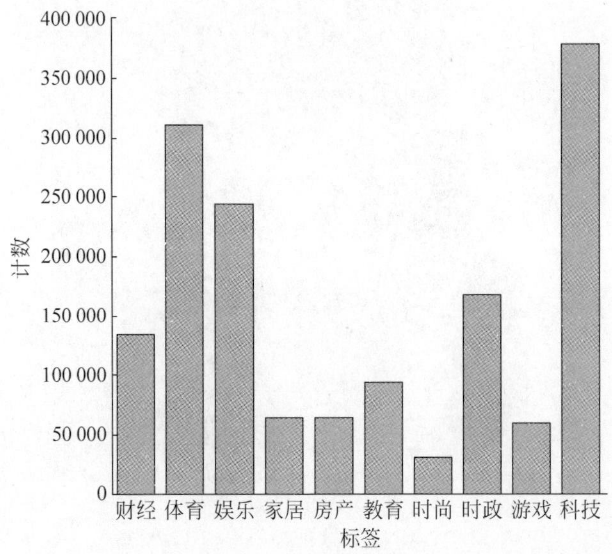

图 13.4　用于分类的新闻数据集各个类别样本柱状图

除了样本不均衡问题，还可以从数据的特征入手，利用可视化帮助开发者选择数据处理的方法。例如，通过热力图分析特征之间的相关性以及特征和类别的相关性，从而指导开发者进行特征选择，或构造新的，与类别强相关的特征，提升深度学习模型的训练效果。

13.1.2　模型建立与理解

在进行了数据预处理之后，就进入深度学习项目流程中的一个核心环节——模型的搭建。相比于传统的机器学习模型，如支持向量机、逻辑回归等，深度学习模型的一个显著特点就是模型结构复杂，层数深。表 13.1 是计算机视觉和自然语言处理中两种流行网络结构的复杂情况。

表 13.1　流行网络结构的复杂情况

网络名称	网络层数	应用领域	模型特点
Resnet-50	50	计算机视觉	层数深
BERT	12(小) 24(大)	自然语言处理	计算单元为 Transformer，本身为多层结构组成

如何能较为清晰和直观地了解模型的结构，方便地与他人沟通，并且及时发现模型所存在的问题？可视化提供了一个很好的解决方案。

一般情况下，一个深度学习模型可以分为两大部分，分别是模型结构和结构中所包含的模型参数。下面分别介绍在模型搭建的过程中，如何运用可视化去解决这两部分所存在的问题。

1. 模型结构可视化

在模型搭建的过程中，大家可能会希望直观地看到模型结构的具体模样，一方面可以更好地理解模型，找到问题，另一方面也方便开发者之间沟通交流。最直接的方式是通过手绘，如图 13.5 所示。

在图 13.5 中，输入的数据集为 CIFAR-10（Canadian Institute for Advanced Research-10），Layer1 表示第一层神经元，Conv 表示卷积核，MaxPool(MaxPooling)表示最大池化层，ReLU 表示修正线性激活单元激活函数，128filter 表示卷积核的通道数为 128，Full(FullyConnected)表示全连接层，Softmax 表示多分类的归一化指数激活函数。

但这样做有两个问题：一个是手绘仅能展现自己脑海中的主观想法，无法验证所写代码中构建模型的真正结构；另一个是无法展现具体运算、数据尺寸等模型微观信息，而这些对于发现模型的问题十分重要。下面就从深度学习模型的计算实现角度并结合可视化解决上述问题。

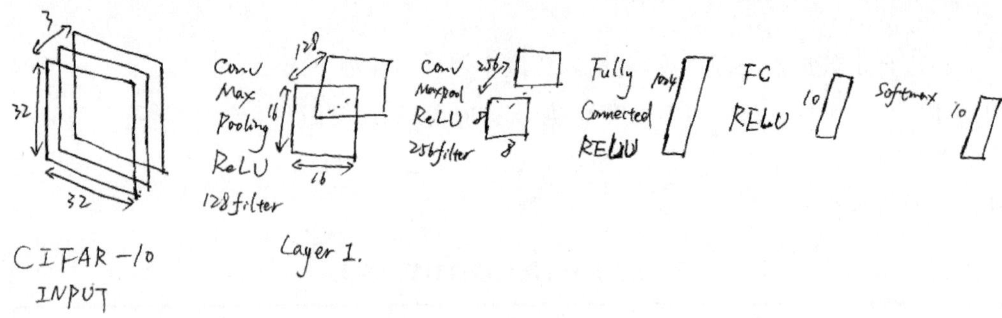

图 13.5 手绘网络结构①

计算机如何理解并运行一个深度学习模型？由于其复杂的结构和较深的层数，目前主流的深度学习框架大都是将用户编写的模型代码“翻译”为一张计算图，之后由框架的核心来进行计算。

计算图，顾名思义，该图中包含着计算机计算该模型所需的全部信息。形象地来说，就是规定了数据输入后的流向和对其进行的一系列操作，就像农田水渠网络中不断流动的水。计算图的示例如图 13.6 所示，图中的张量表示数据流动的格式。

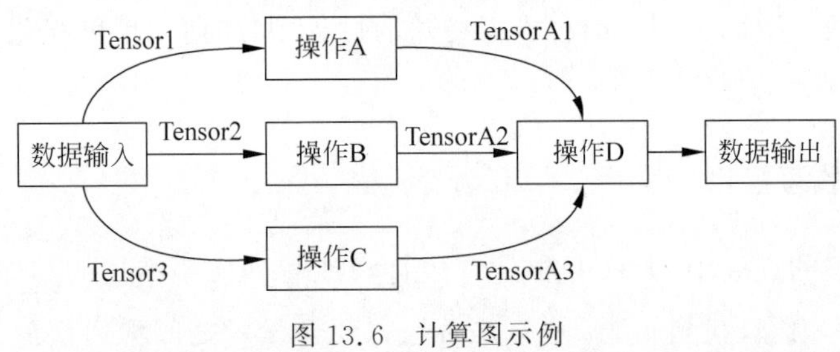

图 13.6 计算图示例

计算图包括静态计算图和动态计算图。静态计算图表示在训练程序运行前，深度学习框架所生成的计算图已经固定。动态计算图表示在训练过程中，训练框架可以根据需要来动态调整计算图的结构。因此可以用框架将用户所写代码翻译过来的计算图来进行模型结构的可视化。

在可视化的图中，结点表示运算操作，例如标量的加法、乘法，矩阵的乘法等；边表示数据的流向。目前主流的可视化方案中，图的可视化主要分为两类，如表 13.2 所示。

---

① 图片来源：https://idl.cs.washington.edu/files/2018-TensorFlowGraph-VAST.pdf。

表 13.2　主流图可视化方式

可视化类型	运算节点	数据信息(张量尺寸等)	是否有名称域	产品案例
分层计算图可视	✓	✓	✓	Tensorboard(谷歌可视化产品)
平铺计算图可视	✓	—	—	VisualDL(百度可视化产品),开放神经网络交换(Open Neural Network Exchange,ONNX)格式

2. 计算单元可视化

前文介绍了基于计算图的模型结构可视化,其中涉及了许多具体的张量计算和操作。在此基础上,深度学习模型的图结构中每一个节点可以表示为包含一些张量计算和操作的计算单元(Computational Unit),一般也被称为神经元(Neuron)。它模拟了人脑中神经元的触发机制。即对于单独的神经元,当输入值经过一系列计算和处理后,达到一定阈值时才会被触发,从而向前传播信息。计算单元的可视化主要包括激活值(Activations)和损失函数梯度的可视化。

激活值的计算是通过激活函数实现的。典型的激活函数包括 sigmoid、ReLU、Tanh 等。

激活值的可视化能够帮助我们理解输入数据是怎样在神经网络中被转换和处理的。例如在图 13.7 中,从左到右分别是一个神经网络模型的三个不同的层。每一个点表示一个数据样本在这三层中激活值向量的降维展示。可以看出,随着输入数据样本在网络中的流动,属于不同类别数据样本的激活值向量的分布逐渐变成簇。这反映出该模型的推理过程能够很好地将原数据集分类。

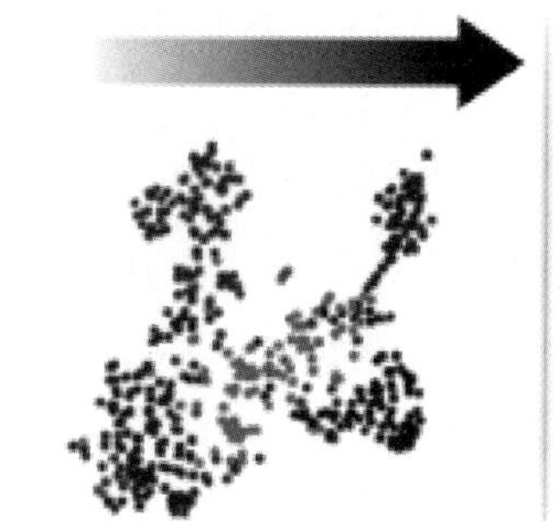

图 13.7　激活单元可视化①

① 图片来源: https://arxiv.org/pdf/1801.06889。

此外，激活值的可视化还有助于更好地理解和解释模型。图 13.8 是一个图像分类模型的例子。

通过使用非负矩阵分解，可以将大量神经元减少为代表整个网络的若干神经元组

输入图像

神经元组的激活

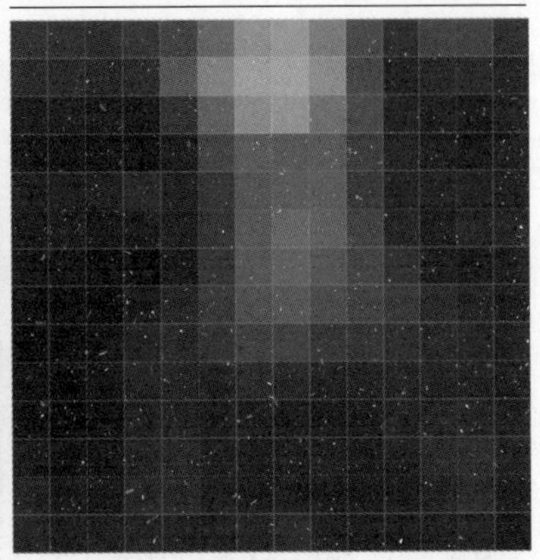

混合4d层矩阵分解的神经元组 6组

颜色键

每组的 特征可视化

悬停隔离

图 13.8　激活单元可视化帮助解释模型①

该案例采用一个卷积神经网络模型对图片中的物品进行分类。由于图中包含多个物品，分类结果中包含多个标签，这里对“墨镜”这一标签进行分析。从人类的角度很容易看出图中男子面部的物品是一个墨镜。但当模型做出相同的预测时，究竟是什么因素导致了模型做出了这样的判断？为了解释模型判断的依据，这里将模型中间层神经元划分为不同的神经元组[5]。这样就可以用不同神经元组学习到的“模式”描述模型的决策方式。为此，可以采用特征可视化(Feature Visualization)的方法[6]，用图像将“模式”表示出来。图 13.8 下方的 6 张图片对应 6 个神经元组，每张图片对应一个“模式”。不难发现，第二张图片中包含“眼镜”的模式。同时，从图 13.8 右上方的图像中可看出，原图中墨镜区域的图像是明亮色的，表明在 6 个神经元组中，包含“眼镜”模式的神经元组的激活值最大。这说明该神经元组在原图墨镜区域学到了“眼镜”这一模式。

① 图片来源：https://distill.pub/2018/building-blocks/。

图 13.9 所示为模型对该输入图像进行预测得到"墨镜"这一标签的过程中，不同层之间神经元组的相互影响。线的粗细表示影响程度的大小。通过观察发现，模式为"眼镜"的神经元组对于分类结果的影响最大。

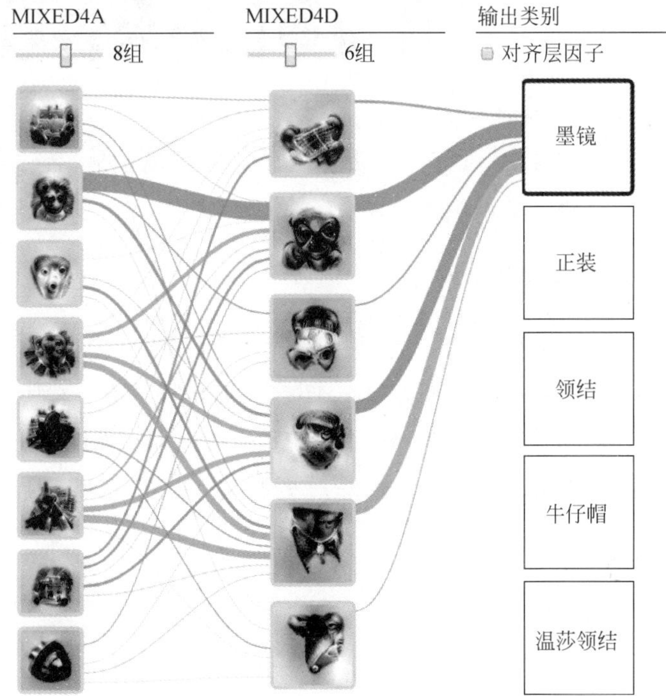

图 13.9　模型分类过程中各个神经元组的相互影响[①]

针对计算单元，还可以对损失函数的梯度进行可视化。深度学习模型最普遍的训练方法就是误差的反向传播。模型利用梯度下降的方法将损失函数的梯度在神经网络中从后往前层层传播，从而调整网络参数。相比于激活值从前往后的传播过程，梯度的传播方向恰恰相反。因而可以利用梯度可视化来更好地了解模型结构的特点，如图 13.10 所示。

图 13.10 是一个利用循环神经网络来进行 C 语言代码上下文预测的例子。上方黑色的一行码是训练样本中真实的代码。下方浅色的是模型预测的代码。可以看到真实代码是"-"的位置，预测代码是"u"，预测错误。下方从右往左的一系列柱状图中，

① 图片来源：https://distill.pub/2018/building-blocks/。

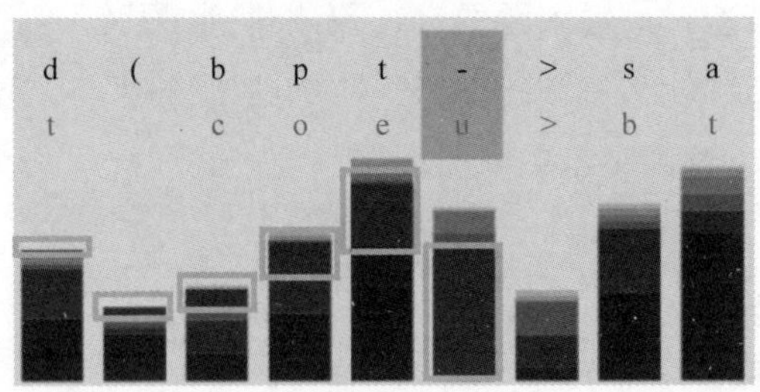

图 13.10 RNN 梯度可视化①

方框圈出部分对应了该错误所产生的误差梯度传播。该梯度可视化可以展示前序字符对后续预测结果产生的影响。

3. 模型参数可视化

深度学习中，神经网络模型是由一层层神经元构建而成的。不同层神经元之间是由不同的权重(参数)作为边来连接，从而传播信息。模型训练的过程，主要就是利用误差的反向传播算法来调整这些权重值的过程。因此，权重值的可视化有助于开发者在训练时及时发现异常，训练后更好地了解模型结构，解释训练结果，如图 13.11 所示。

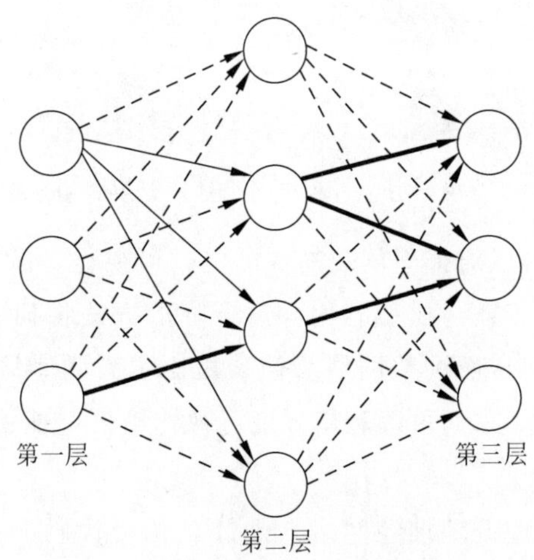

图 13.11 模型参数可视化

① 图片来源：https://vadl2017.github.io/paper/vadl_0107-paper.pdf。

图 13.11 是一个全连接的前向神经网络。该图中粗细不同的连接边表示在训练过程结束后，连接不同层之间节点权重(参数)值的绝对值大小。绝对值越大，线条越粗。从该图可以看出，对于特定的神经元节点，前一层的哪些神经元对它产生了比较明显的影响。

此外，对于包含海量神经元节点的层，还可以通过分布图来观察训练过程中参数分布的变化。

相比一般的前向神经网络，卷积神经网络中的神经元层具有与众不同的特点，其卷积核所对应的权重(参数)值具有共享性。结合卷积机制，网络中不同的卷积核会提取训练数据中不同的特征。因此，通过可视化卷积核的权重值，可以观察模型在训练过程中和训练结束后提取了哪些特征，如图 13.12 所示。

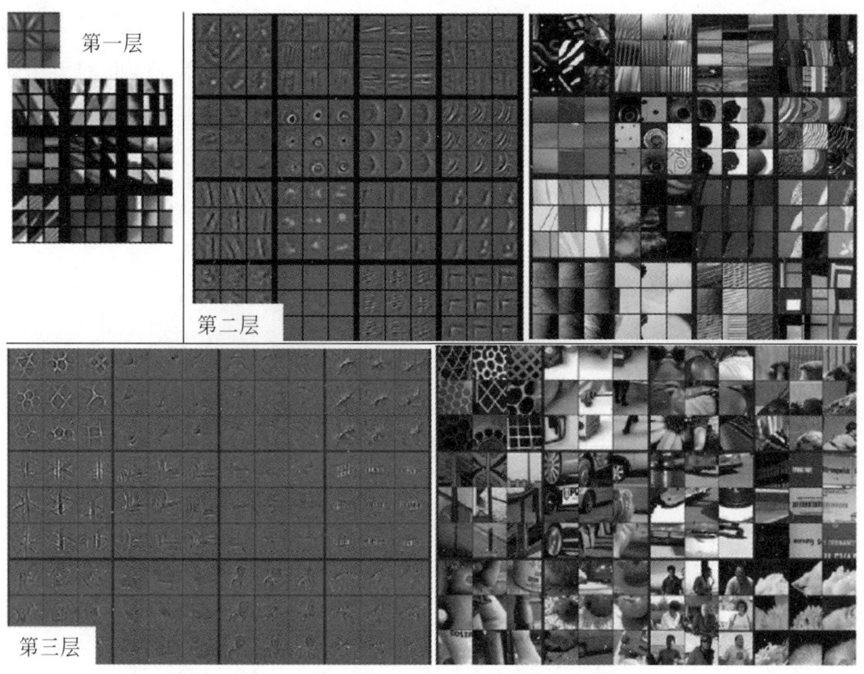

图 13.12　CNN 卷积核的权重可视化[①]

图 13.12 是一个利用卷积神经网络进行图片分类的例子。对于每一个卷积层，左侧每一个灰色背景的 3×3 方格表示一个特定的卷积核。利用反卷积的方法，该方格展示了验证集中使一个卷积核激活单元值最大的 9 张图片中，卷积核对每张图片所提

① 图片来源：https://cs.nyu.edu/～fergus/papers/zeilerECCV2014.pdf。

取的特征。右侧展示了相应的原始图片。可以看到不同层的卷积核所提取的图片特征差异很大,卷积层越往后提取到的特征越复杂,同一卷积核对不同图片提取到的特征差异也越小。这有助于开发者更好地理解不同的卷积核在模型推理的过程中所起到的作用。

13.1.3 训练

在模型的训练过程中,可视化也起到了至关重要的作用。通过可视化模型中间层参数的变化曲线,可以帮助开发者发现模型的异常表现。例如,对模型的损失或者准确率等指标进行可视化,可以帮助开发者实时监控模型训练。图 13.13 所示为模型在训练过程中损失曲线的变化,可以看出随着训练迭代的进行,训练集和验证集的损失迅速下降并收敛,表明模型在训练过程中表现正常。但是,如果损失曲线上下变化过于剧烈,或在某个时刻上升过多,则说明训练过程不稳定或存在异常,此时开发者可以选择立即终止训练,避免造成不必要的资源浪费。

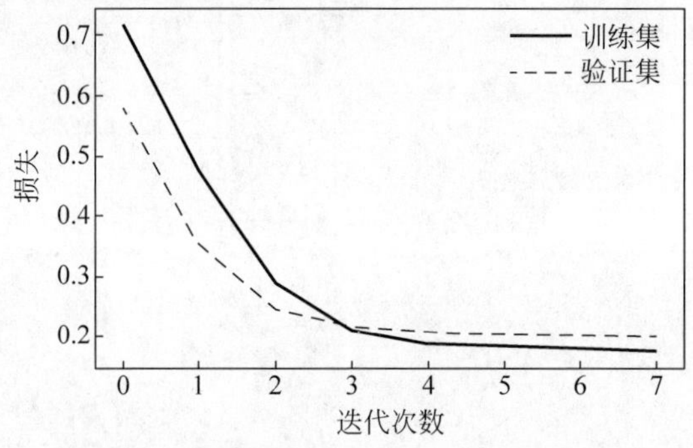

图 13.13　训练集和验证集的误差变化

13.1.4 评估

完成模型的训练后,需要对模型进行评估。评估的目的如下。

(1) 帮助开发者确定训练得到的模型是否达到标准。

(2) 如果训练了多个模型,帮助开发者选择最优的模型。

(3) 在评估的过程中,开发者能够更加深刻地理解模型的工作原理和决策过程。例如,针对基于 BERT 的文本分类问题,通过实例分析与可视化,开发者可以直观地从文本层面发现对分类结果起决定性作用的词语,一方面验证了模型的有效性,另一方面深入理解了 BERT 模型分类的工作机制。

本节将从模型评估与比较以及实例分析两部分展开，阐述可视化技术在模型评估中的作用。

1. 模型评估与比较

模型的评估建立在常用的模型指标基础之上，如准确率、精确率、召回率、F1 分数等。但是往往单一的指标不能全面衡量模型的效果，这时就需要综合多个指标，借助可视化的方法来比较不同的模型，最终挑选出最优的模型。以手写体识别的多分类任务为例，首先训练得到两个机器学习模型（深度学习模型可类推）：随机森林（Random Forest，RF）和支持向量机（SVM）。这两个模型的准确率均为 0.87，那么，如何从中选择更好的模型呢？此时可以借助可视化的方法，将两个模型对于不同类别样本的预测分数分布通过一组直方图和折线图呈现出来，如图 13.14 所示。

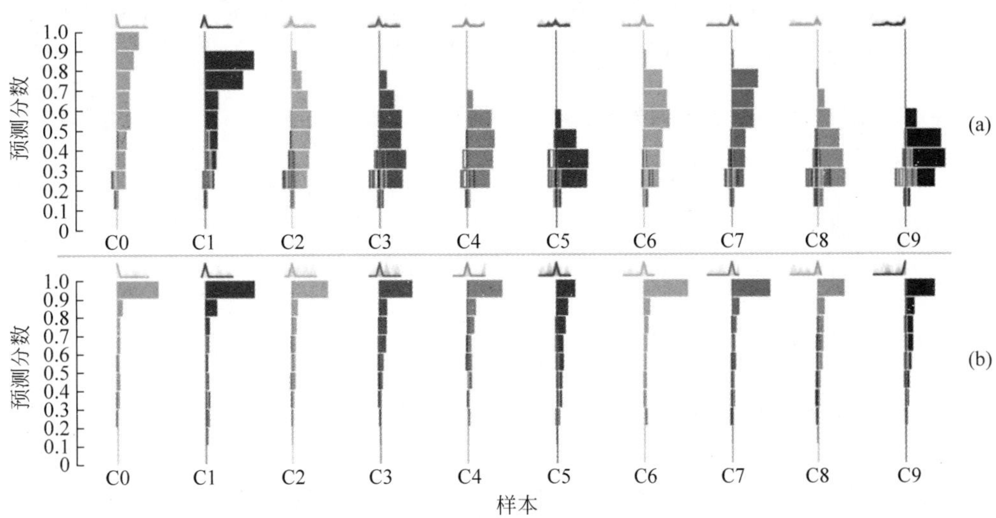

图 13.14　RF(a)和 SVM(b)对于各类别样本预测分数的分布[①]

从图 13.14 可以看出，每个直方图代表一个类别。对于每个类别，SVM 对该类别的样本输出的预测分数集中在 0.9～1.0，而 RF 的预测分数分散地分布在 0.3～0.8，因此 SVM 将每个类别样本正确分类的能力更强，最优的模型是 SVM 而不是 RF。

① 图片来源：https://ieeexplore.ieee.org/stamp/stamp.jsp?tp=&arnumber=7539404.

2. 实例分析

下面以 BERT[①] 模型的文本分类任务为例，介绍可视化如何帮助开发者在评估模型的同时，深入理解模型的工作机制和决策过程。

BERT 可被视为一个基于大量文本训练而成的语言模型，主要基于自注意力机制进行计算。针对特定的自然语言处理任务，如文本分类，开发者可在 BERT 的基础上，借助迁移学习，通过微调的方式对模型进行训练。基于 BERT 的自注意力机制，开发者可以通过注意力的可视化来理解模型做出的决策。图 13.15 所示为 BERT 对一段新闻进行分类时注意力的分布，分类结果为“娱乐”。有背景色的词语为模型给予关注的词语，颜色越深代表关注度越高。可以发现，正是因为一些明星的名字和“惊悚喜剧片”等娱乐色彩较浓的词语受到的关注度较高，模型才将该新闻分类为“娱乐”新闻。通过具体的实例，结合可视化的方法，能够帮助开发者直观理解模型决策的依据。同时，对于一段分类错误的新闻，开发者也可以通过实例分析，查看模型是否将关注度集中到了与真实标签无关的词语上，从而快速定位出错原因。

由朱茵、李菲儿、张达明等主演的惊悚喜剧片《嘿*店》在京举行关机发布会，片方在活动中公布影片的上映档期为今年的万圣节档。

图 13.15　新闻分类过程中对不同词语的关注度

13.2　MindSpore 可视化实践

说明：随着开发迭代 MindSpore 的接口及流程的不断发展，书中代码仅为示意代码，完整可运行代码请读者以线上代码仓中对应章节代码为准。

网址为：https://mindspore.cn/resource。读者可扫描右侧二维码获取相关资源。

机器学习研究和应用领域在最近十年有很大的发展，与此同时，随着网络结构复杂性的提高，程序设计者很难对模型进行解释。除此

① 参见：Devlin J，Chang M W，Lee K，et al. Bert：Pre-training of Deep Bidirectional Transformers for Language Understanding[EB/OL]．(2018-10-11)[2019-10-26]http://arxiv.org/pdf/1810.04805.pdf。

之外，程序设计者需要在模型与训练中了解参数的实时变化情况，从而对模型有效性进行评估。越复杂的网络，通过日志进行调试所需要的时间以及维护成本就越高。

MindInsight 是 MindSpore 为了展示模型与训练可视化而开发的可视化工具，包含了图像、标量、计算图结构等可视化功能，帮助程序开发者理解模型结构、模型与训练，从可视化的结果快速、高效地对模型进行评估。本节通过几个样例作为切入点，介绍 MindInsight 部分典型模块的使用，以及 MindSpore 中与 MindInsight 深度配合的 Summary 模块等。

13.2.1　可视化流程

下面以训练看板的使用流程为例讲述可视化流程，具体步骤如下：

首先需要安装 MindSpore 训练框架和 MindInsight 可视化工具，具体安装方法请参考网址：https://www.mindspore.cn/install/。

使用 MindSpore 进行模型训练输出训练日志，可参考 13.2.2 节中的代码 13.1。

启动 MindSpore 可视化服务需要在终端中输入包含日志所在目录参数的命令，该命令如下：

```
mindinsight start
--summary-base-dir      //指定加载训练日志数据的根目录路径
--port                  //指定端口,默认为 8080
--h, --help             //显示启动命令的帮助信息
```

MindInsight 根据其可视化内容的不同，可分为多个模块，包括训练看板、溯源和对比看板、性能调试、解释模型等。

MindInsight 可视化流程如图 13.16 所示。可以很明显地看出，需可视化的内容依赖于 MindSpore 的输出，当想要对训练过程进行可视化时，需要对训练中产生变化的数据进行记录。首先使用 Summary 模块接收训练中用户指定的数据，Summary 模块是 MindSpore 为可视化日志记录定制功能的总称，包含 SummaryCollector、Summary 算子、自定义 Callback 等。之后训练用户定义好的模型，将指定数据使用 Callback 机制输出到包含 Summary 的日志文件中。Summary 类只汇总数据，Summary 的组成将在 13.2.4 节中具体介绍。

当 MindInsight 启动时，系统会根据读取到的模型信息、训练日志信息、数据信息等，展示一个汇总的训练作业列表，用户可以选择指定的训练作业，进行特定模块的可视化展示。接下来将通过具体的可视化用例，介绍 MindInsight 的部分功能。

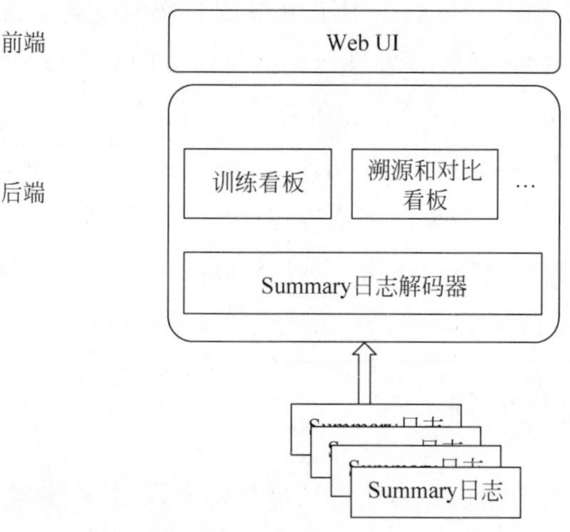

图 13.16　MindInsight 可视化流程

13.2.2　查看训练看板

在过去很长一段时间,开发者只有等待模型训练结束之后才能根据某些指标对模型进行评估并调整。为了帮助开发者了解模型在训练中参数以及衡量指标的变化情况,从而更好地理解模型,及时对模型进行调整,MindInsight 提供了训练看板可视化功能。用户可以选择默认或自定义的可视化模型产物,根据其随时间的变化趋势优化模型。

1. 通过 SummaryCollector 自动收集 summary 日志数据

在 MindSpore 中通过 Callback 机制提供并支持用户快速简易地收集一些常见的信息。包括计算图、损失值、学习率、参数权重等信息的 Callback,叫作 SummaryCollector。

在编写训练脚本时,仅需要实例化 SummaryCollector,并将其应用到 model.train 或者 model.eval 中,即可自动收集一些常见信息。SummaryCollector 详细的用法可以参考 API 文档中 mindspore.train.callback.SummaryCollector。样例代码如代码 13.1 所示。

代码 13.1　MindSpore SummaryCollector

```
import mindspore
import mindspore.nn as nn
```

```
from mindspore import ops
from mindspore import context, Tensor, Model
from mindspore.nn.metrics import Accuracy
from mindspore.train.callback import SummaryCollector


def conv(in_channels, out_channels, kernel_size, stride = 1, padding = 0, pad_mode =
"valid", has_bias = True):
    return nn.Conv2d(in_channels, out_channels, kernel_size = kernel_size, stride =
stride, padding = padding, has_bias = has_bias, pad_mode = pad_mode)


def fc_with_initialize(input_channels, out_channels, has_bias = True):
    return nn.Dense(input_channels, out_channels, has_bias = has_bias)


class AlexNet(nn.Cell):
    """AlexNet"""
    def __init__(self, num_classes = 10, channel = 3, phase = 'train', include_top =
True):
        super(AlexNet, self).__init__()
        self.conv1 = conv(channel, 64, 11, stride = 4, pad_mode = "same", has_bias =
True)
        self.conv2 = conv(64, 128, 5, pad_mode = "same", has_bias = True)
        self.conv3 = conv(128, 192, 3, pad_mode = "same", has_bias = True)
        self.conv4 = conv(192, 256, 3, pad_mode = "same", has_bias = True)
        self.conv5 = conv(256, 256, 3, pad_mode = "same", has_bias = True)
        self.relu = ops.ReLU()
        self.max_pool2d = nn.MaxPool2d(kernel_size = 3, stride = 2, pad_mode = 'valid')
        self.include_top = include_top
        if self.include_top:
            dropout_ratio = 0.65
            if phase == 'test':
                dropout_ratio = 1.0
            self.flatten = nn.Flatten()
            self.fc1 = fc_with_initialize(6 * 6 * 256, 4096)
            self.fc2 = fc_with_initialize(4096, 4096)
            self.fc3 = fc_with_initialize(4096, num_classes)
            self.dropout = nn.Dropout(dropout_ratio)

    def construct(self, x):
        """define network"""
        x = self.conv1(x)
        x = self.relu(x)
```

```
        x = self.max_pool2d(x)
        x = self.conv2(x)
        x = self.relu(x)
        x = self.max_pool2d(x)
        x = self.conv3(x)
        x = self.relu(x)
        x = self.conv4(x)
        x = self.relu(x)
        x = self.conv5(x)
        x = self.relu(x)
        x = self.max_pool2d(x)
        if not self.include_top:
            return x
        x = self.flatten(x)
        x = self.fc1(x)
        x = self.relu(x)
        x = self.dropout(x)
        x = self.fc2(x)
        x = self.relu(x)
        x = self.dropout(x)
        x = self.fc3(x)
        return x

def train():
    context.set_context(mode = context.GRAPH_MODE)

    network = AlexNet(num_classes = 10)
    loss = nn.SoftmaxCrossEntropyWithLogits(sparse = True, reduction = "mean")
    lr = Tensor(0.5, mindspore.float32)
    opt = nn.Momentum(network.trainable_params(), lr, momentum = 0.9)
    model = Model(network, loss, opt, metrics = {"Accuracy": Accuracy()})

    # How to create a valid dataset instance,for detail, see the https://www.mindspore.
    # cn/tutorial/training/zh-CN/r1.2/quick_start/quick_start.html document.
    ds_train = create_dataset('./dataset_path')

    # Init a SummaryCollector callback instance, and use it in model.train or model.eval
    summary_collector = SummaryCollector(summary_dir = './summary_dir', collect_freq = 1)

    # Note: dataset_sink_mode should be set to False, else you should modify collect freq
    # in SummaryCollector
    model.train(epoch = 1, train_dataset = ds_train, callbacks = [summary_collector],
dataset_sink_mode = False)
```

```
    ds_eval = create_dataset('./dataset_path')
    model.eval(ds_eval, callbacks = [summary_collector])

if __name__ == '__main__':
    train()
```

2. 标量可视化

标量可视化用于展示训练过程中,标量的变化趋势情况。

图 13.17 展示了神经网络在训练过程中损失值的变化过程。横坐标是训练步骤,纵坐标是损失值。

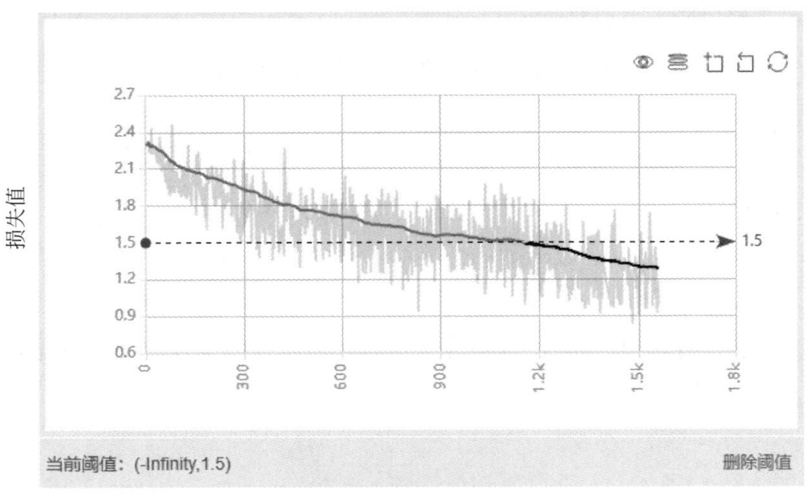

图 13.17　标量趋势图

图 13.17 中右上角有几个按钮,从左到右的功能分别是全屏展示、切换 Y 轴比例、开启/关闭框选、分步回退和还原图形。

(1) 全屏展示即全屏展示该标量曲线,再单击一次即可恢复。

(2) 切换 Y 轴比例是指可以将 Y 轴坐标进行对数转换。

(3) 开启/关闭框选是指可以框选图中部分区域,并放大查看该区域, 可以在已放大的图形上叠加框选。

(4) 分步回退是指对同一个区域连续框选并放大查看时,可以逐步撤销操作。

(5) 还原图形是指进行了多次框选后,单击此按钮可以将图还原回原始状态。

图 13.17 中右下角可以设置阈值并高亮显示或者删除阈值。设置的阈值为小于

1.5，粗线部分显示出不超出阈值的部分，能够直观地看到预期的数据值或者一些异常的数值。

图 13.18 展示标量可视化的功能区，提供了根据选择的不同标签、水平轴的不同维度、平滑度和标量合成查看标量信息的功能。

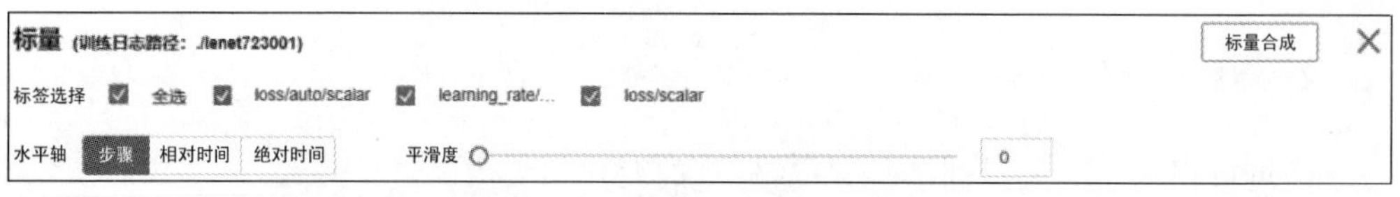

图 13.18　标量可视化功能区

（1）标签选择：提供了对所有标签进行多项选择的功能，用户可以通过勾选所需的标签，查看对应的标量信息。

（2）水平轴：可以选择“步骤”“相对时间”“绝对时间”中任意一项作为标量曲线的水平轴。

（3）平滑度：可以通过调整平滑度，对标量曲线进行平滑处理。

（4）标量合成：可以选中两条标量曲线进行合成并展示在一个图中，以方便对两条曲线进行对比或者查看合成后的图。

图 13.19 展示准确率曲线和损失曲线的标量合成图。标量合成的功能区与标量可视化的功能区相似。其中与标量可视化功能区不一样的地方在于标签选择时，标量合成功能最多只能同时选择两个标签，将其曲线合成并展示。

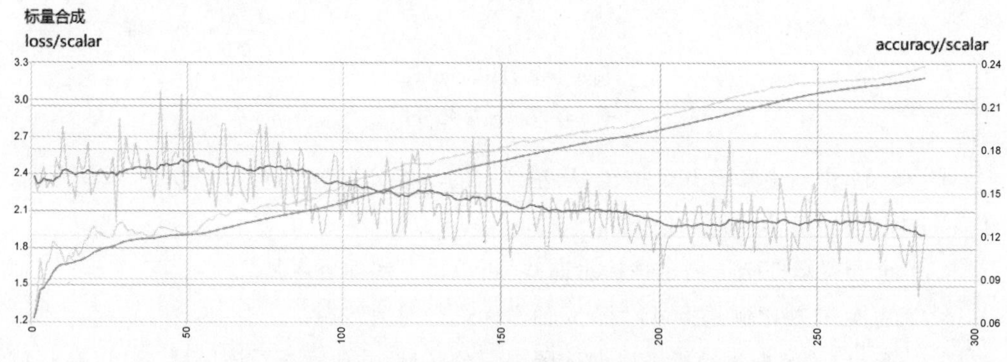

图 13.19　准确率和损失的标量合成图

3. 图像可视化

对于涉及图像的训练任务，图像可视化能够展示中间结果，对用户评估模型有着很大的帮助。

图 13.20 展示通过滑动图中“步骤”滑动条,查看不同步骤的图片。

图 13.20　图像可视化

图 13.21 展示图像可视化功能区,提供了选择查看不同标签、不同亮度和不同对比度来查看图片信息。

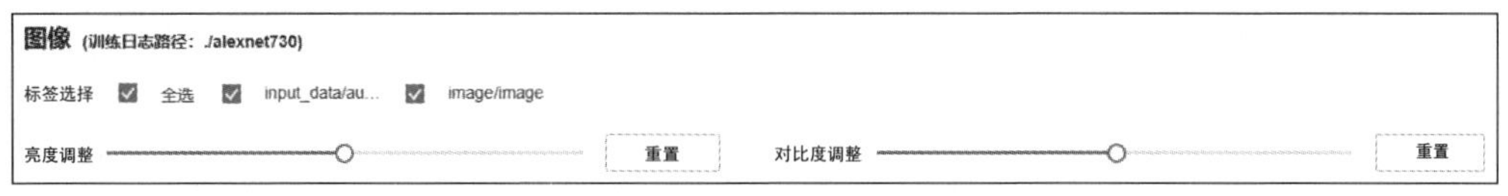

图 13.21　图像可视化功能区

(1) 标签选择：提供了对所有标签进行多项选择的功能,用户可以通过勾选所需的标签,查看对应的图片信息。

(2) 亮度调整：可以调整所展示的所有图片的亮度。

(3) 对比度调整：可以调整所展示的所有图片的对比度。

4. 计算图可视化

计算图可视化模块是为了展示用户所用模型的网络结构,用户可以单击某个节点,在节点信息栏查看详细的节点信息：节点名称、节点属性以及该节点的输入/输出等,支持展示 summary 日志文件与通过 context 的 save_graphs 参数导出的 pb 文件。

其中所有节点默认为收折状态,页面中主要显示网络结构的区域,如图 13.22 所示。

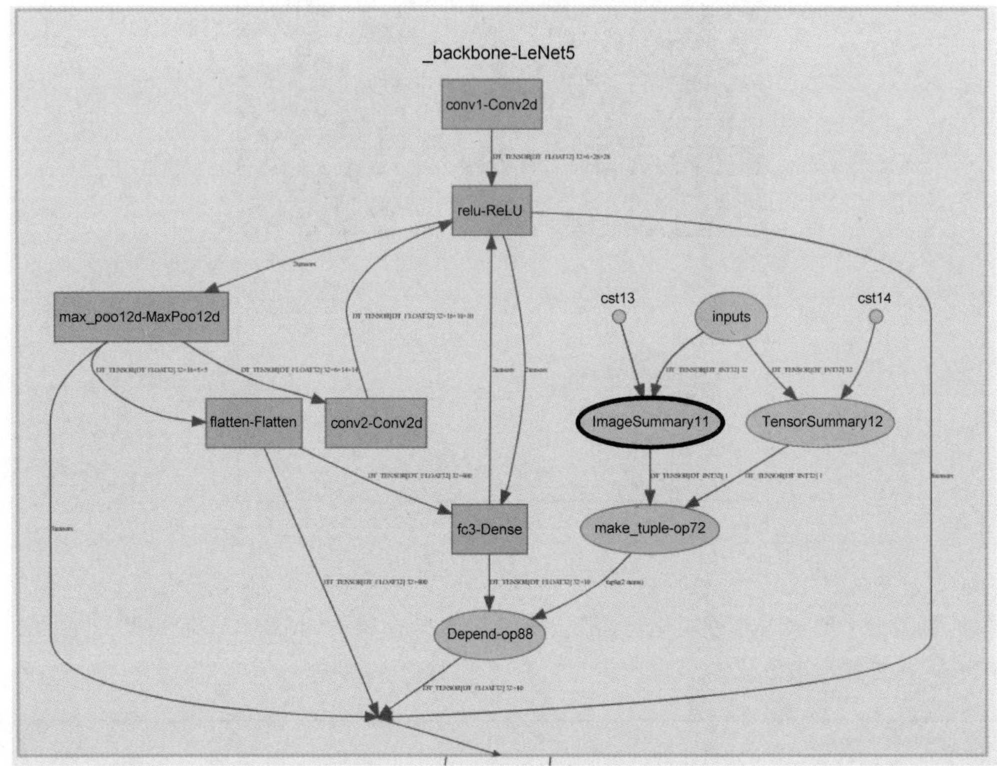

图 13.22　MindInsight 计算图页面

图 13.22 展示了计算图的网络结构。在展示区中,选中其中一个算子(图中加粗的椭圆圈算子),可以看到该算子有两个输入和一个输出(实线箭头代表算子的数据流走向)。

图 13.23 展示了计算图可视化的功能区,包含以下内容:

(1) 文件选择框:可以选择查看不同文件的计算图。

(2) 搜索框:可以对节点进行搜索,输入节点名称单击回车键,即可展示该节点。

(3) 缩略图:展示整个网络图结构的缩略图,在查看超大图结构时,方便查看当前浏览的区域。

(4) 节点信息:展示选中的节点的基本信息,包括节点的名称、属性、输入节点、输

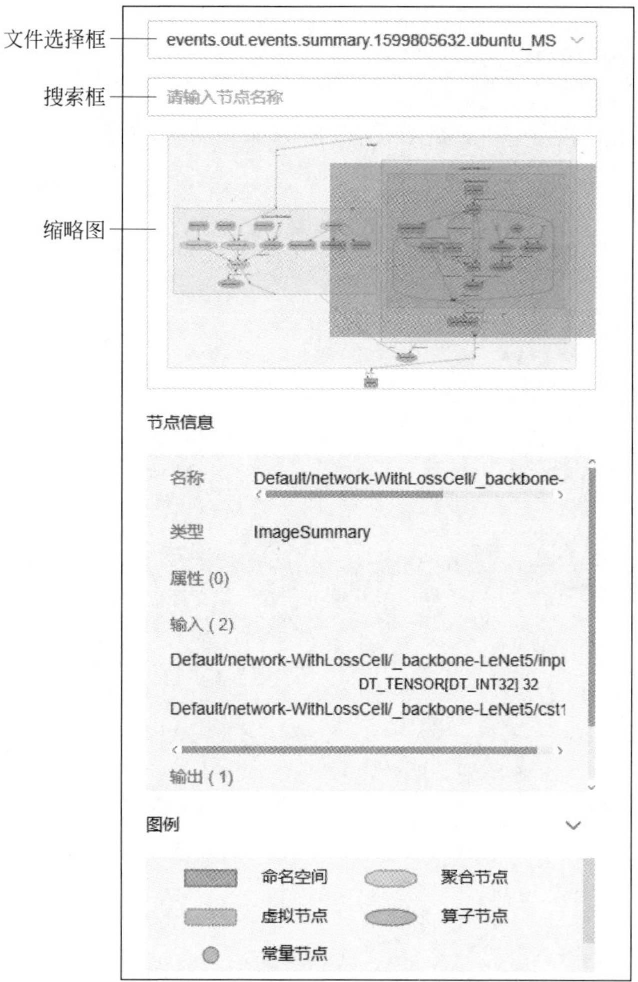

图 13.23　计算图可视化的功能区

出节点等信息。

以图 13.22 中的模型(LeNet)为例，其骨干网络(Backbone)命名空间节点展开后的主要显示区域会显示计算图中用户选中的部分结构，可以双击命名空间节点展开查看子节点，并通过节点之间连接线的箭头理解数据流向以及控制边的方向。当命名空间节点展开后，辅助显示区域可以展示该部分计算图在完整计算图中的位置，并且会展示选中节点的详细信息，还会有图例解释各种图形所代表的含义，此处就不展示辅助显示区域了。

13.2.3 Summary 汇总数据格式

Summary 数据包含 Image 和 Value 两个内嵌类。代码 13.2 是节选于 summary.proto 文件中对 Summary 的定义。

代码 13.2 summary.proto 文件中对 Summary 的定义

```
message Summary {
  // 数据
   message Image {
    // 图像维度信息
    int32 height = 1;
    int32 width = 2;
    // 颜色空间
    // 1 - grayscale
    // 2 - grayscale + alpha
    // 3 - RGB
    // 4 - RGBA
    // 5 - DIGITAL_YUV
    // 6 - BGRA
    required int32 colorspace = 3;
    // 编码后的图像数据
    required bytes encoded_image = 4;
  }

  // 数值信息
  message Value {
    // 数据标签,用于管理数据
    required string tag = 1;

    // 与标签对应的值
    oneof value {
     float scalar_value = 3;
     Image image = 4;
     TensorProto tensor = 8;
     Histogram histogram = 9
    }
   }

   // summary 数据包含的数值信息集合
   repeated Value value = 1;
  }
```

事件数据记录了事件的基础信息,包括时间戳、全局步数,以及 one of 定义的具体事件信息，这意味着对于一个特定的事件实例，事件信息只能从下面字段中选择一个：文件版本号、编码后的数据流图、Summary 数据。代码 13.3 是节选于 summary.proto 文件中对 Event 的定义。

代码 13.3　summary.proto 文件中对 Event 的定义

```
message Event {
  // 事件时间戳
  required double wall_time = 1;

  // 全局步数
  optional int64 step = 2;

  oneof what {
   // 事件文件版本号
   string file_version = 3;
   // 编码后的数据流图
   GraphProto graph_def = 4;
   // summary 数据
   Summary summary = 5;
   // 生成的日志
   Explain explain = 6;
  }
}
```

当提供时间戳和全局步数后，Summary 可以转换为 Event 数据。

参考文献

[1] Yao Ming. A Survey on Visualization for Explainable Classifiers[D]. Hong Kong: The Hong Kong University of Science and Technology, 2017.

[2] Wongsuphasawat K, Smilkov D, Wexler J, et al. Visualizing Dataflow Graphs of Deep Learning Models in Tensorflow[J]. IEEE Transactions on Visualization and Computer Graphics, 2017, 24(1): 1-12.

[3] Hohman F, Kahng M, Pienta R, et al. Visual Analytics in Deep Learning: an Interrogative Survey for the Next Frontiers[J]. IEEE Transactions on Visualization and Computer Graphics, 2019, 25(8): 2674-2693.

[4] Olah C, Satyanarayan A, Johnson I, et al. The Building Blocks of Interpretability[J]. Distill, 2018, 3(3): e10.

[5] Olah C, Mordvintsev A, Schubert L. Feature Visualization[J]. Distill, 2017, 2(11): e7.

[6] Cashman D, Patterson G, Mosca A, et al. RNNbow: Visualizing Learning via Backpropagation Gradients in RNNs[J]. IEEE Computer Graphics and Applications, 2018, 38(6): 39-50.

[7] Zeiler M D, Fergus R. Visualizing and Understanding Convolutional Networks[C]. European Conference on Computer Vision. Springer, Cham, 2014: 818-833.

[8] Ren D, Amershi S, Lee B, et al. Squares: Supporting Interactive Performance Analysis for Multiclass Classifiers[J]. IEEE Transactions on Visualization and Computer Graphics, 2016, 23(1): 61-70.

第 14 章

深度学习的数据准备

14.1 数据格式概述

数据格式是描述数据以何种组织形式保存在文件或记录中，体现在存储上为一系列实体文件。格式可以是字符形式的文本格式，特点为占用的存储空间大但透明度高；也可以是二进制数形式的压缩格式，特点为占用的存储空间小但缺少透明度。文本格式的文件可以很方便地使用记事本/Notepad++等工具打开，并且以可读的方式展现；二进制格式的文件需要使用特定的工具/库进行读取及解码操作，才能变成直接可读的/可理解的内容。

通俗地讲，数据格式是数据保存在文件或记录中的编排格式。可为数值、字符或二进制数等形式。

一些常用的数据存储格式有 TXT、Excel、Word、PPT、CSV、XML、JSON、JPEG、BMP 等。

(1) TXT：字符形式的文本格式，主要存文本信息，大多使用记事本等程序保存，大多数软件可以查看。

(2) Excel、Word、PPT：Windows Office 套件支持的格式。其中，Excel 擅长表格、图表、数据处理；Word 适用于文字、排版场景；PPT 适用于产品说明等。

(3) BMP：Windows 操作系统中的标准图像文件格式。它采用位映射存储格式，除了图像深度可选以外，不采用其他任何压缩，因此 BMP 文件所占用的空间很大。

(4) JPEG：图像的文件格式，采用特定压缩算法，是一种有损压缩格式，能够将图像压缩到很小的存储空间，图像中重复或不重要的资料会被丢失，因此容易造成图像数据的损伤。

以 JPEG 为例，主要包含[文件头][APP0 段][DQT 段]…[SOF0 段][DHT 段]…

[SOS 段][图像压缩数据][文件尾]等数据区段。

用画图程序画一个 32×24 的红色方块,保存为 JPEG 文件,通过二进制方式查看如图 14.1 所示。

```
0000: FF D8 FF E0 00 10 4A 46 49 46 00 01 01 01 00 60
0010: 00 60 00 00 FF DB 00 43 00 08 06 06 07 06 05 08
0020: 07 07 07 09 09 08 0A 0C 14 0D 0C 0B 0B 0C 19 12
0030: 13 0F 14 1D 1A 1F 1E 1D 1A 1C 1C 20 24 2E 27 20
0040: 22 2C 23 1C 1C 28 37 29 2C 30 31 34 34 34 1F 27
0050: 39 3D 38 32 3C 2E 33 34 32 FF DB 00 43 01 09 09
......
0220: 89 8A 92 93 94 95 96 97 98 99 9A A2 A3 A4 A5 A6
0230: A7 A8 A9 AA B2 B3 B4 B5 B6 B7 B8 B9 BA C2 C3 C4
0240: C5 C6 C7 C8 C9 CA D2 D3 D4 D5 D6 D7 D8 D9 DA E2
0250: E3 E4 E5 E6 E7 E8 E9 EA F2 F3 F4 F5 F6 F7 F8 F9
0260: FA FF DA 00 0C 03 01 00 02 11 03 11 00 3F 00 E2
0270: E8 A2 8A F9 93 F7 10 A2 8A 28 00 A2 8A 28 00 A2
0280: 8A 28 03 FF D9
```

图 14.1　JPEG 图像的二进制方式

14.2　深度学习中的数据

AI 领域包含各种各样的训练数据,例如图像、音频、文本、视频均可以作为原始输入。基于这些原始输入再经过人工/半自动方式对上述数据完成标注,形成训练集。以图像为例,将原始图像和标注信息上传到训练平台,训练平台基于标注信息对图像完成训练,最后生成模型。

14.2.1　原始输入

原始输入主要包括图像、文本、音频、视频等,这些都可以作为训练框架的输入,每种原始输入均有自身的特点。例如,图像包含类型、长、宽、大小等属性信息。这些信息均为图像的元信息,可以帮助训练框架更好地理解这个数据。

(1) 以图像为例:最常见的就是物体识别,即将每张训练图像标记成某一个类别,这样会得到图像列表及分类列表,两者一一对应,可以基于此数据进行图像分类训练。

(2) 以音频为例：通过训练可以直接将语音转换为文字，进一步作为智能 AI 的输入，完成语义理解及指令性操作。

(3) 以文本为例：以文本分类为例，将文本进行标签分类，然后将文本及标签分类进行训练，生成的模型可用于文本分类检测。

(4) 以视频为例：应用于现在短视频、视频场景，能高效地对视频进行标记，可方便分类、查找等进一步操作。

14.2.2　标注信息

标注信息与用户基于原始输入进行何种训练有关联。例如，PASCAL VOC、自定义 CT 格式、COCO 是不同的标注格式，标注人员进行标注后，会生成不同格式的标注文件。

1. PASCAL VOC 格式

字段说明：

folder：必选字段，表示数据源所在目录。

filename：必选字段，被标注文件的文件名。

size：必选字段，表示图像的像素信息。

width：必选字段，图像的宽度。

height：必选字段，图像的高度。

depth：必选字段，图像的通道数。

segmented：必选字段，表示是否用于分割。

object：必选字段，表示物体检测信息，多个物体标注会有多个 object。

name：必选字段，标注内容的类别。

pose：必选字段，标注内容的拍摄角度。

truncated：必选字段，标注内容是否被截断(0 表示完整)。

occluded：必选字段，标注内容是否被遮挡(0 表示未被遮挡)。

difficult：必选字段，标注目标是否难以识别(0 表示容易识别)。

bndbox：必选字段，标注框的类型，详细说明如表 14.1 所示。

表 14.1　bndbox 字段的详细说明

类　型	形　状	标注信息	备　注
point	点	点的坐标 <x>100<x> <y>100<y>	—
line	线	各点坐标 <x1>100<x1> <y1>100<y1> <x2>200<x2> <y2>200<y2>	—
bndbox	矩形框	左下和右上两个点坐标 <xmin>100<xmin> <ymin>100<ymin> <xmax>200<xmax> <ymax>200<ymax>	—
polygon	多边形	各点坐标 <x1>100<x1> <y1>100<y1> <x2>200<x2> <y2>100<y2> <x3>250<x3> <y3>150<y3> <x4>200<x4> <y4>200<y4> <x5>100<x5> <y5>200<y5> <x6>50<x6> <y6>150<y6>	—
circle	圆形	圆心坐标和半径 <cx>100<cx> <cy>100<cy> <r>50<r>	—
rotated_box	旋转矩形	—	预留，当前不支持
cubic_bezier	三次贝塞尔曲线	—	预留，当前不支持

PASCAL VOC 标注信息的示例如代码 14.1 所示。

代码 14.1　PASCAL VOC 标注信息的示例

```
<annotation>
  <folder>test_data</folder>
  <filename>260730932.jpg</filename>
  <size>
     <width>767</width>
     <height>959</height>
     <depth>3</depth>
   </size>
   <segmented>0</segmented>
   <object>
     <name>bag</name>
     <pose>Unspecified</pose>
     <truncated>0</truncated>
     <occluded>0</occluded>
     <difficult>0</difficult>
     <bndbox>
        <xmin>108</xmin>
        <ymin>101</ymin>
        <xmax>251</xmax>
        <ymax>238</ymax>
     </bndbox>
   </object>
   <object>
     <name>circle</name>
     <pose>Unspecified</pose>
     <truncated>0</truncated>
     <occluded>0</occluded>
     <difficult>0</difficult>
     <circle>
        <cx>405</cx>
        <cy>170</cy>
        <r>100</r>
     </circle>
   </object>
</annotation>
```

2. 自定义 CT 格式

自定义 CT 格式是一种全新的数据标注格式，其中包括采用的模板规范、是否数组、是否必需、字段类型等定义，用户可以根据该标注格式任意裁剪生成自己的标注格式，并基于该格式生成一个标注模板，使标注操作更加简便。自定义 CT 格式如代码 14.2 所示。

代码 14.2 自定义 CT 格式

```
{
 "$schema": "http://json-schema.org/draft-07/schema#",
 "title": "CVAT annotation format schema",
 "description": "...",
 "definitions": {
  "attributes": {
   "type": "array",
   "items": {
    "type": "object",
    "properties": {
     "attr-name": { "type": "string" },
     "data-type": { "type": "string" },
     "attr-value": {}
    },
    "required": ["attr-name", "data-type", "attr-value"]
   }
  }
 },
 "type": "object",
 "properties": {
  "source-ref": { "type": "string" },
  "anno-tool": { "type": "string" },
  "template-name": { "type": "string" },
  "creation-time": { "type": "string" },
  "attributes": { "$ref": "#/definitions/attributes" },
  "entity-instances": {
   "type": "array",
   "items": {
    "type": "object",
    "properties": {
     "entity-name": { "type": "string" },
     "class-id": { "type": "integer" },
     "instance-id": { "type": "integer", "minimum": 0 },
     "attributes": { "$ref": "#/definitions/attributes" }
    },
    "required": ["entity-name", "class-id", "instance-id", "attributes"]
   }
  }
 },
 "required": ["source-ref", "anno-tool", "template-name", "creation-time"]
}
```

自定义 CT 格式标注信息示例如代码 14.3 所示。

代码 14.3　自定义 CT 格式标注信息示例

```
{
 "source - ref": "被标注样本文件名",
 "anno - tool": "CVAT",
 "template - name": "人像标注模板",
 "creation - time": "2018 - 11 - 13T20:20:39 + 00:00",

 "attributes": [
  {
   "attr - name": "图像分类",
   "data - type": "image - class",
   "attr - value": [                          //multiplicity 为 * 的属性
    {
     "value": 1,
     "name": "人物"
    },
    {
     "value": 3,
     "name": "摄影"
    }
   ]
  }
 ],
 "entity - instances": [
  {
   "entity - name": "人像",
   "class - id": 1,
   "instance - id": 1,
   "attributes": [
    {
     "attr - name": "人体评分",
     "data - type": "body",
     "attr - value": {
      "value": 1,
      "name": "人像居中且所占图像比例大于 50 %"
     }
    },
    {
     "attr - name": "人脸框",
     "data - type": "bounding - box",
     "attr - value": {
```

```
        "xmin": 210,
        "ymin": 121,
        "xmax": 351,
        "ymax": 435
      }
    },
    {
     "attr - name": "多点属性",
     "data - type": "points",
     "attr - value": [
      { "x": 10, "y": 191 },
      { "x": 42, "y": 74 },
      { "x": 36, "y": 19 }
     ]
    },
    {
     "attr - name": "脸部特征点",
     "data - type": "face - landmark - 5",
     "attr - value": {
        "point0": { "x": 100, "y": 21 },
        "point1": { "x": 89, "y": 20 },
        "point2": { "x": 13, "y": 21 },
        "point3": { "x": 34, "y": 31 },
        "point4": { "x": 62, "y": 187 }
     }
    }
   ]
  }
 ]
}
```

14.3 常用的深度学习数据格式

业界通用的深度学习数据格式主要包括 TFRecord、LMDB、Rec 格式等。其中，TFRecord 格式对应 TensorFlow；LMDB 格式对应 Caffe；Rec 格式对应 MXNet。

为什么需要深度学习数据格式？以图像及其标注信息为例，用户的训练数据可以存储在本地磁盘/云端，训练平台在读取训练数据时，是以文件列表的方式提供，那么就必然会有很多低效的 I/O 或者网络操作，不能充分利用本地磁盘带宽/网络带宽，这在训练流程中占用大量训练时间，严重影响训练的效率。MindSpore 数据格式可以高效地把图像列表及标注信息组织成单个/多个大文件，存放于本地存储/云端，在训练过程中可以高效地从本地存储/云端加载训练，有效地避免了读取散列文件低效的问题，从而提升训练效率。

图 14.2 是图像列表与 MindSpore 数据格式读取方式的流程差异点。

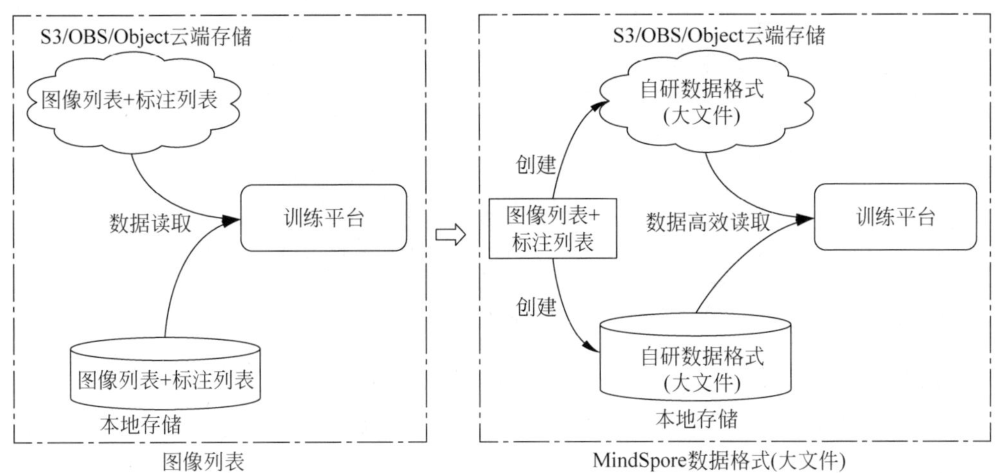

图 14.2　图像列表与 MindSpore 数据格式读取流程差异点

图 14.3 是图像列表与 MindSpore 数据格式读取方式的耗时对比。

图 14.3　图像列表与 MindSpore 数据格式读取耗时对比

14.3.1　TFRecord 格式

TFRecord 是 TensorFlow 的二进制存储格式，是基于 Protobuf 生成的数据，用户只需要定义好 Protobuf 格式，即需要写哪些数据，每个数据是什么样的存储方式，然后调用 TensorFlow 的接口即可以实现从原始输入、标注信息到 TFRecord 的转换过程。TFRecord 是以行存的方式进行数据存储，可以实现高效的数据读取，方便复制和移动，并且不需要单独的标签文件。用户可以定义 bytes_list、float_list、int64_list 等数据类型，将图像数据和标签统一存储在 TFRecord 文件中。借助 TFRecord，可以很方便地为 TensorFlow 供给数据、从文件读取数据、预加载数据等功能,极大地方便了训练时对数据的加载操作。

TFRecord 数据的存储格式如图 14.4 所示。

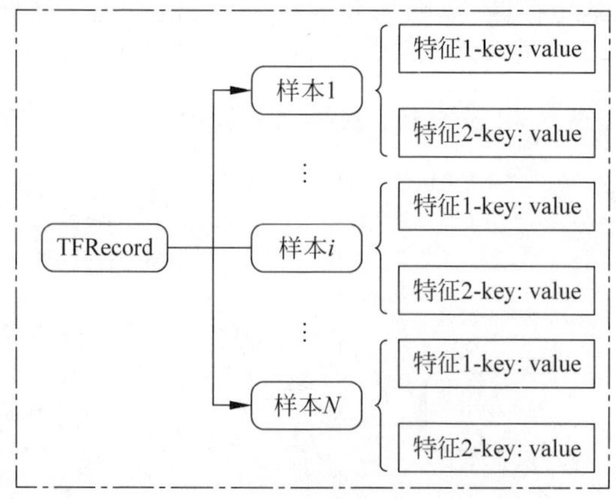

图 14.4　TFRecord 数据存储格式

TFRecord 文件包含了 tf. train. Example 协议内存块(Protocol Buffer),用户将自有数据填入 tf. train. Example 协议内存块,协议内存块会被序列化为一个字符串,并且通过 tf. python_io. TFRecordWriter 写入 TFRecord 文件。TFRecord 写操作示例如代码 14.4 所示。

代码 14.4　TFRecord 写操作示例

```
classes = {'duck','cow'}
writer = tf.python_io.TFRecordWriter("train.tfrecord")

for index, name in enumerate(classes):
   class_path = name + '/'
   for img_name in os.listdir(class_path):
     img_path = class_path + img_name

     img = Image.open(img_path)
     img = img.resize((128,128))
     img_raw = img.tobytes()
     example = tf.train.Example(features = tf.train.Features(
           feature = {
             "label": tf.train.Feature(int64_list = tf.train.Int64List(value = [index])),
             "img_raw": tf.train.Feature(bytes_list = tf.train.BytesList(value = [img_raw]))
           }
```

```
        ))
    writer.write(example.SerializeToString())
writer.close()
```

从 TFRecord 文件中读取数据，可以使用 tf.TFRecordReader 的 tf.parse_single_example 解析器，这个操作可以将 Example 协议内存块解析为张量。TFRecord 读操作示例如代码 14.5 所示。

代码 14.5　TFRecord 读操作示例

```
filename_queue = tf.train.string_input_producer([filename])

reader = tf.TFRecordReader()
_, serialized_example = reader.read(filename_queue)
features = tf.parse_single_example(serialized_example,
                    features = {
                        'label': tf.FixedLenFeature([], tf.int64),
                        'img_raw' : tf.FixedLenFeature([], tf.string),
                    })

img = tf.decode_raw(features['img_raw'], tf.uint8)
img = tf.reshape(img, [128, 128, 3])
img = tf.cast(img, tf.float32) * (1. / 255) - 0.5
label = tf.cast(features['label'], tf.int32)
return img, label
```

14.3.2　LMDB 存储

LMDB 是 Caffe 中应用的一种数据库，对用户展现为键值（key-value）对操作，Caffe 中使用 Datum 数据结构（Protobuf 结构）存储训练数据，并将 Datum 数据序列化后保存至 LMDB 中，故在使用 Caffe 时开发人员常常需要对 LMDB 进行读写操作。LMDB 采用内存映射文件，所以拥有非常好的 I/O 性能，Caffe 采用 Datum 数据结构。该数据结构可以用来存储原始图像和标注的标签。Datum 具体包括：

（1）Channels：图像的通道，彩色图有 3 个通道，灰度图只有 1 个通道，表示出来就是一幅灰色图像。

（2）Height：图像（即 Data）的高。

（3）Width：图像（即 Data）的宽。

（4）Data：图像的数据（像素值）。

(5) Label：图像的标签。

Datum 主要适用于图像数据集场景，因为 Datum 需要保存解码后图像的 RGB 值，所以序列化至 LMDB 保存后的数据集比图像列表要大。

LMDB 的基本做法是使用内存映射文件方法，所有读取操作都是通过 Mmap 将要访问的文件以只读的方式映射到虚拟内存中，直接访问相应的地址；而写操作，则是通过系统调用进行的，这主要是为了利用文件系统的一致性，避免在被访问的地址上进行同步。

LMDB 的基本架构如图 14.5 所示。

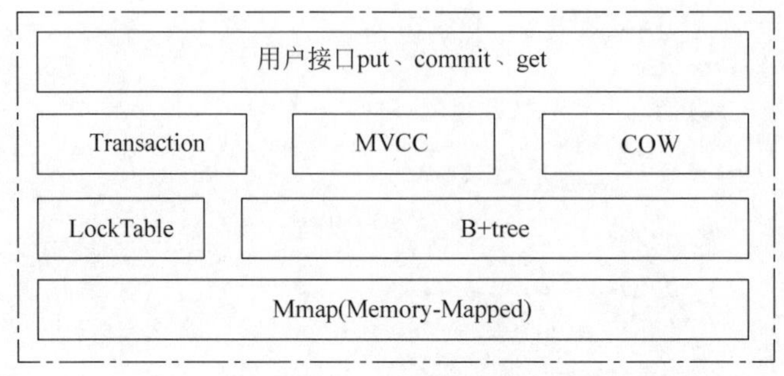

图 14.5　LMDB 基本架构

(1) 用户接口 put、commit、get：用户操作 LMDB 的接口，对应写入、提交、获取操作，用户使用这些操作可以将数据写入 LMDB，并能进行获取。

(2) Transaction：LMDB 提供事务操作，保证数据的 ACID 属性，主要体现在保证数据的一致性。

(3) MVCC：多版本并发控制(Multiversion Concurrency Control)。MVCC 主要解决读写锁造成的多个、长时间的读操作导致写操作超时问题，LMDB 对 MVCC 增加了一个限制，即只允许一个写线程存在，从根源上避免了读-写冲突。

(4) COW：写时复制(Copy-on-Write，COW)是一种计算机程序设计领域的优化策略。其核心思想是，如果有多个调用者同时要求相同资源(如内存或磁盘上的数据存储)，他们会共同获取相同的指针指向相同的资源，直到某个调用者试图修改资源的内容时，系统才会真正复制一份专用副本给该调用者，而其他调用者所见到的最初的资源仍然保持不变。这个过程对其他的调用者都是透明的。此做法主要的优点是如果调用者没有修改该资源，就不会有副本被创建，因此多个调用者只是读取操作时可以共享同一份资源。

(5) LockTable：锁表，应用于事务中进行的读操作。

(6) B+tree：LMDB 把整个虚拟存储组织成 B+tree 存储，索引和值的读操作均存储在 B+tree 的页面上。对外提供了关于 B+tree 的操作方式，利用 Cursor 游标进行，并且可以进行增删改查。

(7) Mmap：内存映射就是把物理内存映射到进程的地址空间之内，这些应用程序就可以直接使用输入输出的地址空间。由此可以看出，使用内存映射文件处理存储于磁盘上的文件时，将不需要由应用程序对文件执行 I/O 操作，这意味着在对文件进行处理时将不必再为文件申请并分配缓存，所有的文件缓存操作均由系统直接管理，由于取消了将文件数据加载到内存、数据从内存到文件的回写以及释放内存块等步骤，使得内存映射文件在处理大数据量的文件时能起到相当重要的作用。

LMDB 写操作示例如代码 14.6 所示。

代码 14.6　LMDB 写操作示例

```
def create_db(output_file):
  print(">>> Write database...")
  LMDB_MAP_SIZE = int(1e10)
  env = lmdb.open(output_file, map_size = LMDB_MAP_SIZE)

  checksum = 0
  with env.begin(write = True) as txn:
    for j in range(0, 128):
      # 自定义 label,宽,高
      label = j % 10
      width = 64
      height = 32

      img_data = np.random.rand(3, width, height)     # 随机生成的 image data

      # 创建 TensorProtos
      tensor_protos = caffe2_pb2.TensorProtos()
      img_tensor = tensor_protos.protos.add()
      img_tensor.dims.extend(img_data.shape)
      img_tensor.data_type = 1

      flatten_img = img_data.reshape(np.prod(img_data.shape))
```

```
        img_tensor.float_data.extend(flatten_img)

        label_tensor = tensor_protos.protos.add()
        label_tensor.data_type = 2
        label_tensor.int32_data.append(label)

        # 通过文件名:值方式将数据写入
        txn.put('image{}.jpg'.format(j).encode('ascii'), tensor_protos.SerializeToString())

        checksum += np.sum(img_data) * label
        if j % 16 == 0:
            print("Inserted {} rows".format(j))

    print("Checksum/write: {}".format(int(checksum)))
    return checksum
```

LMDB 读操作示例如代码 14.7 所示。

代码 14.7　LMDB 读操作示例

```
def read_db_with_caffe2(db_file, expected_checksum):
    print(">>> Read database...")
    model = model_helper.ModelHelper(name = "lmdbtest")
    batch_size = 32
    # 获取 data, label 对象
    _, _ = model.TensorProtosDBInput([], ["data", "label"],
                                     batch_size = batch_size,
                                     db = db_file,
                                     db_type = "lmdb")

    workspace.RunNetOnce(model.param_init_net)
    workspace.CreateNet(model.net)
    checksum = 0
    for _ in range(0, 4):
        workspace.RunNet(model.net.Proto().name)

        img_datas = workspace.FetchBlob("data")
        labels = workspace.FetchBlob("label")
        for j in range(batch_size):
```

```
        checksum += np.sum(img_datas[j, :]) * labels[j]

    print("Checksum/read: {}".format(int(checksum)))
    assert np.abs(expected_checksum - checksum < 0.1), "Read/write checksums dont match"
```

14.3.3 Rec 格式

Rec 格式文件是 MXNet 的数据格式，生成这种格式，需要利用/mxnet/tools/im2rec.py 工具对数据图像进行处理，第一步先生成 list 文件，然后再通过 list 文件生成 Rec 文件。

生成 list 文件示例如代码 14.8 所示。

代码 14.8　生成 list 文件示例

```
image_files = os.listdir(data_loc)
random.seed(100)
random.shuffle(image_files)

n_image = len(image_files)
n_train = int(n_image * 0.8)
n_test = n_image - n_train

# 打开 list 文件
fout = open(os.path.join('./', 'animal_train.lst'), 'w')

duck = 0
cow = 1

for i in range(n_train):
  filename = image_files[i]
  label = duck if 'duck' in filename else cow
  fout.write('%d\t%d\t%s\n'%(i, label, filename))

fout.close()

# 查看 list 文件
```

```
fout = open(os.path.join('./', 'animal_test.lst'), 'w')

for i in range(n_test):
  filename = image_files[n_train + i]
  label = duck if 'duck' in filename else cow
  fout.write('%d\t%d\t%s\n' % (i, label, filename))

fout.close()
```

生成 Rec 格式示例如代码 14.9 所示。

代码 14.9　生成 Rec 格式示例

```
% python mxnet-master/tools/im2rec.py --num tread 4 pass-troungh 1 animal datas/train
```

14.3.4　MindSpore 数据格式

对于后端训练而言，TFRecord、LMDB、Rec 格式（部分）缺失重要的信息和功能，如 Schema 定义（标注的 Schema 是怎样的）、统计信息、检索功能等。这导致训练人员在使用数据时，不明白数据的定义、数据条数、标签分布等信息，但是这些信息在数据集管理都是现有的，故定义一个 MindSpore 数据格式。该格式主要包含 Schema 定义、统计信息、检索信息、原始数据＋原始数据元信息＋标注信息等。该格式能更好地支撑 MindSpore 训练人员使用本地接口/可视化工具理解、使用数据，进一步提升训练效果。

1. MindSpore 数据格式特性

（1）MindSpore 数据格式以 Lib 库的方式供用户使用，提供 Python 接口；对于生成 MindSpore 数据格式，用户可以使用 Python 语言，简便地完成添加 Schema、统计信息、自定义统计项、索引字段、写入数据等操作；对于读取 MindSpore 数据格式，用户也可使用 Lib 提供的读接口，高效地完成数据的读取；进一步，用户可以通过索引字段实现特定数据的高效检索，通过统计信息实现多种统计信息的可视化展示。

（2）提供其他框架格式（TFRecord、Rec、LMDB）转换至 MindSpore 数据格式的工具。图 14.6 是 MindSpore 数据格式的转换说明。

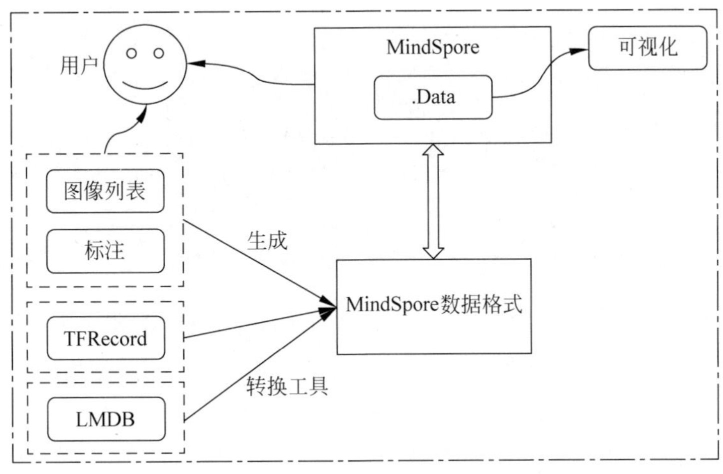

图 14.6　MindSpore 数据格式的转换说明

2. MindSpore 数据格式架构

MindSpore 数据格式主要包含元数据定义、统计信息、索引信息、RawData 等内容，这些共同组织成 MindSpore 数据格式，体现为物理存储上一个/多个文件。MindSpore 数据格式架构如图 14.7 所示。

元数据定义
统计信息
索引信息
原始数据+原始数据元信息+标注信息

图 14.7　MindSpore 数据格式架构

(1) 元数据定义：因为不同的标注平台会有不同的标注工具，而不同的标注工具又有不同的标注格式，所以导致生成的标注信息也不同。如果仅仅是简单地把标注信息以二进制方式保存到文件中，训练人员使用时，不能很清晰地明白标注的含义，就不能高效地提取标注，故需元数据的定义，即 Schema。该 Schema 描述了标注信息的格式，训练人员可以很方便地通过该 Schema 得到标注信息。这里的 Schema 也可以是原始图像的元信息定义，即图像的长、宽、大小、类型等。MindSpore 数据格式可以保存多个元数据定义，但是需要每个元数据定义都有对应的字段保存。代码 14.10 表述的是元数据定义示例。

代码 14.10　元数据定义示例

```
// CV 类 Schema 举例:
cv_schema = {"file_name": {"type": "string"}, "label": {"type": "int32"}, "data":
{"type": "bytes"}}
// NLP 类 Schema 举例:
```

```
nlp_schema = {"source_sos_ids": {"type": "int64", "shape": [-1]},
              "source_sos_mask": {"type": "int64", "shape": [-1]},
              "source_eos_ids": {"type": "int64", "shape": [-1]},
              "source_eos_mask": {"type": "int64", "shape": [-1]},
              "target_sos_ids": {"type": "int64", "shape": [-1]},
              "target_sos_mask": {"type": "int64", "shape": [-1]},
              "target_eos_ids": {"type": "int64", "shape": [-1]},
              "target_eos_mask": {"type": "int64", "shape": [-1]}}
```

(2) 统计信息：统计信息的目标是描述 MindSpore 数据格式中数据的分布、状态等，训练人员可以很方便地读取该统计信息以理解 MindSpore 数据格式中所包含数据的含义，并明确该数据是不是其需要的。图 14.8 表述的是总样本数，近 7 天(以天为单位)、近 1 个月(以周为单位)、近半年(以月为单位)标注的样本量，以及按实体维度—属性维度—子属性展示的层级关系统计结果。

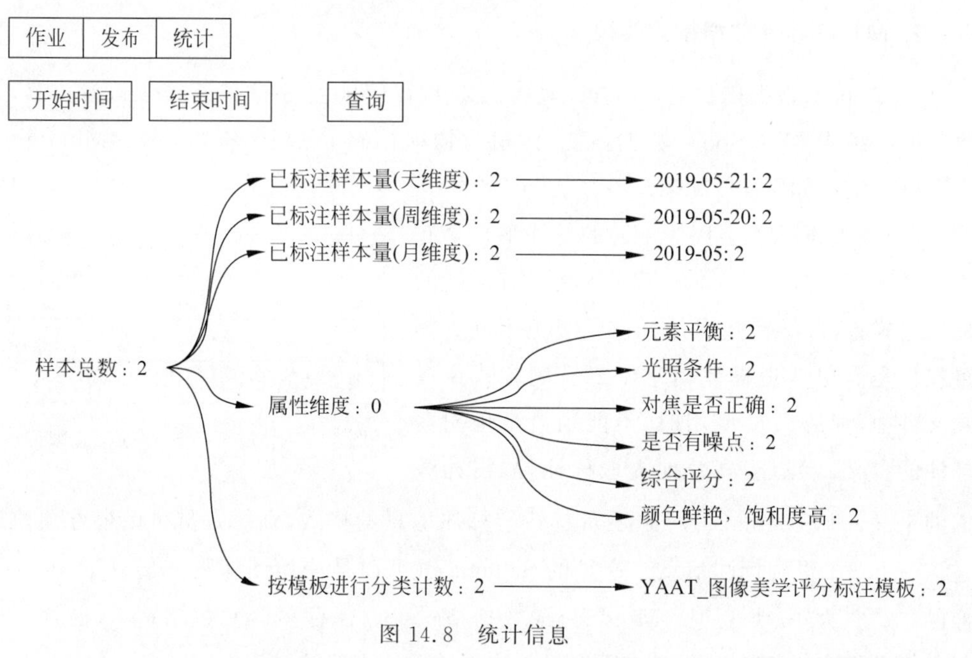

图 14.8　统计信息

(3) 索引信息：高效的数据索引能力，通过元数据定义信息，训练人员可以很方便地通过指定字段进行数据检索，并拿到其期望的数据子集/数据，方便对数据进一步进行处理。图 14.9 表述的是搜索出是“人像”且名称不等于“Image_00024”的样本列表。

(4) 原始数据、标注信息、原始数据元信息：均可以认为是 RawData，其存储必须与 Schema 定义一一对应。图 14.10 表述的是一条图像数据及标注信息。

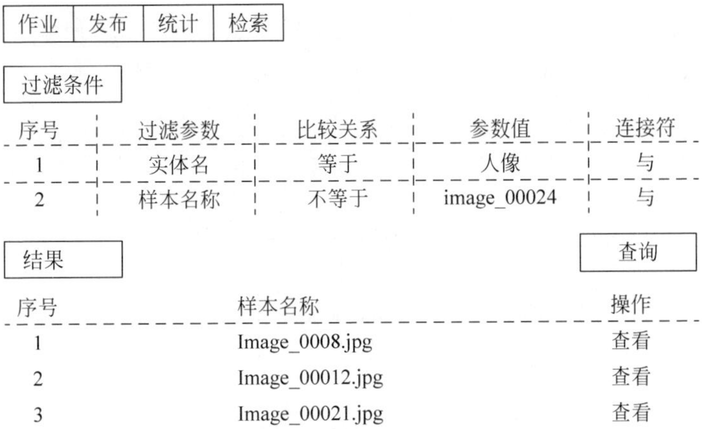

作业	发布	统计	检索

过滤条件

序号	过滤参数	比较关系	参数值	连接符
1	实体名	等于	人像	与
2	样本名称	不等于	image_00024	与

结果　　查询

序号	样本名称	操作
1	Image_0008.jpg	查看
2	Image_00012.jpg	查看
3	Image_00021.jpg	查看

图 14.9　检索信息

图像数据：{"name":"001.jpg","data":"0XFF0XFF0XFF0XFF0XFF0XFF","width":1,"height":2,"size":100}
标注数据：{"creation_time":"2019-07-13 17:17:00","label":"太阳花"}

图 14.10　图像数据 & 标注信息

14.3.5　MindSpore 数据集

为了更好地服务 MindSpore 计算框架进行数据读取，MindSpore 数据集(MindDataset、TFRecordDataset、GeneratorDataset 等)提供了一套新的数据引擎(Data Engine)，用以构建 MindSpore 输入数据的流水线操作(Pipeline)。数据引擎之存储数据集结合 MindSpore 对于数据读取的需求，定制化内部的功能实现，提供了高性能的数据读取服务。

1. 基本概念

数据引擎有自身的一些术语与结构，其中与数据存储相关的如下。

(1) 数据缓冲器(Data Buffer)：数据存储单元，数据从文件中读取出来之后，保存到事先创建好的数据缓冲器中；数据引擎能够支持不同存储格式的数据集，因此在数据引擎内部会存在不同类型的数据缓冲器，典型的有 TFBuffer，即 TFRecord Buffer。

(2) 数据批量(Data Batch)：该结构用于数据的输出，其大小为批量大小(Batch Size)，通过数据缓冲器构建。

(3) 数据视图(Data View)：对具体数据的描述，包含元数据信息等，用以读取真实数据。

(4) 滑动窗口(Sliding Window)：从一个数据缓冲器到下一个数据缓冲器的步长。

数据缓冲器、数据批量、数据视图三者之间的关系如图 14.11 所示。

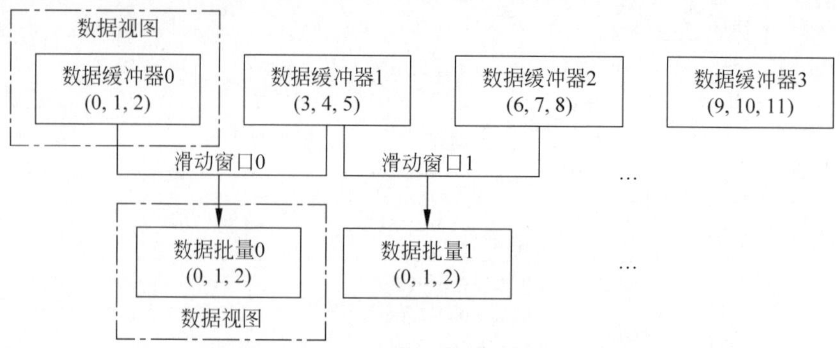

图 14.11 数据引擎数据存储方式

其中与数据读取相关的是存储客户端(Storage Client)。它与数据存储层进行交互的模块,类似于数据缓冲器,存储客户端也会根据不同的存储格式创建出不同类型的存储客户端,典型的有 TFClient,即 TFRecord Client。

2. 逻辑架构

数据引擎内部主要有以下几大模块。

1) 并行读取模块

以多线程的方式对数据集目录中的数据进行读取,从而提高数据读取的效率,并在读取的同时进行数据解析操作。

2) 缓存模块

为了提高训练过程中数据读取性能,数据引擎实现了缓存,用以存储训练数据,并且考虑机器的内存利用率,缓存模块引入了二级架构,如图 14.12 所示。

在使用时,内存缓存的大小会被限制,达到阈值之后,会根据一定的策略,将内存缓存中的数据迁移到磁盘缓存中。当然,磁盘缓存中的数据也会通过一定的策略返回到内存缓存中。

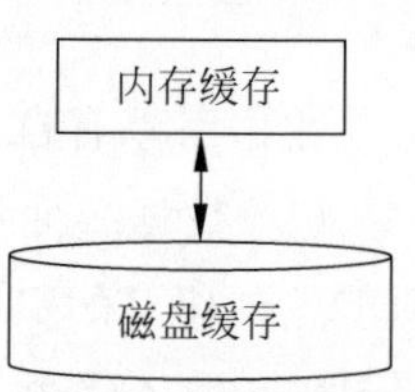

图 14.12 数据引擎缓存机制

3) 洗牌模块

洗牌模块的主要作用在于训练数据的随机打乱。数据引擎中,提供了两种粒度的洗牌:数据缓冲器之间的洗牌和数据缓冲器内部的洗牌。

4) 迭代器模块

迭代器模块的主要作用是构造数据批量和提供对外的 API。

数据引擎的整体逻辑架构如图 14.13 所示。

数据迭代器(Data Iterator)将子任务分发给多个子任务执行对象，执行对象从数据缓冲器分别读取数据，并将它们放进缓冲队列中，缓冲队列中的数据缓冲器通过获取下一个(GetNext)接口被获取。

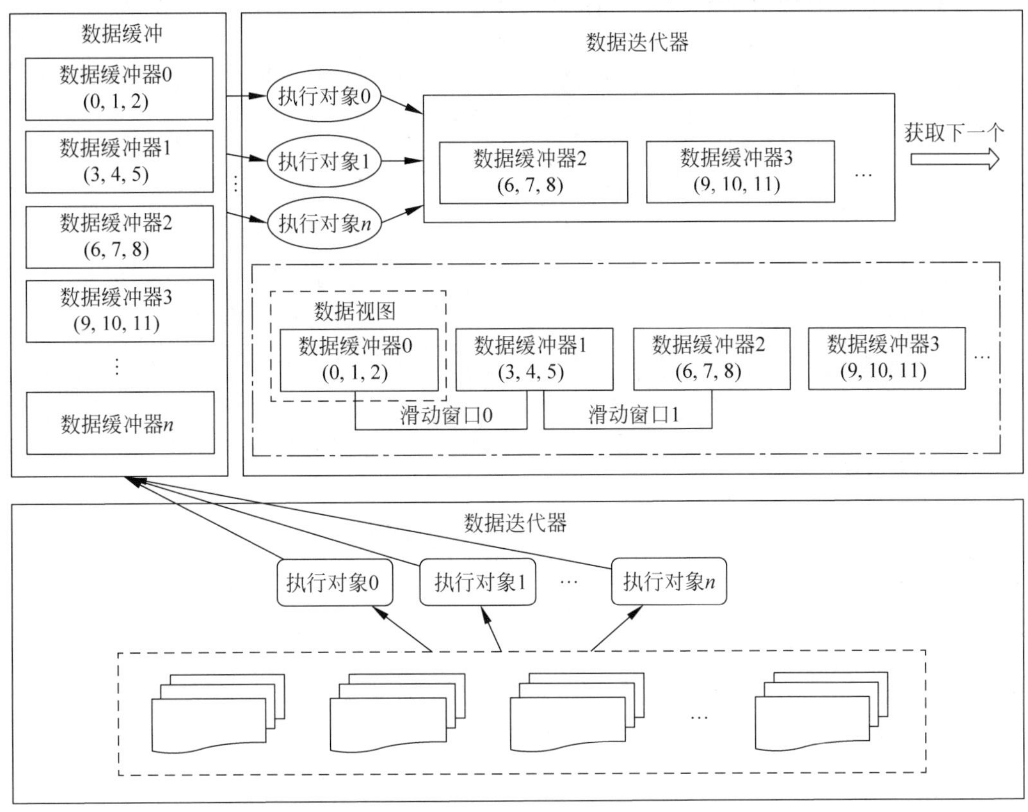

图 14.13　数据引擎逻辑架构

14.4　使用 MindSpore 数据格式进行训练数据准备

说明：随着开发迭代 MindSpore 的接口及流程的不断发展，书中代码仅为示意代码，完整可运行的代码请大家以线上代码仓中对应章节代码为准。

网址为：https://mindspore.cn/resource。读者可扫描右侧二维码获取相关资源。

本节主要介绍如何使用 MindSpore 数据格式提供的接口生成及读取 MindSpore 数据格式文件，并通过索引、统计接口实现数据的检索。

14.4.1 MindSpore 数据格式生成

MindSpore 数据格式可以方便地通过 Python API 实现创建 Schema、统计信息、索引信息等操作，并将原始数据（图片、标注等）写入 MindSpore 数据格式。

1）创建写对象

（1）功能介绍：创建 MindSpore 格式写对象。

（2）API：

```
class FileWriter:

    def __init__(self, file_name, shard_num):
```

（3）参数说明：见表 14.2。

表 14.2 创建 Schema 参数说明

参　数	是否必选	描　述
file_name	是	MindSpore 数据格式文件路径
shard_num	是	生成 Shard 的个数

（4）返回值：无。

示例如下：

```
FILES_NUM = 4
CV_FILE_NAME = "./imagenet.mindrecord"
writer = FileWriter(CV_FILE_NAME, FILES_NUM)
```

2）添加 Schema

（1）功能介绍：用户自定义 Schema。

（2）API：

```
def add_schema(self, content, desc = None):
```

(3) 参数说明：见表 14.3。

表 14.3　用户自定义 Schema 参数说明

参　　数	是否必选	描　　述
content	是	Schema 定义，为 Dict 格式
desc	否	str，该 Schema/数据集名称

(4) 返回值：Schema id。

示例如下：

```
cv_schema_json = {"file_name": {"type": "string"}, "label": {"type": "int32"}, "data":
{"type": "bytes"}}
writer.add_schema(cv_schema_json, "img_schema")
```

3) 添加索引字段

(1) 功能介绍：用户添加自定义索引字段。

(2) API：

```
def add_index(self, index_fields):
```

(3) 参数说明：见表 14.4。

表 14.4　用户添加自定义索引字段参数说明

参　　数	是否必选	描　　述
index_fields	是	索引字段列表

(4) 返回值：SUCCESS/FAILED。

示例如下：

```
writer.add_index(["file_name", "label"])
```

4) 写入用户数据

(1) 功能介绍：将用户数据通过写文件对象写入磁盘。

(2) API：

```
def write_raw_data(self, raw_data, parallel_writer = False):
```

(3) 参数说明：见表 14.5。

表 14.5　写入用户数据参数说明

参　数	是否必选	描　述
raw_data	是	用户数据列表,每个元素是 dict
parallel_writer	否	Boolean,是否并行写入

(4) 返回值：SUCCESS/FAILED

示例如下：

```
writer.write_raw_data(data)
```

5) 关闭本地文件

(1) 功能介绍：关闭本地文件。

(2) API：

```
def commit(self):
```

(3) 参数说明：SUCCESS/FAILED。

(4) 返回值：无。

示例如下：

```
writer.commit()
```

代码 14.11 是 MindSpore 数据格式写操作完整示例。

代码 14.11　MindSpore 数据格式写操作完整示例

```
from mindspore.mindrecord import FileWriter, FileReader

FILES_NUM = 1
CV_FILE_NAME = "./imagenet.mindrecord"

"""tutorial for cv dataset writer."""
writer = FileWriter(CV_FILE_NAME, FILES_NUM)

cv_schema_json = {"file_name": {"type": "string"}, "label": {"type": "int32"}, "data":
{"type": "bytes"}}
writer.add_schema(cv_schema_json, "img_schema")
writer.add_index(["file_name", "label"])
data_list = []
```

```
data_list.append({"file_name": "001.jpg", "label": 76, "data": b'xxxxxxx'})
writer.write_raw_data(data_list)
writer.commit()
```

14.4.2 MindSpore 数据格式统计与检索

根据用户设定的索引字段,MindSpore 数据格式支持数据的检索与统计。

1）打开索引操作

(1) 功能介绍：打开 MindSpore 数据格式索引。

(2) API：

```
class MindPage:
    def __init__(self, file_name, num_consumer = 4):
```

(3) 参数说明：见表 14.6。

表 14.6　打开索引操作参数说明

参　数	是否必选	描　述
file_name	是	本地 MindSpore 数据格式文件路径
num_consumer	否	默认并发读取线程为 4

(4) 返回值：无。

示例如下：

```
reader = MindPage(NLP_FILE_NAME + "01")
```

2）获取索引字段

(1) 功能介绍：获取索引字段列表。

(2) API：

```
def get_category_fields(self):
```

(3) 参数说明：无。

(4) 返回值：fields_list。

示例如下：

```
fields = reader.get_category_fields()
```

3）设定索引字段

（1）功能介绍：设定当前待检索字段。

（2）API：

```
def set_category_field(self, category_field):
```

（3）参数说明：见表 14.7。

表 14.7 设定当前待检索字段参数说明

参　数	是否必选	描　述
set_category_field	是	待检索字段名

（4）返回值：True/False。

示例如下：

```
ret = reader.set_category_field("rating")
```

4）读取当前索引字段统计结果

（1）功能介绍：读取当前索引字段的统计结果。

（2）API：

```
def read_category_info(self):
```

（3）参数说明：无。

（4）返回值：fields_info(String 方式，可转为 Dict)。

示例如下：

```
info = reader.read_category_info()
print("category info: ", info)
```

5）根据统计 id 及 Schema 字段获取数据

（1）功能介绍：根据统计 id 及 Schema 字段获取一页数据。

（2）API：

```
def read_at_page_by_id(self, category_id, page, num_row):
```

（3）参数说明：见表 14.8。

表 14.8　根据统计 id 及 Schema 字段获取数据参数说明

参　　数	是否必选	描　　述
category_id	是	根据统计结果得到的字段 id
page	是	指定页 id
num_row	是	每页大小

(4) 返回值：list。

示例如下：

```
data = reader.read_at_page_by_id(0, 0, 1)
```

6) 关闭索引文件

(1) 功能介绍：关闭索引文件。

(2) API：

```
def close(self):
```

(3) 参数说明：无。

(4) 返回值：True/False。

示例如下：

```
flag = reader.close ()
```

代码 14.12 是 MindSpore 数据格式统计与检索完整示例。

代码 14.12　MindSpore 数据格式统计与检索完整示例

```
from mindspore.mindrecord import MindPage, SUCCESS

CV_FILE_NAME = "./imagenet.mindrecord"

reader = MindPage(CV_FILE_NAME)
fields = reader.get_category_fields()
print("fields: ", fields)

ret = reader.set_category_field("label")
assert ret == SUCCESS, 'failed on setting category field.'

info = reader.read_category_info()
```

```
print("category info: ", info)

data = reader.read_at_page_by_id(0, 0, 1)
print(data)
```

14.4.3 MindSpore 数据格式训练数据读取

MindSpore 训练数据读取提供 MindDataset、TFRecordDataset、ImageFolderDataset 等方式进行数据的加载操作，并基于 Dataset 提供各种数据 repeat、shuffle、map 等操作，以及多种 Operation 操作满足对图像的处理。

1. MindDataset

(1) 功能介绍：根据提供的 MindSpore 数据格式的文件名列表，创建 Dataset。

(2) API：

```
class MindDataset (Dataset)
```

2. TFRecordDataset

(1) 功能介绍：根据提供的 TFRecord 文件的数据集目录，创建 Dataset。

(2) API：

```
class TFRecordDataset(Dataset)
```

3. ImageFolderDataset

(1) 功能介绍：根据提供的原始图片数据集的目录，创建 Dataset。

(2) API：

```
class ImageFolderDataset (Dataset)
```

4. GeneratorDataset

(1) 功能介绍：加载自定义数据集，在实际应用中数据集种类多种多样，用户可以自定义 Python 解析数据集函数，使用 GeneratorDataset 创建 Dataset。

（2）API：

```
class GeneratorDataset (Dataset)
```

5. ＊Dataset 功能说明

将训练加载至 Dataset 后，在 Dataset 的基础上提供丰富的数据处理操作。

1）repeat

（1）功能介绍：复制数据集。

（2）API：

```
def repeat(self, count = None):
```

示例如下：

```
ds = ds.repeat(repeat_count)
```

2）batch

（1）功能介绍：设置输出数据的 Batch Size。

（2）API：

```
def batch(self, batch_size, drop_remainder = False,num_parallel_worker = None,per_batch
_map = None):
```

示例如下：

```
ds = ds.batch(2)
```

注意：batch 中的数据必须有相同的 shape size，如果不相同，则会报错，一般使用该接口，需要对数据在 per_batch_map 中或提前进行统一处理之后使用，特别是读取图像数据时；或者本身数据集就能够保证数据有相同的 shape size。

3）shuffle

（1）功能介绍：设置数据混洗。

（2）API：

```
def shuffle(self, buffer_size):
```

示例如下：

```
ds = ds.shuffle(10)
```

4）map

（1）功能介绍：执行“Operation”（具体的 Operation，请参见 14.4.3 第 5 小节）。

（2）API：

```
def map(self, input_columns = None, operations = None, output_columns = None,
    columns_order = None,num_parallel_workers = None, python_multiprocessing = False):
```

示例如下：

```
resize = transform.Resize()
# 对 Dataset 使用 map 操作
ds = ds.map(input_columns = "image", operations = resize)
```

5）create_dict_iterator

（1）功能介绍：创建迭代器，返回字典类型的数据对象，通过列名作为关键字获取相应的数据。

（2）API：

```
def create_dict_iterator(self,columns = None):
```

示例如下：

```
ds1 = de.TFRecordDataset(DATA_DIR, SCHEMA)
ds1 = ds1.batch(batch_size, drop_remainder = True)
ds1 = ds1.shuffle(buffer_size = buffer_size)

num_iter = 0
for data in ds1.create_dict_iterator():                # 每条数据都是一个 batch
    print(data["image"])
```

6. Operation 说明

MindSpore 的 mindspore.dataset.transforms 模块中提供了多种数据变换操作，该模块含有多种领域的使用场景。比如 vision 主要包含了计算机视觉领域常用的数据增强操作，vision 里又包含了两个子模块：基于 C++ 实现的 c_transforms 和基于

Python 实现的 py_transforms。同时，用户还可以使用 Python 语言自定义数据处理算子。无论是内置算子还是用户自定义的数据变换算子，都需要数据集的 map 函数去执行。

1）Decode

（1）功能介绍：图像解析。

（2）API：

```
Decode(rgb = True)
```

示例如下：

```
decode_op = transforms.Decode()
```

2）Resize

（1）功能介绍：图像尺寸调整。

（2）API：

```
Resize(size, interpolation = Inter.BILINEAR)
```

示例如下：

```
resize_op = transforms.Resize(resize_height, resize_width)
```

3）Rescale

（1）功能介绍：调整图像像素值。

（2）API：

```
Rescale(rescale, shift)
```

示例如下：

```
rescale_op = transforms.Rescale(rescale, shift)
```

4）HWC2CHW

（1）功能介绍：图像通道变换。

（2）API：

```
HWC2CHW()
```

示例如下：

```
hwc2chw_op = transforms.HWC2CHW()
ds = ds.map(input_columns = "image", operations = hwc2chw_op)
```

5）OneHot

（1）功能介绍：标签列表生成，将数据转换成 OneHot 表示形式。

（2）API：

```
OneHot(num_classes)
```

示例如下：

```
one_hot_encode = transforms.OneHot(num_classes)
ds = ds.map(input_columns = "label", operations = one_hot_encode)
```

附录 A

中、英文对照词汇表

中　文	英　文
采集函数	Acquisition Function
激活函数	Activation Function
激活值	Activations
邻接矩阵	Adjacency Matrix
高级精简指令集机器	Advanced RISC Machine, ARM
优势演员-评论家算法	Advantage Actor-Critic Algorithm
智能体	Agent
应用程序接口	Application Programming Interface, API
应用	Application, APP
人工神经网络	Artificial Neural Network, ANN
评估器	Assessor
异步优势演员-评论家算法	Asynchronous Advantage Actor-Critic, A3C
异步算法	Asynchronous Algorithm
自编码器	Auto Encoder
自动搜索或选择数据增强策略	AutoAugment
自动化机器学习	Automated Machine Learning, AutoML
自动语音识别	Automatic Speech Recognition, ASR
反向传播	Back Propagation
随时间反向传播，RNN 的反向传播的别称	Back-Propagation Through Time, BPTT
词袋模型	Bag of Words, BOW
批量梯度下降	Batch Gradient Descent
批标准化	Batch Normalization
批数据标准化	Batch-norm
贝尔曼方程	Bellman Equation
偏置项	Bias
双向注意流网络	Bi-Directional Attention Flow, Bi-DAF
双向预训练语言模型	Bidirectional Encoder Representations from Transformers, BERT
双向长短期记忆	Bidirectional Long Short Term Memory, BiLSTM

续表

中　　文	英　　文
双边空间	Bilateral Space
提升算法	Boosting
广度优先搜索	Breadth First Search,BFS
双字节编码	Byte-Pair Encoding,BPE
分类类型	Categorical
组合范畴语法	Category Compositional Grammar,CCG
通道	Channel
分类器	Classifier
点击率	Click Through Rate,CTR
簇	Cluster
粗滤器	Coarse Dropout
社区问答	Community Base,CB
互补学习系统和记忆回放	Complementary Learning Systems and Memory Replay
计算单元	Computational Unit
拼接	Concatenation
上下文向量	Context Vector
持续学习	Continual Learning
对比度变换	Contrast
卷积	Convolution
卷积神经网络	Convolution Neural Network,CNN
共现矩阵	Co-occurrence Matrix
写时复制	Copy-on-Write,COW
余弦相似性损失函数	Cosine Proximity
联合训练方法	Co-training Approaches
协方差自适应调整的进化策略	Covariance Matrix Adaptation Evolution Strategy,CMA-ES
裁剪	Crop
交叉熵	Cross Entropy
未来累积折扣奖励	Cumulative Future Discounted Reward
累计奖励	Cumulative Reward
周期学习率	Cyclical Learning Rates,CLR
数据增强	Data Augmentation
数据集	Dataset
深度双向表示	Deep Bidirectional Representation
深蓝	Deep Blue
深度确定性策略梯度算法	Deep Deterministic Policy Gradient Algorithms,DDPG
深度前向网络	Deep Feedforward Networks
深度学习	Deep Learning

续表

中　　文	英　　文
深度神经网络	Deep Neural Network,DNN
依存组合语法	Dependency-based Compositional Semantics,DCS
深度优先搜索	Depth First Search,DFS
深度可分离卷积	Depthwise Separable Convolutions
确定性策略	Deterministic Policy
可微分架构搜索	Differentiable Architecture Search,DARTS
折扣因子	Discount Factor
磁盘缓存	Disk Cache
分布式表达	Distributed Embedding
动态结构	Dynamic Architectures
动态规划法	Dynamic Programming Method
早停法	Early Stop
浮雕	Emboss
编码器-解码器	Encoder-Decoder
集成学习	Ensemble Learning
迭代次数	Epoch
期望提升	Expected Improvement,EI
经验轨迹	Experience Episode
一款开源的词向量与文本分类工具	Fast Text
特征图	Feature Map
特征金字塔网络	Feature Pyramid Network,FPN
特征可视化	Feature Visualization
联邦平均算法	Federated Averaging
前向神经网络	Feedforward Neural Network,FNN
扁平化	Flatten
翻转	Flip
遗忘门	Forget Gate
前向传播	Forward Propagation
全连接层	Fully Connected,FC
模糊变换	Fuzzy Transformation
门控循环神经网络	Gated Recurrent Neural Network,GRN
门控循环单元	Gated Recurrent Unit,GRU
生成对抗网络	Generative Adversarial Networks,GAN
预训练方法	Generative Pre-Training,GPT
获取下一个	GetNext
基于全局词频统计的词表征工具	Global Vectors for Word Representation,GloVe
梯度下降算法	Gradient Descent

续表

中　文	英　文
图注意力网络	Graph Attention Networks,GAT
图卷积网络	Graph Convolutional Networks,GCN
图嵌入法	Graph Embedding Method,GEM
图神经网络	Graph Neural Networks,GNN
图形处理器	Graphics Processing Unit,GPU
贪婪策略	Greedy Policy
网格搜索	Grid Search
真实预测词	Ground Truth
隐马尔可夫模型	Hidden Markov Model,HMM
分层 Softmax	Hierarchical Softmax
同态特性	Homomorphism
超参优化	Hyper Parameter Optimization,HPO
假设	Hypothesis
诱导点	Inducing Points
信息抽取	Information Extraction
输入门	Input Gate
中间表示	Intermediate Representation,IR
内协变量移位	Internal Covariate Shift
转换法	Invert
詹森-香农散度	Jensen-Shannon Divergence,JSD
键值对	Key-Value
知识库问答	Knowledge Base,KB
知识图谱	Knowledge Graph,KG
K-L 散度	Kullback-Leibler Divergence
经典的图嵌入算法	Large-scale Information Network Embedding,LINE
隐狄利克雷分配	Latent Dirichlet Allocation,LDA
隐式语义分析	Latent Semantic Analysis,LSA
层标准化	Layer-norm
学习率	Learning Rate
主动学习	Learning to Learn
用户生命周期价值,指用户对一个应用的平均付费	Life Time Value,LTV
终生学习	Life-long Learning
线性判别分析	Linear Discriminant Analysis,LDA
线性回归	Linear Regression
锁表	Lock Table
逻辑回归	Logistic Regression

续表

中　　文	英　　文
长短期记忆网络	Long Short Term Memory,LSTM
长时期依赖	Long-Term Dependency
损失函数	Loss Function
马尔可夫决策过程	Markov Decision Process,MDP
马尔可夫性质	Markov Property,MP
掩码语言模型	Masked Language Model,MLM
最大池化层	Max Pooling
平均平方损失	Mean Square Loss
经验知识或元数据	Meta Data
元学习	Meta Learning
核心指导网络	Meta-Critic Network
元强化学习	Meta Reinforcement Learning,Meta-RL
核心价值网络	Meta-Value Network,MVN
微软机器阅读理解数据集	MicroSoft Machine Reading Comprehension,MS-MARCO
华为开源的深度学习框架	MindSpore
小批次	Mini-batch
经典数据集,其中包含 6 万手写数字训练图像及 1 万手写数字测试图像	Modified National Institute of Standards and Technology,MNIST
蒙特卡罗法	Monte Carlo Method
多头注意力	Multi-head Attention
多层感知机	Multi-Layer Perceptron,MLP
多版本并发控制	Multiversion Concurrency Control
变异	Mutation
美国国家标准技术研究所	National Institute of Standards and Technology,NIST
自然语言推理	Natural Language Inference,NLI
负采样	Negative Sampling
网络变换	Network Morphism
神经网络架构搜索	Neural Architecture Search,NAS
神经网络	Neural Network
微软开源的 AutoML 工具	Neural Network Intelligence,NNI
神经网络处理单元	Neural-network Processing Unit,NPU
神经元	Neuron
语句预测	Next Sentence Prediction
添加噪声	Noise Addition
非谱方法	Non-Spectral Approaches
独热表示	One-Hot Representation
在线学习	Online Learning

续表

中　文	英　文
开放神经网络交换格式	Open Neural Network Exchange,ONNX
优化器	Optimizer
词表过长	Out of Vocabulary,OOV
离群点	Outlier
输出门	Output Gate
过拟合	Overfitting
填补	Padding
参数共享	Parameter Sharing
感知机	Perceptron
流水线操作	Pipeline
策略评估	Policy Evaluation
策略改进	Policy Improvement
策略迭代	Policy Iteration
多项式回归	Polynomial Regression
池化	Pooling
基于种群	Population-based
位置词嵌入	Position Embedding
位置编码	Positional Encoding
基于位置的前向网络层	Position-wise Feed Forward
预训练方法	Pre-trained Approaches
预训练	Pre-training
主成分分析	Principal Components Analysis,PCA
概率隐式语义分析	Probabilistic Latent Semantic Analysis,PLSA
协议内存块	Protocol Buffer
问答评测任务	QA Track
验证样本	Query Set
自动问答	Question Answering,QA
随机擦除法	Random Erasure
随机森林	Random Forest,RF
随机掩码	Random Mask
随机搜索	Random Search
随机种子	Random Seed
随机游走	Random Walk
原始数据	Raw Data
修正线性单元	Rectified Linear Unit,ReLU
循环神经网络	Recurrent Neural Network,RNN
反射变换	Reflection

续表

中　　文	英　　文
正则化	Regularization
正则化方法	Regularization Approach
正则项	Regularizer
重正则化方法	Renormalization Trick
再参数化	Reparameterization Trick
重置门	Reset Gate
残差块	Residual Block
残差网络	Residual Network, ResNet
脊回归	Ridge Regression
标量	Scalars
搜索空间	Search Space
分片嵌入向量	Segment Embeddings
自注意力	Self-Attention
自回归	Self-Regressive
语义解析	Semantic Parsing
序列对序列	Sequence to Sequence, Seq2Seq
基于顺序模型的全局优化	Sequential Model-Based Optimization, SMBO
锐化	Sharpen
捷径	Shortcut
乱序洗牌	Shuffle
奇异值分解	Singular Value Decomposition, SVD
滑动窗口	Sliding Window
开发工具包	Software Development Kit, SDK
源码转换	Source to Source, S2S
稀疏模式	Sparsity Pattern
谱方法	Spectral Approaches
图谱理论	Spectral Graph Theory
斯坦福问答数据集	Stanford Question Answering Dataset, SQuAD
步长	Step Size
随机梯度下降	Stochastic Gradient Descent, SGD
随机性策略	Stochastic Policy
步长	Stride
结构化更新	Structured Updates
训练样本	Support Set
支持向量机	Support Vector Machine, SVM
代理模型	Surrogate Model
对称性	Symmetry

续表

中　文	英　文
目标动作值	Target Q
任务行为编码器	Task-Actor Encoder,TAEN
t 分布随机近邻嵌入	*t*-distributed Stochastic Neighbor Embedding,*t*-SNE
时间差分法	Temporal Difference Method
词频和逆文本频率统计法	Term Frequency-Inverse Document Frequency,TF-IDF
测试数据	Testing Data
文本蕴含	Text Entailment
文本排序	Text Rank
符号嵌入向量	Token Embeddings
分词	Tokenization
主题图	Topic Graph
主题模型(又称为话题模型)	Topic Model
训练数据	Training Data
树形帕森估算器,基于序列模型的优化方法	Tree of Parzen Estimators,TPE
试验	Trial
独立验证	Trial-dependent
非独立验证	Trial-independent
三元损失	Triplet Loss
调节器	Tuner
欠拟合	Underfitting
更新门	Update Gate
用户生成内容	User-Generated Content,UGC
验证数据	Validation Data
价值函数	Value Function
变分推断	Variation Inference
变分自编码器	Variational AutoEncoders,VAEs
向量建模	Vector Modeling
用户观看某视频的平均时长	Watch Time,WT
权重衰减	Weight Decay
词嵌入	Word Embedding
词表征	Word Representation
词向量	Word Vector
常用词向量计算的工具	Word2Vec
执行对象	Worker
异或	exclusive OR,XOR
缩放变换	Zoom

附录 B

MindSpore 白皮书

一种全场景覆盖的深度学习计算框架

深度学习研究和应用在近几十年得到了爆炸式的发展，在图像识别、语音识别与合成、游戏、语言建模与分析等方面取得了巨大的成功。深度学习框架的不断发展使得人们在大型数据集上训练神经网络模型时，可以方便地使用大量的计算资源。

目前有两种主流的深度学习框架：一种是在执行之前构造一个静态图，定义所有操作和网络结构，典型代表是 TensorFlow，这种方法以牺牲易用性为代价，来提高训练期间的性能；另一种是立即执行的动态图计算，典型代表是 PyTorch。通过比较可以发现，动态图更灵活、更易调试，但会牺牲性能。因此，现有深度学习框架难以同时满足易开发、高效执行的要求。

MindSpore 是一种全场景覆盖的深度学习计算框架，该框架旨在实现三个目标：易开发、高效执行和全场景覆盖。MindSpore 由四个主要组件组成：MindExpression（ME）、GraphEngine（GE）、MindData（MD）和 MindArmour（MA）。读者扫描下方二维码，可以获取 MindSpore 白皮书完整电子文件。

MindSpore 白皮书